水利工程施工管理与实务

黄晓林　马会灿　主　编

黄河水利出版社
·郑州·

内 容 提 要

本书共分 14 章,主要内容包括绪论、常用建筑材料、基础工程施工、渠系工程施工、导截流工程施工、水闸施工、模板工程施工、水利工程施工质量管理、水利工程施工成本管理、水利工程施工进度管理、水利工程施工合同管理、水利工程施工安全与环境管理、水利工程招投标和水利工程担保与风险。另外,在书最末还附有相关法律法规,以加深读者对与工程息息相关的法律法规的认识。

本书适用于负责水利工程施工的项目负责人使用,其他项目管理人员也可参照使用。

图书在版编目(CIP)数据

水利工程施工管理与实务/黄晓林,马会灿主编. —郑
州:黄河水利出版社,2012.12
ISBN 978 - 7 - 5509 - 0391 - 3

Ⅰ.①水…　Ⅱ.①黄…②马…　Ⅲ.①水利工程 - 施
工管理　Ⅳ.①TV512

中国版本图书馆 CIP 数据核字(2012)第 302786 号

策划编辑:贾会珍　　电话:13783450219　　E-mail:xiaojia619@126.com

出 版 社:黄河水利出版社
地址:河南省郑州市顺河路黄委会综合楼14层　　　　邮政编码:450003
发行单位:黄河水利出版社
发行部电话:0371 - 66026940、66020550、66028024、66022620(传真)
E-mail:hhslcbs@126.com
承印单位:河南地质彩色印刷厂
开本:787 mm×1 092 mm　1/16
印张:21.75
字数:530 千字　　　　　　　　　　　　　印数:1—1 000
版次:2012 年 12 月第 1 版　　　　　　　　印次:2012 年 12 月第 1 次印刷
定价:43.00 元

前　言

　　随着水利基本建设项目得到国家的高度重视,水利工程建设即将进入高峰,而目前的现状是水利工程技术人员的数量及质量远远满足不了要求,特别是中小型水利工程现场实际工程负责人的管理和技术水平较低,工程质量、安全状况令人堪忧。为了提高施工现场负责人的合同、安全、环境、质量意识,结合施工过程常遇问题,编写了本书。

　　本书共分14章,主要内容包括绪论、常用建筑材料、基础工程施工、渠系工程施工、导截流工程施工、水闸施工、模板工程施工、水利工程施工质量管理、水利工程施工成本管理、水利工程施工进度管理、水利工程施工合同管理、水利工程施工安全与环境管理、水利工程招投标和水利工程担保与风险。另外,在书最末还附有相关法律法规,以加深读者对与工程息息相关的法律法规的认识。

　　本书编写人员及编写分工如下:第一章和第四章由德州黄河河务局张延江编写,第二章第一节至第六节由黄河勘测规划设计有限公司工程设计院王永新编写,第二章第七节德州黄河河务局葛强编写,第三章由德州黄河河务局朱朝明编写,第五章、第十章由河南省浑水库管理局段笑晖编写,第六章由瑞安市水利局冯武编写,第七章、第十二章由黄河勘测规划设计有限公司孟旭央编写,第八章由河南省浑水库管理局马会灿编写,第九章、第十一章、第十四章由洛阳市河渠管理处黄晓林编写,第十三章由黄河水利科学研究院黄葵编写,附录由黄晓林、马会灿、段笑晖共同编写。本书由黄晓林、马会灿担任主编,并负责全书统稿;由王永新、冯武、段笑晖、朱朝明、孟旭央、张延江、黄葵、葛强担任副主编。

　　本书适用于负责水利工程施工的项目负责人使用,其他项目管理人员也可参照使用。

　　由于编者水平有限,加上时间仓促,书中不足之处在所难免,敬请广大读者批评指正。

编　者

2012 年 10 月

目　录

第一章 绪 论

第一节 水利工程及水工建筑物等级划分

一、水利工程

水利工程是指本着除害兴利的目的兴建的对自然界地表水和地下水进行控制与调配的工程。其在时间上重新分配水资源，做到防洪补枯，以防止洪涝灾害和发展灌溉、发电、供水、航运等事业。

水利工程按其所承担的任务可分为以下几种。

（一）河道整治与防洪工程

河道整治主要是通过整治建筑物和其他措施，防止河道冲蚀、改道和淤积，使河流的外形和演变过程都能满足防洪与兴利等各方面的要求。一般防治洪水的措施是"上拦下排，两岸分滞"的工程体系。"上拦"是防洪的根本措施，不仅可以有效防治洪水，而且可以综合地开发利用水土资源，就是在山地丘陵地区进行水土保持，拦截水土，有效地减少地面径流；在干、支流的中上游兴建水库拦蓄洪水，调节下泄流量不超过下游河道的过流能力。

（二）农田水利工程

农业是国民经济的基础，通过建闸修渠等工程措施，形成良好的灌、排系统来调节和改变农田水分状态和地区水利条件，使之符合农业生产发展的需要。农田水利工程一般包括以下几种：

（1）取水工程。从河流、湖泊、水库、地下水等水源适时、适量地引取水量，用于农田灌溉的工程称为取水工程。在河流中引水灌溉时，取水工程一般包括抬高水位的拦河坝（闸）、控制引水的进水闸、排沙用的冲沙闸、沉沙池等。当河流流量较大、水位较高能满足引水灌溉要求时，可以不修建拦河坝（闸）。当河流水位较低又不宜修建坝（闸）时，可建提灌站，提水灌溉。

（2）输水配水工程。将一定流量的水流输送并配置到田间的建筑物的综合体称为输水配水工程。如各级固定渠道系统及渠道上的涵洞、渡槽、交通桥、分水闸等。

（3）排水工程。各级排水沟及沟道上的建筑物称为排水工程。其作用是将农田内多余水分排泄到一定范围外，使农田水分保持适宜状态，满足通气、养料和热状况的要求，以适应农作物的正常生长，如排水沟、排水闸等。

（三）水力发电工程

将具有巨大能量的水流通过水轮机转换为机械能，再通过发电机将机械能转换为电能的工程措施称为水力发电工程。落差和流量是水力发电的两个基本要素。为了有效地利用天然河道的水能，常采取工程措施，修建能集中落差和流量的水工建筑物，使水流符合水力发电工程的要求。在山区常用的水能开发方式是拦河筑坝，形成水库，它既可以调节径流，又可以集中落差。在坡度很陡或有瀑布、急滩、弯道的河段,而上游又不许淹没时,可以沿河岸修建引水建筑物(渠道、隧洞)来集中落差和流量,开发水能。

(四)供水和排水工程

供水是将水从天然水源中取出,经过净化、加压,用管网供给城市、工矿企业等用水部门;排水是排除工矿企业及城市废水、污水和地面雨水。城市供水对水质、水量及供水可靠性要求很高,排水必须符合国家规定的污水排放标准。我国水源不足,现有供、排水能力与科技和生产发展以及人民物质文化生活水平的不断提高不相适应,特别是城市供水与排水的要求愈来愈高,水质污染问题也加剧了水资源的供需矛盾,而且恶化环境,破坏生态。

(五)航运工程

航运包括船运与筏运(木、竹浮运)。内河航运有天然水道(河流、湖泊等)和人工水道(运河、河网、水库、闸化河流等)两种。利用天然河道通航,必须进行疏浚、河床整治、改善河流的弯曲情况、设立航道标志,以建立稳定的航道。当河道通航深度不足时,可以通过拦河建闸、坝的措施抬高河道水位,或利用水库进行径流调节,改善水库下游的通航条件。人工水道是人们为了改善航运条件,开挖人工运河、河网及渠化河流,以节省航程,节约人力、物力、财力。

二、水利枢纽

为了综合利用水资源,达到防洪、灌溉、发电、供水、航运等目的,需要修建几种不同类型的建筑物,以控制和支配水流,满足国民经济发展的需要,这些建筑物通称为水工建筑物,而由不同水工建筑物组成的综合体称为水利枢纽。水利枢纽的作用可以是单一的,但多数是综合利用的水利枢纽。枢纽正常运行中各部门之间对水的要求有所不同。如防洪部门希望汛前降低水位来加大防洪库容,而兴利部门则希望扩大兴利库容而不愿汛前过多地降低水位;水力发电只是利用水的能量而不消耗水量,发电后的水仍可用于农业灌溉或工业供水,但发电、灌溉和供水的用水时间不一定一致。因此,在设计水利枢纽时,应使上述矛盾能得到合理解决,以做到降低工程造价,满足国民经济各部门的需要。

三、水工建筑物的分类

(一)按建筑物的用途分类

(1)挡水建筑物。用以拦截江河,形成水库或壅高水位,如各种坝和闸,以及为抗御洪水或挡潮,沿江河海岸修建的堤防、海塘等。

(2)泄水建筑物。用以宣泄在各种情况下,特别是洪水期的多余入库水量,以确保大坝和其他建筑物的安全,如溢流坝、溢洪道、泄洪洞等。

(3)输水建筑物。为灌溉、发电和供水的需要从上游向下游输水用的建筑物,如输水洞、引水管、渠道、渡槽等。

(4)取水建筑物。输水建筑物的首部建筑,如进水闸、扬水站等。

(5)整治建筑物。用以整治河道,改善河道的水流条件,如丁坝、顺坝、导流堤、护岸等。

(6)专门建筑物。专门为灌溉、发电、供水、过坝需要而修建的建筑物,如电站厂房、沉沙池、船闸、升船机、鱼道、筏道等。

（二）按建筑物使用时间分类

水工建筑物按使用时间的长短分为永久性建筑物和临时性建筑物两类。

（1）永久性建筑物。这种建筑物在运用期长期使用，根据其在整体工程中的重要性又分为主要建筑物和次要建筑物。主要建筑物是指该建筑物失事后将造成下游灾害或严重影响工程效益，如闸、坝、泄水建筑物、输水建筑物及水电站厂房等；次要建筑物是指失事后不致造成下游灾害和对工程效益影响不大且易于检修的建筑物，如挡土墙、导流墙、工作桥及护岸等。

（2）临时性建筑物。这种建筑物仅在工程施工期间使用，如围堰、导流建筑物等。

有些水工建筑物在枢纽中的作用并不是单一的，如溢流坝既能挡水，又能泄水；水闸既可挡水，又能泄水，还可做取水之用。

四、水工建筑物的特点

水工建筑物与其他土木建筑物相比，除工程量大、投资多、工期较长外，还具有以下几个方面的特点。

（一）工作条件复杂

由于水的作用形成了水工建筑物特殊的工作条件：挡水建筑物蓄水以后，除承受一般的地震力和风压力等水平推力外，还承受很大的水压力、浪压力、冰压力、地震动水压力等水平推力，对建筑物的稳定性影响极大；通过水工建筑物和地基的渗流，对建筑物和地基产生渗透压力，还可能产生浸蚀和渗透破坏；当水流通过水工建筑物下泄时，高速水流可能引起建筑物的空蚀、振动以及对下游河床和两岸的冲刷；对于特定的地质条件，水库蓄水后可能诱发地震，进一步恶化建筑物的工作条件。

水工建筑物的地基是多种多样的。在岩基中经常遇到节理、裂隙、断层、破碎带及软弱夹层等地质构造，在土基中可能遇到粉细砂、淤泥等构成的复杂土基。为此，在设计以前必须进行周密的勘测，作出正确的判断，为建筑物的选型和地基处理提供可靠的依据。

（二）施工条件复杂

第一，水工建筑物的兴建，需要解决好施工导流问题，要求在施工期间，在保证建筑物安全的前提下，河水应能顺利下泄，必要的通航、过木要求应能满足，这是水利工程设计和施工中的一个重要课题；第二，工程进度紧迫，工期也比较长，截流、度汛需要抢时间、争进度，否则将导致拖延工期；第三，施工技术复杂，水工建筑物的施工受气候影响较大，如大体积混凝土的温度控制和复杂的地基较难处理，填土工程要求一定的含水量和一定的压实度，雨季施工有很大的困难；第四，地下、水下工程多，排水施工难度比较大；第五，交通运输比较困难，高山峡谷地区更为突出等。

（三）对国民经济的影响巨大

水利枢纽工程和单项的水工建筑物既可以承担防洪、灌溉、发电、航运等任务，又可以绿化环境，改良土壤植被，发展旅游，甚至建成优美的城市等，但是，如果处理不当也可能产生消极的影响。如水库蓄水越多，则效益越高，但淹没损失也越大，不仅导致大量移民和迁建，还可能引起库区周围地下水位的变化，直接影响到工农业生产，甚至影响生态环境；库尾的泥沙淤积，可能会使航道恶化。堤坝等挡水建筑物万一失事或决口，将会给下游人民的生命财产和国家建设带来灾难性的损失。1975年8月，我国河南省遭遇特大洪水，加之板桥、石漫滩两座水库垮坝,使下游 1 100 万亩(1 亩 = 1/15 hm², 下同)农田受淹,京广铁路中断,死亡达 9 万人。

五、水利工程的等别划分和水工建筑物的级别划分

(一)水利工程的等别划分

根据《水利水电工程等级划分及洪水标准》(SL 252—2000)的规定,水利水电工程根据其工程规模、效益以及在国民经济中的重要性,划分为 I、II、III、IV、V 五等,适用于不同地区、不同条件下建设的防洪、灌溉、发电、供水和治涝等水利水电工程,见表1-1。

表1-1　水利水电工程分等指标

工程等别	工程规模	水库总库容(亿 m³)	防洪		治涝	灌溉	供水	发电
			保护城镇及工矿企业的重要性	保护农田(万亩)	治涝面积(万亩)	灌溉面积(万亩)	供水对象重要性	装机容量(万 kW)
I	大(1)型	≥10	特别重要	≥500	≥200	≥150	特别重要	≥120
II	大(2)型	10～1.0	重要	500～100	200～60	150～50	重要	120～30
III	中型	1.0～0.10	中等	100～30	60～15	50～5	中等	30～5
IV	小(1)型	0.10～0.01	一般	30～5	15～3	5～0.5	一般	5～1
V	小(2)型	0.01～0.001	—	<5	<3	<0.5	—	<1

注:总库容是指水库最高水位以下的静库容,治涝面积和灌溉面积均指设计面积。

对于综合利用的水利水电工程,当按各分项利用项目的分等指标确定的等别不同时,其工程等别应按其中的最高等别确定。

(二)水工建筑物的级别划分

水利水电工程中水工建筑物的级别反映了工程对水工建筑物的技术要求和安全要求,应根据所属工程的等别及其在工程中的作用和重要性分析确定。

1. 永久性水工建筑物的级别

水利水电工程的永久性水工建筑物的级别应根据建筑物所在工程的等别,以及建筑物的重要性确定为五级,分别为 1、2、3、4、5 级,见表1-2。

表1-2　永久性水工建筑物的级别

工程等别	主要建筑物	次要建筑物	工程等别	主要建筑物	次要建筑物
I	1	3	IV	4	5
II	2	3	V	5	5
III	3	4			

部分水工建筑物由于失事后造成的损失较大,有必要提高其设计级别,凡符合表1-3提级指标的水工建筑物,经论证并报主管部门批准,可以提高一级设计。

表 1-3　部分水工建筑物的提级指标

坝的原级别	坝型	坝高（m）
2	土石坝	90
	混凝土坝、浆砌石坝	130
3	土石坝	70
	混凝土坝、浆砌石坝	100

　　堤防工程级别取决于防护对象（如城镇、农田面积、工业区等）的防洪标准，一般应按照现行国家《防洪标准》（GB 50201—94）确定，堤防工程的级别可由表1-4查得。堤防工程的防洪标准应根据防护区内防洪标准较高防护对象的防洪标准确定，并进行必要的论证。一般遭受洪灾或失事后损失巨大、影响十分严重的堤防工程，其级别可适当提高，遭受洪灾或失事后损失及影响小或使用期限较短的临时堤防工程，其级别可适当降低。采用高于或低于规定级别的堤防工程应报行业主管部门批准；当影响公共防洪安全时，还应同时报水行政主管部门批准。

表 1-4　堤防工程的级别

防洪标准 （重现期，年）	≥100	<100 且≥50	<50 且≥30	<30 且≥20	<20 且≥10
堤防工程的级别	1	2	3	4	5

　　另外，堤防工程上的闸、涵、泵站等建筑物及其他构筑物的设计防洪标准不应低于堤防工程的防洪标准，并应留有适当的安全量。

　　2. 临时性水工建筑物的级别

　　对于临时性水工建筑物的级别，按表1-5确定。对于同时分属于不同级别的临时性水工建筑物，其级别应按照其中最高级别确定。但对于3级临时性水工建筑物，符合该级别规定的指标不得少于两项。

表 1-5　临时性水工建筑物级别

级别	保护对象	失事后果	使用年限 （年）	临时性水工建筑物规模	
				高度（m）	库容（亿 m³）
3	有特殊要求的 1 级永久性水工建筑物	淹没重要城镇、工矿企业、交通干线或推迟总工期及第一台（批）机组发电，造成重大灾害和损失	>3	>50	>1.0
4	1、2 级永久性水工建筑物	淹没一般城镇、工矿企业、交通干线或影响总工期及第一台（批）机组发电，造成较大经济损失	3～1.5	50～15	1.0～0.1
5	3、4 级永久性水工建筑物	淹没基坑，但对总工期及第一台（批）机组发电影响不大，经济损失较小	<1.5	<15	<0.1

第二节　堤防工程作用及分类

一、堤防的概念及作用

堤防是沿江、河、湖、海、排灌渠道或分洪区、行洪区边界修筑的挡水建筑物。其断面形状为梯形或复式梯形。堤防的主要作用是约束水流、控制河势、防止洪水泛滥成灾，另外，还可以抗御风浪、海潮入侵等。

堤防是一项重要的防洪工程措施。截至 1998 年，全国堤防总长达 25 万多 km，其中重点堤防 6.5 万多 km。尽管如此，大江大河堤防在堤防断面、基础处理、填塘固基、穿堤建筑物、崩岸治理以及护坡要达到流域长期规划标准等方面仍有大量的工作要做。

二、堤防的分类

堤防按其所处地位和作用不同，可分为河堤、湖堤、水库堤防、围堤、海堤和渠堤等 6 种。这 6 种堤防因其工作条件不尽相同，其设计断面也略有差别。对于河堤来说，因洪水涨落较快，高水位持续历时最长也不会超过两个月，其承受高水位压力的时间短，堤身浸润线往往不能发展到最高洪水位的位置，故堤防断面尺寸相对可以小些。湖堤位于湖泊四周，用以围垦湖滨低洼地带和发展水产事业，由于湖水位涨落缓慢，高水位持续时间较长，一般可达五六个月之久，且水面辽阔，风浪较大，堤身断面尺寸较河堤大，且临水面应有较好的防浪护面，背水面须有一定的排渗设施。水库堤防随着水库的兴建而产生，多修筑在水库的回水末端或库区局部地段，用于减少占用耕地面积或搬迁村庄。水库的堤防断面设计一般与湖堤相同。围堤用于临时滞蓄超标准洪水，其实际工作机会远不及河堤和湖堤那样频繁，但修建标准一般应与河干堤相同。海堤仅在涨潮时或风暴引起海浪袭击时着水，高水位持续时间甚短，但由于风浪破坏作用较大，堤防断面也要求较大，并远较河堤坚固，海堤临水面一般设有消波效果较好的防浪设施，还多采取生物与工程相结合的保滩护堤措施。渠堤在灌溉、发电、航运、给水、排水等水利工程中广为采用，一般在临水面渠底设有防渗减糙措施，断面相对最小。

这里以介绍河堤为主，其原则也可用于其他类型的堤防。

河堤按其所处地位和作用不同，又可分为遥堤、缕堤、格堤、月堤和越堤等类，如图 1-1 所示。遥堤又叫主堤或干堤，距河道主槽较远，堤身较厚，用于防御特大洪水，是防洪的最后一道防线，一般有专用名称，如黄河的北大堤、长江的荆江大堤等；缕堤又名民垸、民埝或生产堤，距河较近，堤身相对单薄，用于抗御较小的洪水、约束水流、加大流速，保护缕堤至遥堤间的滩地生产，洪水较大时，可能漫溢溃决；格堤为连接遥堤与缕堤的横向堤防，形成格状，一旦缕堤决口，使淹没

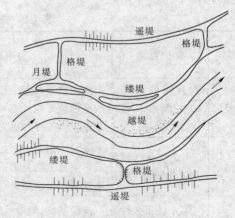

图 1-1　黄河堤防示意图

范围仅限一格,同时可防止洪水沿遥堤形成串沟夺河,威胁干堤安全;月堤和越堤皆为依缕堤或遥堤进占或后退的月牙形堤防,当河身变动逼近堤防而保护河岸又有困难时,修建月堤退守新线,当河身变动远离堤防时,为争取耕地可修越堤,同时也为防洪增加一道新的前沿防线。此外,在防洪抢险时,为防止洪水漫越堤顶,临时在堤顶加修的小堤,称为子埝或子堤。

第三节 小型水库的组成和作用

一、拦水坝体

常见的小型水库拦水坝体为土石坝,其基本剖面是梯形,主要由坝顶构造、防渗体、上下游坝坡、坝体排水、地基处理等细部构造组成。

(一)坝顶构造

某土坝坝顶构造如图 1-2 所示。

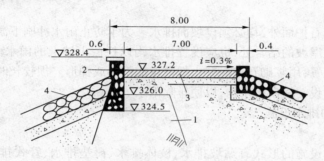

1—心墙;2—斜墙;3—回填土;4—护面
图 1-2 某土坝坝顶构造 （单位:mm）

1. 坝顶宽度

坝顶宽度应根据构造、施工、运行和抗震等因素确定。如无特殊要求,高坝可选用 10 ~ 15 m,中、低坝可选用 5 ~ 10 m。同时,坝顶宽度必须充分考虑心墙或斜墙顶部及反滤层、保护层的构造需要。

2. 护面

护面的材料可采用砌石、沥青或混凝土,Ⅳ级以下的坝下游也可以采用草皮护面。如有公路交通要求,还应满足公路路面的有关规定。作用是保护坝顶不受破坏。为了排除雨水,坝顶应做成向一侧或两侧倾斜的横向坡度,坡度宜采用 2% ~ 3%,对于有防浪墙的坝顶,则宜采用单向向下游倾斜的横坡。

3. 防浪墙

坝顶上游侧常设混凝土或浆砌石修建的不透水的防浪墙,墙基要与坝体防渗体可靠地连接起来,以防高水位时漏水,防浪墙的高度一般为 1.0 ~ 1.2 m。

(二)防渗体

土坝防渗体主要有心墙、斜墙、铺盖、截水墙等。设置防渗设施的作用是:减少通过坝体和坝基的渗流量;降低浸润线,增加下游坝坡的稳定性;降低渗透坡降,防止渗透变形。

1.均质坝

整个坝体就是一个大的防渗体,它由透水性较小的黏性土筑成。

2.黏性土心墙和斜墙

心墙一般布置在坝体中部,有时稍偏上游并略为倾斜;斜墙布置在坝体的上游,以便和上游铺盖及坝顶的防浪墙相连接。

黏性心墙和斜墙顶部水平厚度一般不小于3 m,以便机械化施工。防渗体顶与坝顶之间应设保护层,厚度不小于该地区的冰冻或干燥深度,同时按结构要求不宜小于1 m。

3.非土料防渗体

非土料防渗体有钢筋混凝土、沥青混凝土、木板、钢板、浆砌块石和塑料薄膜等,较常用的是沥青混凝土和钢筋混凝土。

(三)土石坝的护坡与坝坡排水

1.护坡

土石坝的护坡形式有草皮、抛石、干砌石、浆砌石、混凝土或钢筋混凝土、沥青混凝土或水泥土等。其作用是防止波浪淘刷、顺坝水流冲刷、冰冻和其他形式的破坏。

2.坝坡排水

除干砌石或堆石护面外,均必须设坝面排水。为了防止雨水冲刷下游坝坡,常设纵横向连通的排水沟。与岸坡的结合处,也应设置排水沟以拦截山坡上的雨水。坝面上的纵向排水沟沿马道内侧布置,用浆砌石或混凝土板铺设成矩形或梯形。坝较长时,则应沿坝轴线方向每隔50~100 m设一横向排水沟,以便排除雨水。

(四)土石坝的排水设施

1.排水设施

土石坝的排水设施的形式有贴坡排水、棱体排水、褥垫排水、管式排水和综合式排水。坝体排水的作用是降低坝体浸润线及孔隙水压力,防止坝坡土冻胀破坏。在排水设施与坝体、土基接合处,都应设置反滤层。其中贴坡排水和棱体排水最常用。

1)贴坡排水

贴坡排水紧贴下游坝坡的表面设置,它由1~2层堆石或砌石筑成,如图1-3所示。贴坡排水顶部应高于坝体浸润线的逸出点,保证坝体浸润线位于冰冻深度以下。

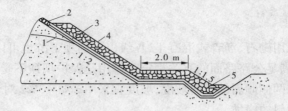

1—浸润线;2—护坡;3—反滤线;4—排水体;5—排水沟

图1-3 贴坡排水

贴坡排水构造简单、节省材料、便于维修,但不能降低浸润线,且易因冰冻而失效,常用于中小型工程下游无水的均质坝或浸润线较低的中等高度坝。

2)棱体排水

在下游坝脚处用块石堆成棱体,顶部高程应超出下游最高水位,超出高度应大于波浪沿坡面的爬高,并使坝体浸润线距坝坡的距离大于冰冻深度。应避免棱体排水上游坡脚出现锐角,顶宽应根据施工条件及检查观测需要确定,但不得小于1.0 m,如图1-4所示。

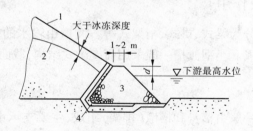

1—下游坝坡;2—浸润线;3—棱体排水;4—反滤层

图1-4 堆石棱体排水

棱体排水可降低浸润线,防止坝坡冻胀和渗透变形,保护下游坝脚不受尾水淘刷,多用于河床部分(有水)的下游坝脚处。

2.反滤层

为避免因渗透系数和材料级配的突变而引起渗透变形,在防渗体与坝壳、坝壳与排水体之间都要设置2~3层粒径不同的砂石料作为反滤层。材料粒径沿渗流方向由大到小排列。

二、溢洪道

溢洪道属于泄水建筑物的一种。溢洪道从上游水库到下游河道通常由引水段、控制段、泄水槽、消能设施和尾水渠五个部分组成。

溢洪道按泄洪标准和运用情况,分为正常溢洪道和非常溢洪道。前者用以宣泄设计洪水,后者用于宣泄非常洪水。

溢洪道按其所在位置,分为河床式溢洪道和岸边溢洪道。河床式溢洪道经由坝身溢洪。岸边溢洪道按结构形式可分为:

(1)正槽溢洪道。泄槽与溢流堰正交,过堰水流与泄槽轴线方向一致。

(2)侧槽溢洪道。溢流堰大致沿等高线布置,水流从溢流堰泄入与堰轴线大致平行的侧槽后,流向作近90°转弯,再经泄槽或隧洞流向下游。

(3)井式溢洪道。洪水流过环形溢流堰,经竖井和隧洞泄入下游。

(4)虹吸溢洪道。利用虹吸作用泄水,水流出虹吸管后,经泄槽流向下游,可建在岸边,也可建在坝内。

岸边溢洪道通常由进水渠、控制段、泄水段、消能段组成。进水渠起进水与调整水流的作用。控制段常用实用堰或宽顶堰,堰顶可设或不设闸门。泄水段有泄槽和隧洞两种形式。为保护泄槽免遭冲刷和岩石不被风化,一般都用混凝土衬砌。消能段多用挑流消能或水跃消能。当下泄水流不能直接归入原河道时,还需另设尾水渠,以便与下游河道妥善衔接。溢洪道的选型和布置,应根据坝址地形、地质、枢纽布置及施工条件等,通过技术经济比较后确定。

第四节 渠系建筑物的构造和作用

在渠道上修建的水工建筑物称为渠系建筑物,它使渠水跨过河流、山谷、堤防、公路等。

其类型主要有渡槽、涵洞、倒虹吸管、跌水与陡坡等。

一、渡槽的构造及作用

按支承结构渡槽可分为梁式、拱式、桁架式等。渡槽由输水的槽身及支承结构、基础和进出口建筑物等部分组成。小型渡槽一般采用简支梁式结构,截面采用矩形。

(一) 梁式渡槽

1. 槽身结构

梁式渡槽槽身结构一般由槽身和槽墩(排架)组成,主要支承水荷载及结构自重。槽身按断面形状有矩形和 U 形。梁式渡槽又分成简支梁式、双悬臂梁式、单悬臂梁式和连续梁式。简支矩形槽身适用跨度为 8~15 m,U 形槽身适用跨度为 15~20 m。

2. 渡槽的进出口建筑物

渡槽的进出口建筑物和水闸基本相同,由翼墙、护底、铺盖和消能设施组成,把矩形或 U 形槽身和梯形渠道连接起来,起改善水流条件、防冲及挡土作用。

(二) 拱式渡槽

拱式渡槽的水荷载及结构自重由拱承担,其他和梁式渡槽相同。

二、涵洞的构造及作用

根据水流形态的不同,涵洞分有压、无压和半有压式。

(一) 涵洞的洞身断面形式

1. 圆形管涵

圆形管涵的水力条件和受力条件较好,多由混凝土或钢筋混凝土建造,适用于有压涵洞或小型无压涵洞。

2. 箱形涵洞

箱形涵洞是四边封闭的钢筋混凝土整体结构,适用于现场浇筑的大中型有压或无压涵洞。

3. 盖板涵洞

盖板涵洞的断面为矩形,由底板、边墙和盖板组成,适用于小型无压涵洞。

4. 拱涵

拱涵由底板、边墙和拱圈组成。其因受力条件较好,多用于填土较高、跨度较大的无压涵洞。

(二) 洞身构造

洞身构造有基础、沉降缝、截水环或涵衣,如图 1-5 所示。

1. 基础

管涵基础采用浆砌石或混凝土管座,其包角为 90°~135°。拱涵和箱涵基础采用 C15 素混凝土垫层。它可分散荷载并增加涵洞的纵向刚度。

2. 沉降缝

沉降缝的设缝间距不大于 10 m,且不小于 2~3 倍洞高,主要作用是适应地基的不均匀沉降。对于有压涵洞,缝中要设止水,以防止渗水使涵洞四周的填土产生渗透变形。

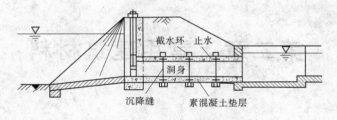

图 1-5　洞身构造

3. 截水环或涵衣

对于有压涵洞,要在洞身四周设若干截水环或用黏土包裹形成涵衣,用以防止洞身外围产生集中渗流。

三、倒虹吸管的构造和作用

倒虹吸管有竖井式、斜管式、曲线式和桥式等,主要由管身和进口段、出口段三部分组成。

(一)进口段的形式

进口段包括进水口、拦污栅、闸门、渐变段及沉沙池等,用来控制水流、拦截杂物和沉积泥沙。

(二)出口段的形式

出口段包括出水口、渐变段和消力池等,用于扩散水流和消能防冲。

(三)管身的构造

水头较低的管身采用混凝土(水头在 4~6 m 以内)或钢筋混凝土(水头在 30 m 左右),水头较高的管身采用铸铁或钢管(水头在 30 m 以上)。为了防止管道因地基不均匀沉降和温度变化而破坏,管身应设置沉降缝,内设止水。现浇钢筋混凝土管在土基上缝距 15~20 m,在岩基上缝距 10~15 m。为了便于检修,在管段上应设置冲砂放水孔兼作进人孔。为了改善路下平洞的受力条件,管顶应埋设在路面以下 1.0 m 左右。

(四)镇墩与支墩

在管身的变坡及转弯处或较长管身的中间应设置镇墩,以连接和固定管道镇墩附近的伸缩缝,一般设在下游侧。在镇墩中间要设置支墩,以承受水荷载及管道自重的法向分量。

第二章　常用建筑材料

第一节　建筑材料的类型及特性

建筑材料是指建筑工程中所使用的材料及其制品,是工程建设的物质基础。建筑材料的性能、种类、规格及合理使用,将影响工程的安全、耐久、美观等工程质量。若选择、使用材料不当,轻则达不到预期效果,重则会导致工程质量降低甚至酿成工程事故。同时,建筑材料对工程技术的发展也起着至关重要的作用,新材料的出现往往促使工程技术的革新,而工程变革与社会发展的需要又常常促进新材料的诞生。

一、建筑材料的种类

建筑材料种类繁多,最常用的是按材料基本组成成分可分为无机材料、有机材料和复合材料三大类(见表 2-1)。

表 2-1　建筑材料的分类

分类			实例
无机材料	金属材料	黑色金属	生铁、非合金钢、合金钢、不锈钢
		有色金属	铝及铝合金、铜及铜合金
	非金属材料	天然石材	毛石、料石、石板材、碎石、卵石、砂
		烧土制品	烧结砖、瓦、陶器、炻器、瓷器
		玻璃及熔融制品	玻璃、玻璃棉、岩棉、铸石
		胶凝材料	气硬性胶凝材料:石灰、石膏、菱苦土、水玻璃 水硬性胶凝材料:各类水泥
		混凝土类	砂浆、混凝土、硅酸盐制品
有机材料	植物质材料		木材、竹板、植物纤维及其制品
	合成高分子材料		塑胶、橡胶、胶黏剂、有机涂料
	沥青材料		天然沥青、石油沥青、沥青制品
复合材料	无机非金属材料 – 有机材料复合		沥青混凝土、聚合物混凝土、玻纤增强塑料、水泥刨花板
	无机非金属材料 – 金属材料复合		钢筋混凝土、钢纤维混凝土
	金属材料 – 有机材料复合		PVC 钢板、轻质金属夹芯板

此外,按照使用功能分类,可分为建筑结构材料、墙体材料、建筑功能材料、建筑器材四

大类;按照建筑物不同部位采用的材料分类,有主体结构材料、屋面材料、地面材料、外墙材料、内墙材料及吊顶材料。

二、建筑材料的基本性质

(一)基本物理性质

1. 材料的体积构成及含水状态

1)材料的体积构成

块体材料在自然状态下的体积是由固体物质体积及其内部孔隙体积组成的。材料内部的孔隙按孔隙特征又分为开口孔隙和闭口孔隙。闭口孔隙不吸进,开口孔隙与材料周围的介质相通,材料在浸水时易被水饱和,见图2-1。

散粒体材料是指具有一定粒径材料的堆积体,如工程中常用的砂、石子等。其体积构成包括固体物质体积、颗粒内部孔隙体积及固体颗粒之间的空隙体积,见图2-2。

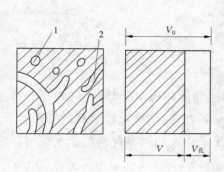

1—闭口孔隙;2—颗粒的开口孔隙

图2-1 块状材料体积构成示意

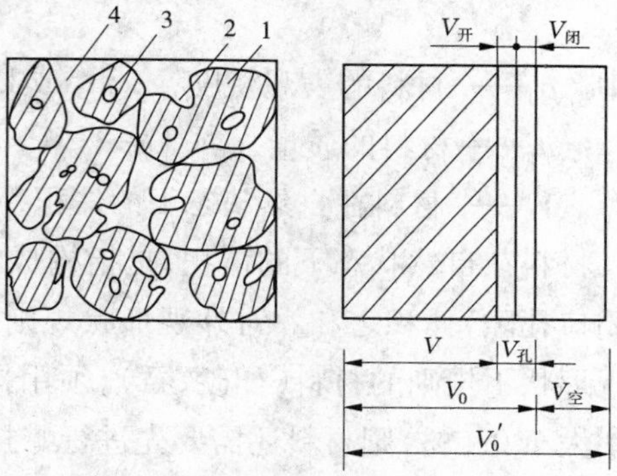

1—闭口孔隙;2—开口孔隙;

3—颗粒的闭口孔隙;4—颗粒间的空隙

图2-2 散粒材料体积构成示意

2)材料的含水状态

材料在大气中或水中会吸附一定的水分,根据材料吸附水分的情况,将材料的含水状况分为干燥状态、气干状态、饱和面干状态及湿润状态4种,见图2-3。材料的含水状态会对材料的多种性质产生影响。

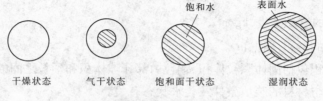

干燥状态　　气干状态　　饱和面干状态　　湿润状态

图2-3 材料的含水状态

2. 材料在密度、表观密度与堆积密度

1)密度

密度是指材料在绝对密实状态下单位体积的质量,用下式表示

$$\rho = \frac{m}{V} \tag{2-1}$$

式中 ρ——材料的密度,g/cm^3 或 kg/m^3;

$\quad\quad m$——材料在干燥状态下的质量,g 或 kg;

$\quad\quad V$——材料在绝对密实状态下的体积,cm^3 或 m^3。

材料在绝对密实状态下的体积,是指材料不包括孔隙体积在内的固体物质所占的体积。在土木工程材料中,除了钢材、玻璃等材料可近似地直接量取其密实体积外,其他绝大多数材料都含有一定的孔隙,故可将材料磨成细粉,经干燥至恒重后,用排液法测定其密实体积。材料磨得越细,所测得的体积越接近绝对体积。

2)表观密度

表观密度是指材料在自然状态下单位体积的质量,用下式表示

$$\rho_0 = \frac{m}{V_0} \tag{2-2}$$

式中 ρ_0——材料的表观密度,g/cm^3 或 kg/m^3;

$\quad\quad m$——材料的质量,g 或 kg;

$\quad\quad V_0$——材料在自然状态下的体积,cm^3 或 m^3。

材料在自然状态下的体积,是指构成材料的固体物质体积与全部孔隙(包括开口孔隙和闭口孔隙)体积之和。对外观形状规则的材料(如各种砖、砌块),按材料的外形计算;对外观形状不规则的材料(如砂、石),须用排液置换法求得。如被测材料溶于水或材料的吸水率大于 0.5%,则材料还需要先进行蜡封处理。

由于材料含有水分时,材料的质量及体积均会发生改变,故在测定材料的表观密度时,须注明其含水状态。通常,材料的表观密度是指材料在气干状态(长期在空气中的干燥状态)下的表观密度。另外,在不同的含水状态下,还可测得材料的干表观密度、湿表观密度及饱和表观密度。

3)堆积密度

堆积密度是指材料在规定的装填条件下单位堆积体积的质量,用下式表示

$$\rho_0' = \frac{m}{V_0'} \tag{2-3}$$

式中 ρ_0'——材料的堆积密度,kg/m^3;

$\quad\quad V_0'$——材料的堆积体积,m^3。

材料的堆积体积包括固体颗粒体积、颗粒内部孔隙体积和颗粒之间的空隙体积,用容量筒测定。堆积密度与材料的装填条件及含水状态有关。

在建筑工程中,计算材料的用量、构件的自重、配料计算、确定材料的堆放空间以及运输量时,经常要用到材料的密度、表观密度和堆积密度等参数。

几种常用材料的密度、表观密度、堆积密度如表 2-2 所示。

从表 2-2 中大家也可以看出堆积密度要比表观密度小,表观密度要比密度小。

表 2-2　几种常用材料的密度、表观密度、堆积密度

材料名称	密度（g/cm³）	表观密度（kg/m³）	堆积密度（kg/m³）
钢材	7.85	7 800 ~ 7 850	—
花岗岩	2.70 ~ 3.00	2 500 ~ 2 900	—
石灰石（碎石）	2.48 ~ 2.76	2 300 ~ 2 700	1 400 ~ 1 700
砂	2.50 ~ 2.60	—	1 500 ~ 1 700
水泥	2.80 ~ 3.10	—	1 600 ~ 1 800
粉煤灰（气干）	1.95 ~ 2.40	1 600 ~ 1 900	550 ~ 800
烧结普通砖	2.60 ~ 2.70	2 000 ~ 2 800	—
烧结多孔砖	2.60 ~ 2.70	900 ~ 1 450	—
普通水泥混凝土	—	1 950 ~ 2 500	—
红松木	1.55 ~ 1.60	400 ~ 600	—
普通玻璃	2.45 ~ 2.55	2 450 ~ 2 550	—
铝合金	2.70 ~ 2.90	2 700 ~ 2 900	—
泡沫塑料	—	20 ~ 50	—

3. 材料的密实度与孔隙率

1）密实度

密实度是指材料体积内被固体物质所充实的程度，即固体物质的体积占总体积的比例，以 D 表示

$$D = \frac{V}{V_0} \times 100\% = \frac{\rho_0}{\rho} \times 100\% \tag{2-4}$$

式中　D——材料的密实度（%）；

$\quad\quad V$——材料在绝对密实状态下的体积，cm³；

$\quad\quad \rho$——材料的密度，g/cm³；

$\quad\quad \rho_0$——材料的表观密度，g/cm³。

含有孔隙的固体材料的密实度均小于 1。材料的很多性能如强度、吸水性、耐久性、导热性等均与其密实度有关。

2）孔隙率

孔隙率是指块体材料中孔隙体积与材料在自然状态下总体积的百分比，用下式表示

$$P = \frac{V_{孔}}{V_0} \times 100\% \tag{2-5}$$

$$P = \frac{V_0 - V}{V_0} \times 100\% = \left(1 - \frac{\rho_0}{\rho}\right) \times 100\% \tag{2-6}$$

式中　P——材料的孔隙率（%）；

$V_{\text{孔}}$——材料中孔隙的体积,cm^3;

ρ_0——材料的干表观密度,g/cm^3。

孔隙率与密实度的关系为

$$P + D = 1 \qquad (2\text{-}7)$$

式(2-7)表明,材料的总体积是由该材料的固体物质与其包含的孔隙所组成的。

材料开口孔隙率的计算公式如下

$$P_K = \frac{m_2 - m_1}{V_0} \times \frac{1}{\rho_W} \times 100\% \qquad (2\text{-}8)$$

式中　P_K——材料的开口孔隙率(%);

m_1、m_2——材料在干燥状态和饱和面干状态下的质量,g;

ρ_W——水的密度,g/cm^3。

材料的闭口孔隙率可从材料的孔隙率、开口孔隙率中求得,用下式表示

$$P_B = P - P_K \qquad (2\text{-}9)$$

式中　P_B——材料的闭口孔隙率(%)。

孔隙按构造可分为开口孔隙和封闭孔隙两种,按尺寸的大小又可分为微孔、细孔和大孔三种。材料孔隙率的大小,表明材料的密实程度。孔隙率及孔隙特征(如孔隙的大小、是否封闭或连通、分散情况等)影响材料的力学、耐久及导热等性质,如材料的孔隙率较大,且连通孔较少,则材料的吸水性较小,强度较高,抗冻性和抗渗性较好,导热性较差,保温隔热性较好。

材料的密度、表观密度、孔隙率是材料最基本的物理参数,它们反映了材料的密实程度。密度与表观密度除用以计算孔隙率外,还可用以计算材料的体积与质量。

4. 填充率与空隙率

对于松散颗粒状态材料,如砂、石子等,可用填充率和空隙率表示互相填充的疏松致密程度。

填充率是指散粒状材料在堆积体积内被颗粒所填充的程度。

散粒状材料颗粒之间的空隙体积占材料堆积状态下总体积的百分数,称为散粒材料的空隙率。

空隙率与填充率也是相互关联的两个性质,空隙率的大小可直接反映散粒材料的颗粒之间相互填充的程度。散粒状材料,空隙率越大,则填充率越小。

在建筑工程中,材料的密度、表观密度和堆积密度常用来计算材料的用量、构件的自重、配料计算及确定材料的堆放空间。比如在配制混凝土时,砂、石的空隙率是作为控制集料级配与计算混凝土砂率的重要依据。

(二)材料与水有关的性质

1. 亲水性与憎水性

固体材料在空气中与水接触时,根据其表面能否被水润湿,可分为亲水性材料与憎水性材料两种。

亲水性材料易被水润湿,且水能通过毛细管作用而被吸入材料内部。憎水性材料则能阻止水分渗入毛细管中,导致材料吸水性弱。建筑材料大多数为亲水性材料,如水泥、混凝土、砂、石、砖、木材等,只有少数材料为憎水性材料,如沥青、石蜡、某些塑料等。建筑工程中

憎水性材料常被用作防水材料,或作为亲水性材料的覆面层,以提高其防水、防潮性能。

2. 吸水性与吸湿性

1)吸水性

材料在水中吸收水分的性质称为吸水性。多数材料由于具有亲水性及开口孔隙,其内部常含有水分。吸水性的大小用吸水率表示,吸水率有两种表示方法:质量吸水率和体积吸水率。

材料的吸水性,除与材料本身的亲水性或憎水性有关外,还与材料的孔隙特征有关。一般孔隙率越大,吸水性越强。孔隙率相同时,具有开口且连通的微小孔隙构造的材料,吸水性一般要强于封闭的或粗大连通孔隙构造的材料。

材料吸水后,表观密度增大,导热性增大,强度降低,体积膨胀,一般会对材料造成不利影响。

2)吸湿性

材料在潮湿空气中吸收水分的性质称为吸湿性。吸湿性的大小用含水率表示,含水率为材料中所含水的质量与材料干燥质量的百分比。

材料的含水率随空气的温度、湿度变化而改变。材料既能在空气中吸收水分,又能向外界释放水分,当材料中的水分与空气的湿度达到平衡时,此时的含水率就称为平衡含水率。一般情况下,材料的含水率多指平衡含水率。

材料的吸湿性主要与材料的组成、孔隙率,特别是孔隙特征有关,还与周围环境的温度与湿度有关。一般,环境中温度越高,湿度越低,含水率越小。材料吸湿后,除了本身质量增加外,还会降低其绝热性、强度及耐久性,对工程产生不利的影响。

3. 耐水性

材料长期在饱和水作用下不破坏,强度也不显著降低的性质称为耐水性。

一般材料含有水分时,由于内部微粒间结合力减弱而强度有所降低,即使致密的材料也会因此影响强度。若材料中含有某些易被水软化的物质(如黏土、石膏等),强度降低就更为严重。因此,对长期处于水中或潮湿环境中的建筑材料,必须考虑耐水性。

软化系数是耐水性的一个表示参数,表达式为 $k = f/F$。k 为材料的软化系数;f 为材料在水饱和状态下的无侧限抗压强度,MPa;F 为材料在干燥状态下的无侧限抗压强度,MPa。

软化系数的取值范围在 $0 \sim 1$ 之间。软化系数的大小反映材料浸水后强度降低的程度。在选择受水作用的结构材料时,软化系数是一项重要指标。受水浸泡或长期受潮的重要结构材料,其软化系数不宜小于 $0.85 \sim 0.90$;受潮较轻或次要的结构材料,其软化系数不宜小于 $0.70 \sim 0.85$。工程中通常把软化系数大于 0.85 的材料认为是耐水材料。

4. 抗渗性

抗渗性是指材料在压力水作用下抵抗渗透的性质。材料的抗渗性通常用渗透系数 K 和抗渗等级 P 表示。

渗透系数是指一定厚度的材料,在单位压力水头作用下,单位时间内透过单位面积的水量。渗透系数反映了材料抵抗压力水渗透的能力,渗透系数 K 越大,则材料的抗渗性越差。

以规定的试件,在标准试验方法下试件不透水时所能承受的最大水压力,称为材料的抗渗等级。地下建筑物及贮水建筑物常受到压力水的作用,所以要求所选用的材料必须具有一定的抗渗性。

材料抗渗性的大小，与其亲水性、孔隙率、孔隙特征、裂缝等缺陷有关。材料中存在连通的孔隙，且孔隙率较大，水分容易渗入，则这种材料的抗渗性较差。孔隙率小的材料具有较好的抗渗性。封闭孔隙水分不能渗入，因此对于孔隙率虽然较大，但以封闭孔隙为主的材料，其抗渗性也较好。对于地下建筑、压力管道、水工构筑物等工程部位，因经常受到压力水的作用，要选择具有良好抗渗性的材料；作为防水材料，则要求其具有更高的抗渗性。

5. 抗冻性

抗冻性是指材料在吸水饱和状态下，经多次冻融循环而不破坏，同时也不严重降低强度的性质。

材料抗冻性的好坏，取决于材料的孔隙率、孔隙的特征、吸水饱和程度和自身的抗拉强度。材料的变形能力大，强度高，软化系数大，则抗冻性较高。一般认为，软化系数小于0.80的材料，其抗冻性较差。用于建筑物冬季水位变化区的材料，要求有较好的抗冻性。另外，由于抗冻性较好的材料，对抵抗温度、干湿变化等风化作用的性能也较好，所以即使处于温暖地区的建筑物，为了抗风化，材料也必须具有一定的抗冻性。

（三）材料的耐久性

材料在使用过程中，能抵抗周围环境各种介质的侵蚀不变质、不破坏，而保持原有性能的性质，称为材料的耐久性。

材料在使用过程中，除受到各种外力作用外，还长期受到周围环境因素和各种自然因素的破坏作用。这些破坏作用一般可分为物理作用、化学作用、生物作用、机械作用等。

物理作用包括干湿变化、环境温度变化、冻融循环、溶蚀、磨损等，材料经受这些作用后，将发生膨胀、收缩或产生应力，长期的反复作用，将使材料逐渐被破坏。

化学作用包括大气和环境水中的酸、碱、盐等溶液或其他有害物质对材料的侵蚀作用，以及日光、紫外线等对材料的作用，使材料组成成分发生质变，致使材料破坏。例如钢材的锈蚀，水泥的腐蚀等。

生物作用包括菌类、昆虫等的侵害作用，导致材料发生腐朽、虫蛀等而被破坏。比如植物类建材的腐朽等。

机械作用包括荷载的持续作用，交变荷载对材料引起的疲劳、冲击、磨损等。

一般矿物质材料，如石材、砖瓦、陶瓷、混凝土等，暴露在大气中时，主要受到大气的物理作用，当材料处于水位变化区域的水中时，还受到环境水的化学侵蚀作用。金属材料在大气中易被锈蚀。沥青及高分子材料，在阳光、空气及辐射的作用下，会逐渐老化、变质而破坏。

为提高材料的耐久性，根据结构特点、使用环境和材料特点，综合分析影响材料耐久性的原因，通常可采取以下措施：根据使用环境选择耐久性较好的材料；采取各种方法尽可能降低材料的孔隙率，改善材料的孔隙结构；对材料表面进行表面处理以增强抵抗环境作用的能力。

耐久性是对材料综合性质的一种描述，它包括抗渗性、抗冻性、耐腐蚀性、耐老化性、抗风化性、耐热性、耐磨性等内容。对材料耐久性进行可靠的判断，需要很长的时间。通常对材料耐久性的判断，是根据工程对所用材料的使用要求，在实验室进行有关的快速试验，如干湿循环、冻融循环、加湿与紫外线干燥循环、碳化、盐溶液浸渍与干燥循环、化学介质浸渍等。

提高材料的耐久性，对节约建筑材料、保证建筑物长期正常使用、减少维修费用、延长建筑物使用寿命等,均具有十分重要的意义。

(四)材料的环境协调性

材料的环境协调性是指材料在满足使用性能的同时还具有良好的环境表现和环境行为,环境材料的开发有助于资源短缺、能源危机和环境污染等问题的解决。材料的协调性评价,通常用生命周期方法进行评估。所谓生命周期评价,是指一种对产品、生产工艺以及人类活动对环境的压力进行评价的客观过程,通过对能量和物质利用以及由此造成的环境废物排放进行辨识和量化来实现评价。其目的在于评估能量和物质利用,以及废物排放对环境的影响,寻求改善环境影响的机会以及如何利用这种机会。这种评价贯穿于产品、工艺和消费活动的整个生命周期,包括原材料提取与加工、产品制造、运输以及销售、产品的使用、再利用和维护,以及废物循环和最终废物的处置。

建筑材料的环境协调问题日益受到重视。1994 年设立中国环境标志产品认证委员会,建筑材料中首先对水性涂料实行环境标志,制定环境标志的评定标准。为了保障人民群众的身体健康和人身安全,国家制定了《建筑材料放射性核素限量》(GB 6566—2001)以及关于室内装饰装修材料有害物质限量等 10 项国家标准,提出了有关控制要求,并于 2002 年 1月 1 日开始实施。

材料的环境协调性评价应系统全面,否则得出的结论就未必科学、可靠。

第二节　胶凝材料

一、石灰

石灰是一种古老的建筑材料,因其具有原料分布广泛、生产工艺简单、成本低廉、使用方便等优点,所以至今仍然广泛应用于建筑工程中。

(一)石灰的原料和生产

生产石灰的主要原料是以碳酸钙为主的石炭岩,如石灰石、白垩、白云质石灰石等。原料经高温煅烧后,生成以 CaO 为主要成分的生石灰,反应式如下:

$$CaCO_3 \xrightarrow{\text{高温}} CaO + CO_2 \uparrow$$

为了加快煅烧过程,常使温度高达 1 000 ~ 1 100 ℃。煅烧时温度的高低及分布情况对石灰质量有很大影响。如温度太低或温度分布不均匀,碳酸钙不能完全分解,则产生欠火石灰;如果温度太高,则产生过火石灰。煅烧良好的石灰,质轻色匀,密度约为 3.2 g/cm³,堆积密度介于 800 ~ 1 000 kg/m³。

由于生产石灰的原料中常含有碳酸镁,故生石灰中会含有一些 MgO。按 MgO 的多少,生石灰又分为钙质石灰和镁质石灰。

(二)石灰的熟化

石灰在使用前,一般要加水进行熟化,经过熟化的石灰,其主要成分是 Ca(OH)$_2$。

石灰在熟化过程中,放出大量的热,体积膨胀 1.5 ~ 2.5 倍。根据熟化时加水量的不同,熟石灰可呈粉状或浆状。

生石灰熟化成消石灰粉的理论加水量,仅为 CaO 质量的 32%。但由于一部分水分随放热过程而蒸发，故实际加水量为70%左右。消石灰粉的密度约为2.1 g/cm^3，松散状态下的堆积密度一般为400~450 kg/m^3。消石灰粉的生产多在工厂中进行。

在建筑工地上，多用石灰槽或石灰坑，将石灰熟化成石灰浆使用。通常加水量为石灰量的2.5~3.0倍或更多。熟化时经充分搅拌使之生成稀薄的石灰乳，再注入石灰坑内，澄清后形成约含50%水分的石灰浆（石灰膏），其堆积密度为1 300~1 400 kg/m^3。

欠火石灰的中心部分仍是碳酸钙硬块，不能熟化，形成渣子。过火石灰结构紧密，且表面有一层深褐色的玻璃状硬壳，故熟化很慢，当用于建筑物上后，可能继续熟化产生体积膨胀，从而引起裂缝或局部脱落现象。为消除过火石灰的危害，石灰浆应在储灰坑中存放两星期以上（称为"陈伏"），使未熟化的颗粒充分熟化，"陈伏"期间，石灰浆表面应覆盖一层水膜，以免石灰碳化。

（三）石灰的运用与储存

石灰在建筑上应用很广，常用来配置石灰砂浆、水泥石灰混合砂浆等，作为砌筑砖石及抹灰之用。石灰乳常作为墙面及天棚等的粉刷涂料使用。

消石灰与黏土可配置成灰土，再加入砂子可配置成三合土，经过夯实，具有一定的强度和耐水性，可用于建筑物的基础和垫层，也可用于小型水利工程。三合土或灰土的硬化过程中除 $Ca(OH)_2$ 发生结晶及碳化作用外，$Ca(OH)_2$ 还能与黏土中少量活性 SiO_2 及 Al_2O_3 作用生成具有水硬性的水化硅酸钙及水化铝酸钙。三合土或灰土可就地取材，施工技术简单，成本低，具有很大的使用价值。

将生石灰磨成细粉，不经消解，直接使用，称为磨细生石灰。常用于制作硅酸盐制品及无熟料水泥，也可用于拌制三合土或灰土等，其物理力学性能比消石灰粉好。

用磨细生石灰掺加纤维状填料或轻质骨料，搅拌成型后，经人工碳化，可制成碳化石灰板，用于隔墙、天花板等。

石灰要在干燥条件下运输和储存，应注意防潮防水，且不宜在空气中存放太久。

二、水泥

水泥是水硬性胶凝材料。加水拌和，经过一系列的物理、化学作用后，既能在空气中凝结硬化，又能在水中保持其强度发展。

水泥是重要的建筑材料，广泛应用于国民经济建设的各领域，如建筑、交通、水利、电力和国防工程等的基本建设中，用来生产混凝土、钢筋混凝土及其他水泥制品。

（一）通用水泥

通用水泥是指大量用于一般土木建筑工程的水泥，包括硅酸盐水泥、普通水泥、矿渣水泥、火山灰水泥、粉煤灰水泥和复合水泥。使用最多的为硅酸盐类水泥，如硅酸盐水泥、普通硅酸盐水泥、矿渣硅酸盐水泥、火山灰质硅酸盐水泥、粉煤灰硅酸盐水泥等。

（二）专用水泥

专用水泥是指有专门用途的水泥。下面介绍水利工程中常用的大坝水泥和低热微膨胀水泥。

大坝水泥包括中热和低热水泥。以适当成分的硅酸盐水泥熟料，加入适量石膏，磨细制成的具有中等水化热的水硬性胶凝材料，称为中热硅酸盐水泥，简称中热水泥；以适当成分的硅酸盐水泥熟料，加入适量矿渣、石膏，磨细制成的具有低等水化热的水硬性胶凝材料，称为低热硅酸盐水泥,简称低热水泥。低热、中热水泥适用于大坝工程及大型构筑物等大体积混凝土工程。

低热微膨胀水泥是指以粒化高炉矿渣为主要组分,加入适量硅酸盐水泥熟料和石膏,磨细制成的具有低水化热和微膨胀性能的水硬性胶凝材料。低热微膨胀水泥由于水化热低,并且具有微膨胀的性能,对防止大体积混凝土的干缩开裂有重要作用。其适用于要求低热和补偿收缩的混凝土、大体积混凝土、要求抗渗和抗硫酸盐侵蚀的工程。

(三)特性水泥

特性水泥是指其某种性能比较突出的一类水泥,如快硬硅酸盐水泥、快凝快硬硅酸盐水泥、抗硫酸盐硅酸盐水泥、白色硅酸盐水泥、自应力铝酸盐水泥、膨胀硫酸盐水泥等。

1.快硬硅酸盐水泥

快硬硅酸盐水泥是指以硅酸盐水泥熟料和适量石膏磨细制成的,以 3 d 抗压强度表示强度等级的水硬性胶凝材料,简称快硬水泥。快硬水泥初凝不得早于 45 min,终凝不得迟于 10 h。

2.快凝快硬硅酸盐水泥

快凝快硬硅酸盐水泥是指以硅酸三钙、氟铝酸钙为主的熟料,加入适量的硬石膏、粒化高炉矿渣、无水硫酸钠,经过磨细制成的凝结快、强度增长快的水硬性胶凝材料,简称双快水泥。双快水泥初凝不得早于 10 min,终凝不得迟于 60 min。其主要用于紧急抢修工程,以及冬季施工、堵漏等工程。施工时不得与其他水泥混合使用。

3.抗硫酸盐硅酸盐水泥

抗硫酸盐硅酸盐水泥是指以硅酸钙为主的特定矿物组成的熟料,加入适量石膏,磨细制成的具有一定抗硫酸盐侵蚀性能的水硬性胶凝材料。抗硫酸盐水泥适用于受硫酸盐侵蚀的海港、水利、地下隧涵等工程。

4.白色硅酸盐水泥

白色硅酸盐水泥是指以白色硅酸盐水泥熟料加入适量石膏磨细制成的水硬性胶凝材料。

5.铝酸盐水泥

铝酸盐水泥是以铝酸钙为主要成分的各种水泥的总称。主要品种有:高铝水泥、低钙铝酸盐水泥、铝酸盐自应力水泥等。其中,工程中常用的高铝水泥的特点是早期强度递增快、强度高、水化热高,主要用于紧急抢修和有早强要求的特殊工程,适用于冬季施工,主要缺点是后期强度倒缩,在使用 3~5 年后高铝水泥混凝土的强度只有早期强度的一半左右,抗冻渗和耐蚀等性能亦随之降低。高铝水泥不宜用于结构工程,使用温度不宜超过 30 ℃,不得与其他水泥混合使用。

三、水玻璃

水玻璃是一种碱金属硅酸盐水溶液,俗称"泡花碱"。根据碱金属氧化物的不同,分为硅酸钠水玻璃和硅酸钾水玻璃等。常用的是硅酸钠($Na_2O \cdot nSiO_2$)水玻璃的水溶液,硅酸钠中氧化硅与氧化钠的分子比"n"称为水玻璃模数。

建筑上用的水玻璃是硅酸钠的水溶液,为无色或淡黄、灰白色的黏稠液体。

（一）水玻璃的生产方法

水玻璃的生产方法是将石英砂和碳酸钠磨细拌匀，在 1 300 ~ 1 400 ℃ 的玻璃熔炉内加热熔化，冷却后成为固体水玻璃，然后在高压蒸汽锅内加热溶解成液体水玻璃。反应式如下：

$$Na_2CO_3 + nSiO_2 \xrightarrow{1\,300 \sim 1\,400\,℃} Na_2O \cdot nSiO_2 + CO_2 \uparrow$$

硅酸钠中氧化硅与氧化钠的分子数比"n"，称为水玻璃模数。n 越大，水玻璃的黏度越大，越难溶于水，但容易凝结硬化。建筑上常用的水玻璃模数为 2.6 ~ 2.8，密度为 1.36 ~ 1.50 g/cm³。

（二）水玻璃的凝结硬化

水玻璃与空气中的二氧化碳反应，析出无定形二氧化硅凝胶，凝胶逐渐脱水成为氧化硅而硬化。反应式如下

$$Na_2O \cdot nSiO_2 + CO_2 + mH_2O = Na_2CO_3 + nSiO_2 \cdot mH_2O$$

上述反应十分缓慢，为加速其硬化，常在水玻璃中加入促硬剂"氟硅酸钠"，以加速二氧化硅凝胶的析出。反应式如下

$$2(Na_2O \cdot nSiO_2) + mH_2O + Na_2 \cdot SiF_6 = (2n+1)SiO_2 \cdot mH_2O + 6NaF$$

氟硅酸钠的掺量为水玻璃质量的 12% ~ 15%。

（三）水玻璃的特性及应用

水玻璃具有良好的黏结性和很强的耐酸性及耐热性，硬化后具有较高的强度。在工程中常用作：

（1）灌浆材料。用水玻璃及氯化钙的水溶液交替灌入土壤，可加固地基。反应式如下

$$Na_2O \cdot nSiO_2 + CaCl_2 + mH_2O = nSiO_2 \cdot (m-1)H_2O + Ca(OH)_2 + 2NaCl$$

硅胶起胶结和填充土壤的作用，使地基的承载力及不透水性提高。

（2）涂料。用水玻璃溶液对砖石材料、混凝土及硅酸盐制品表面进行涂刷或浸渍，可提高上述材料的密实度、强度和抗风化能力。

（3）耐酸材料。水玻璃能抵抗大多数无机酸（氢氟酸、过热磷酸除外）的作用，可配制耐酸胶泥、耐酸砂浆及耐酸混凝土。

（4）耐热材料。水玻璃具有良好的耐热性，可配制耐热砂浆和耐热混凝土，耐热温度可高达 1 200 ℃。

（5）防水剂。取蓝矾、明矾、红矾和紫矾各 1 份，溶于 60 份水中，冷却至 50 ℃ 时投入 400 份水玻璃溶液中，搅拌均匀，即可制成四矾防水剂。四矾防水剂与水泥浆调和，可堵塞建筑物的漏洞、缝隙。

（6）隔热保温材料。以水玻璃为胶凝材料，膨胀珍珠岩或膨胀蛭石为骨料，加入一定量的赤泥或氟硅酸钠，经配料、搅拌、成型、干燥、焙烧而制成的制品，是良好的保温隔热材料。

第三节　混凝土

混凝土是由胶凝材料、水和粗、细骨料按适当比例配合，拌制成拌和物，经一定时间硬化而成的人造石材。目前，工程上使用最多的是以水泥为胶凝材料、砂石为骨料的普通水泥混

凝土(简称普通混凝土)。

混凝土是一种重要的建筑材料,广泛地应用于工业与民用建筑、水利、交通、港口等工程中。

一、混凝土分类

混凝土可根据其组成、特性与功能等从不同角度进行分类。

(一)按表观密度分类

(1)重混凝土。干表观密度大于 2 600 kg/m³,是采用密度很大的骨料(如重晶石、铁矿石、钢屑等)和重水泥(如钡水泥、锶水泥等)配制而成的。其具有不透 X 射线和 γ 射线的性能,主要用于防辐射工程。

(2)普通混凝土。干表观密度为 1 950 ~ 2 600 kg/m³,是以水泥为胶凝材料,天然砂、石为骨料配制而成的。这类混凝土在建筑工程中最常用,如房屋及桥梁等承重结构。

(3)轻混凝土。干表观密度小于 1 950 kg/m³,采用陶粒等轻质多孔的骨料或者不采用骨料而掺入加气剂或泡沫剂,形成多孔结构的混凝土。其主要用于建筑工程的保温或轻质结构材料。

(二)按抗压强度分类

混凝土按抗压强度可分为低强混凝土(抗压强度小于 30 MPa)、中强混凝土(抗压强度为 30 ~ 60 MPa)、高强混凝土(抗压强度大于 60 MPa)。

(三)按所用胶凝材料分类

混凝土按所用胶凝材料可分为水泥混凝土、石膏混凝土、沥青混凝土、聚合物混凝土、水玻璃混凝土等。

(四)按用途分类

混凝土按用途可分为结构混凝土、道路混凝土、防水混凝土、耐热混凝土、耐酸混凝土、补偿收缩混凝土、装饰混凝土、防辐射混凝土等。

(五)按生产工艺和施工方法分类

混凝土按生产工艺和施工方法可分为泵送混凝土、压力灌浆混凝土、预拌混凝土(商品混凝土)、喷射混凝土、碾压混凝土等。

(六)按配筋情况

混凝土按配筋情况可分为素混凝土、钢筋混凝土、纤维混凝土等。

混凝土的分类方法虽然比较多,但在工程中应用最广泛的是以水泥为胶凝材料,天然砂、石为骨料的普通混凝土,这里如无特殊说明,所指混凝土即为普通混凝土。

二、混凝土的特点

普通混凝土在建筑工程中能得到广泛应用,是因为它与其他材料相比有以下优点:

(1)混凝土组成材料来源广泛,其组成材料中砂、石约占 80%,它们价格低廉,并可就地取材。

(2)混凝土在凝结前具有良好的可塑性,可以根据工程要求浇筑成各种形状和大小的构件或结构物。

(3)混凝土硬化后具有较高的抗压强度和良好的耐久性。

（4）混凝土耐火性能良好。

（5）混凝土与钢筋有良好的黏结性，且二者的线膨胀系数基本相同，复合成的钢筋混凝土能互补优劣，大大拓宽了混凝土的应用范围。

混凝土也存在以下缺点：

（1）自重大、比强度小，因此导致建筑物的抗震性能差，工程成本提高。

（2）抗拉强度低，受拉时变形能力小，容易开裂。混凝土的抗拉强度只有其抗压强度的 1/10 左右。

（3）硬化慢，生产周期长。

（4）生产工艺复杂，质量难以控制。

三、工程中对混凝土的基本要求

（1）混凝土拌和物应具有与施工条件相适应的施工和易性。

（2）混凝土养护到规定龄期，应具有与设计要求相符合的强度。

（3）硬化后的混凝土应具有与工程环境相适应的耐久性。

（4）在满足以上三个要求的前提下，使各组成材料经济合理。

四、混凝土的主要技术性质

新拌制的未硬化的混凝土，称为混凝土拌和物。它必须具有与施工条件相适应的和易性，才能便于施工，并制成密实、均匀的混凝土；混凝土拌和物凝结硬化以后，称为硬化混凝土，它应具有足够的强度，以保证建筑物能安全地承受荷载，并应具有与所处环境相适应的耐久性。

（一）混凝土拌和物的和易性

1. 和易性的概念

和易性是指混凝土拌和物在一定施工条件下，便于操作并能获得质量均匀且密实的混凝土的性能。和易性是一项综合的技术性质，具体包括流动性、黏聚性、保水性三方面的含义。

1）流动性（稠度）

流动性是指混凝土拌和物在自重或机械振捣力的作用下，能产生流动并均匀密实的充满模板的性能。流动性的大小，反映混凝土拌和物的稀稠，直接影响其浇捣施工的难易和成型的质量。

2）黏聚性

黏聚性是指混凝土拌和物在施工过程中与其组成材料之间有一定的黏聚力，不致产生分层和离析的现象。它反映了混凝土拌和物保持整体均匀性的能力。黏聚性差的拌和物水泥浆与石子易分离，混凝土硬化后会出现蜂窝、空洞等不密实现象，严重影响混凝土的强度和耐久性。

3）保水性

保水性是指混凝土拌和物在施工过程中，具有一定的保水能力，不致产生严重泌水的性能。它反映了混凝土拌和物的稳定性。保水性差的混凝土拌和物，由于水分泌出来会形成容易透水的孔隙，而影响混凝土的密实性，降低质量。

混凝土拌和物的流动性、黏聚性和保水性之间是互相联系、互相矛盾的。和易性就是这三方面性质在某种具体条件下的矛盾统一体。和易性好的混凝土拌和物，所制成的混凝土内部质地均匀致密，强度和耐久性均能保证。因此，和易性是混凝土的主要技术性质之一。

2. 和易性的测定方法及指标

1）坍落度法

目前，还没有一种能全面反映混凝土拌和物和易性的测定方法。在工地和实验室，通常是用坍落度试验测定拌和物的流动性，再根据经验目测评定黏聚性和保水性。

在测定坍落度的同时，应观察混凝土拌和物的黏聚性和保水性等。黏聚性的检查方法是用捣棒在已坍落的拌和物锥体一侧轻敲，若锥体逐渐下沉，则表示黏聚性良好；如发生局部突然倒塌或整体崩溃，则表示黏聚性不良。另外，检查混凝土拌和物锥体下部稀浆析出的程度：若无稀浆或仅有少量稀浆从底部析出，则表示保水性良好；若有较多稀浆从底部析出，锥体部分的混凝土也因失浆而骨料外露，则表示此混凝土拌和物的保水性能不好。根据坍落度的大小，可将混凝土拌和物分为：低塑性混凝土（10～40 mm）、塑性混凝土（50～90 mm）、流动性混凝土（100～150 mm）、大流动性混凝土（≥160 mm）等4种级别。坍落度适用于骨料最大粒径不大于40 mm，坍落度值不小于10 mm的混凝土拌和物，对于干硬或较干稠的混凝土拌和物（坍落度小于10 mm），宜用维勃稠度仪测定其稠度。

2）维勃稠度仪试验

将混凝土拌和物按标准方法装入维勃稠度仪上的坍落度筒中，缓慢垂直提起坍落度筒。在拌和物试体顶面放一透明圆盘，启动振动台，同时用秒表计时，在透明圆盘的底面完全为水泥浆所布满的瞬间，停止秒表，关闭振动台。此时可认为混凝土拌和物已密实，读出秒表的秒数，即为维勃稠度。维勃稠度值越大，混凝土拌和物越干稠。混凝土按维勃稠度值大小可分4级：超干硬性（$V \geqslant 31$ s）、特干硬性（$V = 30～21$ s）、干硬性（$V = 20～11$ s）和半干硬性（$V = 10～5$ s）。

3. 影响和易性的主要因素

1）水泥浆的数量

水泥浆赋予混凝土拌和物以一定的流动性。在水灰比（混凝土的水用量与水泥用量之比）保持不变的条件下，单位体积拌和物内，如果水泥浆越多，则拌和物的流动性越大。但若水泥浆过多，就会出现流浆现象，使拌和物的黏聚性和保水性变差，这既浪费水泥又降低混凝土强度及耐久性。若水泥浆过少，不能很好包裹骨料和填充空隙，黏聚性和流动性也会较差。因此，混凝土拌和物中水泥浆的数量以满足流动性要求为宜。

2）水泥浆的稀稠

水泥浆的稀稠取决于水灰比的大小。水灰比小，水泥浆稠，拌和物流动性小，会使施工困难，不能保证混凝土的密实性。但水灰比过大，又会造成混凝土拌和物的黏聚性和保水性不良，产生流浆、离析现象，严重影响混凝土的强度和耐久性。所以，水灰比的大小应根据混凝土强度和耐久性要求合理地选用。

3）砂率

砂率是指混凝土中砂的质量占砂、石总质量的百分数，反映了砂子与石子两者组合的关系。砂率过大，骨料的总表面积及空隙率都会增大，在水泥浆一定的条件下，混凝土拌和物就显得干稠,流动性差。砂率过小,砂浆量不足,不能在石子周围形成足够的润滑层,也会降低拌和物的流动性;同时严重影响混凝土拌和物的黏聚性和保水性,甚至发生离析、溃散现象。因此,砂率不能过大也不能过小,应选取合理砂率。合理砂率是指在用水量及水泥用量一定时,能使混凝土拌和物获得最大流动性,且黏聚性及保水性良好的砂率值。同理,在水灰比和坍落度不变的条件下,水泥用量最小的砂率也是合理砂率,如图 2-4 所示。

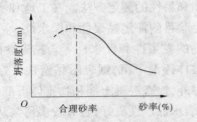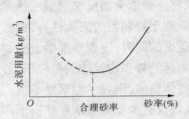

图 2-4   合理砂率的确定

4)其他因素的影响

除以上影响因素外,拌和物的和易性还受水泥品种、骨料的性质、外加剂以及时间、温度等条件的影响。

例如:矿渣水泥拌制的混凝土流动性较小而保水性较差,粉煤灰水泥拌制的混凝土则流动性、黏聚性、保水性都较好。水泥的细度越细,在相同用水量情况下其混凝土流动性小,但黏聚性及保水性较好。用卵石拌制的混凝土拌和物比用碎石拌制的流动性好;用河砂拌制的混凝土拌和物比用山砂拌制的流动性好。

掺加一些外加剂可提高拌和物流动性,比如减水剂、引气剂。拌和物的和易性还受时间和温度的影响,搅拌后拌和物停置时间越长,拌和物流动性越差;温度越高,水分蒸发及水泥水化反应越快,拌和物的流动性越差。

(二)混凝土的强度

硬化后的混凝土,必须达到设计要求的强度,结构物才能安全可靠。混凝土的强度包括抗压强度、抗拉强度、抗弯强度和抗剪强度等。其中,抗压强度最高,抗拉强度最低,故混凝土主要用来承受压力。

1. 混凝土的抗压强度

1)混凝土的立方体抗压强度与强度等级

按照《普通混凝土力学性能试验方法标准》(GB/T 50081—2002),制作边长为 150 mm 的立方体试件,在标准养护(温度(20±2)℃,相对湿度 95% 以上)条件下,养护至 28 d 龄期,用标准试验方法测得的抗压强度值,称为混凝土标准立方体抗压强度,用 f_{cu} 表示。

测定混凝土立方体试块抗压强度,可根据粗骨料最大粒径,按表 2-3 选用不同尺寸试块。边长 150 mm 的立方体试块为标准试块,边长 100 mm、200 mm 的立方体试块为非标准试块。当采用非标准尺寸试块确定强度时,必须将其抗压强度乘以相应的系数,折算成标准试块强度值。

按《混凝土结构设计规程》(GB 50010—2002)的规定,混凝土立方体抗压强度标准值是按标准方法制作和养护边长为 150 mm 的立方体试件,在 28 d 龄期,用标准试验方法测得的强度总体分布中具有不低于 95% 保证率的抗压强度值,用 $f_{cu,k}$ 表示。

表 2-3　试块尺寸的选择和折算系数

骨料最大粒径(mm)	试块尺寸(mm)	折算系数
≤30	100×100×100	0.95
≤40	150×150×150	1.00
≤60	200×200×200	1.05

混凝土的强度等级是按混凝土立方体抗压强度标准值来划分的。采用符号 C 和立方体抗压强度标准值来表示,可分为 C15、C20、C25、C30、C35、C40、C45、C50、C55、C60、C65、C70、C75 和 C80 等 14 个等级。例如,C25 表示混凝土立方体抗压强度标准值 $f_{cu}=25$ MPa。

2)轴心抗压强度 f_{ck}

确定混凝土强度等级是采用立方体试件,但实际工程中混凝土结构形式大部分是棱柱体和圆柱体。因此,在混凝土结构(如桥墩、柱子等轴心受压构件)设计时都是采用混凝土轴心抗压强度作为设计依据。测定轴心抗压强度采用 150 mm×150 mm×300 mm 棱柱体作为标准试件。通过试验分析,$f_{ck} \approx 0.67 f_{cu,k}$。

3)影响混凝土抗压强度的因素

影响混凝土抗压强度的因素很多,包括原材料的质量(主要是水泥强度等级和骨料品种)、材料之间的比例关系(水灰比、灰骨比、骨料级配)、施工方法及试验条件(龄期、试件形状与尺寸、试验方法、温度及湿度)等。

(1)水泥强度及水灰比。

水泥是混凝土中的活性组分,其强度的大小直接影响着混凝土强度的高低。在配合比相同的条件下,所用的水泥强度等级越高,配制的混凝土强度也越高,当用同一种水泥(品种及强度等级相同)时,混凝土的强度主要取决于水灰比。水灰比越大,混凝土的强度越低;因为水泥水化时所需的结合水,一般只占水泥质量的 23% 左右,但在拌制混凝土拌和物时,为了获得必要的流动性,常需用较多的水(占水泥质量的 40% ~70%)。多余的水分残留在混凝土中形成水泡,蒸发后形成气孔,使混凝土密实度降低,强度下降。所以,在保证施工质量的条件下,水灰比越小,混凝土的强度就越高。但是,如果水灰比过小,拌和物过于干硬,在一定条件下,无法保证浇筑质量,混凝土中将出现较多的蜂窝、孔洞,强度也将下降。试验证明,混凝土强度随水灰比的增大而降低,呈曲线关系;而混凝土强度和灰水比的关系,则呈直线关系,如图 2-5 所示。

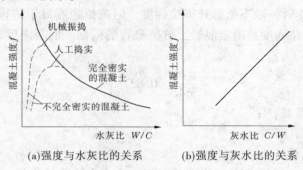

(a)强度与水灰比的关系　　(b)强度与灰水比的关系

图 2-5　混凝土强度与水灰比及灰水比的关系

（2）骨料的种类与级配。

骨料中有害杂质过多且品质低劣时，将降低混凝土的强度。表面粗糙并富有棱角的碎石，与水泥石的黏结较好，且骨料颗粒间有嵌固作用，故所配制的混凝土强度较高。骨料级配良好，砂率适当，能组成密实的骨架，混凝土强度也较高。

（3）养护温度和湿度。

混凝土浇筑成型后，所处的环境温度和湿度对混凝土的强度影响很大。养护温度高时，硬化速度较快；养护温度低时，硬化比较缓慢；当温度降至零度以下时，混凝土的强度停止发展，并且由于孔隙内水分结冰而引起膨胀，使混凝土结构有冰冻破坏的危险。

湿度适当时，水泥水化能顺利进行，混凝土强度得到充分发展；若湿度不够，会影响水泥水化作用的正常进行，甚至停止水化。因此，混凝土浇捣完毕后，必须加强养护，保持适当的温度和湿度，以保证硬化不断发展，强度不断增长。

（4）硬化龄期。

在正常养护条件下，混凝土强度在最初 7～14 d 内发展较快，28 d 接近最大值，以后增长缓慢，但若保持足够的温度和湿度，强度的增长将延续数十年。普通水泥制成的混凝土，在标准养护条件下，其强度的发展大致与其龄期的对数成正比（龄期不小于 3 d），可用下式计算

$$f_n = \frac{f_{28} \lg n}{\lg 28} \tag{2-10}$$

式中 f_n——$n(n \geqslant 3)$d 龄期混凝土的抗压强度，MPa；

f_{28}——28 d 龄期混凝土的抗压强度，MPa。

根据式（2-10）可由一已知龄期的混凝土强度，估算另一龄期的强度。但因为混凝土强度的影响因素很多，强度发展不可能相同，故此式也只能作为参考。

（5）混凝土外加剂与掺合料。

掺加外加剂是提高混凝土强度的有效方法之一，减水剂和早强剂都对混凝土的强度发展起到明显的作用。掺入一些掺合料可配制高强混凝土。

（6）施工质量。

施工质量的好坏对混凝土强度有非常重要的影响。施工质量包括配料准确、搅拌均匀、振捣密实、养护充分等，任何一道工序不遵守施工规范，都会导致混凝土强度的降低。

2. 混凝土的抗拉强度

混凝土的抗拉强度只有其抗压强度的 1/10～1/20，在直接受拉时，很小的变形就会开裂。因此，混凝土在工作时一般不依靠其抗拉强度。但抗拉强度对于防止开裂具有重要的意义，在结构设计时，抗拉强度是确定混凝土抗裂验算的依据。混凝土劈裂抗拉强度 $f_{st}^{劈}$ 按下式计算

$$f_{st}^{劈} = \frac{2P}{\pi A} = 0.637 \frac{P}{A} \tag{2-11}$$

式中 P——试件破坏荷载，N；

A——试件劈裂面面积，mm^2。

（三）混凝土的耐久性

在建筑工程中，不仅要求混凝土具有足够的强度来安全地承受荷载，还要求混凝土具有与环境相适应的耐久性来延长建筑物的使用寿命。混凝土工程的所处环境不同，对耐久性

的要求方面和要求的程度也不相同。例如,承受压力作用的混凝土,需要具有一定的抗渗性能;受反复冻融作用的混凝土,需要有一定的抗冻性能等。因此,把混凝土抵抗环境介质作用并保持其良好的使用性能和外观完整性,从而维持混凝土结构的安全,正常使用的能力称为耐久性。

混凝土的耐久性是一个综合性概念,包括抗渗性、抗冻性、抗侵蚀性、抗碳化、抗磨性、抗碱—骨料反应等。

1. 抗渗性

抗渗性是指混凝土抵抗压力水、油等液体渗透的性能。它是一项非常重要的耐久性指标,当混凝土抗渗性较差时,水及有害的介质易于渗入混凝土内部,造成侵蚀破坏,若环境温度再降到负温,则导致混凝土的冰冻破坏。

混凝土的抗渗性用抗渗等级(P)来表示,即以 28 d 龄期的标准试件,按标准试验方法进行试验时所能承受的最大水压力(MPa)来确定。混凝土的抗渗等级可划分为 P2、P4、P6、P8、P10、P12 等六个等级,它们分别表示一组六个试件中四个未发现有渗水现象时的最大水压力为 0.2 MPa、0.4 MPa、0.6 MPa、0.8 MPa、1.0 MPa 及 1.2 MPa。

混凝土的抗渗性主要与其密实度及内部孔隙的大小和构造有关。混凝土内部互相连通的孔隙以及蜂窝、孔洞等都会造成混凝土渗水。如水塔、蓄水设施和地下建筑的混凝土,都必须要求具有足够的抗渗性。

提高混凝土抗渗性能的措施有:提高混凝土的密实度,减小水灰比,掺加引气剂,选用适当品种的水泥,注意振捣密实、养护充分等。

水工混凝土的抗渗等级,应根据结构所承受的水压力大小和结构类型及应用条件按《水工混凝土结构设计规范》(DL/T 5057—1996)的规定选用,参见表 2-4。

表 2-4 混凝土抗渗等级最小允许值(DL/T 5057—1996)

结构类型及应用条件		抗渗等级
大体积混凝土结构的下游面外部或建筑物内部		P2
大体积混凝土结构的挡水面外部	$H < 30$ m	P4
	$H = 30 \sim 70$ m	P6
	$H = 70 \sim 150$ m	P8
	$H > 150$ m	P10
素混凝土及钢筋混凝土结构构件(其背面能自由渗水者)	$i < 10$	P4
	$i = 10 \sim 30$	P6
	$i = 30 \sim 50$	P8
	$i > 50$	P10

注:1. 表中 H 为水头,i 为最大水力梯度。水力梯度是指水头与该处结构厚度的比值。

2. 当建筑物的表层设有专门可靠的防水层时,表中规定的抗渗等级可适当降低。

3. 承受侵蚀作用的建筑物,其抗渗等级不得低于 P4。

4. 埋置在地基中的混凝土及钢筋混凝土结构构件(如基础防渗墙等),可根据防渗要求参照表中的规定选择其抗渗等级。

5. 对背水面能自由渗水的混凝土及钢筋混凝土结构构件,当水头小于 10 m 时,其抗渗等级可根据表中的规定降低一级。

6. 对严寒、寒冷地区且水力梯度较大的结构,其抗渗等级应按表中的规定提高 1 个等级。

2．抗冻性

抗冻性是指混凝土在水饱和状态下，能经受多次冻融循环作用而不被破坏，同时也不严重降低强度的性能。在寒冷地区，特别是在接触水又受冻的环境下的混凝土，要求具有较高的抗冻性能。抗冻性好的混凝土，对于抵抗温度变化、干湿变化等风化作用的能力也强。因此，抗冻性可以作为耐久性的综合指标。

混凝土的抗冻性以抗冻等级（F）表示。抗冻等级是采用 28 d 龄期的试件在吸水饱和后，承受反复冻融循环，以抗压强度下降不超过 25%，而且质量损失不超过 5% 时所能承受的最大冻融循环次数来确定的。混凝土的抗冻等级分为 F10、F15、F25、F50、F100、F150、F200、F300、F400 等九个等级，它们分别表示混凝土能承受冻融循环次数不少于 10 次、15 次、25 次、50 次、100 次、150 次、200 次、300 次、400 次。

提高混凝土抗冻性的有效方法是提高混凝土的密实度和改善孔隙结构，减小水灰比，提高水泥强度等级。加入引气剂、减水剂和防冻剂也可以提高混凝土的抗冻性。

混凝土抗冻等级应根据工程所处环境及工作条件，按《水工混凝土结构设计规范》（DL/T 5057—1996）选择，见表 2-5。

3．抗侵蚀性

当混凝土所处的环境中有侵蚀性介质时，混凝土便会遭受侵蚀，如地下、码头、海底等混凝土工程易受环境介质侵蚀，因此要求混凝土应具有较高的抗侵蚀性。

表 2-5　混凝土抗冻等级（DL/T 5057—1996）

气候分区	严寒		寒冷		温和
年冻融循环次数（次）	≥100	<100	≥100	<100	
受冻后果严重且难于检修的部位： （1）水电站尾水部位、蓄能电站进出口的冬季水位变化区，闸门二期混凝土，轨道基础 （2）冬季通航或受电站尾水位影响的不通航船闸的水位变化区 （3）流速大于 25 m/s、过冰、多沙或多推移质的溢洪道，或其他输水部位的过水面及二期混凝土 （4）冬季有水的露天钢筋混凝土压力水管、渡槽、薄壁闸门井	F300	F300	F300	F200	F100
受冻后果严重但有检修条件的部位： （1）大体积混凝土结构上游面冬季水位变化区 （2）水电站或船闸的尾水渠及引航道的挡墙、护坡 （3）流速小于 25 m/s 的溢洪道、输水洞、引水系统的过水面 （4）易积雪、结霜或饱和的路面、平台栏杆、挑檐及竖井薄壁等构件	F300	F200	F200	F150	F50

气候分区	严寒		寒冷		温和
受冻较重部位： (1)大体积混凝土结构外露的阴面部位 (2)冬季有水或易长期积雪结冰的渠系建筑物	F200	F200	F150	F150	F50
受冻较轻部位： (1)大体积混凝土结构外露的阳面部位 (2)冬季无水干燥的渠系建筑物 (3)水下薄壁构件 (4)流速大于 25 m/s 水下过水面	F200	F150	F100	F100	F50
水下、土中及大体积内部的混凝土	F50	F50			

注:1. 气候分区划分标准,严寒:最冷月平均气温低于 -10 ℃;寒冷:最冷月平均气温高于 -10 ℃,但低于 -3 ℃;温和:最冷月平均气温高于 -3 ℃。

2. 冬季水位变化区是指运行期可能遇到的冬季最低水位以下 0.5~1 m 至冬季最高水位以上 1 m(阳面)、2 m(阴面)、4 m(水电站尾水区)的部位。

3. 阳面指冬季大多为晴天,平均每天有 4 h 以上阳光照射,不受山体或建筑物遮挡的表面,否则均按阴面考虑。

4. 最冷月平均气温低于 -25 ℃地区的混凝土抗冻等级应根据具体情况研究确定。

5. 在无抗冻要求的地区,混凝土抗冻等级也不宜低于 F50。

环境侵蚀一般是指对水泥石的侵蚀,如软水侵蚀、酸碱盐侵蚀等。提高混凝土的抗侵蚀性的主要方法是选用适当水泥品种和提高混凝土的密实度。

4. 抗磨性及抗气蚀性

受磨损、磨耗作用的混凝土(如道路路面的混凝土及受挟砂高速水流冲刷的混凝土等),要求有较高的抗磨性及抗气蚀性。

对于有抗磨要求的混凝土,其强度等级应不低于 C30,应选用坚硬耐磨的骨料和高强度等级的水泥,以提高其耐磨性;对于有抗气蚀要求的混凝土,其强度等级应不低于 C50,骨料最大粒径应不大于 20 mm,在混凝土中掺入硅粉及高效减水剂,保证混凝土密实、均匀等。解决气蚀问题的最好办法是在设计、施工及运行中消除发生气蚀的原因。

5. 抗碳化

混凝土的碳化是指空气中的二氧化碳及水通过混凝土的裂隙与水泥石中的氢氧化钙反应生成碳酸钙和水,从而使混凝土的碱度降低的过程。

硬化后的混凝土内部呈碱性环境,混凝土构件中的钢筋在这种碱性环境表面会产生一层难溶的三氧化二铁和四氧化三铁薄膜,它能防止钢筋锈蚀。但是当碳化深度穿透混凝土保护层达到钢筋表面时,钢筋表面的薄膜被破坏,开始生锈。锈蚀的生成物体积膨胀进一步造成混凝土的开裂,开裂的混凝土又加速了碳化的进行和钢筋的锈蚀,最后导致混凝土顺着钢筋开裂方向而被破坏。另外,碳化作用还显著增加混凝土的收缩。

碳化对混凝土也有有利的影响,碳化放出的水分有助于水泥的水化作用,而且碳酸钙可填充水泥石孔隙,可使混凝土抗压强度增大,如混凝土预制桩往往利用碳化作用来提高桩的表面硬度。但总的来说,碳化对混凝土是弊多利少,因此应设法提高混凝土的抗碳化能力。

提高混凝土碳化能力的措施有:合理选用水泥品种;采用较小的水灰比及较多的水泥用量,掺用引气剂或减水剂;保证混凝土保护层的厚度及质量,采用密实的砂、石骨料等。

6. 抗碱—骨料反应

混凝土的碱—骨料反应是指混凝土中所含的碱(Na_2O 或 K_2O)与骨料中的活性 SiO_2,在混凝土硬化后潮湿条件下逐渐发生化学反应。反应生成复杂的碱—硅酸凝胶,这种凝胶吸水膨胀,导致混凝土开裂、强度下降等不良现象,从而威胁建筑物安全。

产生碱—骨料反应的必须具备以下三个条件:

(1)水泥中的碱(Na_2O 或 K_2O)的含量较高;

(2)骨料中含有活性氧化硅成分,它们常存在于流纹岩、安山岩、凝灰岩等天然岩石中;

(3)存在水分,在干燥状态下不会发生碱—骨料反应。

防止碱—骨料反应的措施有:选用低碱水泥(含碱量 < 0.6%)并控制混凝土总的含碱量;在条件许可时,选择非活性骨料;掺入活性掺合料或引气剂等。

7. 提高混凝土耐久性的措施

混凝土所处的环境和使用条件不同,对其耐久性要求也不相同。提高混凝土耐久性常采取以下措施:

(1)合理选择水泥品种。水泥品种的选择应与工程结构所处环境条件相适应。

(2)严格控制混凝土的水灰比及保证足够的水泥用量。有关规范根据环境条件规定了"最大水灰比"和"最小水泥用量",见表 2-6(或见表 2-7)。

(3)选用质量良好的砂、石骨料。质量良好、级配合格的砂、石,是保证混凝土耐久性的重要条件。

(4)掺入引气剂或减水剂,改善混凝土内部的孔隙结构,提高混凝土的耐久性。

(5)加强混凝土的施工质量控制。在混凝土施工中,应配料准确、搅拌均匀、振捣密实、养护充分。

表 2-6　水工混凝土最大水灰比及最小水泥用量(DL/T 5057—1996)

环境条件	最大水灰比	最小水泥用量(kg/m^3)		
		素混凝土	钢筋混凝土	预应力混凝土
室内正常环境(一类)	0.65	200	220	280
露天环境,长期处于地下或水下的环境(二类)	0.60	230	260	300
水位变动区,或有侵蚀性地下水的地下环境(三类)	0.55	270	300	340
海水浪溅区及盐雾作用区,潮湿并有严重侵蚀性介质作用的环境(四类)	0.45	300	360	380

注:1. 结构类型为薄壁或薄腹构件时,最大水灰比宜适当减小。

　　2. 处于三、四类环境又受冻严重或受冲刷严重的结构,最大水灰比应按照《水工建筑物抗冰冻设计规范》的规定执行。

　　3. 承受水力梯度较大的结构,最大水灰比宜适当减小。

　　4. 当掺加有效外加剂及高效掺合料时,最小水泥用量可适当减小。

表 2-7　混凝土的最大水灰比及最小水泥用量(JGJ 55—2000)

环境条件	结构物类别	最大水灰比			最小水泥用量(kg/m³)		
		素混凝土	钢筋混凝土	预应力混凝土	素混凝土	钢筋混凝土	预应力混凝土
干燥环境	正常的居住或办公用房屋内部件	不作规定	0.65	0.60	200	260	300
潮湿环境 — 无冻害	(1)高湿度的室内部件 (2)室外部件 (3)在非侵蚀性土和(或)水中的部件	0.70	0.60	0.60	225	280	300
潮湿环境 — 有冻害	(1)经受冻害的室内部件 (2)在非侵蚀性土和(或)水中且经受冻害的部件 (3)高湿度且经受冻害的室内部件	0.55	0.55	0.55	250	280	300
有冻害和除冰剂的潮湿环境	经受冻害和除冰剂作用的室内和室外部件	0.50	0.50	0.50	300	300	300

注:1. 当活性掺合料取代部分水泥时,表中的最大水灰比及最小水泥用量即为代替前的水灰比和水泥用量。

2. 配制 C15 级及其以下等级的混凝土,可不受本表限制。

第四节　混凝土外加剂

混凝土外加剂是在拌制混凝土过程中掺入的用以改善混凝土性能的化学物质。除特殊情况外,混凝土外加剂的掺量一般不超过水泥用量的5%。

混凝土外加剂的使用是近代混凝土技术的重大突破,虽掺量很小,但其对混凝土和易性、强度、耐久性及节约水泥都有明显的改善,常称为混凝土的第五组分,特别是高效能外加剂的使用成为现代高性能混凝土的关键技术,发展和推广使用外加剂有重要的技术和经济意义。

一、外加剂的分类

混凝土外加剂种类繁多,根据国家标准《混凝土外加剂的分类、命名与定义》(GB 8075—2005),混凝土外加剂按其主要功能可分为以下四类:

(1)改善混凝土拌和物流变性能的外加剂,包括减水剂、泵送剂、引气剂等。

(2)调节混凝土凝结硬化性能的外加剂,包括早强剂、缓凝剂、速凝剂等。

(3)改善混凝土耐久性的外加剂,包括引气剂、防水剂、阻锈剂等。

(4)为混凝土提供特殊性能的外加剂,包括防冻剂、膨胀剂、着色剂等。

(一)减水剂

减水剂是指在混凝土坍落度基本相同的条件下,能减少拌和用水量的外加剂。

减水剂按减水能力及其兼有的功能有普通减水剂、高效减水剂、早强减水剂及引气减水剂等。减水剂多为亲水性表面活性剂。

1. 减水剂的作用原理及使用效果

水泥加水拌和后,会形成絮凝结构,流动性很低。当掺入减水剂后,由于减水剂的表面活性作用,水泥颗粒互相分开,导致絮凝结构解体,从而将其中的游离水释放出来,而大大增加了拌和物的流动性,其作用原理见图2-6。

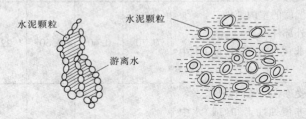

(a)加减水剂前的水泥浆絮状物   (b)加减水剂后分散的水泥浆

图2-6 减水剂作用示意图

2. 常用减水剂种类

减水剂是使用最广泛和效果最显著的一种外加剂。其种类繁多,常用减水剂有木质素系、萘磺酸盐系(简称萘系)、树脂系、糖蜜系及腐殖酸系等,部分减水剂的性能参考表2-8。

表2-8 常用减水剂品种及性能

种类	木质素系	萘系	树脂系
类别	普通减水剂	高效减水剂	高效减水剂
主要品种	木质素磺酸钙(木钙粉、M剂、木钠、木镁)	NNO、NF、UNF、FDN、JN、MF等	SM、CRS等
主要成分	木质素磺酸钙 木质素磺酸钠 木质素磺酸镁	芳香族磺酸盐甲醛缩合物	三聚氢胺树脂磺酸钠(SM)、古玛隆－茚树脂磺酸钠(CRS)
适宜掺量 (占水泥质量(%))	0.2~0.3	0.2~1.0	0.5~2.0
减水率(%)	10~11	15~25	20~30
早强效果	—	显著	显著
缓凝效果	1~3 h		
引气效果	1%~2%	一般为非引气型,部分品种<2%	
适用范围	一般混凝土工程及滑模、泵送、大体积及夏季施工的混凝土工程	适用于所有混凝土工程,更适于配制高强混凝土及流态混凝土、泵送混凝土等	宜用于高强混凝土、早强混凝土、流态混凝土等

3. 减水剂的掺加方法

混凝土的掺加方法,有"同掺法"、"后掺法"及"滞水掺入法"等。减水剂掺入混凝土拌和物中的方法不同,其效果也不同。同掺法是将减水剂溶解于拌和用水,并与拌和用水一起加入到混凝土拌和物中。其优点是易搅拌均匀,使用方便,搅拌机生产效率高。后掺法是将混凝土拌和物运到浇筑地点后,再掺入减水剂并再次搅拌后进行浇筑。其优点是可减少混凝土在长距离运输过程中的分层、离析和坍落度损失,充分发挥减水剂的作用,但增加了搅拌次数,延长了搅拌时间。滞水掺入法是在混凝土拌和物已经加入搅拌 1 ~ 3 min 后,再加入减水剂,并继续搅拌到规定的拌和时间。其优点是能减少减水剂的掺量,但该法需要延长搅拌时间,生产效率低。

减水剂比较适用于强度要求较高、水灰比较小的混凝土。

(二)早强剂

早强剂指能提高混凝土的早期强度并对后期强度无明显影响的外加剂。

早强剂对水泥中的 C_3S 和 C_2S 等矿物成分的水化有催化作用,与水泥成分发生反应生成固相产物,可有效提高水泥的早期强度。常用早强剂有如下几类。

1. 氯盐类早强剂

氯盐类早强剂主要有氯化钙、氯化钠、氯化钾及三氯化铁等,其中以氯化钙应用最广。

氯化钙的早强作用主要是因为它能与 C_3A 和 $Ca(OH)_2$ 反应,生成不溶性复盐水化氯铝酸钙和氧氯酸钙,增加了水泥浆中固相的含量,形成坚固的骨架,促进混凝土强度增长;同时,由于上述反应降低了液相中 $Ca(OH)_2$ 浓度,使 C_3S 的水化反应加快,也可提高混凝土的早期强度。氯化钙的适宜掺量为 1% ~ 2% 。其早强效果显著,能使混凝土 3 d 强度提高 50% ~ 100% ,7 d 强度提高 20% ~ 40% 。由于氯离子能促使钢筋锈蚀,故掺用量必须严格控制。我国规范中规定:在钢筋混凝土中氯化钙的掺量不得超过水泥质量的 1% ,在无筋混凝土中掺量不得超过 3% 。

2. 硫酸盐类

硫酸盐类早强剂主要有硫酸钠、硫酸钙、硫代硫酸钠等,应用最广的是硫酸钠。硫酸盐的早强作用主要是与水泥的水化产物 $Ca(OH)_2$ 反应,生成的二水石膏具有高度的分散性。

$$Na_2SO_4 + Ca(OH)_2 + 2H_2O = CaSO_4 \cdot 2H_2O + 2NaOH$$

它与 C_3A 的化学反应比外掺石膏的作用快得多,能迅速生成水化硫铝酸钙,提高了水泥浆中固相的比例,提高早期结构的密实度,同时也会加快水泥的水化速度,从而起到早强作用。硫酸钠的适宜掺量为 0.5% ~ 2.0% ,3 d 强度可提高 20% ~ 40% 。硫酸钠与氢氧化钙作用会生成 NaOH 。为防止碱—骨料反应,所用骨料不得含有蛋白质等矿物。

3. 三乙醇胺早强剂

三乙醇胺是呈淡黄色的油状液体,属非离子型表面活性剂。它不改变水化产物,但能在水泥的水化过程中起催化作用,与其他早强剂复合效果更好。

早强剂多用于冬季施工或紧急抢修工程以及要求加快混凝土强度发展的工程。

(三)引气剂

引气剂是在搅拌混凝土过程中能引入大量均匀分布、稳定而封闭的微小气泡的外加剂。

按其化学成分为松香树脂类,烷基苯磺酸类及脂肪醇磺酸类等三大类。其中,以松香树脂类应用最广,主要有松香热聚物和松香皂两种。

引气剂的主要作用是使混凝土中产生大量直径在 $0.05 \sim 1.25$ mm 之间的微小气泡,在未硬化的混凝土中,大量微小气泡的存在可以起到"滚珠"的作用,使混凝土拌和物流动性大大提高。由于气泡能隔断混凝土毛细管通道,以及气泡能缓冲因水结冰而产生的膨胀压力,故能显著提高混凝土抗渗性及抗冻性。因此,引气剂能改善混凝土拌和物和易性和提高混凝土耐久性。

但大量气泡的存在使混凝土孔隙率增大和有效受力面积减小,使强度及耐磨性有所降低,含气量越大,强度降低越大。因此,应严格控制引气剂的掺量,其适宜掺量一般为水泥质量的 $0.005\% \sim 0.01\%$。

引气剂比较适用于强度要求不太高、水灰比较大的混凝土,如水工大体积混凝土。

(四) 缓凝剂

能延缓混凝土凝结时间,并对混凝土的后期强度发展无不利影响的外加剂,称为缓凝剂。

由于缓凝剂在水泥及其水化物表面上的吸附作用或与水泥反应生成不溶层,而达到缓凝的效果。我国使用最多的缓凝剂是糖钙、木钙,它具有缓凝及减水作用;其次有羟基羟酸及其盐类,有柠檬酸、酒石酸钾钠等。无机盐类有锌盐、硼酸盐。此外,还有胺盐及其衍生物、纤维素醚等。

缓凝剂使混凝土拌和物能在较长时间内保持其塑性,以利于浇灌成型提高施工质量,或降低水化热。其适用于大体积混凝土,炎热气候条件下施工的混凝土以及需长时间停放或长时间运输的混凝土。

(五) 速凝剂

能使混凝土迅速凝结硬化的外加剂,称为速凝剂。

速凝剂的主要成分为铝酸钠或碳酸钠等盐类。速凝剂加入混凝土中后,其中的铝酸钠、碳酸钠等盐类在碱性溶液中迅速与水泥中的石膏反应生成硫酸钠,使石膏丧失其原有的缓凝作用,导致水泥中 C_3A 的迅速水化,从而使混凝土迅速凝结。

目前,工程中常用的速凝剂有红星一型、711 型等。红星一型速凝剂是由铝氧熟料(主要成分为烧结铝酸钠)、碳酸钠及生石灰按 $1:1:0.5$ 的比例配制磨细而成的,适宜掺量为 $2.5\% \sim 4.0\%$。711 型速凝剂是由铝氧熟料与无水石膏按 $3:1$ 的比例配制磨细而成的,一般掺量为 $3.0\% \sim 5.0\%$。

速凝剂主要用于矿山井巷、铁路隧洞、引水涵洞、地下工程以及喷锚支护时的喷射混凝土或喷射砂浆工程中。

(六) 防冻剂

防冻剂是能使混凝土在负温下正常水化硬化,并在规定时间内硬化到一定程度,且不会产生冻害的外加剂。常用防冻剂有:氯盐类,如氯化钙、氯化钠、氯化铵等;氯盐阻锈类,如氯盐与阻锈剂(亚硝酸钠)为主复合的外加剂;无氯盐类,如硝酸盐、亚硝酸盐、乙酸钠、尿素等。

氯盐类防冻剂适用于无筋混凝土,氯盐阻锈类防冻剂可用于钢筋混凝土,无氯盐类防冻剂可用于钢筋混凝土工程和预应力钢筋混凝土工程。

二、外加剂的选择与使用

(一)外加剂品种的选择

外加剂品种繁多、性能各异,尤其是对不同水泥效果不同。选择外加剂应依据现场材料条件、工程特点、环境情况,根据产品说明及有关规定进行品种的选择。有条件的应在正式使用前进行试验检验。

(二)外加剂掺量的确定

混凝土外加剂均有适宜掺量。掺量过小,往往达不到预期效果;掺量过大,则会影响混凝土质量,甚至造成质量事故。因此,须通过试验试配,确定最佳掺量。

(三)外加剂的掺加方法

外加剂不论是粉状还是液态状,为保持作用的均匀性,一般不能采用直接加入混凝土搅拌机内的方法。对于可溶解的粉状外加剂或液态状外加剂,应先配成一定浓度的溶液,使用时连同拌和水一起加入搅拌机内。对于不溶于水的外加剂,应与适量水泥或砂混合均匀后,再加入搅拌机内。

第五节　钢材的分类及性质

钢材是指在建筑工程中使用的各种钢材,主要包括钢结构所用的各种型材和板材,以及混凝土结构所用的钢筋、钢丝和钢绞线等。

钢材是在严格的技术控制条件下生产的,具有品质稳定、均匀致密、强度高、塑性韧性好、能承受冲击和振动荷载等优点,钢材还具有良好的加工性能,可锻压、切割、焊接和铆接,便于装配、施工速度快。钢材的主要缺点是易锈蚀、维护费用大、耐火能力差、生产耗能大。

钢材及其与混凝土复合的钢筋混凝土和预应力混凝土,已经成为现代建筑结构的主体材料。具有强度高、自重轻等优点的钢结构,在大跨度结构、高层及超高层结构、受动荷载的结构和重型工业厂房等结构中得到广泛应用。

一、钢材的分类

钢材的品种繁多,分类方法很多,通常有以下几种分类方法。

(一)按化学成分分类

钢材是以铁为主要元素,含碳量为 $0.02\% \sim 2.06\%$,且含有其他元素的合金材料。钢材按化学成分可分为碳素钢和合金钢两大类。

1. 碳素钢

碳素钢是指含碳量 $0.02\% \sim 2.06\%$ 的铁碳合金,此外尚含有极少量的硅、锰和微量的硫、磷等元素。碳素钢按含碳量又可分为:

低碳钢:含碳量小于 0.25%;

中碳钢:含碳量 $0.25\% \sim 0.6\%$;

高碳钢:含碳量大于 0.6%。

其中,低碳钢在建筑工程中应用最多。

2. 合金钢

合金钢是含有一定量合金元素的钢。钢中除含有铁、碳和少量不可避免的硅、锰、磷、硫外,还含有一定量(有意加入的)硅、锰、钛、矾、铬、镍、硼等一种或多种合金元素。其目的是改善钢的性能或使其获得某些特殊性能。合金钢按合金元素总含量分为三种:

低合金钢:合金元素总含量小于5%;

中合金钢:合金元素总含量为5%～10%;

高合金钢:合金元素总含量大于10%。

建筑中所用的钢材主要是碳素钢中的低碳钢和合金钢中的低合金钢。

(二)按冶炼时脱氧程度分类

炼钢时脱氧程度不同,钢的质量差别很大,通常可分为沸腾钢、镇静钢、半镇静钢和特殊镇静钢四类。

1. 沸腾钢

沸腾钢是脱氧不充分的钢。脱氧后钢液中还剩余一定数量的氧化铁(FeO),氧化铁和碳继续作用放出一氧化碳气体,因此钢液在钢锭模内呈沸腾状态,故称沸腾钢,其代号为"F"。这种钢的优点是钢锭无缩孔、轧成的钢材表面质量较好、加工性能好。其缺点是化学成分不均匀、易偏析、钢的致密程度较差,故其抗蚀性、冲击韧性和可焊性较差,尤其在低温时冲击韧性降低更显著。沸腾钢只消耗少量脱氧剂,缩孔少,成品率较高,成本较低,故广泛用于一般建筑工程。

2. 镇静钢

镇静钢是脱氧充分的钢。由于钢液中氧已经很少,钢液浇铸在锭模内呈静止状态,故称镇静钢,其代号为"Z"。其优点是化学成分均匀、机械性能稳定、焊接性能和塑性较好、抗蚀性也较强。其缺点是钢锭中有缩孔、成材率低。它多用于承受冲击荷载及其他重要的结构中。

3. 半镇静钢

半镇静钢的脱氧程度和性能均介于沸腾钢和镇静钢之间,并兼有两者的优点,其代号为"b"。

4. 特殊镇静钢

比镇静钢脱氧程度还要充分彻底的钢,故其质量最好,适用于特别重要的结构工程。其代号为"TZ"。

(三)按品质(杂质含量)分类

按钢材中有害杂质硫(S)和磷(P)含量的多少,钢材可以分为普通钢、优质钢、高级优质钢、特级优质钢四类。

普通钢:含S量≤0.050%,含P量≤0.045%;

优质钢:含S量、含P量均≤0.035%;

高级优质钢:含S量≤0.025%,含P量≤0.025%;

特级优质钢:含S量≤0.015%,含P量≤0.025%。

(四)按用途分类

按用途的不同,钢材可分为结构钢、工具钢、特殊钢三类。

结构钢:用于工程结构构件及机械零件的钢材,一般属于低碳钢和中碳钢;

工具钢:用于各种刀具、模具及量具的钢材,一般属于高碳钢;

特殊钢:具有特殊物理、化学或机械性能的钢,如不锈钢、磁性钢、耐热钢、耐酸钢、耐磨钢、低温用钢等。

(五)按产品类型分类

按产品类型的不同,钢材可分为型材、板材、线材、管材等类型。

型材:用于钢结构中的角钢、工字钢、槽钢、方钢、吊车轨、轻钢门窗、钢板桩等;

板材:用于建造房屋、桥梁及建筑机械的中厚钢板,用于屋面、墙面、楼板等的薄钢板;

线材:用于钢筋混凝土和预应力混凝土中的钢筋、钢丝和钢绞线等;

管材:用于钢桁架和供水、供气(汽)的管线等。

二、钢材的力学性能

(一)拉伸性能

拉伸是建筑钢材的主要受力形式,所以拉伸性能是表示建筑钢材性能和选用钢材的重要指标。建筑钢材的拉伸性能,可以通过低碳钢(软钢)的受拉试验来阐明。

将低碳钢制成一定规格的试件,放在材料试验机上进行拉伸试验,可以绘出如图 2-7 所示的应力—应变关系曲线。从图 2-7 中可以看出,低碳钢自受拉至拉断,经历了四个阶段:弹性阶段(OA 段)、屈服阶段(AB 段)、强化阶段(BC 段)和颈缩阶段(CD 段)。

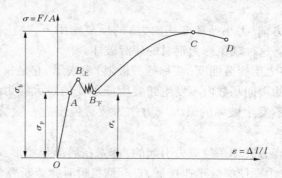

图 2-7　软钢受拉时应力—应变曲线

(二)冲击韧性

冲击韧性是指钢材抵抗冲击荷载的能力。钢材的冲击韧性是用有刻槽的标准试件,在冲击试验机的一次摆锤冲击下,以破坏后缺口处单位面积上所消耗的功(J/cm^2)来表示,其符号为 α_k。

试验时将试件放置在固定支座上,然后以摆锤冲击试件刻槽的背面,使试件承受冲击弯曲而断裂,如图 2-8 所示。α_k 值越大,冲击韧性越好。对于经常受较大冲击荷载的结构,要选用 α_k 值大的钢材。

(三)硬度

钢材的硬度是指其表面抵抗硬物压入产生局部变形的能力。

测定钢材硬度的方法常用布氏法和洛氏法,建筑钢材常用的是布氏硬度值,其代号为 HB。布氏法的测定原理,是利用直径为 $D(mm)$ 的淬火钢球,以荷载 $P(N)$ 将其压入试件表面,经规定的持续时间后卸除荷载,即得直径为 $d(mm)$ 的压痕,以压痕表面积 $A(mm^2)$ 除荷

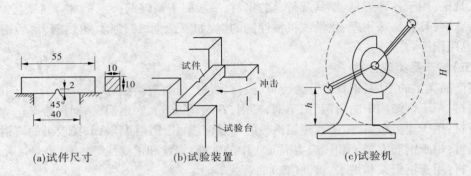

| (a)试件尺寸 | (b)试验装置 | (c)试验机 |

图 2-8　冲击韧性试验示意图 （单位:mm）

载 P,所得的应力值即为试件的布氏硬度值 HB。

各类钢材的 HB 值与抗拉强度之间有一定的相关性。材料的强度越高,抵抗塑性变形的能力越强,硬度值也就越大。试验证明,碳素钢的抗拉强度 σ_b 与其布氏硬度 HB 之间存在以下关系：

当 $HB < 175$ 时,$\sigma_b \approx 0.36HB$;

当 $HB > 175$ 时,$\sigma_b \approx 0.35HB$。

因此,当已知钢材的硬度时,即可利用上式估算出钢材的抗拉强度。

(四)耐疲劳性

钢材在交变荷载(方向、大小循环变化的力)的反复作用下,往往在最大应力远小于其抗拉强度时就发生破坏,这种现象称为钢材的疲劳破坏。

疲劳破坏的危险应力用疲劳强度(或称疲劳极限)来表示,它是指疲劳试验时试件在交变应力作用下,于规定的周期基数内不发生断裂所能承受的最大应力。一般把钢材承受交变荷载 $10^6 \sim 10^7$ 次时不发生破坏的最大应力作为疲劳强度。一般情况下,钢材抗拉强度高,其疲劳极限也较高。

研究表明,钢材的疲劳破坏是拉应力引起的,首先在局部开始形成微细裂纹,其后由于裂纹尖端处产生应力集中而使裂纹迅速扩展,直至钢材瞬时疲劳断裂。因此,钢材的内部成分的偏析、夹杂物的多少、截面变化、加工损伤以及可能造成应力集中的各种缺陷,都是影响钢材疲劳强度的因素。

三、钢筋混凝土结构用钢

钢筋混凝土结构所用钢材,主要是由碳素结构钢和低合金结构钢所加工成的各类线材,即钢筋。按照生产方法、用途等不同,工程中常用的钢筋主要有热轧钢筋、冷加工钢筋、热处理钢筋、预应力混凝土用钢丝和钢绞线等。一般,钢筋多以直条或盘条(或盘圆)进行供货。

(一)热轧钢筋

所谓热轧钢筋,是指经高温轧制并自然冷却的成品钢筋。根据其表面特征不同,热轧钢筋分为光圆钢筋和带肋钢筋两大类。

1. 热轧光圆钢筋

热轧光圆钢筋为表面光滑的圆形截面钢材,其公称直径范围是 8 ~ 20 mm,常用工程直径为 8 mm、10 mm、12 mm、16 mm、20 mm 五种。热轧光圆钢筋是由 Q235 碳素钢轧制而成的,强度等级代号为 HPB235(又称为 Ⅰ 级钢筋),其中,HPB 是热轧(Hot Rolled)、光滑(Plain)、钢筋(Bars)的英文首位字母,235 指屈服强度值为 235 MPa。

2. 热轧带肋钢筋

热轧带肋钢筋通常为圆形横截面,且表面通常带有两条纵肋和沿长度方向均匀分布的月牙形横肋,又称为月牙肋钢筋。按《钢筋混凝土用热轧带肋钢筋》(GB 1499—1998)的规定,月牙肋钢筋表面及截面形状如图 2-9 所示。热轧带肋钢筋是由低合金结构钢轧制而成,其牌号由 HRB 和屈服强度值(MPa)组成,分为 HRB335、HRB400、HRB500 三个牌号(又称为 Ⅱ 级、Ⅲ 级、Ⅳ 级钢筋),其中 HRB 是热轧(Hot Rolled)、带肋(Ribbed)、钢筋(Bars)的英文首位字母。

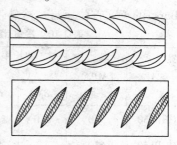

图 2-9　带肋钢筋外形图

Ⅰ 级钢筋 HPB235,强度较低,但塑性及焊接性能较好,便于各种冷加工,故广泛用于普通钢筋混凝土构件的受力筋及各种钢筋混凝土结构的构造筋。Ⅱ 级钢筋 HRB335 和 Ⅲ 级钢筋 HRB400 的强度较高,塑性和焊接性能也较好,广泛用作大、中型钢筋混凝土结构的受力钢筋。Ⅳ 级钢筋 HRB500 强度高,但塑性和可焊性较差,可用作预应力钢筋。

(二)冷加工钢筋

所谓冷加工钢筋,是指常温下将热轧钢筋进行冷拉、冷拔或冷轧而加工成的钢筋。热轧钢筋经冷加工处理后,其强度提高,塑性韧性有所降低。按照加工方法的不同,冷加工钢筋又分为冷拉钢筋、冷轧带肋钢筋、冷拔低碳钢丝。

1. 冷拉钢筋

为提高钢筋强度和节约钢材,工地上按照一定的规程,并控制冷拉应力和冷拉率,对热轧钢筋进行冷拉。冷拉钢筋的力学性能和工艺性能应符合表 2-9 的规定。

表 2-9　冷拉钢筋的力学性能和工艺性能(GB 50204—2002)

牌号	公称直径 (mm)	屈服强度 (MPa)	抗拉强度(MPa) ≥	伸长率(%) ≥	冷弯试验 (d 为弯心直径,a 为公称直径)	
冷拉 Ⅰ 级	≤12	280	370	11	180°	d = 3a
冷拉 Ⅱ 级	≤25	450	510	10	90°	d = 3a
	28 ~ 40	430	490	10	90°	d = 4a
冷拉 Ⅲ 级	8 ~ 40	500	570	8	90°	d = 5a
冷拉 Ⅳ 级	10 ~ 28	700	835	6	90°	d = 5a

冷拉 Ⅰ 级钢筋适用于钢筋混凝土结构中的受拉钢筋,冷拉 Ⅱ 级、Ⅲ 级、Ⅳ 级钢筋可用作预应力混凝土结构的预应力筋。

2. 冷轧带肋钢筋

冷轧带肋钢筋是采用普通低碳钢或低合金钢热轧的圆盘条为母材,经冷轧减径后在其表面冷轧成沿长度方向均匀分布的两面或三面横肋的钢筋。冷轧带肋钢筋是热轧盘圆钢筋的深加工产品,是一种新型高效建筑钢材。

冷轧带肋钢筋的牌号由 CRB 和抗拉强度最小值（MPa）组成，分 CRB550、CRB650、CRB800、CRB970、CRB1170 五个牌号，其中 CRB 是冷轧（Cold Rolled）、带肋（Ribbed）、钢筋（Bars）的英文首位字母。冷轧带肋钢筋的力学性能和工艺性能应符合表 2-10 的规定。

表 2-10　冷轧带肋钢筋的力学性能和工艺性能（GB 50204—2002）

牌号	抗拉强度（MPa）	伸长率（%）		冷弯试验 180°（d 为弯心直径，a 为公称直径）	反复弯曲次数	松弛率（%）初始应力 = 0.7 倍抗拉强度	
	≥	δ_{10}	δ_{100}			1 000 h，≤	10 h，≤
CRB550	550	8.0	—	$d = 3a$	—	—	—
CRB650	650	—	4.0	—	3	8	5
CRB800	800	—	4.0	—	3	8	5
CRB970	970	—	4.0	—	3	8	5
CRB1170	1 170	—	4.0	—	3	8	5

冷轧带肋钢筋具有强度高、塑性好、综合力学性能优良、与混凝土握裹力强、节约钢材、质量稳定等优点，因此在工程中得到越来越广泛的应用。其中，CRB550 为普通混凝土结构用钢筋，公称直径范围是 4 ~ 12 mm；CRB650 及以上牌号钢筋宜用作中小型预应力结构构件的受力钢筋，其公称直径为 4 mm、5 mm、6 mm。

3. 冷拔低碳钢丝

冷拔低碳钢丝是将直径为 6.5 ~ 8 mm 的 Q235 热轧盘圆钢筋，通过拔丝模强力拉拔而成的。冷拔低碳钢丝分为甲、乙两级，甲级钢丝可用于预应力筋，乙级钢丝适用于焊接网片、焊接骨架、箍筋和构造钢筋。

冷拔钢丝的力学性能应符合表 2-11 的规定。

表 2-11　冷拔低碳钢丝的力学性能

钢丝级别	直径（mm）	抗拉强度（MPa）		伸长率 δ_{100}（%）	180°反复弯曲次数
		Ⅰ组	Ⅱ组		
		≥			
甲级	5	650	660	3.0	4
	4	700	650	2.5	4
乙级	3 ~ 5	550		2.0	4

注：预应力冷拔低碳钢丝经机械调制后，抗拉强度标准值应降低 50 MPa。

（三）预应力混凝土用热处理钢筋

预应力混凝土用热处理钢筋是用 8 mm 或 10 mm 的热轧带肋钢筋经淬火和回火等调质处理而成的钢筋，代号为 RB150，有直径为 6 mm、8.2 mm 和 10 mm 三种规格。热处理钢筋成盘供应，每盘长 100 ~ 120 m，开盘后钢筋可自然伸直。

预应力混凝土用热处理钢筋有 $40Si_2Mn$、$48Si_2Mn$ 和 $45Si_2Cr$ 三个牌号，其力学性能应符合表 2-12 的规定。

表 2-12　预应力混凝土用热处理钢筋的力学性能

公称直径（mm）	牌号	屈服强度 $\sigma_{0.2}$（MPa）	抗拉强度（MPa）	伸长率 δ_{100}（％）
			$\geq$	
6	$40Si_2Mn$	1 325	1 470	6
8.2	$48Si_2Mn$			
10	$45Si_2Cr$			

预应力混凝土用热处理钢筋的优点是：强度高，可代替高强钢丝使用；配筋根数少，节约钢材；锚固性好，不易打滑，预应力值稳定；施工简便，开盘后钢筋自然伸直，不需调直及焊接。这类钢筋主要用作预应力钢筋混凝土轨枕，也可用于预应力梁、板结构及吊车梁等。

（四）预应力混凝土用钢丝及钢绞线

大型预应力混凝土构件，由于受力很大，常采用高强度钢丝或钢绞线作为主要受力钢筋。

1. 预应力混凝土用钢丝

预应力混凝土用钢丝是用优质高碳钢盘条，经酸洗、冷拉加工或再经回火处理等工艺而制成的高强度钢丝，其抗拉强度高达 1 470 ~ 1 770 MPa。

1）分类及代号

根据《预应力混凝土用钢丝》（GB/T 5223—2002）的规定，预应力混凝土用钢丝可按以下两种方法分类。按加工状态分为：冷拉钢丝、消除应力钢丝，其中消除应力钢丝又分为 I 级松弛（普通松弛）钢丝、Ⅱ 级松弛（低松弛）钢丝。按外形分为：光面钢丝、螺旋钢丝、刻痕钢丝三种，代号分别为 P、H、I。冷拉钢丝代号为 WCD，普通松弛钢丝代号为 WNR，低松弛钢丝代号为 WLR。

预应力钢丝的标记方式为：预应力钢丝直径—抗拉强度—代号—松弛程度—GB/T 5223—2002。如"预应力钢丝 5.00—1770—WCD—P—GB/T 5223—2002"，表示直径为 5 mm，抗拉强度 1 770 MPa 的冷拉光圆钢丝。

2）技术性能

预应力钢丝具有强度高、柔性好、松弛率低、耐蚀、施工简便、质量稳定等特点，适用于各种特殊要求的预应力结构，主要用于大跨度屋架及薄腹梁、大跨度吊车梁、桥梁、电杆、轨枕等的预应力钢筋。其技术性能应该符合《预应力混凝土用钢丝》（GB/T 5223—2002）的要求。

2. 预应力混凝土用钢绞线

预应力混凝土用钢绞线是由数根直径为 2.5 ~ 5.0 mm 优质碳素结构钢丝，绞捻后经一定热处理清除内应力而制成的。根据钢丝的股数一般分五种类型的钢绞线：1×2 型—用两根钢丝捻制；1×3 型—用三根钢丝捻制；1×3I 型—用三根刻痕钢丝捻制；1×7 型—用七根钢丝捻制；1×7C 型—用七根钢丝捻制又经拔模的钢绞线。另外 1×7 结构钢绞线，是以一根钢丝为芯，其余 6 根钢丝围绕着进行螺旋状左捻绞合而成的。预应力混凝土用钢绞线的技术性能应该符合《预应力混凝土用钢绞线》（GB/T 5224—2003）的要求。

钢绞线具有强度高、与混凝土黏结性好、断面面积大、使用根数少、在结构中布置方便、易于锚固等优点。其主要用作大跨度、大负荷的后张法预应力屋架、桥梁和薄腹梁等结构的预应力筋。

第六节 止水材料

一、常用止水材料的种类

止水带是地下工程沉降缝必用的防水配件。它具有以下功能：其一，可以阻止大部分地下水沿沉降缝进入室内；其二，当沉降缝两侧建筑沉降不一致时，止水带可以变形，继续起阻水作用；其三，一旦发生沉降缝中渗水，止水带可以成为衬托，便于堵漏修补。

止水带根据所用的材料分有橡胶止水带、塑料止水带、铜板止水带和橡胶加钢边止水带4种。目前，我国多用橡胶止水带。

止水带形状有多种，如图2-10所示。

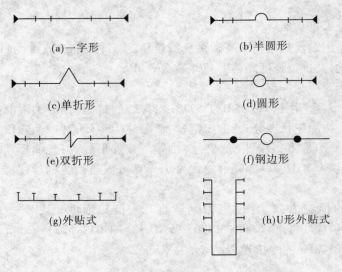

图 2-10 止水带

二、变形缝中出现渗漏的原因

有时，虽然变形缝中使用了止水带止水，但经常发生的渗漏仍然在变形缝处，这说明止水带防水并不十分可靠，尚存在一些问题，主要原因如下：

（1）混凝土和止水带不能紧密黏结，水可以缓慢地沿结合缝处渗入。

（2）变形缝两侧建筑发生沉降，沉降差使止水带受拉，埋入混凝土中的止水带受拉变薄，与混凝土之间出现大缝，加大了渗水通道，特别是一字形止水带和圆形止水带，更易出现上述现象，而单折形止水带、双折形止水带和半圆形止水带，防拉伸作用较好。

（3）一条变形缝常有几处止水带搭接，搭接方式基本是叠搭，不能封闭，即成为止水隐患。

（4）施工止水带时，变形缝一边先施工，止水带埋入状态较好，再施工另一边混凝土时，止水带下方混凝土不密实，甚至有空隙，导致止水带没有被紧密地嵌固，使止水作用大减。

（5）装卸式止水带用于室内，覆盖在变形缝上，使用螺栓固定。它的优点是易安装，拆卸方便。但止水功能不如中埋式止水带和外贴式止水带好。室内止水犹如室内防水，地下水已渗入变形缝中，再行堵截，即便止水带处不见水，其他地方也会出现渗水。因此，装卸式止水带不能替代中埋式止水带和外贴式止水带。

三、止水材料的连接

止水铜片连接一般是采用焊接方法进行；橡胶及塑料止水带一般采用熔接工艺；当条件许可时，也可采用冷接工艺。

四、试验要求

一般止水材料要进行拉伸强度、撕裂强度、伸长率、硬度等检验。取样时每批、每品种均要求进行取样。

第七节　土工合成材料

一、概述

土工合成材料是应用于岩土工程的、以合成材料为原材料制成的新型建筑材料，已广泛应用于水利、公路、铁路、港口、建筑等工程的各个领域。

目前，国内外通常采用聚酯纤维（PER）、聚丙烯纤维（PP）、聚酰胺纤维（PA）、聚乙烯（PE）、聚氯乙烯（PVC）、高密度聚乙烯（HDPE）等原料制造土工合成材料，形成了八大系列产品，如土工织物、土工膜、土工网、土工格栅、土工席垫、土工格室、土工复合材料及相关产品等。其中：土工膜是土工合成材料中应用最早，也是最广泛的一种系列产品，土工膜为相对不透水的聚合物薄片，在岩土和土木工程中用于防渗和气体的输送；土工复合材料是用两种以上土工合成材料经人工组合的复合体，用于排水、截水及加筋等。

随着高分子化学工业的发展，自20世纪以来相继出现了聚氯乙烯、聚乙烯醇、聚酰胺、聚酯、聚乙烯、聚丙烯等各种纤维，这些合成材料具有强度高、弹性好、耐磨、耐化学腐蚀、不会发霉、不怕虫蛀及吸湿性小等特点，用于工程又具有施工简便、易保证质量、施工进度快、造价低等优点，故被人们所重视，应用也日益广泛。

目前，国内外堤坝渗流控制中所应用的土工合成材料，主要是透水的土工织物和相对不透水的土工薄膜两大类。本章主要介绍土工膜、土工织物及其应用，其他类型的土工合成材料在此不再叙述。

（一）土工合成材料的分类及性能

1. 土工织物

土工织物按制造方式可分为织造型（包括编制、平织、针织）、非织造型（包括针刺、热粘、胶粘），主要用于反滤、排水和隔离功能。

2. 土工膜

土工膜有材质、厚薄之分，按制造方式可分为吹塑、压延、涂敷等，主要用于防渗工程。

3. 土工特种材料

土工特种材料有土工格栅、土工带、土工模袋、土工格室、土工网、土工石笼、土工管、三维网垫、EPS等,各自功能不同。

4. 土工复合材料

土工复合材料包括复合土工膜(膜与织物或其他材料相复合)和复合防水排水材料(包括排水带、排水管、防水材料等)。

(二)土工膜的种类

土工膜是一种由高聚合物制成的透水性极小的土工合成材料。根据原材料不同,其可分为聚合物和沥青两大类。为满足不同强度和变形需要,又有不加筋和加筋的区别。聚合膜在工厂制造,沥青膜则大多在现场施工。

1. 国内外制造土工膜的基本材料

国内外制造土工膜的基本材料大致可分为如下几种:

(1)热塑性材料,如聚氯乙烯(PVC)、耐油聚氯乙烯(PVC - OR)等。

(2)结晶热塑性材料,如低密度聚乙烯(LDPE)、高密度聚乙烯(HDPE)、聚丙烯(PP)等。

(3)弹性材料,如二烯—异丁烯橡胶(IIR)、氯丁橡胶(CR)、环氧丙烷橡胶(CV)等。

(4)热塑性弹性材料,如氯化聚乙烯(CPE)、氯磺聚乙烯(CSPE)、氯化聚乙烯熔合物(CPE - A)等。

(5)沥青和树脂,如沥青、煤焦油沥青、改性沥青、环氧树脂和丙烯树脂等。

这几种土工膜基本材料性能如表2-13所示。

表2-13　几种土工膜基本材料性能

性能		氯化聚乙烯 CPE	高密度聚乙烯 HDPE	聚氯乙烯 PVC	氯磺聚乙烯 CSPE	耐油聚氯乙烯 PVC - OR
力学性能顶破强度		好	很好	很好	好	很好
撕裂强度		好	很好	很好	好	很好
伸长率		很好	很好	很好	很好	很好
耐磨性		好	很好	好	好	—
热力特性(低温柔性)		好	好	较差	很好	较差
尺寸稳定性		好	好	很好	差	很好
最低现场施工温度(℃)		-12	-18	-10	5	5
渗透系数(m/s)		1×10^{-14}	—	7×10^{-15}	3.6×10^{-14}	1×10^{-14}
极限铺设边坡		1:2	垂直	1:1	1:1	1:1
现场拼接	溶剂	很好	好	很好	很好	很好
	热力	差	—	差	好	差
	黏结剂	好	—	好	好	好
最低现场黏结温度(℃)		-7	10	-7	-7	5
相对造价		中等	高	高	高	中等

2. 土工膜的类型

1）现场制成的非加筋土工薄膜

现场制成的非加筋土工薄膜即是在工地防渗面现场(土体或混凝土表面)喷涂一层热的或冷的黏性材料,常用材料是沥青、沥青和弹性材料混合物及其他聚合物(如聚氨基甲酸酯)。这种土工薄膜的主要优点是不存在拼接的问题,价格低,但厚度较厚,为3.0~7.5 mm。

2）现场制成的加筋土工薄膜

现场制成的加筋土工薄膜是在现场将一层土工织物先铺设固定在需要施工的防渗面上,然后在织物上喷涂一层热的或冷的黏性材料,使透水性很低的黏性材料浸渍在织物的表层,以形成整体性的防渗薄膜。所用的黏性材料与现场制成的非加筋土工薄膜相同。起加筋作用的织物,早期主要为玻璃纤维布,现大多使用针刺无纺土工织物。这种土工薄膜的典型厚度为3.0~7.5 mm。

3）工厂预制非加筋土工薄膜

预制非加筋土工薄膜使用聚合物及低分子材料通过滚压和挤压工艺制成,是一种没有任何织物加筋的均质薄膜。其典型厚度为0.25~4 mm(挤压工艺)和0.25~2 mm(滚压工艺)。

4）工厂预制复合土工膜

预制复合土工膜是将土工织物通过滚压或喷涂使表面浸渍或黏合一层聚合物薄膜,应用较多的是非织造针刺土工织物,其单位面积质量一般为200~600 g/m²。复合土工膜在工厂制造时可以有两种方法,一是将织物和膜共同压成,二是根据工程的质量也可在织物上涂抹聚合物以形成二层(俗称一布一膜)、三层(俗称二布一膜)、五层(俗称三布二膜)的复合土工膜。

复合土工膜有许多优点,以织造型土工织物复合,可以对土工膜加筋,保护膜不受运输或施工期间的外力损坏;以非织造型织物复合,不仅对膜提供加筋和保护,还可起到排水排气的作用,同时提高膜面的摩擦系数,在水利工程和交通隧洞工程中有广泛的应用。

3. 土工膜的性能

土工膜被广泛应用于岩土工程的各个领域。不同的工程对材料有不同的功能要求,并以此选择不同类型和不同种类的土工膜。土工膜的一般性能包括物理、力学、化学、热力学和耐久性能等。在工程应用中更重视其防水(渗透性及透气性)、抗变形的能力及耐久性。大量工程实践表明,土工膜有很好的不透水性;有很好的弹性和适应变形的能力,能承受不同的施工条件和工作应力;有良好的耐老化能力,处于水下、土中的土工膜的耐久性尤为突出。总之,可以认为土工膜具有十分突出的防渗性能。

土工织物的特性随其类别、制作方法、产品类型的不同而变化较大。

1）物理性能指标

(1)单位面积质量,系1 m²土工膜的质量,称为土工膜的基本质量,单位为g/m²。它是土工织物的一个重要指标。土工织物的单价与单位面积质量大致成正比,其力学强度随质量增大而提高。因此,在选择产品时单位面积质量是必须考虑的技术和经济指标。

(2)厚度,指土工织物在2 kPa法向压力下,其顶面与底面之间的距离,单位为mm。土工织物厚度随所作用的法向压力而变,规定2 kPa压力表示土工膜在自然状态无压条件下的厚度。

2）力学性能指标

针对土工膜在设计和施工中所受荷载性质不同,其力学强度指标分为下列几项:抗拉强度、握持强度、撕裂强度、胀破强度、顶破强度、圆球顶破强度、刺破强度等。在前3项强度试验中,试样均为单向受力,其纵向和横向强度需分别测定;而后4项强度的试验都表示土工膜抵抗外部冲击荷载的能力,其共同特点是试样均为圆形,用环形夹具将试样夹制住,承受轴对称荷载,纵、横双向同时受力。在上述众多力学指标中,最基本的是抗拉强度。

（1）抗拉强度和延伸率,为单向拉伸。纵向和横向抗拉强度表示土工膜在纵向和横向单位宽度范围内能承受的外部拉力,其对应抗拉强度的应变为土工膜的延伸率,用百分数（%）表示。抗拉强度是力学性能中的重要指标,用于产品质量控制。聚合物土工膜拉断时的极限延伸率可达到150% ~900%。加筋土工膜的最大抗拉强度高达10 ~30 kN/m。

（2）握持强度,是反映土工膜在挟持情况下分散集中荷载的能力,用做土工膜的质量控制。试验时,仅1/3试样宽度被挟持,进行快速拉伸。土工膜对集中荷载的扩散范围越大,则握持强度越高,单位为N。

（3）撕裂强度,是土工膜沿某一裂口或切口蔓延过程中的最大拉力,单位为N。

（4）胀破强度、顶破强度、圆球顶破强度、刺破强度,这4个强度都表示土工膜抵抗外部冲击荷载的能力。其差别是试验时试样尺寸、加载方式不同,胀破强度单位为 kPa,其他3项强度单位为N。水力胀破试验是确定土工膜平铺在孔洞上的抗拉强度,以模拟实际情况。圆球顶破试验是量测土工膜的局部顶破强度,是土工膜的基本特性指标之一。试验是模拟土工膜铺设在软基和密实的粗粒料间,土工膜所能承受的应力。水力刺破试验是量测土工膜支承在带有尖锐棱角的支承物上时的刺破强度。

顶破类试验示意如图2-11所示。

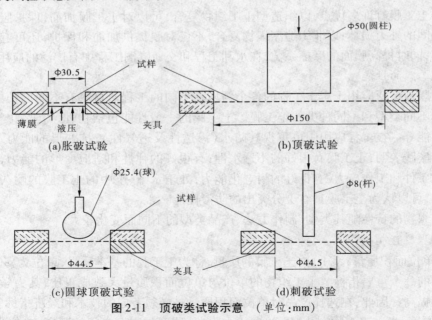

图 2-11　顶破类试验示意　（单位:mm）

除抗拉强度外,其他各力学强度指标并不直接用于设计,它们主要是作为参考指标,根据工程实际情况,便于对产品进行比较和选择。

3）水力性能指标

水力性能指标主要为渗透系数或抗渗强度，是土工膜很重要的水力特性指标，反映土工膜的抗渗透能力。其渗透系数或抗渗强度通过抗渗强度试验确定。

4）土工膜与介质面相互作用性能指标

土工膜与介质面相互作用性能指标即土或混凝土面与土工膜界面的摩擦系数。土工膜埋在土中，通过土与土工膜界面摩擦力传递土中应力，形成连续稳定的应力场；土工膜铺设在混凝土或沥青混凝土面板上联合防渗，两种介质间通过胶结黏合在一起，共同承担防渗作用，通过界面摩擦力抗衡内部孔隙水应力，防止滑坡形成稳定的复合坝面体。土工膜与界面间的摩擦系数，需通过试验确定。

5）土工膜的耐久性指标

影响聚合物土工膜耐久性的因素包括热、光、氧、臭氧、湿气、大气中的二氧化氮和二氧化硫、溶剂、低温、酶和细菌、应力和应变等。土工膜破坏可能的原因：反聚合作用和分子断裂使聚合物分解，从而使聚合物物理性能衰化和发生软化；失去增塑剂和辅助成分，导致聚合物硬化变脆；薄膜遇液体发生膨胀或溶解而发生强度的衰减，渗透性增大；接缝不良或拉开。

聚合物土工膜一般不会因温度而分解，只有工业废水池中衬护聚合物薄膜会因氧化温升而起分解作用。许多聚合物对紫外线很敏感，会使聚合物分解（加炭黑后可增强抵抗紫外线分解的能力）。臭氧破坏不饱和主链，当聚合物薄膜的拉应变达15%～25%时，容易受臭氧作用而开裂。

在长期应力或反复应力作用下，有的聚合物会因蠕变或疲劳而变薄、破裂。聚合物一般能抵抗生物分解，但增塑剂或其他单体成分会在湿空气中产生生物分解，从而变软或发脆。

交联型聚合物有很好的抵抗化学分解的能力；结晶型聚合物成分简单，含增塑剂和填充料很少，不会因增塑剂容易丧失而很快老化；PVC是热塑型的，老化快；丁基橡胶薄膜是由异丁烯和小比例的异戊二烯聚合而成的，主要具有烷族的性质，允许硫化处理，是紧序高分子，具有很好的抗氧化、化学、紫外线等侵害的性质（但容易被臭氧破坏）。

土工膜耐久性指标主要有耐磨、抗紫外线、抗生物、抗大气环境等多种指标，但大多没有可遵循的规范、规程，一般根据工程实际情况，按工程经验来选取。当土工膜铺设于渠道边坡和渠底时，上面应覆盖厚25～30 cm浆砌石保护层，当土工膜铺设于混凝土或沥青混凝土面板上时，上面应设置10～20 cm厚的混凝土防护层。

（三）土工膜在水利防渗工程中的应用

土工薄膜是由高分子聚合物制成的透水性甚小的材料，渗透系数一般为10^{-11}～10^{-12} cm/s，这样低的透水性是一种颇为理想的防渗材料。其在水利防渗工程中可应用于以下几个方面：①堤坝的防渗斜墙或垂直防渗心墙；②透水地基上堤坝的水平防渗铺盖和垂直防渗墙；③混凝土坝、圬工坝及碾压混凝土坝的防渗体；④渠道的衬砌防渗；⑤涵闸水平铺盖防渗；⑥隧道和堤坝内埋管的防渗；⑦施工围堰的防渗。土工膜防渗形式见图2-12。

土工膜作为一种良好的防渗材料，目前在土石坝中，特别是堤防防渗工程中已被广泛地采用；在混凝土坝或碾压式混凝土坝的修补中，作为防渗护面也逐渐增多；在我国的土坝建设和堤防加固中，作为垂直防渗墙的墙体材料等，被广泛地应用。

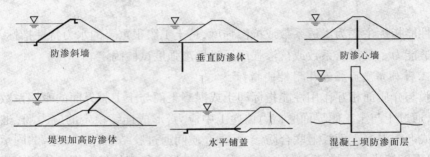

图 2-12　土工膜防渗形式

1. 土工膜的防渗结构

土工膜的厚度很薄,容易遭受破坏,为了有效保护和提高其在坡面上的稳定性,在土工膜与堤身或堤基接触处应加一定厚度的垫层(过渡层)或反滤层,尤其对于膜与粗粒料直接接触的情况。若防渗薄膜选用复合土工膜材料,则反滤层可以简化。对于已有的堤防加固情况,由于铺反滤层较困难,可以直接选用较厚非织造土工织物的复合土工膜作为反滤层,以便于施工。但应强调指出,不管什么情况下,反滤层是必不可少的。土工膜防渗结构原则上应包括 5 层,如图 2-13 所示。

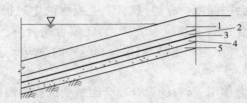

1—防护层;2—上垫层;3—土工膜;4—下垫层;5—支持层

图 2-13　土工膜防渗结构

1)防护层

防护层是与外界接触的最外层,是为了防御外界水流或波浪冲击、风化侵蚀、冰冻破坏和遮蔽日光紫外线而设置的。该层由堆石、砌石或混凝土板构成,厚度一般为 15～25 cm。

2)上垫层

上垫层是防护层和土工膜之间的过渡层,由于防护层多是大块粗糙材料且易移动,如果直接置于土工膜上,很容易破坏土工膜,因此上垫层必须做好。上垫层一般采用透水性良好的砂砾料,厚度应不小于 15 cm;如果防渗材料采用的是复合土工膜,可不必另设垫层。

3)土工膜

土工膜是防渗主体,除要求有可靠的防渗性能外,还应该能承受一定的施工应力和使用期间结构物沉降等引起的应力,故也有强度要求。土工膜的强度与其厚度直接有关,可通过理论计算或工程实践经验来确定。

单一土工膜表面光滑,摩擦系数小,易产生滑动,不宜铺设在坡面上,在此情况下,一般多采用复合土工膜,其表面的非织造土工织物与土的摩擦系数要比单膜大得多。另外,有时也可将单膜加上纹路以增加糙度。

4)下垫层

下垫层铺在土工膜的下面,有双重功能:一是排除膜下的积水、积气,确保土工膜的稳定;二是保护土工膜,使其不受支持层的破坏。

对于粗粒的堆石坝,下垫层也可起堆石与土工膜之间过渡层的作用,这时的下垫层由细砾和砂构成,三者之间的粒径应符合一定的层间关系。对于面板堆石坝的防渗加固工程,多采用复合土工膜,可用沥青直接黏结在防渗面板上。对于碾压式土坝,一般采用复合土工膜,下垫层一般可以省去,因为非织造土工织物可以起到保护和排水作用,而且增加膜与坝体间的摩擦力。

下垫层对土工膜起支持层的重要作用。如果土工膜直接放在粗粒料上,在水压作用下,它会被压进粗粒的大孔隙中,而被拉破。相反,如果土工膜下为平整硬层或细粒土料,则情况就会不同。试验研究证明,0.25 mm 厚的聚乙烯土工膜铺在级配良好的砂卵石层上,作用水头达到 200 m,土工膜也没有破坏,这表明膜下垫层的状态对膜的安全至关重要。

5)支持层

土工膜是柔性材料,必须铺设在可靠的支持层上,它可以让土工膜受力均匀。对于堤坝,支持层可采用级配良好的压实土层,粒径应根据膜厚来选择,对于 0.2 mm 厚的土工膜,支持层的最大粒径应不大于 6 mm,不均匀系数应不小于 20。对于堆石坝,支持层可采用混凝土或沥青混凝土面板斜墙。如果是碾压式土石坝,由于其坝面平整,又有较大密实度,可不设支持层。

2. 土工膜的防渗形式

1)堤坝地基垂直防渗墙

对于已建堤坝的防渗加固工程,一般采用垂直铺塑技术建造垂直防渗墙。垂直防渗墙是在堤坝地基内造孔或开槽,填入透水性极低的材料形成的连续墙。我国现在用铺塑技术已完成多项垂直防渗墙工程。

修建防渗墙的土工合成材料多采用土工膜、复合土工膜。采用插入土工膜,则膜厚应不小于 0.5 mm。在目前技术条件下,插入深度可以达到约 15 m,要求地基土中大于 5 cm 的粗颗粒不多于 10%,最大颗粒粒径不大于 15 cm,否则将超出开槽宽度。

对于新建堤坝,采用中央复合土工膜做垂直防渗墙时,其要求与土工膜斜墙防渗相同。但垫层和过渡层在填筑压实时,应注意不使土工膜损伤。施工时要求堤坝填筑与土工膜心墙同时上升,而且土工膜应作锯齿形铺设,以适应堤身的沉陷。

2)水平防渗铺盖

堤坝建在透水地基上,当地基厚度过大,采用其他防渗形式不经济或不可能时,可采用铺盖防渗。它是将透水性小的材料水平铺设在堤坝上游的一段长度内,并与堤身或坝身的防渗体系相连接,以增加渗径,减少渗透坡降,防止地基渗透变形并减少渗流量。一般用于铺盖材料的渗透系数至少应比地基的渗透系数小 100 倍,故以往常用黏性土。土工膜比黏土的透水性还要小,具有极大的柔性,能和地面密切贴合,而且施工相当方便,防渗效果良好。

3)其他防渗形式

土工膜用于堤防的防渗加固,其心墙式或斜墙式等形式的选用与堤基地层结构及其渗透性有关。增大 PE 膜摩擦性能的方法有三种:一是采用复合土工膜,因复合土工膜外层的土工织物与土料的摩擦系数较大,接近于 PVC 膜与土料的摩擦系数;二是对 PE 膜采用加糙措施,如在土工膜的光滑表面上压纹或喷涂加糙材料;三是改变水工建筑物的结构,如调整坝坡,加防滑槽或防滑槛等。另外,当 PE 膜的厚度从 0.12 mm 增加到 0.24 mm 时,其与粗砂的摩擦系数可以增加 30%。

二、垂直铺塑防渗技术

(一) 概况

垂直铺塑是 1980 年开始研制发展起来的一项新的防渗技术,经过几十年的发展和革新,该技术已日趋成熟并广泛应用于水库大坝和江河、湖泊大堤的防渗加固工程。其基本原理是:首先用链斗式锯槽机或往复式锯槽机在需防渗的土体中垂直开出槽孔,并以泥浆护槽壁;然后将与槽深相当的整卷土工膜下入槽内,倒转轴卷,使土工膜展开,相邻两幅之间用搭接的方式连接;最后进行膜两侧的填土,即形成防渗帷幕。回填时,在槽底回填黏土,深度不小于 1 m,目的是密封,以防止水从下部绕渗,接着填与原筑坝土质相同的土,待其下沉稳定后,往槽内继续填土压实;将槽外土工膜与建筑物的其他防渗体系连接,不得外露。在与建筑物连接处,土工膜应留有足够的富裕,以防建筑物变形时拉断土工膜。

与较早类似的其他防渗技术(如地下混凝土连续墙等)相比较,垂直铺塑防渗技术有如下特点:

(1)开槽机造槽经济适用。开槽机是垂直铺塑防渗技术施工开槽的主要设备,是根据防渗技术要求和有利于施工两个方面而研制的,槽孔的深浅、宽窄可以调节,能够满足不同工程设计要求,经济适用。

(2)防渗材料性能好。垂直铺塑防渗技术所采用的防渗材料一般为土工膜或塑料板,如聚乙烯(PE)土工膜、聚氯乙烯(PVC)土工膜、复合土工膜或防水塑料板等。这类材料防渗效果好,其本身渗透系数一般小于 10^{-11} cm/s;柔性好,易于施工;寿命长,在地下良好的保护状态下,其工作寿命至少在 30 年以上。

(3)施工速度快,工程造价低。垂直铺塑防渗技术之所以被广泛应用,一是新型开槽机结构简单、操作方便、施工速度快;二是防渗材料的单位面积造价经济,且易于施工。

(二) 垂直铺塑防渗技术适应范围

垂直铺塑防渗技术在土层分布、地下水位高低等方面都有其技术本身的要求和适应范围。垂直铺塑施工的开槽深度与土层分布和地下水位高低三者之间是相互联系和相互影响的。

在确定工程设计方案时,要同时考虑土的地质条件和地下水位情况。如果地质报告显示,土层中有大量石块、纯中粗砂情况,就不宜采用垂直铺塑技术;如果地下水位很低,但蓄水条件不好,护壁浆液可能保持不够,易造成塌孔,也不宜采用垂直铺塑技术。

综合起来,垂直铺塑防渗技术的应用应具备下列几个条件:

(1)透水层深度一般在 12 m 以内,或通过努力,开槽深度可以达到 16 m。

(2)透水层中大于 5 cm 的土粒含量不超过 10%(以质量计),其少量大石块的最大粒径不超过 15 cm,或不超过开槽设备允许的尺寸。

(3)透水层中的水位能满足泥浆固壁的要求。

(4)当透水层底为岩石硬层时,对防渗要求不很严格。

(5)透水层中流砂夹层或纯中粗砂段所占比例很少,能满足泥浆固壁的要求。

（三）机械设备

垂直铺塑防渗技术主要设备是开槽机，辅助设备有拌浆机、循环泥浆泵、抽砂泵、水泵等。

（四）泥浆循环固壁

为了保证槽孔的稳定性，垂直铺塑防渗施工过程中泥浆循环固壁工艺非常关键。

泥浆材料的选择：护壁泥浆要求相对密度小，黏度适当，稳定性好，过滤水量少，泥皮形成时间短且薄，表面又有韧性。从管理上说，还希望操作方便、成本低。

泥浆拌制和使用时必须检验，选择护壁泥浆的性能时应考虑到地质条件及挖槽方法。泥浆的性能指标应通过试验确定。

泥浆制造中应设有一条泥浆拌和系统联动线，其中应包括泥浆拌和机、储料斗、储有各种性能材料的桶或容器等。在经过试验确定好泥浆的材料配合比后可进行泥浆搅拌。首先加水至搅拌筒 1/3，开动搅拌机，在定量水箱不断加水的同时，加入膨润土纯碱液搅拌 3 min 左右，再加入其他掺合物，搅拌时间控制在 5 min 以内，如果泥浆搅拌后直接使用，搅拌时间应再延长 2～3 min，现场搅拌泥浆应控制黏度和相对密度。每 10 罐抽查泥浆试样一组，检查全面指标。一般情况下泥浆搅拌后应储存 24 h 以上或加分散剂，使膨润土或黏土充分水化后方可使用。

通过沟槽循环而排出的泥浆，由于膨润土和增黏剂等主要成分的消耗以及土渣和电解质离子的混入，其质量降低，失去原有的性质，因此必须净化处理后，才能继续循环使用。

（五）材料要求

1. 材料

水利工程中做垂直防渗用的土工合成材料一般为土工膜和复合土工膜。由于聚乙烯抗拉强度比聚氯乙烯高，耐老化，使用寿命较长，故近年来多采用聚乙烯土工膜。聚乙烯土工膜又称 PE 膜，PE 膜又分为薄膜和薄片两种，习惯上以膜的厚度区分，但无明确划分标准。PE 土工膜属新型防渗材料，其性能明显优于其他材料。PE 土工膜具有优质的防渗性能，在我国已得到广泛应用。

2. 物理力学性能指标

应满足《聚乙烯（PE）土工膜防渗工程技术规范》（SL/T 231—98）中的相关规定。

（六）铺膜施工

1. 施工要求

（1）PE 土工膜的储运要符合安全规定。运至现场的土工膜应在当日用完。

（2）PE 土工膜铺设前应做相应准备工作。进行现场铺设试验，确定焊接温度、速度等施工工艺参数。

（3）PE 土工膜的铺设施工应符合以下技术要求：大捆 PE 土工膜的铺设宜采用拖拉机、卷扬机等机械；条件不具备及小捆 PE 土工膜，也可采用人工铺设。铺设 PE 土工膜时，应适当放松，并避免人为硬折和损伤。PE 土工膜焊缝搭接面不得有污垢、砂土、积水（包括露水）等影响焊接质量的杂质存在。

（4）铺设 PE 土工膜时，应根据当地气温变化幅度和工厂产品说明书要求，预留出温度变化引起的伸缩变形量。

（5）PE 土工膜铺设完毕、未加保护层前，应在膜的边角处每隔 2～5 m 放 1 个 20～40 kg

重的砂袋。

2. 下膜形式

垂直铺塑下膜有两种形式,一是重力沉膜法,二是膜杆铺设法。

(1)重力沉膜法。对于砂性较强的地质情况,造就槽孔后,由于其回淤的速度较快,槽孔底部高浓度浆液存量多,宜采用重力沉膜法。

(2)膜杆铺设法。对于一般的黏土、粉质黏土、粉砂地质情况,由于其回淤的速度较慢,泥浆固壁条件好,效果好,可采用膜杆铺设法。首先将土工膜卷在事先备好的膜杆上,然后由下膜器沉入槽孔中,在开槽机的牵引下铺设土工膜,采用模杆铺设法在施工过程中,要经常不断地将膜杆上下活动,使其在槽孔中处于自由松弛状态,防止膜杆被淤埋或卡在槽中。

(七)回填

垂直铺塑的最后一道工序是回填,下膜后回填一般是回淤和填土两种办法相结合。回淤即是利用开槽时砂泵抽出的原坝体中的砂土料浆液进行自然淤积。由于开槽过程中的泥浆利用,回淤量不够填满槽孔,因此需备土填充。所备土料不应含有石块、杂草等物质,其质量应与原坝体相同。

三、土工膜的坝体防渗

对于堆石坝体的防渗加固,可以选择坝面防渗处理方案,也可以采用垂直防渗方案。垂直防渗方案一般为建造混凝土防渗墙,这种方案造价较高、施工困难,甚至根本无法施工,对于中高堆石坝,采用此方案是不经济的。堆石坝防渗加固应采用坝面防渗工程,即坝面铺设复合土工膜防渗工程,此方案技术可行、防渗可靠、施工方便、经济合理,是堆石坝防渗加固处理工程的首选方案。

(一)堆石坝的复合土工膜防渗工程设计

一般防渗工程中的复合土工膜都是铺设在散粒土体上,而堆石坝在沥青混凝土斜墙或混凝土面板上铺设复合土工膜有自己的特点,既有其有利的一面也有其不利的一面,在设计中应尽量扬长避短。

1. 复合土工膜规格初选

根据作用水头,通过试验、计算,选择符合强度和变形要求的复合土工膜。根据《水利水电工程土工合成材料应用技术规范》(SL/T 225—98)规定,土工膜厚度不应小于0.5 mm。对于重要工程应适当加厚;对于次要工程,可以适当减薄,但最小不得薄于0.3 mm。

2. 复合土工膜厚度的计算

(1)SL/T 225—98 规定,确定土工膜厚度时土工膜材料允许抗拉强度用式(2-12)计算

$$T_a = \frac{1}{F_{id}F_{cr}F_{cd}F_{bd}}T \tag{2-12}$$

式中　T_a——材料的允许抗拉强度,kN/m;

T——极限抗拉强度比,kN/m;

F_{id}——考虑铺设机械破坏影响系数;

F_{cr}——考虑材料蠕变影响系数;

F_{cd}——考虑化学剂破坏影响系数;

F_{bd}——考虑生物剂破坏影响系数。

根据工程的具体情况,规范建议,最大值可采用 $F_{cr}F_{cd}F_{bd}=5$,即安全系数为5。同时,确定土工膜厚度时土工膜材料极限抗拉强度用下面的公式计算。

裂缝上的复合土工膜拉应力为

$$T = 0.204 \frac{pd}{\sqrt{\varepsilon}} \qquad (2\text{-}13)$$

孔洞上的复合土工膜拉应力为

$$T = 0.122 \frac{pd}{\sqrt{\varepsilon}} \qquad (2\text{-}14)$$

式中 T——单宽土工膜所受最大拉力,与缝方向垂直,kN/m;

p——膜上作用水压力,kPa;

d——预计膜下地基可能产生的裂缝宽度,m;

ε——膜的拉应变。

作几种复合土工膜的拉应力—拉应变试验曲线,并画出上述公式的 $T \sim \varepsilon$ 曲线,用曲线交会法,求出各复合土工膜曲线与此曲线的交点。当这些交点的 T 与该复合土工膜断裂强度之比为5或大于5(即安全系数为5),且此交点的 ε 与该复合土工膜的断裂(极限)拉应变之比为5或大于5时,则该复合土工膜满足要求。

如果用黏结剂将膜牢牢粘贴在沥青混凝土斜墙或混凝土面板上,斜墙限制了它的伸长变形,则土工膜容易断裂,当斜墙变形超过沥青混凝土斜墙或混凝土面板的允许变形时,斜墙开裂,产生裂缝。由于在裂缝处,膜的初始长度为零,因而在斜墙裂缝处膜的应变和应力是比较大的,则土工膜容易断裂,应该设法避免这种情况发生。

根据有关规定,复合土工膜保护层可采用喷射混凝土或现浇混凝土,中间不需设其他垫层。复合土工膜如果用喷射混凝土或现浇混凝土做保护膜,保护层会对土工膜产生约束和嵌固。从理论上来说,只要混凝土保护层出现裂缝,膜就可能断裂。与沥青混凝土斜墙相比,混凝土受拉和适应变形能力差,混凝土保护层更易出现裂缝,再则膜在保护层下面,对膜更不利。

对于较高的堆石坝,经研究表明,斜墙上的复合土工膜承受的拉力较大,安全系数偏低,需选较厚的复合土工膜,也可以根据不同的部位选择不同厚度的复合土工膜。

(2)加强及处理措施如下:

①选择断裂强度大、断裂伸长率大、性能优良的复合土工膜,但这往往受国内技术水平的限制,只能尽力而为之。

②在受力大、易出现问题的部位用二层膜或一层厚膜。如果两层复合土工膜间的摩擦系数可达 0.533 以上,则不黏结;如果摩擦系数小,则要黏结,可用网格式黏结,即纵横分条带黏结,横稠纵稀。当局部黏结满足不了要求时,可全面粘贴。

③将复合土工膜的表面加糙,提高表面的粗糙度,以增大摩擦系数,采用此方法需经试验研究。

④复合土工膜上铺一层细砂,上面喷射混凝土,可使保护层与复合土工膜间摩擦系数达 0.533 以上,保护层满足抗滑稳定要求。成都科技大学试验得 300 g/m² 土工织物与细砂的摩擦系数:干砂为 0.54,湿砂为 0.55,均大于 0.53。可使复合土工膜与斜墙间摩擦系数达到设计要求,满足抗滑稳定要求。

3.复合土工膜沿斜墙抗滑稳定性分析

复合土工膜与斜墙间的摩擦系数小于堆石体的内摩擦系数亦小于斜墙与堆石间的摩擦系数,它是一个薄弱面,需校核复合土工膜沿斜墙和护坡混凝土与复合土工膜间的抗滑稳定性。对复合土工膜的抗滑稳定性,应通过有关的材料试验,提出试验参数,进行计算后方可确定。

复合土工膜上面的护坡要作抗滑稳定分析,护坡可用现浇混凝土、混凝土预制板、干砌块石。当坝坡陡于1:3,可现浇混凝土或喷混凝土,因为坝坡陡,靠摩擦不足以维持稳定,还要靠黏聚力;当坝坡缓于1:3,可用预制混凝土板或干砌块石。

护坡不需要防渗,应能畅通排水,故现浇混凝土应留排水孔。

抗滑稳定安全系数为

$$K = mf + \frac{\sqrt{1 + m^2}}{\gamma t} c \qquad (2\text{-}15)$$

式中　m——坡率;

　　　f——摩擦系数;

　　　γ——护坡混凝土容重,在施工期或未蓄水时,为混凝土干容重,在蓄水后为混凝土浮容重,kN/m^3;

　　　t——护坡混凝土厚度,m;

　　　c——黏聚力,kPa。

复合土工膜与其底部的无砂混凝土面板或沥青混凝土之间的抗滑稳定也需要计算,只计算施工期或水库水位骤降期的。复合土工膜是隔水层,其下游面的土工织物可排水或以其他措施排水,故复合土工膜与其底部的无砂混凝土面板或沥青混凝土之间无水,水库水位降落时,复合土工膜下面没有水的顶托力(或反推力)。水库蓄水后,复合土工膜上面有水压力,底面无水压力,安全系数比未蓄水时大;水库水位降落时,复合土工膜的抗滑安全系数与施工期或未蓄水时相同。

4.复合土工膜铺设的前期要求

(1)加固防渗体基础。为减少上游坝坡变形,对混凝土面板或沥青混凝土斜墙下堆石坝体进行托底固结灌浆。基础灌浆材料的选择,应通过灌浆试验确定。堆石体固结灌浆的范围和深度,应事先进行大坝有限元应力应变分析,根据有限元分析成果、测得的沉降和位移资料、渗透变形破坏的部位等,进行综合分析,最后确定托底固结灌浆的范围和深度,曾发生渗透破坏部位则加深。

(2)平整洗刷混凝土面板或沥青混凝土斜墙。混凝土面板或沥青混凝土斜墙是复合土工膜的垫层,先将凹凸不平的板面整平修复,特别是对坝面的塌陷裂缝部位,应重点修复,使板面均匀受压,减少不均匀沉降。对现已老化和产生裂隙的面板或沥青混凝土铲除、清洗干净后填补平整。

5.混凝土护坡

复合土工膜上设混凝土保护层(即护坡),作用是保护复合土工膜,防止风浪冲刷、风沙的吹蚀、人和机械的损坏、冰冻的破坏、山坡滚下石块的碰砸、紫外线的照射、风力的掀动,以及防止因膜下水压力而使膜浮起等作用。

保护层需要一定厚度、强度和黏聚力,以保证保护层的稳定、不被损坏和耐久性。在复合土工膜上可喷射混凝土或现浇混凝土保护层,保护层厚 15~20 cm。

6. 复合土工膜与周边的连接

整个混凝土面板或沥青混凝土斜墙上复合土工膜接缝应不漏水,还要求与周边连接密封不漏水,这样才能保证整个斜墙面上的复合土工膜成为一个完整的封闭不透水层。

(1)与左右岩岸坡连接。首先进行两岸边坡处理,为防止绕坝渗漏,对位于正常蓄水位以下的两岸岩体的节理裂隙,应作防渗处理,可采用喷射水泥砂浆的方法,喷射厚约3 cm 水泥砂浆封闭进口渗漏通道。为保护新修的防渗面板不受破坏,对两岸不稳定的危岩事先进行清除,形成两岸稳定的边坡。

在做混凝土面板或沥青混凝土斜墙与岸边连接滑动接头时,应将岸坡开挖成一平台,平台处岩石新鲜、裂隙少,不用再爆破削坡开挖,直接可浇筑岸坡混凝土。

在与两岸边连接时,在原混凝土面板或沥青混凝土与基岩的接触带附近,开挖宽为1 m 的槽子,当遇破碎裂隙岩体时清除到弱风化岩面,将复合土工膜置入槽内,用混凝土回填锚固。

若两岸岩石新鲜平整,可在岸边浇筑混凝土墩,在岸边基岩中钻孔、插锚筋、铺设复合土工膜,膜在岸边打一褶皱,用钢板槽钢将膜压住,上紧固螺栓,并在其上浇筑混凝土保护层。

(2)与坝基截水墙的连接。在截水墙上游侧做一混凝土锚墩,将复合土工膜弯折埋入墩内,注意在墩的上游侧膜要打一褶皱。在与基础连接时,将倒挂井防渗墙顶部做成圆形,在防渗墙的上游侧开挖深、宽均为 1 m 的槽,将复合土工膜置入槽内,用混凝土回填锚固。

(3)与冲沟截渗墙连接。在冲沟挡土墙侧做一混凝土锚固墩,并用锚杆连接,形式同(1)。

(4)与坝顶防浪墙的连接。将坝顶防浪墙与复合土工膜浇筑在一起。连接固定上部边界,或在墙的上游侧做一混凝土锚固墩,为使其抗滑稳定须用钢筋与防浪墙基础连接。

(二)水库浆砌石坝防渗加固工程实例

1. 工程概况

某水库流域面积 9. 4 km^2,总库容 349. 3 万 m^3。大坝坝型为小石混凝土浆砌石重力坝,最大坝高 40 m,采用混凝土心墙防渗。水库于 1990 年开工兴建,1992 年 6 月底竣工并投入使用。当年水库蓄水后就发现大坝漏水严重,整个下游坝面普遍有库水外渗,溢洪道左右两侧伸缩缝处漏水呈喷射状,坝体廊道内渗水尤为严重,几乎成为"水帘洞"。据测量,水库的最高日漏水量达 1. 5 万 m^3。大坝漏水带走大量的钙质,使小石混凝土逐渐失去黏聚力,如不及时治理,不仅影响工程效益的充分发挥,更重要的是对大坝安全造成严重威胁。

2. 工程措施

大坝渗漏的治理首先进行了灌浆处理,经运行检验,效果甚微,另一途径就是坝面防渗。经过充分的调研、分析与论证,大坝的防渗加固采用在上游坝面构筑复合土工膜坝面防渗体方案。坝面防渗体平均厚度 3. 5 cm,其中找平层平均厚度 2 cm,最小厚度不小于 1 cm;随坝高不同,防水层选用 400~600 g/m^2 的复合土工膜;水泥砂浆保护层厚度 1. 5 cm,最小厚度大于 1 cm。复合土工膜与水泥砂浆通过含 20% 的 107 胶水泥胶黏结。复合土工膜的搭接宽度 15 cm,用聚氨酯冷压黏合。

3. 防渗效果分析

水库的防渗加固工程于 1995 年、1996 年汛前施工,共铺设坝面防渗体面积 4 200 m^2,高程为 161.5 ~ 180.6 m。由于水库的运用要求,加固工程在未放空水库情况下进行,还有约 1 800 m² 的坝面尚未施工,但防渗效果已初步发挥。根据水库的观测资料,1995 ~ 1997 年汛期的最高库水位均为 172.5 m,堵漏前的 1995 年相同水位的大坝渗水量为 5 000 m³/d,而堵漏后的 1997 年最大值为 2 000 m³/d,大坝漏水量减少 60%。从现象上看,经过两个汛期和两个冬天的运行,坝体下游面干燥无水,坝面防渗体结构完好,表现出良好的抗渗、抗冻性能。大石村浆砌石坝面复合土工膜防渗加固工程说明,复合土工膜坝面防渗技术经济上合理、技术上可行,具有很好的推广应用前景。

浆砌石坝复合土工膜坝面防渗新技术,具有造价低、防渗效果可靠,与砌石体结合牢固的特点。同时,更为重要的是,复合土工膜坝面防渗体不仅适用于已建浆砌石坝工程,也可用于新建工程的防渗加固。不论是新建工程还是已建浆砌石坝工程,新型坝面防渗技术均可比常规防渗方案节省工程投资 60% 以上。

四、土工膜应用中存在的问题

(一)几项主要试验测定方法的一些问题

1. 拉伸试验中的几个问题

(1)目前,国内实验室大多采用窄条试样,即试样宽 50 mm、长 100 mm。国际上大多采用宽条试样,试样宽 200 mm、长 100 mm。这两种试样的试验方法相同,但宽条试样试验要具备一对实际有效宽度为 210 mm 的夹具,试验荷载相应增大,操作技术也复杂一些。目前,国际上只认定宽条法试验成果,为此国内有关部门还需不断改进设备,提高操作技术,逐步过渡到宽条法。

(2)拉伸过程中应记录拉力—伸长量曲线。目前,设计往往要求提供某一应变时的抗拉强度,有时要求提供初始模量,两者都由拉力—伸长量曲线获得。

(3)握持试验和撕裂试验的方法与条带拉伸试验方法相似,仅夹持方法不同。握持试验试样夹持面积(长×宽)为 50 mm×25 mm,撕裂试验试样夹持宽度为 84 mm,试验拉伸速率为 100 mm/min。拉伸过程中最大拉力即为握持强度或撕裂强度,单位为 N。

2. 垂直渗透试验问题

土工膜的防渗性能也可用垂直渗透系数表示,垂直渗透系数是水力梯度等于 1(或单位水力比降)时的渗透速率。一般土工膜的渗透系数值小于 1×10^{-11} cm/s。试验时一般在有压力(一般为 100 kPa,相当于 1 000 cm 水位差)下进行,由于渗水量很小,试验持续时间较长。

(二)土工膜在使用中常出现的问题

土工膜在储运及运行过程中可能造成穿刺和撕裂等破坏,还可能在工程应用中发生以下几种的破坏情况:

(1)遭受块石或其他尖角物的穿刺。

(2)薄膜受到下层气体或液体的顶托产生应力集中导致破坏。

(3)铺设在支承上与混凝土面板之间的土工薄膜由于遭受温度、重力、土体位移、浪压力及水位变化等因素,可能引起界面滑动,使土工薄膜产生过度拉伸、撕裂或擦伤。

(4)在斜面上用土保护的土工薄膜,当水位骤降时,土体中的孔隙水压力与库水位失去平衡而造成失稳滑动。

鉴于上述情况,工程中根据不同要求在土工膜上面或下面或上下两面采用保护措施。土工织物保护土工膜最佳,故在工厂将土工织物通过喷涂或滚压或压延等工艺黏合一层高聚合物薄膜,即采用一布一膜、二布一膜等形式的复合土工膜,可以解决土工膜在使用运输过程中可能发生的上述破坏。

(三)土工膜耐久性问题

1. 影响土工膜耐久性的主要因素

土工膜的原材料是高分子聚合物,这种物质是链节结构,它对氧化十分敏感,容易发生降解反应和交换反应,引起其组成、结构的变化逐渐失去原有的优良性能,最后丧失其使用价值,这种现象叫做老化。老化是一种不可逆现象,有如下变化:

(1)外观变化,如变色、发黏、变软或变硬、龟裂、变形等。

(2)物理化学性能的变化,如相对密度、导热系数、玻璃化温度、熔点、溶解度、耐热性及透水性的变化。

(3)力学性能的变化,如抗拉强度、伸长率、耐磨损、硬度的变化。

(4)电性能的变化,如表面电阻、介电常数及击穿强度等的变化。

高分子聚合物的老化,一方面是由于它自身内在的弱点,另一方面是由于受到外界因素的影响,两者相辅相成。老化的内在因素主要表现为高聚物化学结构、链结构和物理结构上的弱点:

(1)化学结构上的弱点,主要是一些高聚合物原子间的内在结合力不好,与原子结合的不牢固,或一些基因、链受到外界因素的作用而引起老化。

(2)链结构上包括分子量、分子量分布和聚合度等。

(3)物理结构上主要是聚合物的结晶度,结晶度大的聚合物有较好的热稳定性。

(4)影响材料耐久性的还有物理因素、化学与生物侵蚀、干湿作用、冻融变化和机械度等。

老化的外界因素,如物理因素,包括光、热、电和高能辐射等,其中主要的是光和热,太阳光的紫外线会引起高分子聚合物的光化学反应,使高分子产生断链或交联,分子量下降而老化。热会使高分子材料发生分解或热氧化反应,引起或促进老化。化学因素包括氧、臭氧、水(湿气)化学介质(酸、碱、盐雾等)、腐蚀性气体(NH_3、HCl、SO_2 等)等,其中氧的因素较为主要。生物因素,微生物主要是霉菌;昆虫和海洋吸附生物的作用。在上述外界因素中,以日照紫外线的影响最重要。

各种原材料抗紫外线的能力以聚丙烯和聚酰胺最差,聚脂最佳,聚乙烯、聚氯乙烯介乎其间,颜色浅的比深的差。由于老化是从表层逐渐向内部发展,故产品厚的较薄的耐老化。

2. 延缓老化的措施

了解了高分子聚合物产生老化的内在因素和外界因素,从而可以采用对应措施,减缓老化过程,通常采用下列方法:

(1)物理防护,如涂漆、镀金属及用防老化剂溶液浸涂等方法。

(2)改进聚合工艺。由于聚合物在聚合过程中将产生不稳定结构、杂质、催化剂残留物、低分子量聚合物等老化弱点,因此需改进聚合工艺,尽量减少这些老化弱点,以提高聚合物的稳定性,延缓老化过程。

(3)改性,就是用共聚、共混、接技、嵌段、增强等方法改善高分子聚合物的性能,使纤维的性能得到全面大幅度的提高,以适应不同的需要。

(4)在运输过程中,土工膜成品应避光、隔热。储藏时应放置在室内,避免光、氧、热的作用,露天存放最多不超过15 d。

(5)在原材料中加入防老化剂,抑制光、热、氧等外界因素对材料的作用,如掺入适量的抗氧剂、光稳定剂和深色碳黑等。

(6)在工程中采用防护措施,如尽量缩短材料在日光中的暴露时间,用黏土(要求厚度在30 cm以上)或深水覆盖等。老化破坏程度常以材料的某物理力学量的变化率来反映,如材料抗拉强度的损失或延伸率的变化等。

五、土工织物的反滤及排水设计

(一)土工织物

土工织物是一种透水材料,分为织造型和非织造型两种。

1.织造型土工织物

织造型土工织物又称为有纺土工织物,先将材料加工成丝状后再编织。织造型又分为平纹、斜纹、缎纹三种。最常见的是平纹,其特点是厚度小、强度高。

2.非织造型土工织物

非织造型土工织物又称为无纺土工织物,按加工方法又分为热黏合、化学黏合、机械黏合三种。

热黏合织物布厚度较小,一般为0.5~1.0 mm;化学黏合厚度较大,一般为1~3 mm;机械黏合多采用针刺法,厚度为1~5 mm,孔隙率高,渗透性大,反滤排水性能好,是应用最广泛的一种。

(二)反滤作用

当土中的水通过土工织物时,水可以顺畅通过,土粒被阻留。当土中水从细粒土流向粗粒土,或水流从土内向外流出的出逸处,需要设置反滤措施。否则土粒将受水流作用而被带出土体外,发展下去可能导致土体渗透破坏。土工织物可以代替水利工程中传统采用的砂砾等天然反滤料作为反滤层。

土工织物反滤的特点是厚度小,省材料(主要节省运输投资),易施工,反滤效果好,但使用寿命不如砂砾料耐久。

堤坝工程中,需要反滤的主要部位有黏土心墙或斜墙两侧、坝体与下游排水体之间、坝体与上游护坡之间、水闸护坦的排水孔下部、挡土墙后排水体周围、排水暗管、排水井等。

(三)反滤设计要求

为保证土工织物能长期使用,对土工织物的基本要求有:被保护的土料在水流作用下,土粒不得被水流带走,即保土性,以防止管涌破坏;水流必须能顺畅地通过织物平面,即透水性,以防止积水产生过高的渗透压力;织物孔径不能被水流挟带的土粒阻塞,即防堵性,以避免反滤作用失效。

1.保土性要求

满足保土性,织物的孔径与土的粒径之间必须符合一定的关系。孔径过大,土粒可能穿过孔洞而流失;孔径过小,可能妨碍透水和容易被堵塞。

根据保土要求准则,织物的等效孔径 O_e 和被保护土的特征粒径 d_{85} 之间应符合以下关系

$$O_e \leq nd_{85} \tag{2-16}$$

式中　O_e——由试验测得的等效孔径,一般采用 $O_e = O_{95}$ 或 $O_e = O_{90}$,$O_{95}/O_{90} \approx 1.2$;

　　　d_{85}——筛分曲线中重量为85%对应的粒径;

　　　n——系数,当 $O_e = O_{95}$ 时,一般取 $n = 1 \sim 2$。

2. 透水性要求

对于级配良好的土,水力梯度低,不会产生淤堵时,$k_g \geq k_s$;

对于级配不良的土,水力梯度高,排水失效会导致土体结构破坏时,$k_g \geq 10k_s$。

上述中,k_g 为土工织物透水系数,k_s 为被保护土体透水系数。

3. 防堵性要求

为防止土工织物在长期使用中被淤堵,提出以下要求:土体级配良好时,取 $O_{95} \geq 3d_{15}$ (d_{15} 为15%重土体粒径),被保护土具有分散性时,水力梯度大,易产生管涌。流态复杂时,要求 $GR \leq 3$(GR 为梯度比)。

(四)排水功能

水利工程中需要将土中水排出的情况很多,如降低土坝内浸润线高度、挡土墙后排水、水闸的软基排水等。采用土工合成材料排水具有施工简便、工期短、节约工程费用等优点。

排水设计与反滤设计类似,既要排水又要保土,排水量往往大于反滤的排水量。在水闸软基中常采用塑料排水带来代替传统的砂井,其优点是用插板施工法对周边土体扰动少,施工进度快。

(五)设计要点

采用土工织物反滤、排水,要满足反滤要求,铺设后的稳定要求有一定的强度要求。

设计前必须已知被保护土体的类别、颗粒分析曲线、土的不均匀系数 C_u,透水系数 K、抗剪强度、干容重 γ_{dmax}、最优含水量 ω_{op} 等。

土工织物的指标有单位面积质量、等效孔径 O_{95}、透水系数 k_g、梯度比 GR 等。一般有强度要求的无纺土工织物的单位质量不小于 $300 \ g/m^2$。

六、土工膜在水库防渗中的应用

(一)工程概况

某水库为调水工程中的中间调节型平原水库,其主要任务是调蓄调水工程向周边城区城市居民和工业供水目标。根据《水利水电工程等级划分及洪水标准》(SL 252—2000),水库主要建筑物级别为2级,次要建筑物级别为3级,其他指标为:

(1)城市工业及居民生活用水保证率为95%。

(2)地震动参数:地震动峰值加速度 $0.05g$,动反应谱特征周期为 $0.55 \ s$。

(3)防洪标准:根据《防洪标准》(GB 50201—94),由于水库位于滞洪区内,因此水库主要建筑物的设计洪水标准应与滞洪区防洪标准相协调,滞洪区建设按照 $30 \sim 50$ 年一遇标准

建设,经分析确定该水库设计洪水标准采用 50 年一遇。

该水库设计最高蓄水位 29.80 m,相应最大库容 5 209 万 m³,设计死水位 21.00 m,死库容 745 万 m³,水库调节库容 4 464 万 m³。水库围坝坝轴线总长 8 913.99 m,水库工程总占地面积 9 732.90 亩。

(二)围坝工程

围坝轴线长 8 913.99 m,坝顶高程 32.30~32.65 m,防浪墙顶高程 33.30~33.65 m,坝顶宽 7.5 m,上游边坡坡比为 1:2.75,下游边坡坡比为 1:2.5。水库最高蓄水位 29.80 m,死水位 21.00 m。

围坝坝型为砂壤土和裂隙黏土混合坝型,上游坝坡采用预制混凝土块护坡,下游坝坡 27.6 m 高程以上部分为草皮护坡,27.6 m 高程以下部分为弃土平台。

(三)水库库底防渗工程

该水库坝基地层主要由砂壤土、裂隙黏土、粉细砂、中细砂组成,各层土均为中等透水层,水库渗漏和库周浸没问题突出。水库防渗采用坝体上游坡铺设复合土工膜和库底水平铺膜相结合的防渗方案。

根据地质勘察分析,坝址区地下水类型为松散岩类孔隙潜水,地下水位埋深一般为1.10~1.80 m,坝基各层土渗透系数为 0.089~13.60 m/d,具有中等—强透水性,无相对不透水层,各透水层间水力联系密切,透水性差别较小,可视为均质透水体。

整个围坝在未考虑防渗措施的情况下,水库平均水位年渗漏量达 1 202.3 万 m³,占总库容的 23.4%,占年入库水量的 9.27%,渗漏严重,坝后排水沟出逸比降最大为 0.55,远大于裂隙黏土及砂壤土的渗透允许比降,因此水库必须采取可靠的防渗措施。

1. **库盘防渗方案设计**

水库防渗采用库底全铺膜与坝坡铺膜相结合的防渗方案。库盘土工膜选用二布一膜,PE 膜厚 0.5 mm,上层土工布单位面积质量为 200 g/m²,下层土工布单位面积质量为 300 g/m²,土工膜的渗透系数为 5×10^{-10} cm/s,土工膜上铺土压重平均厚 1.0 m。坝坡土工膜选用两布一膜,PE 膜厚 0.5 mm,上层土工布单位面积质量为 300 g/m²,下层土工布单位面积质量为 200 g/m²。经计算,在坝坡土工膜局部破损的情况下,基本不影响坝体安全。

根据《聚乙烯(PE)土工膜防渗工程技术规范》(SL/T 231—98),PE 土工膜作为新型防渗材料,性能明显优于其他材料,可用于土石坝的防渗体工程。

2. **排气排水措施**

在库底铺设复合土工膜,水库蓄水后,水渗入土工膜底部的土层中,将土孔隙的空气置换出来,气体对土工膜顶托,如果没有排气或压重措施,则土工膜将被顶破。水库蓄水后,库水位降落,而土工膜下的渗水不能很快排出,则渗透水压将对土工膜顶托一致顶破或漂浮。因此,需采取可靠的工程措施。

针对水库土工膜铺设面积大,地下水埋藏较浅的特点,设计采用排水排气盲沟、逆止阀及压重组合措施。复合土工膜底部排水排气盲沟按间距 50.0 m 布设,盲沟为碎石外包土工布滤层组成,在盲沟交点位置,设逆止阀排气排水。水库地下水位埋深 1.10~1.60 m,库内筑坝取土深约为 1.8 m,库底直接铺膜,则复合土工膜下水头为 0.7~0.2 m,引起土工膜上浮,需采取压重措施;为了防御风浪淘刷、冰冻损坏及气体渗水顶托破坏等,复合土工膜上部也需设置保护层;填土压重厚度主要受地下水水位变化、膜下气体压力、风浪、施工机械等因素控制，膜上填土压重土料本着经济合理、就地取材的原则从库内取土，复合土工膜铺设深度加大，同时承担的水头也随之加大，综合考虑以上因素，并结合已建工程经验，设计确定膜上填土压重的厚度为 1.0 m。

库盘水平铺膜防渗后，水库年平均渗漏量为 425.1 万 m^3，最大出逸坡降为 0.26，截渗沟需要反滤层保护。

第三章　基础工程施工

水工建筑的地基一般分为岩石地基、土壤地基或砂砾石地基。由于工程地质和水文地质作用的影响，天然地基往往存在一些不同程度、不同形式的缺陷，经过人工处理，使地基具有足够的强度、整体性、抗渗性和耐久性，方能作为水工建筑物的地基。

由于天然地基性状的复杂多样，各种建筑物对地基的要求各有不同。因此，不同的地质条件、不同的建筑物形式，要求用不同的处理措施和方法，对于这些处理方案，这里不作一一介绍，仅从施工的角度，对坝基开挖，岩基、土壤地基、砂砾石地基处理，岩基灌浆进行介绍。

第一节　基坑开挖与地基处理

一、基坑开挖

（一）岩基开挖

岩基开挖就是按照设计要求，将风化、破碎和有缺陷的岩层挖除，使水工建筑物建在完整坚实的岩石面上。开挖的工程量往往很大，从几万立方米到几十万立方米，甚至上千万立方米，需要投入大量的人力、资金和设备，占用很长的工期。因此，选择合理的开挖方法和措施，保证开挖的质量，加快开挖的速度，确保施工的安全，对于加快整个工程的建设具有重要的意义。

岩基开挖前应做好以下工作：

（1）熟悉基本资料。详细分析坝址区的工程地质和水文地质资料，了解岩性，掌握各种地质缺陷的分布及发育情况。

（2）明确水工建筑物设计对地基的具体要求。

（3）熟知工程的施工条件和施工技术水平及装备力量。

（4）与业主、地质、设计、监理等人员共同研究，确定适宜的地基开挖范围、深度和形态。

地基开挖是一个重要的施工环节，为保证开挖的质量、进度和安全，应解决好以下几个方面的问题：

（1）做好基坑排水工作。在围堰闭气后，立即排除基坑积水及围堰渗水，布置好排水系统，配备足够的排水设备，边下挖基坑、边降水，降低和控制水位，确保开挖工作不受水的干扰。

（2）合理安排开挖程序。由于受地形、时间和空间的限制，水工建筑物基坑开挖一般比较集中，工种多，安全问题比较突出。因此，基坑开挖的程序，应本着自上而下、先坡岸后河槽的原则。如果河床很宽，也可考虑部分河床和岸坡平行作业，但应采取有效的安全措施。无论是河床还是岸坡，都要由上而下，分层开挖，逐步下降，如图3-1所示。

（3）选定合理的开挖范围和形态。基坑开挖范围主要取决于水工建筑物的平面轮廓，还要满足机械的运行、道路的布置、施工排水、立模与支撑的要求。放宽的范围一般从几米

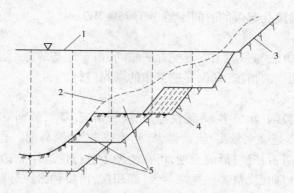

1—坝顶线;2—原地面线;3—安全削坡;4—开挖线;5—开挖层

图 3-1　坝基开挖程序

到十几米不等,由实际情况而定。开挖以后的岩基面,要求尽量平整,并尽可能略向上游倾斜,高差不易太大,以利于水工建筑物的稳定。要避免基岩有尖突部分和应力集中。开挖形态如图 3-2 所示。

(a)锯齿形　　　　　　　　　　　　(b)台阶形

1—原基岩面;2—基岩开挖面

图 3-2　坝基开挖形态

(4)正确选择开挖方法,保证开挖质量。岩基开挖的主要方法是钻孔爆破法。坝基岩石开挖,应采用分层梯段松动爆破;边坡轮廓面开挖,应采用预裂爆破或光面爆破;紧邻水平基建面,应采用预留岩体保护层,并对保护层进行分层爆破。开挖偏差的要求:对节理裂隙不发育、较发育、发育和坚硬、中硬的岩体,水平基准面高程的开挖偏差不应大于 ±20 cm;设计边坡轮廓面的开挖偏差,在一次钻孔深度条件下开挖时,不应大于其开挖高度的 ±2%;在分台阶开挖时,其最下部的一个台阶坡脚位置的偏差,以及整体边坡的平均坡度,均应符合设计要求。

坝基岩石开挖,一般采用延长药包梯段爆破、毫秒分段起爆,最大一段起爆药量不得大于 500 kg。对不具备梯段地形的岩基,应先平行地拉槽毫秒起爆,创造梯段爆破条件。紧邻水平基准面的爆破,应防止爆破队基岩的不利影响,一般采取预留保护层的方法。保护层的开挖是控制基岩质量的关键,其要点是:分层开挖,梯段爆破,控制一次起爆药量,控制爆破震动影响。对于基建面 1.5 m 以上的一层岩石,应采用梯段爆破,炮孔装药直径不应大于 40 mm,手风钻钻孔,一次起爆药量控制在 300 kg 以内;保护层上层开挖,采用梯段爆破,控制药量和装药直径;中层开挖控制装药直径小于 32 mm,采用单孔起爆,距基建面 0.2 m 厚度的岩石应撬挖。边坡预裂爆破或光面爆破的效果应符合以下要求:在开挖轮廓面上,残留炮孔痕迹应均匀分布,对于节理裂隙不发育的岩体,炮孔痕迹保存率应达到 80% 以上;对节理裂隙较发育和发育的岩体,应达到 80% ~50%;对节理裂隙极发育的岩体,应达到 50% ~10%;相邻炮孔间岩面的不平整度,不应大于 15 cm;预裂炮孔和梯段炮孔在同一个爆破网路中时,预裂孔先于梯段孔起爆的时间不得小于 75~100 ms。

(二)软基开挖

软基开挖的施工方法与一般土方开挖方法相同,由于地基的施工条件比较特殊,常会遇到下述困难,应采取相应的措施,确保开挖工作的顺利进行。

1. 淤泥

淤泥的特点是颗粒细、水分多、人无法立足,应视情况不同,分别采取措施。

(1)稀淤泥。特点是含水量高,流动性大,此挖彼来,装筐易漏。当稀淤泥较薄、面积较小时,可将干砂倒入,进占挤淤,形成土埂,可在土埂上进行挖运作业;如面积大,要同时填筑多条土埂,分区治理,以防乱流;若淤泥深度大、面积广,可将稀淤泥分区围埂,分别排入附近挖好的深坑内。

(2)烂淤泥。特点是淤泥层较厚,含水量较小,黏稠,锹插难拔,粘锹不易脱离。为避免粘锹,挖前先将锹蘸水,也可用三股钗或五股钗代替铁锹。为解决立足问题,采取一点突破,此法自坑边沿起,集中力量突破一点,一直挖到硬土上,再向四周扩展;或者采用苇排铺路法,即将芦苇扎成捆枕,每三枕用桩连成苇排,铺在烂泥上,人在排上挖运。

(3)夹砂淤泥。特点是淤泥中有一层或几层夹砂层。如果淤泥厚度较大,可采用前面之法挖除;如果淤泥层很薄,先将砂面晾干,能站人时,方可进行,开挖时连同下层淤泥一同挖除,露出新砂面。切勿将夹砂层挖混,造成开挖困难。

2. 流砂

采用明式排水开挖基坑时,由于形成了较大的水力坡降,造成渗流挟带细砂从坑底上冒,或在边坡上形成管涌、流土等现象,即为流砂。流砂现象一般发生在非黏性土中,主要与砂土的含水量、孔隙率、黏粒含量和动水压力的水力坡度有关,在细砂、中砂中经常发生,也可能在粗砂中发生。治理流砂主要是解决好"排"与"封"的问题。"排"即是及时将流砂层中的水排出,降低含水量和水力坡度;"封"即是将开挖区的流砂封闭起来。如坑底翻砂冒水,可在较低的位置挖沉沙池坑,将竹筐或柳条筐沉入坑底,水进筐内而砂被阻于其外,然后将筐内水排走。对于坡面流砂,当土质允许,流砂层又较薄(一般在 4~5 m 以内)时,可采取开挖方法,一般放坡为 1:4~1:8,但这要扩大开挖面积,增加工程量。因此,基坑开挖中,常采取以下措施进行治理。

当挖深不大、面积较小时,可以采取护面措施。做法如下:

(1)砂石护面。在坡面上先铺一层粗砂,再铺一层小石子,各层厚 5~8 cm,形成反滤层,坡脚挖排水沟,做同样的反滤层,如图 3-3 所示,既可防止渗水流出时挟带泥沙,又可防止坡面径流冲刷。

(2)柴枕护面。在坡面上铺设爬坡式柴枕,坡脚设排水沟,沟底及两侧均铺柴枕,以起到滤水拦砂的作用,如图 3-4 所示,一定距离打桩加固,防止柴枕下坍移动。

当基坑坡面较长、基坑开挖较大时,可采取柴枕拦砂法处理,如图 3-5 所示。其做法是:在坡面渗水范围的下侧打入木桩,桩内叠铺柴枕。

3. 泉眼治理

泉眼产生是由于基坑排水不畅,致使地下水从局部穿透薄弱土层,流出地面,或地基深层的承压水击穿所致。发生的地点一般在地质钻孔处。如泉眼为清水,只需将流水引向集水井,排出基坑外;如泉眼流出的是浑水,则抛铺粗砂和石子各一层,经过滤变为清水再流出,再引向集水井,排出基坑外;如泉眼位于建筑物底部,先在泉眼上铺设砂石滤层,用插入的铁管将泉水引出混凝土之外,浇筑混凝土,最后用较干的水泥砂浆将排水管堵塞。

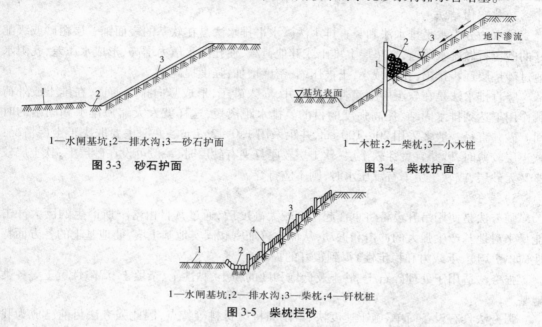

1—水闸基坑;2—排水沟;3—砂石护面

图 3-3　砂石护面

1—木桩;2—柴枕;3—小木桩

图 3-4　柴枕护面

1—水闸基坑;2—排水沟;3—柴枕;4—钎枕桩

图 3-5　柴枕拦砂

二、地基处理

在工程和水文因素的影响下,天然地基会存在一定程度的缺陷,需要对其进行一定的处理使其具有水利工程所需的强度、整体性和抗渗性等,因此需要对地基进行处理。

地基按地层的性质分为两大类,一类是岩基,一类是软基(包括土基和砂砾石地基)。开挖是地基处理中最为常见的方法,其受工期、开挖条件、费用和机械设备性能等客观条件的限制,地基处理还需要根据工程对地基处理的要求,采用更有效的方法。

(一)土基处理

1. 土基加固

1)换填法

换填法是将建筑物基础下的软弱土层或缺陷土层的一部分或全部挖去,然后换填密度大、压缩性低、强度高、水稳性好的天然或人工材料,并分层夯(振、压)实至要求的密实度,达到改善地基应力分布、提高地基稳定性和减少地基沉降的目的。

换填法的处理对象主要是:淤泥、淤泥质土、湿陷性土、膨胀土、冻胀土、杂填土地基。水利工程中常用的垫层材料有:砂砾土、碎(卵)石土、灰土、壤土、中砂、粗砂、矿渣等。近年来,土工合成材料加筋垫层因为良好的处理效果而受到重视并得到广泛的应用。

换土垫层与原土相比,其优点是具有很高的承载力,刚度大、变形小,它可提高地基排水固结的速度,防止季节性冻土的冻胀,清除膨胀土地基的胀缩性及湿陷性土层的湿陷性。灰土垫层还可以使其下土层含水量均衡转移,减小土层的差异性。

根据换填材料的不同,将垫层分为砂石(砂砾、碎卵石)垫层、土垫层(素土、灰土、二灰土垫层)、粉煤灰垫层、矿渣垫层、加筋砂石垫层等。

在不同的工程中，垫层所起的作用也是不相同。如一般水闸、泵房基础下的砂垫层主要起到换土的作用，而在路堤和土坝等工程中，砂垫层主要起排水固结的作用。

2）排水固结法

排水法分为水平排水法和竖直排水法。水平排水法是在软基的表面铺一层粗砂或级配好的砂粒石做排水通道，在垫层上堆土或其他荷载，使孔隙水压力增高，形成水压差，孔隙水通过砂垫层逐步排出，孔隙减小，土被压缩，密度增加，强度提高。

竖直排水法是在软土层中建若干排水井，灌入砂子，形成竖向排水通道，在堆土或外荷载作用下达到排水固结、提高强度的目的。排水距离短，这样就大大缩短排水和固结的时间。砂井直径一般多采用 20～100 cm，井距采用 1.0～2.5 m。井深主要取决于土层情况：软土层较薄时，砂井宜贯穿软土层；软土层较厚且夹有砂层时，一般可设在砂层上；软土层较厚又无砂层，或软土层下有承压水时，则不应打穿。

3）强夯法

强夯法是使用吊升设备将重锤起吊至较大高度后，通过其自由落下所产生的巨大冲击能量来对地基产生强大的冲击和振动，从而改善加密和固实地基土壤，使地基土的各方面特性（如密实度、承载力和稳定性）得到很好的提高。

强夯法适用于处理碎石土、砂土及低饱和度的粉土、黏性土、杂填土、湿陷性黄土等各类地基。

强夯法具有设备简单、施工速度快、不添加特殊材料等特点，因此强夯法目前已成为我国最常用的地基处理方法之一。

4）振动水冲法

振动水冲法是用一种类似插入式混凝土振捣器的震冲器，在土层中进行射水振冲造孔，并以碎石或砂砾充填形成碎石桩或砂砾桩，达到加固地基的一种方法。这种方法不仅适用于松砂地基，也可用于黏性土地基。因碎石桩承担了大部分的传递荷载，同时又改善了地基排水条件，加速地基的固结，因而提高了地基的承载能力。一般碎石桩的直径为 0.6～1.1 m，桩距视地质条件在 1.2～2.5 m 范围内选择。采用此法应考虑要有充足的水源。

5）混凝土灌注桩

桩基础简称桩基，是提高土基承载能力最有效的方法之一。桩基是由若干个沉入土中的单桩组成的一种深基础，是由基桩和连接于基桩桩顶的承台共同组成的，承台和承台之间再用承台梁相互连接。若承台下只用一根桩（通常为大直径桩）来承受和传递上部结构（通常为柱）的荷载，这样的桩基础称为单桩基础；承台下有 2 根或 2 根以上基桩组成的桩基础为群桩基础。桩基础的作用是将上部结构的荷载，通过上部较软弱地层传递到深部较坚硬的、压缩性较小的土层或岩层。

按桩的传力方式不同，将桩基分为端承桩和摩擦桩。端承桩就是穿过软土层并将建筑物的荷载直接传递给坚硬土层的桩。摩擦桩是将桩沉至软弱土层一定深度，用以挤密软弱土层，提高土层的密实度和承载能力，上部结构的荷载主要由桩身侧面与土之间的摩擦力承受，桩间阻力也承受少量的荷载。

按桩的施工方法，有预制桩和灌注桩两类。预制桩是在工厂或施工现场用不同的建筑材料制成的各种形状的桩，然后用打桩设备将预制好的桩沉入地基土中。沉桩的方法有锤击沉桩、静力压桩、振动沉桩等。灌注桩是在设计桩位先成孔，然后放入钢筋骨架，再浇筑混凝土而成的桩。灌注桩按成孔的方法不同,分为泥浆护壁成孔灌注桩、干作业成孔灌注桩、套管成孔灌注桩、爆扩成孔灌注桩等。

a. 混凝土及钢筋混凝土灌注桩施工

混凝土及钢筋混凝土灌注桩(简称灌注桩),是直接在桩位上成孔,然后利用混凝土或砂石等材料就地灌注而成。与预制桩相比,其优点是施工方便,节约材料,成本低;缺点是操作要求高,稍有疏忽,容易发生缩颈、断桩现象,技术间隔时间较长,不能立即承受荷载等。

b. 挖孔灌注桩

人工挖孔灌注桩是指在桩位上用人工挖直孔,每挖一段即施工一段支护结构,如此反复向下挖至设计深度,然后放下钢筋笼,浇筑混凝土而成桩。

人工挖孔灌注桩设备简单,对施工现场原有建筑物影响小,挖孔时,可直接观察土层变化情况,及时清除沉渣,并可同时开挖若干个桩孔,降低施工成本等。

人工挖孔灌注桩施工,主要应解决孔壁坍塌、施工排水、流砂和管涌等问题。为此,事先应根据地质水文资料,拟订合理的衬圈护壁和施工排水、降水方案。常用护壁方案有:混凝土护圈、沉井护圈和钢套管护圈三种。

(1)混凝土护圈挖孔桩。

混凝土护圈挖孔桩,亦称"倒挂金钟"施工方法,即分段开挖、分段浇筑护圈混凝土,直至设计高程后,再将桩的钢筋骨架放入护圈井筒内,然后浇筑井筒桩基混凝土。

(2)沉井护圈挖孔桩。

沉井护圈挖孔桩,是先在桩位上制作钢筋混凝土井筒,然后在井筒内挖土,井筒靠自重或附加荷载来克服筒壁与土壤之间的摩擦力,使其下沉至设计标高,再在筒内浇筑桩基混凝土。

(3)钢套管护圈挖孔桩。

钢套管护圈挖孔桩,是先在桩位处打入钢套管,直至设计标高,然后将套管内的土挖出后浇筑桩基混凝土。待桩基混凝土浇筑完毕,随即将套管拔出移至另一桩位使用。

钢套管由 12~16 mm 厚的钢板焊接加工成型,其长度根据设计要求而定。当地质构造有流砂或承压含水层时,采用这种方法施工,可避免产生流砂和管涌现象,能确保施工安全。

挖孔桩施工时:挖孔时应注意井内排水,孔底施工人员必须戴安全帽,孔上必须有人监督防护,护壁应高出地面 200~300 mm,以防杂物掉入孔内,孔周围应设置安全防护栏杆,孔内照明应用安全电压,潜水泵必须有防漏电装置,设置鼓风机,向孔内输送洁净空气,排出有害气体等。

c. 钻孔灌注桩施工

钻孔灌注桩是先在桩位上用钻孔设备进行钻孔(用螺旋钻机、潜水电钻、冲孔机等冲钻而成,也可利用工具桩或将尖端封闭钢管打入土中,拔出成孔),然后灌注混凝土。

在有地下水、流砂、砂夹层及淤泥等土层中钻孔时,先在测定桩位上埋设护筒,护筒一般由 3~5 mm 厚钢板做成,其直径比钻头直径大 10~20 cm,以便钻头提升操作等。护筒的作用有三个:一是起导向作用,使钻头能沿着桩位的垂直方向工作;二是提高孔内泥浆水头,防止塌孔;三是保护孔口,防止孔口破坏。护筒定位应准确,埋置应牢固密实,防止护筒与孔壁间漏水。

钻孔的同时在护筒中灌入密度为 1.1~1.3 g/cm³ 的黏土泥浆或膨润土泥浆,用以衬护孔壁,避免出现塌孔现象。

泥浆护壁成孔时容易发生斜孔、弯孔、缩孔和塌孔,沿套管周围冒浆等情况,此时要立即停止钻孔,根据不同问题采用相应措施后方可继续施工。

在钻孔到达设计深度后,要用探测器检查桩孔直径、深度和孔底情况,并及时进行清孔。清孔可用压缩空气喷翻泥浆,同时注入清水,被稀释的泥浆便夹杂着沉渣逐渐流出孔外。清孔时应保持护筒中的水位高出地下水位 1.5 m,防止塌孔。清孔后桩底沉渣允许厚度:对摩擦桩不得大于 300 cm,对端成桩不得大于 100 cm。

在钻孔过程中若发现排出的泥浆中不断的有气泡,或护筒内的水位突然下降,这表明有可能是塌孔。这时要加大泥浆的比重,保持孔内的水位。

清孔后应及时下入钢筋骨架,进行水下混凝土浇筑。水下混凝土强度等级不应低于 C20,骨料粒径不应大于 300 mm,混凝土坍落度 16 ~ 22 cm。为了改善混凝土的和易性,可掺入减水剂和粉煤灰等掺合料。水泥强度不低于 32.5 MPa,每 1 m³ 混凝土中水泥用量不少于 350 kg。

混凝土浇到接近桩顶时要随时测量顶部的高度,以免顶部过高或过低造成截桩或补桩。

d. 打拔管灌注桩

打拔管灌注桩,利用与桩的设计尺寸相适应的一根钢管,在端部套上预制的桩靴打入土中,然后将钢筋骨架放入钢管内,再浇筑混凝土,并随灌随将钢管拔出,利用拔管时的振动将混凝土捣实。

沉管时必须将桩尖活瓣合拢。如有水泥或泥浆进入管中,则应将管拔出,用砂回填桩孔后,再重新沉入土中,或在钢管中灌入一部分混凝土后再继续沉入。

拔管速度,一般土层中为 1.2 ~ 1.5 m/min,在软弱土层中不得大于 0.8 ~ 1.0 m/min。在拔管过程中,每拔起 0.5 m 左右,应停 5 ~ 10 s,但保持振动,如此反复进行直到将钢管拔离地面。

根据承载力的要求不同,拔管方法可分别采用单打法、复打法和翻插法。

在淤泥或软土中沉管时,土受到挤压产生空隙水压,拔管后便挤向新灌的混凝土,造成缩颈。此外,当拔管速度过快,管内混凝土量过大时,混凝土的出管扩散性差也会造成缩颈。

e. 旋喷加固法

旋喷加固法是利用旋喷机具建造旋喷桩以提高地基的承载能力,也可以做联锁桩或定向喷射形成连续墙,用于地基防渗。旋喷法适用于砂土、黏性土、淤泥等地基的加固,对砂卵石(最大粒径不大于 20 cm)的防渗也有较好的效果。

f. 混凝土预制桩施工

混凝土预制桩有实心桩和空心桩两种。空心桩由预制厂用离心法生产而成。实心桩大多在现场预制。

预制桩必须提前订货加工,打桩时预制桩强度必须达到设计强度的 100%。由于桩身弯曲过大,强度不足或地下有障碍物等,桩身易断裂,所以在使用时要及时检查。

2. 截渗处理

由于受河道水流和地下水位的影响,河堤、大坝以及建筑物的地基会产生一定程度的渗透变形,严重时将危及建筑物的安全。解决的办法是截断渗流通道,以减少渗透变形。具体处理办法有以下几种。

1）高压喷射灌浆

高压喷射灌浆法是利用钻机把带有特制喷嘴的注浆管钻进土层的预定位置后，用高压泵将水泥浆液通过钻杆下端的喷射装置，以高速喷出，冲击切削土层，使喷流射程内土体破坏，同时钻杆一方面以一定的速度（20 r/min）旋转，另一方面以一定速度（15～30 cm/min）徐徐提升，使水泥浆与土体充分搅拌混合，胶结硬化后即在地基中形成具有一定强度（0.5～8.0 MPa）的固结体，从而使地基得到加固。

2）防渗墙

防渗墙是修建在挡水建筑物地基透水地层中的防渗结构，可用于坝基和河堤的防渗加固。防渗墙之所以得到广泛的应用是因为其结构可靠、防渗效果好、施工方便、适应不同地层条件等。根据成墙材料和成墙工法的不同，常见的有水泥土防渗墙和塑性混凝土防渗墙两种。

a. 泥浆和泥浆系统

建造槽孔时，孔内的泥浆有支撑孔壁及悬浮钻渣和冷却钻具的作用。因此，要求泥浆具有良好的物理性能、流变性能、稳定性能和抗水泥污染性能。

确定泥浆的技术指标必须根据具体工程的地质和水文地质条件、成槽方法及使用部位等因素确定。如土坝加固时为了防止泥浆压力作用产生新的裂缝，要选用密度较小的泥浆；在松散地层中，浆液漏失严重，要选用黏度大、静切力高的泥浆。

泥浆系统完备与否直接影响防渗墙造孔的质量。

b. 水泥土防渗墙

水泥土防渗墙是软土地基的一种新的截渗方法，它是用水泥、石灰等材料作为固化剂，通过深层搅拌机械，在地基深处就地将软土和固化剂强制搅拌，固化剂和软土经过一系列物理化学反应后，软土硬化成具有整体性、水稳定性和一定强度的良好地基。深层搅拌桩施工分干法和湿法两类，干法是采用干燥状态的粉体材料作为固化剂，如石灰、水泥、矿渣粉等；湿法是采用水泥浆等浆液材料作为固化剂。下面只介绍湿法施工工艺。

（1）施工机械。

深层搅拌机是进行深层搅拌施工的关键机械，在地基深处就地搅拌需要强有力的工具，目前有中心管喷浆方式和叶片喷浆方式两种。中心管喷浆方式中的水泥浆是从两根搅拌轴之间的另一根管子输出的，当叶片直径在 1 m 以下时也不影响搅拌的均匀性。叶片喷浆方式水泥浆从叶片上的小孔喷出，水泥浆与土体混合较均匀，这比较适合对大直径叶片的连续搅拌。但喷浆管容易被土或其他物体堵塞，故只能使用纯水泥浆，且机械加工较为复杂。

（2）施工程序。

深层搅拌法施工工艺过程如下：

①机械定位。搅拌机自行移至桩位、对中，地面起伏不平时，应进行平整。

②预搅下沉。启动搅拌机电机，放松起重机钢丝绳，使搅拌机沿导向架搅拌切土下沉。如下沉速度太慢，可从输浆系统补给清水以利钻进。

③制备水泥浆。搅拌机下沉时，按设计给定的配合比制备水泥浆，并将制备好的水泥浆倒入集料斗。

④喷浆提升搅拌。搅拌机下沉到设计深度时，开启灰浆泵，将浆液压入地基中，并且边喷浆、边旋转，同时按设计要求的提升速度提升搅拌机。

⑤重复上下搅拌。深层搅拌机提升至设计加固标高时,集料斗中的水泥浆应正好注完,为使软土搅拌均匀,应再次将搅拌机边旋转边沉入土中,至设计加固深度后再将搅拌机提升出地面。

⑥清洗。向集料斗中注入适量清水,开启灰将泵,清除全部管线中残存的水泥浆,并将黏附在搅拌头上的软土清除干净。

⑦移至下一桩位,重复上述步骤,继续施工。

c. 浇筑混凝土

防渗墙混凝土浇筑是在泥浆下进行的,它除了满足一般混凝土的要求外,还要满足下列要求:

(1)混凝土浇筑要连续均衡地上升。由于无法处理混凝土施工缝,所以要连续地注入混凝土,均匀上升直至全槽成墙。

(2)不允许泥浆和混凝土掺混形成泥浆夹层。输送混凝土导管下口要始终埋在混凝土的内部,不要脱空;混凝土只能从先倒入的混凝土内部扩散,混凝土与泥浆只能始终保持一个接触面。

d. 塑性混凝土防渗墙

塑性混凝土防渗墙具有结构可靠,防渗效果好的特点,能适应多种不同的地质条件,修建深度大,施工时几乎不受地下水位的影响。

塑性混凝土防渗墙的基本形式是槽孔型,它是由一段段槽孔套节而成的地下墙,施工分两期进行,先施工的为一期槽孔,后施工的为二期槽孔,一、二期槽孔套接成墙。

塑性防渗墙的施工程序为:造孔前的准备、泥浆固壁造孔、终孔验收和清孔换浆、浇筑防渗墙混凝土、全墙质量验收等。

(1)造孔前的准备工作。

造孔前的准备工作包括测量放线、确定槽孔长度、设置导向槽和辅助作业。

(2)泥浆固壁造孔。

由于土基比较松软,为了防止槽孔坍塌,造孔时应向槽孔内灌注泥浆以维持孔壁稳定。注入槽孔内的泥浆除了有固壁作用外,在造孔过程中,还有悬浮泥土和冷却、润滑钻头的作用,渗入孔壁的泥浆和胶结在孔壁的泥皮,还有防渗作用。造孔用的泥浆可用黏土或膨润土与水按一定比例配制。

(3)终孔验收和清孔换浆。

造孔后应做好终孔验收和清孔换浆工作。造孔完毕后,孔内泥浆特别是孔底泥浆常含有大量的土石渣,影响混凝土的浇筑质量。因此,在浇筑前必须进行清孔换浆,以清除孔底的沉渣。

(4)泥浆下混凝土浇筑。

泥浆下混凝土浇筑特点是:不允许泥浆与混凝土掺混形成泥浆夹层;确保混凝土与不透水地基以及一、二期混凝土之间的良好结合;连续浇筑,一气呵成。

开浇前要在导管内放入一个直径较导管内经略小的导注塞(皮球或木球),通过受料斗向导管内注入适量的水泥砂浆,借水泥砂浆的重力将导注塞压至孔底,并将管内泥浆排出孔外,导注塞同时浮出泥浆液面。然后连续向导管内输送混凝土,保证导管底口埋入混凝土中的深度不小于 1 m,但不超过 6 m,以防泥浆掺混和埋管。浇筑时应遵循先深后浅的顺序,即从最深的导管开始，由深到浅一个一个导管依次开浇，待全槽混凝土面浇平后，再全槽均衡上升，混凝土面上升速度不应小于 2 m/h，相邻导管处混凝土面高差应控制在 0.5 m 以内。

（二）岩基处理

岩基的一般地质缺陷，经过开挖和灌浆处理后，地基的承载力和防渗性能都可以得到不同程度的改善。但对于一些比较特殊的地质缺陷，如断层破碎带、缓倾角的软弱夹层、层理以及岩溶地区较大的空洞和漏水通道等，如果这些缺陷的埋深较大或延伸较远，采用开挖处理在技术上就不太可能，在经济上也不合算，常须针对工程具体条件，采用一些特殊的处理措施。

1. 断层破碎带的处理

由于地质构造原因形成的破碎带，有断层破碎带和挤压破碎带两种。经过地质错动和挤压，其中的岩块极易破碎，且风化强烈，常夹有泥质充填物。

对于宽度较小或闭合的断层破碎带，如果延伸不深，常采用开挖和回填混凝土的方法进行处理，即将一定深度范围内的断层和破碎风化岩层清理干净，直到新鲜岩基，然后回填混凝土。如果断层破碎带需要处理的深度很大，为了克服深层开挖的困难，可以采用大直径钻头（直径在 1 m 以上）钻孔，到需要深度再回填混凝土。

对于埋深较大且为陡倾角断层破碎带，在断层出露处回填混凝土，形成混凝土塞（取断层宽度的 1.5 倍），必要时可沿破碎带开挖斜井和平洞，回填混凝土，与断层相交一定长度，组成抗滑塞群，并有防渗帷幕穿过，组成混合结构。

2. 岩溶处理

岩溶是可溶性岩层长期受地表水或地下水的溶蚀和溶滤作用后产生的一种自然现象。由岩溶现象形成的溶槽、漏斗、溶洞、暗河、岩溶湖、岩溶泉等地质缺陷，削弱基岩的承载能力，形成漏水的通道。处理岩溶的主要目的是防止渗漏，保证蓄水，提高坝基的承载能力，确保大坝的安全稳定。

对坝基表层或较浅的地层可开挖、清除后填充混凝土；对松散的大型溶洞可对洞内进行高压旋喷灌浆，使填充物和浆液混合，连成一体，可提高松散物的承受能力；对裂缝较大的岩溶地段用群孔水气冲洗，高压灌浆对裂缝进行填充。

对岩溶的处理可采取堵、铺、截、围、导、灌等措施。堵就是堵塞漏水的洞眼；铺就是在漏水的地段做铺盖；截就是修筑截水墙；围就是将间歇泉、落水洞等围住，使之与库水隔开；导就是将建筑物下游的泉水导出建筑物以外；灌就是进行固结灌浆和帷幕灌浆。

3. 软弱夹层的处理

软弱夹层是指基岩层面之间或裂隙面中间强度较低、已经泥化或容易泥化的夹层，受到上部结构荷载作用后，很容易产生沉陷变形和滑动变形。软弱夹层的处理方法，视夹层产状和地基的受力条件而定。

对于陡倾角软弱夹层，如果没有与上、下游河水相通，可在断层入口进行开挖，回填混凝土，提高地基的承载力；如果夹层与库水相通，除对坝基范围内的夹层开挖回填混凝土外，还要对夹层入渗部位进行封闭处理；对于坝肩部位的陡倾角软弱夹层，主要是防止不稳定岩石塌滑，进行必要的锚固处理。

对于缓倾角软弱夹层，如果埋藏不深，开挖量不是很大，最好的办法是彻底挖除；如夹层埋藏较深，当夹层上部有足够的支撑岩体能维持基岩稳定时，可只对上游夹层进行挖除，回填混凝土,进行封闭处理。

4.岩基的锚固

岩基锚固是用预应力锚束对基岩施加预压应力的一种锚固技术,达到加固和改善地基受力条件的目的。

对于缓倾角软弱夹层,当分布较浅、层数较多时,可设置钢筋混凝土桩和预应力锚索进行加固。在基础范围,沿夹层自上而下钻孔或开挖竖井,穿过几层夹层,浇筑钢筋混凝土,形成抗剪桩。在一些工程中采用预应力锚固技术,加固软弱夹层,效果明显。其形式有锚筋和锚索,可对局部及大面积地基进行加固。

在水利水电工程中,利用锚固技术可以解决以下几方面的问题:

(1)高边坡开挖时锚固边坡;

(2)坝基、岸坡抗滑稳定加固;

(3)锚固建筑物,改善受力条件,提高抗震性能;

(4)大型洞室支护加固;

(5)混凝土建筑物的裂缝和缺陷修补锚固;

(6)大坝加高加固。

第二节　岩基灌浆

岩基灌浆是用压力把一定比例的可凝结的浆液通过钻孔或管道压入建筑物或岩层的缝隙中,以提高其强度、整体性和抗渗性能的工程措施。

岩基灌浆的类型,按材料分为水泥灌浆、沥青灌浆和黏土灌浆等,按用途分为固结灌浆、接触灌浆、帷幕灌浆和接缝灌浆等,按灌浆压力分为高压灌浆(灌浆压力大于或等于 3 MPa)和低压灌浆(灌浆压力小于 3 MPa)。

下面以水泥灌浆为重点,介绍灌浆施工,包括钻孔、冲洗、压水试验、灌浆、封孔和质量检查等工艺。

一、灌浆所需的器械

(一)材料

1.水泥

灌浆所采用的水泥品种根据灌浆目的和环境水的侵蚀作用而确定。一般情况多用普通硅酸盐水泥或硅酸盐大坝水泥。当在腐蚀性环境下时,要用抗酸水泥。使用矿渣硅酸盐水泥或火山灰质硅酸盐水泥灌浆时,应得到设计许可。

回填灌浆水泥强度等级不低于 32.5 级,接缝灌浆水泥强度等级不低于 52.5 级,水泥必须符合质量标准,应严格防潮。

水泥的粗细对浆液溶进裂缝中有很大的影响。水泥越细则灌浆的浆液越容易进入细小的裂缝中,更贴切地将裂缝融合好。帷幕灌浆,对水泥细度的要求为通过 80 μm 方孔筛(GB 6005—85 标准筛)的筛余量不宜大于 5%,当缝隙张开度小于 0.5 mm 时,对水泥细度的要求为通过 71 μm 方孔筛的筛余量不宜大于 2%。

2. 浆液

因为地质和水文条件对地质或裂缝的影响不同,对不同的裂缝程度除用水泥灌浆外,还可使用下列类型浆液:

(1)细水泥浆液。是干磨水泥浆液、湿磨水泥浆液和超细水泥混合的浆液,适用于缝隙张开度小于 0.5 mm 的灌浆。

(2)膏状浆液。是塑性屈服强度大于 20 Pa 的混合浆液,适用于大孔隙(如岩溶空洞、岩体宽大裂隙、堆石体等)的灌浆。

(3)稳定浆液。里面掺有少量稳定剂,析水率不大于 5% 的水泥浆液,适用于遇水后性能易恶化或注入量较大的灌浆。

(4)混合浆液。掺有掺合料的水泥浆液,适用于注入量大或地下水流速较大的灌浆。

(5)化学浆液。当采用以水泥为主要胶结材料的浆液灌注达不到地基预期防渗效果或承载能力时,可采用符合环境保护要求的化学浆液灌注。化学灌浆是用硅酸钠或高分子材料为主剂配制浆液进行灌浆的工程措施。

3. 掺合料

根据灌浆需要,可在水泥浆液中掺入砂、黏性土、粉煤灰或铝粉等减水剂、速凝剂等外加剂。质地坚硬的天然砂或人工砂,其粒径不宜大于 2.5 mm,细度模数不宜大于 2.0,SO_3 含量宜小于 1%,含泥量不宜大于 3%,有机物含量不宜大于 3%。粉煤灰要精选,不宜粗于同时使用的水泥,烧失量宜小于 8%,SO_3 含量宜小于 3%。水玻璃的模数宜为 2.4 ~ 3.0。

(二)器械

灌浆孔是为使浆液进入灌浆部位而钻设的孔道。需要用钻孔机械进行钻孔。常用钻孔机械有回转冲击式钻机、液压回转冲击式钻机或液压回转式钻机。液压回转式钻机,钻头压削,钻进速度较高,受孔深、孔向、孔径和岩石硬度的限制较少,软硬岩均可,又可以取岩芯,常用来钻几十米甚至百米以上的深孔。

应在分析地层特性、灌浆深度、钻孔孔径和方向、对岩芯的要求、现场施工条件等因素后,选定钻孔机械。一般宜选机体轻便、结构简单、运行可靠、便于拆卸的机械。帷幕灌浆孔宜采用回转式钻机和金刚石钻头或硬质合金钻头钻进;固结灌浆可采用各种适宜的钻机和钻头钻进。

钻孔质量的好坏直接影响灌浆的质量。对于钻孔质量,总的要求是:确保孔位、孔向、孔深符合设计及误差要求,力求孔径上下均一,孔壁平顺,钻孔中产生的粉屑较少。

(1)孔位要统一编号,帷幕灌浆钻孔位置与设计位置的偏差不得大于 10 cm。

(2)孔向和孔深是保证灌浆质量的关键。灌浆孔有直孔和倾斜孔两种。孔向的控制比较困难,不要钻孔偏离很远,特别是钻深孔、斜孔,掌握钻孔方向更加困难。对裂缝小于 40°的可以打直孔。孔深是钻杆的钻进深度,比较容易控制。一般情况下,孔底最大允许偏差值不超过孔深的 2.5%。

(3)孔径与岩石情况和钻孔深度等有密切的关系。均一的孔径和平滑的孔壁能够使得灌浆栓塞卡紧卡牢,更好地保证灌浆的压力和质量。钻孔中产生过多的粉屑,会堵塞孔壁的裂隙,影响灌浆质量。帷幕灌浆孔宜采用较小的孔径。

各灌浆孔都是采用逐步加密的施工顺序:先对第一序孔进行钻孔,灌浆后再依次对第二序孔钻孔。后序灌浆孔可作为前序孔的检查孔。

二、灌浆施工

(一)钻孔冲洗

钻孔以后,要将钻孔孔壁及岩石裂隙冲洗干净,孔内沉积物厚度不得超过 20 cm,这样才能较好地保证灌浆质量。冲洗工作通常分为孔壁冲洗和裂隙冲洗,可采用灌浆泵、泥浆泵或砂浆泵和冲洗管。

1. 孔壁冲洗

将钻杆(或导管)下到孔底,用钻杆前端的大流量压力水,由下而上冲洗,冲至回水清净延续 5 ~ 10 min 止。

2. 裂隙冲洗

有单孔冲洗和群孔冲洗,在卡紧灌浆栓塞后进行。单孔冲洗仅能冲掉钻孔周围很小范围的填充物,适用于裂隙较少的岩层,冲洗方法有高压压水冲洗、高压脉动冲洗和压气扬水冲洗。群孔冲洗适用于岩层破碎,节理裂隙发育以致在钻孔之间互相串通的地层。

(1)高压压水冲洗。利用高压原理将裂隙中的充填物推移、压实,达到回水完全清洁。冲洗水的压力一般为灌浆压力的 80%,待回水清净后,保持流量并稳定 20 min 即可。

(2)高压脉动冲洗。利用高低压的脉冲反复冲洗,高压为灌浆压力的 80%,低压为 0。先用高压冲洗 5 ~ 10 min 后,瞬间将高压变为低压,形成反向脉动水流,将裂隙中的充填物带出,当回水由浑变清后,再将压力变为高压,如此反复冲洗。待回水不再浑浊后,持续冲洗 10 ~ 20 min 后即可。由此可见,压力差越大,冲洗效果越好。

(3)群孔冲洗。对于连通的钻孔组成孔组,轮换地向一个孔或几个孔压进压力水或压缩空气,让其从其余的孔中排出浊水,如此反复交替冲洗,至回水不再浑浊。群孔冲洗时,沿孔深的冲洗段数不宜过多。否则,将会分散冲洗压力和冲洗水的水流量,还会出现水量总在先贯通的裂隙中流动,而其他裂隙冲洗不好的情况。

对于群孔冲洗,可以不分序,而对群孔同时灌浆。不论采用哪一种冲洗方法,都可以在冲洗液中加入适量的化学剂,如碳酸钠(Na_2CO_3)、苛性钠($NaOH$)或碳酸氢钠($NaHCO_3$)等,以利于泥质充填物的溶解,提高冲洗效果。加入化学剂的品种和掺量,宜通过试验确定。

(二)压水试验

压水试验是在一定压力下,将水压入钻孔,根据岩层的吸水量(压入水量与压入时间)来确定岩体裂隙内部的结构情况和透水性的一种试验工作。压水试验的目的是测定地层的渗透特性,计算和分析出代表岩层渗透特性的技术参数。

钻孔压水试验应随钻孔的加深自上而下地用单栓塞分段隔离进行。岩石完整、孔壁稳定的孔段,或有必要单独进行试验的孔段,可采用双栓塞分段进行。

试验孔段长度和灌浆段长度一致,一般为 5 m。对于含断层破碎带、裂隙密集带、岩溶洞穴等的孔段,应根据具体情况确定孔段长度。

对于相邻孔段应互相衔接,可少量重叠,但不能漏段。残留岩芯可计入试段长度之内。

依灌浆种类(帷幕灌浆或固结灌浆)、钻孔类型(先导孔或灌浆孔或质量检查孔)、灌浆压力和压水试验方法的不同,按规范规定值选用,但均应小于灌浆压力。

《水利水电工程钻孔压水试验规程》(SL 31—2003)中规定:压水试验应按三级压力($P_1 = 0.3$ MPa,$P_2 = 0.6$ MPa,$P_3 = 1$ MPa)、五个阶段($P_1 \nearrow P_2 \nearrow P_3 \searrow P_4 = P_2 \searrow P_5 = P_1$),由低到高再由高到低进行。

要求在稳定的压力下,每 3 ~ 5 min 测读一次压入流量。连续 4 次读数中最大值与最小值之差小于最终值的 10%,或最大值与最小值之差小于 1 L/min 时,本阶段试验即可结束,取最终值作为计算值。

压水试验成果以透水率 q 表示,单位为 Lu(吕荣),当试段压力为 1 MPa 时每米试段的压入水流量(L/min)。若试段压力小于 1 MPa,则按直线延伸方式换算。

压水试验成果按公式(3-1)计算

$$q = \frac{Q}{PL} \qquad\qquad (3\text{-}1)$$

式中　Q——压入流量,L/min;

　　　P——试段压力,MPa;

　　　L——试段长度,m。

以压水试验三级压力中的最大压力值(P)及其相应的压入流量(Q)代入公式(3-1),即可求出透水率值(Lu)。

(三)灌浆

1. 灌浆方式

按照灌浆时浆液灌注和流动的特点,灌浆方式有纯压式和循环式两种。

1)纯压式灌浆

纯压式灌浆是将浆液注入到钻孔及岩层缝隙里,不会逆流。这种方法设备简单,灌浆管不在灌浆段内,故不会发生灌浆管在孔内被水泥浆凝住的事故。其缺点是灌浆段内的浆液单纯向岩层内压入,不能循环流动,灌注一段时间后,注入率逐渐减小,浆液易于沉淀,常会堵塞裂隙口,影响灌浆效果。所以,多用于吸浆量大,大裂隙,孔深不超过 12 ~ 15 m 的情况。化学浆液是稀溶液,不易产生沉淀,可采用纯压式灌浆法。

2)循环式灌浆

循环式灌浆法是将灌浆管下入到灌浆段底部,距离段底不大于 50 cm。一部分浆液被压入岩层缝隙里,另一部分由回浆管路返回拌浆筒中。这样可以促使浆液在灌浆段始终保持循环流动状态,不易产生沉淀。其缺点是长时间灌注浓浆时,回浆管易被凝住。

2. 灌浆方法

一个孔洞可以进行一次性灌浆法或分段式灌浆法两种。

1)一次性灌浆法

当灌浆孔的孔深小于 6 m,岩石较完整时,可采用一次性灌浆法。即将灌浆孔一次钻到设计深度,全孔一次注浆。这种方法施工简便,但效果不是很好。

2)分段式灌浆法

当灌浆孔的孔长大于 6 m 时,可采用分段式灌浆法。分段的长度和顺序不同,对灌浆的质量影响不同。一般帷幕灌浆的分段长度为 5 ~ 6 m,根据地质条件的好坏可适当增加或降低。把全孔分成若干段灌浆,可分为自上而下、自下而上、综合分段、孔口封闭四种方法,具体如下所述:

(1)自上而下分段灌浆法。自上向下钻一段,灌一段,凝一段,再钻灌下一段,钻、灌、凝交替进行,直至达到设计深度。这种方法的优点是:随着段深的增加,可以逐段增加灌浆压力,提高灌浆质量;由于上部岩层已经灌浆,形成结石,下部岩层灌浆时不易产生岩层抬动和地面冒浆;分段钻灌,分段进行压水试验,压水试验成果比较准确,有利于分析灌浆效果,估算灌浆材料需用量。其缺点是:钻孔与灌浆交替进行,设备搬移影响施工进度,钻孔和灌注的工作反复进行,且只有等每一段凝固以后才能进行下一段,使得施工时间延长。这种方法适于地质条件不良,岩层破碎,竖向节理裂隙发育的情况。

(2)自下而上分段灌浆法。先将孔一次性钻到全深,然后自下而上分段灌浆。这种方法提高了钻机的工作效率,但灌浆压力不能太大。这种方法一般多用在岩层比较完整或上部有足够压重,裂缝较少的情况。

(3)综合分段灌浆法。在实际工程中,通常是上层岩石破碎,下层岩石完整,所以可以采取上部孔段自上而下钻灌,下部孔段自下而上灌浆。

(4)孔口封闭灌浆法。此法是把封闭器放在孔口,采用自上而下的灌浆方法对孔洞进行灌浆的一种方法。此法优点为:孔内不需下入灌浆塞,施工简便,可以节省大量时间和人力;每段灌浆结束后,不需待凝,即可开始下一段的钻进,加快了进度;多次重复灌注,有利于保证灌浆质量;可以使用大的灌浆压力等。由于以上优点,越来越多的工程开始采用这种方法灌浆。但是此种方法也存在一些不足,即孔口管不能回收,浪费钢材和压水试验不够准确等。

孔口封闭灌浆法适用于最大灌浆压力大于 3 MPa 的帷幕灌浆工程。钻孔孔径宜为 60 mm 左右。灌浆必须采用循环式自上而下分段灌浆方法。各灌浆段灌浆时必须下入灌浆管,管口距段底不得大于 50 cm。

3. 灌浆设备

循环灌浆法的灌浆设备有拌浆筒、灌浆泵、灌浆管、灌浆塞、回浆管、压力表和加水器。

拌浆筒由动力机带动搅拌叶片,拌浆筒上有过滤网。

灌浆泵的性能应与浆液的类型、浆液浓度相适应,容许工作压力应大于最大灌浆压力的 1.5 倍,并应有足够的排浆量和稳定的工作性能。灌注纯水泥浆液,推荐使用 3 缸(或 2 缸)柱塞式灌浆泵;灌注砂浆,应使用砂浆泵;灌注膏状浆液,应使用螺杆泵。

灌浆管采用钢管和胶管,应保证浆液流动畅通,并应能承受 1.5 倍的最大灌浆压力。

压力表的准确性对于灌浆质量至关重要,灌浆泵和灌浆孔口处均应安设压力表。使用压力宜在压力表最大标值的 1/4 ~ 1/3 之间。压力表与管路之间应设有隔浆装置,防止浆液进入压力表,并应经常进行检定。

灌浆塞应与灌浆方式、方法、灌浆压力和地质条件等相适应,胶塞(球)应具有良好的膨胀性和耐压性能,在最大灌浆压力下能可靠地封闭灌浆孔段,并且易于安装和拆卸。

当灌浆压力大于 3 MPa 时,应采用下列灌浆设备:高压灌浆泵,其压力摆动范围不超出灌浆压力的 20%;耐蚀灌浆阀门;钢丝编织胶管;大量程的压力表,其最大标值宜为最大灌浆压力的 2.0 ~ 2.5 倍;专用高压灌浆塞或孔口封闭器(小口径无塞灌浆用)。

4. 灌浆压力

灌浆压力是指将浆液注入灌浆部位所采用的压力值,它是对灌浆孔的中心点的作用力。灌浆压力是保证和控制灌浆质量,提高灌浆效益的重要因素。灌浆压力与地质条件、孔深和工程目的密切相关,一般多是通过现场灌浆试验确定的。常在设计时通过公式计算或根据经验先行拟订,而后在灌浆过程中调整确定,这是确定灌浆压力的原则。一般情况下(不破坏岩基结构),压力越大,浆液喷射的距离就越远,灌浆效果就越好。

采用循环式灌浆,压力表应安装在孔口回浆管路上;采用纯压式灌浆,压力表应安装在孔口进浆管路上。压力表指针的摆动范围应小于灌浆压力的20%,压力读数宜读压力表指针摆动的中值。当灌浆压力达到5 MPa及以上时,考虑瞬间高压也会在基岩中引起有害的劈裂,也要读峰值,并应查找原因,加以解决。灌浆应尽快达到设计压力,但注入率大时,为了避免浆液串流过远造成浪费和防止抬动,应分级升压。

(四)灌浆结束标准和封孔

1.灌浆结束标准

(1)帷幕灌浆。采用自上而下分段灌浆法时,在规定的压力下,当注入率不大于0.4 L/min时,继续灌注60 min;或当注入率不大于1 L/min时,继续灌注90 min,灌浆可以结束。

采用自下而上分段灌浆法时,继续灌注的时间可对应上述注入率,相应地减少为30 min和60 min,灌浆可以结束。

帷幕灌浆采用分段压力灌浆封孔法,因为帷幕灌浆的孔较深,在自上而下灌浆结束后用浓浆自下而上再灌,按正常灌浆结束标准,灌完等待凝固,灌到距孔顶小于5 m的距离,清理孔洞,用水泥砂浆封顶。

(2)固结灌浆。在规定的压力下,当注入率不大于0.4 L/min时,继续灌注30 min,灌浆可以结束。

固结灌浆采用机械压浆封孔法,即灌浆结束后,把胶管伸入底部,用灌浆泵向孔内压入浓浆,直到孔内冒出积水。

2.灌浆封孔

灌浆封孔是指灌浆结束停歇一定时间后用填充物填实孔口的工作。封孔工作非常重要,规范强调使用机械进行封孔,提出了以下四种封孔方法:

(1)机械压浆封孔法。全孔灌浆结束后,将胶管(或铁管)下到钻孔底部,用灌浆泵或砂浆泵经胶管,向钻孔内泵入水灰比为0.5:1的浓浆或水泥:砂:水为1:(0.5~1):(0.75~1)的砂浆。水泥浆或砂浆由孔底逐渐上升,将孔内余浆或积水顶出,直到孔口冒出浓浆或砂浆。随着水泥浆或砂浆由孔底逐渐上升,将胶管徐徐上提,但胶管管口要保持在浆面以下。

(2)压力灌浆封孔法。全孔灌浆结束后,将灌浆塞塞在孔口,灌入水灰比为0.5:1的浓浆,灌入压力可根据工程具体情况确定。较深的帷幕灌浆孔可使用0.8~1 MPa的压力,当注入率不大于1 L/min时,继续灌注30 min停止。

(3)置换和压力灌浆封孔法。系上述两种方法的综合。先将孔内余浆置换成为水灰比为0.5:1的浓浆,而后再将灌浆塞塞在孔口,进行压力灌浆封孔。

采用孔口封闭灌浆法时,应使用这种方法封孔。当最下面一段灌浆结束后,利用原灌浆管灌入水灰比为0.5:1的浓浆,将孔内余浆全部顶出,直到孔口返出浓浆。而后提升灌浆管,提升过程中,严禁用水冲洗灌浆管,严防地面废浆和污水流入孔内,同时不断地向孔内补入0.5:1的浓浆(或灌浆管全部提出后再补入也可)。最后,在孔口进行纯压式灌浆封孔1 h,仍用0.5:1的浓浆,压力可为最大灌浆压力。封孔灌浆结束后,闭浆24 h。

(4)分段压力灌浆封孔法。全孔灌浆结束后,自下而上分段进行灌浆封孔,每段长15~20 m灌注水灰比为0.5:1的浓浆,灌注压力与该段的灌浆压力相同,当注入率不大于1 L/min时,继续灌注30 min停止,在孔口段延续60 min停止,灌注结束后,闭浆24 h。

采用上述各种方法封孔,若孔内浆液凝固后,灌浆孔上部空余长度大于3 m,应采用机械压浆法继续封孔;灌浆孔上部空余长度小于3 m,可使用更浓的水泥浆或砂浆人工封填密实。

第三节 基础与地基的锚固

一、锚固的优点

将受拉杆件的一端固定于岩(土)体中,另一端与工程结构物相联结,利用锚固结构的抗剪强度和抗拉强度,改善岩土的力学性质,增加抗剪强度,对地基与结构物起到加固作用的技术,统称为锚固技术或锚固法。

锚固技术具有效果可靠、施工干扰小、节省工程量、应用范围广等优点,在国内外得到广泛的应用。在水利水电工程施工中,锚固技术主要应用于以下方面:

(1)高边坡开挖时锚固边坡。

(2)坝基、岸坡抗滑稳定加固。

(3)大型洞室支护加固。

(4)大坝加高加固。

(5)锚固建筑物,改善应力条件,提高抗震性能。

(6)建筑物裂缝、缺陷等的修补和加固。

可供锚固的地基不仅限于岩石,还在软岩、风化层以及砂卵石、软黏土等地基中取得了经验。

二、锚固结构及锚固方法

锚固结构一般由内锚固段(俗称锚根)、自由段(俗称锚束)、外锚固段(俗称锚头)组成整个锚杆。

内锚固段是必须有的,其锚固长度及锚固方式取决于锚杆的极限抗拔能力;锚头设置与否、自由段的长度大小取决于是否要施加预应力及施加的范围,整个锚杆的配置取决于锚杆的设计拉力。

(一)内锚固段

内锚固段即锚杆深入并固定在锚孔底部扩孔段的部分,要求能保证对锚束施加预应力。其按固定方式一般分为黏着式和机械式。

(1)黏着式锚固段。按锚固段的胶结材料是先于锚杆填入还是后于锚杆灌浆,分为填入法和灌浆法。胶结材料有高强水泥砂浆或纯水泥浆、化工树脂等。在天然地层中的锚固方法多以钻孔灌浆为主,称为灌浆锚杆,施工工艺有常压灌浆和高压灌浆、预压灌浆、化学灌浆和许多特殊的锚固灌浆技术(专利)。目前国内多用水泥砂浆灌浆。

(2)机械式锚固段。它是利用特制的三片钢齿状夹板的倒楔作用,将锚固段根部挤固在孔底,称为机械锚杆。

(二)自由段

锚束是承受张拉力,对岩(土)体起加固作用的主体。采用的钢材与钢筋混凝土中的钢筋相同,注意应具有足够大的弹性模量以满足张拉的要求。宜选用高强度钢材,降低锚杆张拉要求的用钢量,但不得在预应力锚束上使用两种不同的金属材料,避免因异种金属长期接触发生化学腐蚀。常用材料可分为两大类:

（1）粗钢筋。我国常用热轧光面钢筋和变形（调质）钢筋。变形钢筋可增强钢筋与砂浆的握裹力。钢筋的直径常用 25～32 mm，其抗拉强度标准值按国标《混凝土结构设计规范》的规定采用。

（2）锚束。通常由高强钢丝、钢绞线组成。其规格按国标《预应力混凝土用钢丝》（GB 5223—1995）与《预应力混凝土用钢绞丝》（GB 5224—1995）选用。高强钢丝能够密集排列，多用于大吨位锚束，适用于混凝土锚头、镦头锚及组合锚等。钢绞线对于编束、锚固均比较方便，但价格较高，锚具也较贵，多用于中小型锚束。

（三）外锚固段

锚头是实施锚束张拉并予以锁定，以保持锚束预应力的构件，即孔口上的承载体。锚头一般由台座、承压垫板和紧固器三部分组成。因每个工点的情况不同，设计拉力也不同，必须进行具体设计。

（1）台座。预应力承压面与锚束方向不垂直时，用台座调正并固定位置，可以防止应力集中破坏。台座用型钢或钢筋混凝土做成。

（2）承压垫板。在台座与紧固器之间使用承压垫板，能使锚束的集中力均匀分散到台座上。一般采用 20～40 mm 厚的钢板。

（3）紧固器。张拉后的锚束通过紧固器的紧固作用，与垫板、台座、构筑物贴紧锚固成一体。钢筋的紧固器采用螺母或专用的联结器或压熔杆端等。钢丝或钢绞线的紧固器可使用楔形紧固器（锚圈与锚塞或锚盘与夹片）或组合式锚头装置。

第四节　其他地基处理方法

一、高压喷射（注）灌浆法

高压喷射灌（注）浆法，在我国又称"旋喷法"，是 20 世纪 70 年代初期引进开发的一种新型地基加固技术，迄今已得到广泛的应用。

众所周知，有一种历史悠久的静压注浆法，是用压力将固化剂（水泥类、化学类）注入土体的孔隙中，进行地基加固。这种方法主要适用于砂类土，也可用于黏性土。但在很多情况下，由于土层和土性的原因，其加固效果不好人为控制，尤其是在沉积的分层地基和夹层多的地基中，注浆往往沿着层面流动，还难以渗入细颗粒土的孔隙中，所以经常出现加固效果不明显的情况。

高压喷射注浆法克服了上述注浆法的缺点，将注浆形成高压喷射流，切削土体并与固化剂混合，达到改良土质的目的。

化学注浆法、水泥注浆法主要适用于砂土、砾石，而高压喷射注浆法几乎适用于所有土。

高压喷射注浆法，是利用钻机钻孔法预成孔，或者驱动密封良好的喷射管及特制喷射头振动法成孔，使喷射头下到预定位置。然后将浆液和空气、水，用 15 MPa 以上的高压，通过喷射管由喷射头上的直径约为 2 mm 的横向喷嘴向土中喷射。由于高压细束喷射流有强大的切削能力，因此喷射的浆液边切削土体，边使其余土粒在喷射流束的冲击力、离心力和重力等综合作用下，与浆液搅拌混合，并按一定的浆土比例和质量大小，有规律地重新排列。待浆液凝固以后，在土内就形成一定形状的固结体。

固结体的形状与喷射流移动方向有关,目前常见的注浆方式有:

(1)旋转喷射,垂直提升,简称旋喷,可形成圆柱桩;

(2)定向喷射,垂直提升,简称定喷,可形成板墙;

(3)摆动喷射,垂直提升,简称摆喷,可形成扇形桩。

旋喷多用于长桩,防渗墙的修筑以采用定喷法为好,摆喷可用于桩间防渗。用高压定喷注浆筑墙,形成墙体的平面形状,依不同的定喷方向和喷嘴形式,可以有多种选择。

根据喷射方法的不同,高压喷射注浆法可分为单管喷射法、二重管法、三重管法。

(1)单管喷射法是通过单层喷射嘴,将高压浆液向外喷射。

(2)二重管法是用二层喷射嘴,将高压浆液和压缩空气同时向外喷射。浆液在四周有空气膜的条件下,加固范围扩大,加固直径可达 1 m。

(3)三重管法是一种水、气喷射,浆液灌注的方法。即用三层或三个喷射嘴,将高压水和压缩空气同时向外喷射,切割土体,并借空气的上升力使一部分细小土粒冒出地面;与此同时,另一个喷射嘴将浆液以较低压力喷射到被切割、搅拌的土体中,加固直径可达 2 m。

二重管法和三重管法都是将浆液(或水)和压缩空气同时喷射,既可加大喷射距离,增大切割能力,又可促进废土的排出,提高加固效果。

高压喷射注浆工艺,是一种新的工艺技术。

二、振动水冲加固法

振动水冲加固是利用机械振动和水力冲射加固土体的一种方法,也称为振动水冲法,简称振冲法。振动水冲加固法最早是用来振冲挤密松砂地基,提高承载力,防止液化。后来应用于黏性土地基振冲,以碎石、砂砾置换成桩体,提高承载力,减少沉降。按其加固机理,又分成振冲挤密和振冲置换两个分支。在实际应用中,挤密和置换常联合使用、互相补充,还可以加固垃圾、碎砖瓦和粉煤灰。

(一)施工机具

主要机具是振冲器、控制振冲器的吊机和水泵。振冲器的原理是由水封的电机通过联轴器带动偏心块旋转,产生一定频率和振幅的水平振动。压力水(一般为 $0.4 \sim 0.6$ MPa,$20 \sim 30$ m³/h)经过空心竖轴从振冲器下端喷口喷出,同时产生振动和冲射两种功能。工作时,用吊机吊着振冲器,对准位置,开启电机和水阀,一边振动,一边射水,一边下沉振冲器,直达设计深度,形成振冲孔。必要时,可向孔中投放填料或置换料,再通过振冲而使之密实。

(二)振冲加固原理

振冲挤密和振冲置换加固土体的原理不尽相同。

(1)振冲挤密加固砂层的原理是:①依靠振冲器的强力振动,使饱和砂体发生液化,砂粒重新排列,使孔隙减少而得到加密;②依靠振冲器的水平振动力,通过加填料使砂层挤压加密。

(2)振冲置换加固软弱黏性土层,主要是通过振冲,向振冲孔中投放碎石等坚硬的粗粒料,并经振冲密实,形成多根物理力学性能远优于原土层的碎石桩,桩与原土层一起,构成复合地基。复合地基中的桩体,由于能承担较大荷载而具有应力集中作用,由于桩体的排水性能较好而促进了原土层的排水固结作用,另外,对整个复合土层还起着应力扩散作用。这些作用的综合结果,明显提高了复合地基的承载能力和抗滑稳定能力,降低了它的压缩性。

（三）振冲挤密法施工

振冲挤密加固土体的厚度可达 30 m，一般在 10 m 左右，适用于砂性土、砂、细砾等松软土层。填料可用粗砂、砾石、碎石、矿渣或经破碎的废混凝土等，粒径为 0.5 ~ 5 cm。对密实度较高的土层，振冲的技术经济效果将显著降低。

振冲孔的间距，视振冲器功率、特性及加固要求而定。使用 30 kW 振冲器，间距一般为 1.8 ~ 2.5 m；使用 75 kW 振冲器，间距可加大到 2.5 ~ 3.5 m。砂的粒径越细，密实度要求越高，则振冲孔的间距应越小。

振冲孔的布置有等边三角形或矩形两种，根据某水库下游坝基河床覆盖层振冲处理的经验，认为对大面积进行挤密处理，等边三角形布置的挤密效果较好。

振冲挤密工艺，对粉细砂地层，宜采用加填料的振密工艺；对中粗砂地层，可利用中粗砂自行塌陷，不加填料。

在施工过程中，处理好以下问题，有助于提高振冲挤密的质量：

（1）在下沉振冲器时，要适当控制造孔的速度，以保证孔周砂土有足够的振密时间，一般为 1 ~ 2 m/min。

（2）要注意调节水量和水压，既要保证正常的下沉速度，又要避免大量土料的流失。

（3）要均匀连续投放填料，使土层逐渐振冲挤密。在挤密过程中，将迫使振冲器输出更大的功率以克服挤入填料的阻力，此时，电机的电流将逐渐上升。当电机电流升高到规定的控制值时，可将振冲器上提一段相当于振冲器锥头的距离（一般为 30 ~ 50 cm），这样，可以使整个土层振密得更加均匀。

（四）振冲置换

振冲置换加固适用于淤泥、黏性土层。振冲置换形成碎石桩所用的桩料、孔的间距和平面布置等问题，与振冲挤密填料的要求相似，故不再赘述。

置换桩制作过程与振冲挤密投放填料的主要区别是采用间歇法投放桩料，其主要原因是在黏性土层的振冲孔中一边振冲一边连续投放桩料，不容易保证桩体的质量。

间歇法投放桩料，需在振冲器到达设计深度以上 30 ~ 50 cm 时，停留 1 ~ 2 min，借水流冲射使孔内泥浆变稀，称之为清孔，然后将振冲器提出孔口，投入约 1 m 高的桩料，再将振冲器沉入其中进行振冲，将桩料挤入土层。如果电机电流达不到规定值，则再提出振冲器，添投桩料，直到电流达到规定值。振冲置换所形成的碎石桩直径与地层性质、桩材粒径和振冲器功率等因素有关，一般为 0.8 ~ 1.2 m。

振冲加固的设备简单，操作方便，工效较高，几分钟就可完成一个孔的造孔和回填工作。在设备条件允许时，还可将若干个振冲器组成一个振冲器组。如在埃及阿斯旺堆石坝砂棱体振冲加密时，由 6 个振冲器组成一组，一次可振实 8 m × 12 m 的矩形工作面，大大提高了振冲的效率。

三、地基处理方法综述

地基处理，就是为提高地基的承载力、抗渗能力，防止过量或不均匀沉陷，以及处理地基的缺陷而采取的加固、改进措施。地基处理的方法很多，在这里进行综述。首先要说明的是，桩基是建筑中应用得最多的人工复合地基之一。考虑到桩基础已有较完整的理论，其设计方法、施工工艺、现场监测都较成熟，专著很多，在地基处理方法的分类中，一般不包括各种桩基础,也不把它作为一种地基处理方法介绍。另外,考虑到近年来低强度混凝土桩复合地基和钢筋混凝土复合地基技术发展较快,其荷载传递路线和计算理论也可归于复合地基范畴,故在地基处理方法分类时将其纳入,并将其归属加筋部分。

地基处理的分类方法也很多,目前我国水利界尚未统一。按照加固地基的原理进行分类,除了清基开挖法外,建筑界目前将地基处理的方法分为置换法、排水固结法、灌入固化物法、振密或挤密法、加筋法、冷热处理法、托换法、纠倾法共八大类。

(1)置换法。是用物理力学性质较好的岩土材料,置换天然地基中的部分或全部软弱土或不良土,形成双层地基或复合地基,以达到地基处理的目的。除了前面讲过的浇筑混凝土防渗墙法、垂直铺塑防渗墙、振冲置换法(或称振冲碎石桩法),还有振动成模注浆防渗板墙法、换土垫层法、挤淤置换法、褥垫法、强夯置换法,砂石桩(置换)法、石灰桩法和发泡苯乙烯(EPS)超轻质料填土法等。

(2)排水固结法。是通过土体在一定荷载作用下的固结,提高土体强度、减小孔隙比来达到地基处理的目的。当天然地基土渗透系数较小时,需设置竖向排水通道,以加速土体固结。常用的竖向排水通道有普通砂井、袋装砂井和塑料排水带等。按加载形式分类,它主要包括加载预压法、超载预压法、真空预压法、真空预压与堆载预压联合作用法,以及降低地下水位法等,电渗法也属于排水固结。

(3)灌入固化物法。是向岩土的裂隙和孔隙中灌入或拌入水泥或石灰或其他化学固化浆材,在地基中形成增强体,以达到地基处理的目的。除了前面讲过的固结灌浆、帷幕灌浆、砂砾层灌浆(均属渗入性灌浆法)、高压喷射注浆法外,还有深层搅拌法、劈裂灌浆法、压密灌浆法和电动化学灌浆法等,夯实水泥土桩法也可认为是灌入固化物的一种。深层搅拌法又可分为浆液喷射深层搅拌法和粉体喷射深层搅拌法两种,后者又称为粉喷法。

(4)振密或挤密法。是采用振动或挤密的方法使未饱和土密实,以达到地基处理的目的。它主要包括表层原位压实法、强夯法、振冲密实法、挤密砂石桩法、爆破挤密法、土桩或灰土桩法、柱锤冲孔成桩法、夯实水泥土桩法,以及近年发展的一些孔内夯扩桩法等。

(5)加筋法。是在地基中设置强度高、模量大的筋材,以达到地基处理的目的。这里也包括在地基中设置混凝土桩形成复合地基。除了前面讲过的锚固法外,还有加筋土法、树根桩法、低强度混凝土桩复合地基法和钢筋混凝土桩复合地基法等。

(6)冷热处理法。是通过冻结土体或焙烧、加热地基土体改变土体物理力学性质,以达到地基处理的目的。它主要包括冻结法和烧结法两种。

(7)托换法。是指对已有建筑物地基和基础进行处理的加固或改建手段。它主要包括基础加宽托换法、墩式托换法、桩式托换法、地基加固法(包括灌浆托换和其他托换)以及综合托换法等。桩式托换包括静压桩法、树根桩法,以及其他桩式托换法。静压桩法又可分锚杆静压桩法和坑式静压桩法等。

(8)纠倾法。是指对由沉降不均匀造成倾斜的建筑物进行矫正的手段。主要包括加载迫降法、掏土迫降法、黄土浸水迫降法、顶升纠倾法、综合纠倾法等。

第四章 渠系工程施工

渠系建筑物主要包括水闸、渠道、渡槽、涵洞、倒虹吸管等,本章将对这些建筑物施工进行介绍。

第一节 渠道施工

渠道施工包括渠道开挖、渠堤填筑和渠道衬护。其施工特点是工程量大,施工线路长,场地分散。施工工作面宽,可同时组织较多劳力施工,但工种单纯,技术要求较低。

一、渠道开挖

渠道开挖的施工方法有人工开挖、机械开挖和爆破开挖等,由技术条件、土壤种类、渠道纵横断面尺寸、地下水位等因素来决定开挖的方法。渠道开挖的土方多堆在渠道两侧用作渠堤,因此铲运机、推土机等机械得到广泛的利用。对于冻土及岩石渠道,宜采用爆破开挖最有效。田间渠道断面尺寸很小,可采用开沟机开挖。在缺乏机械设备的情况下,则采用人工开挖。

（一）人工开挖渠道

渠道开挖的关键是排水问题。排水应本着上游照顾下游、下游服从上游的原则,即向下游放水的时间和流量应照顾下游的排水条件,同时下游应服从上游的需要。一般下游应先开工,且不得阻碍上游水量的排泄,以保证水流畅通。如需排除降水和地下水,还必须开挖排水沟。渠道开挖时,可根据土质、地下水位、地形条件、开挖深度等选择不同的开挖方法。

1. 龙沟一次到底法

龙沟一次到底法适用于土质较好(如黏性土)、地下水来量小、总挖深 2 ~ 3 m 的渠道。一次将龙沟开挖到设计高程以下 0.3 ~ 0.5 m,然后由龙沟向左右扩大。

2. 分层开挖法

当开挖深度较大、土质较差、龙沟一次开挖到底有困难时,可以根据地形和施工条件分层开挖龙沟,分层挖土。

3. 边坡开挖与削坡

开挖渠道如一次开挖成坡,将影响开挖进度。因此,一般先按设计坡度要求挖成台阶状,其高宽比按设计坡度要求开挖,最后进行削坡。这样施工削坡方量小,但施工时必须严格掌握,台阶平台应水平,高必须与平台垂直,否则会产生较大误差,增加削坡方量。

（二）机械开挖渠道

1. 推土机开挖渠道

采用推土机开挖渠道,其深度一般不宜超过 1.5 ~ 2.0 m,填筑渠堤高度不宜超过 2.0 ~ 3.0 m,其边坡不宜陡于 1:2。在渠道施工中,推土机还可以平整渠底、清除植土层、修整边坡、压实渠堤等。

2.铲运机开挖渠道

半挖半填渠道或全挖方渠道就近弃土时,采用铲运机开挖最为有利。需要在纵向调配土方的渠道,如运距不远,也可用铲运机开挖。

铲运机开挖渠道的开行方式有环形和8字形开行两种。

(1)环形开行。当渠道开挖宽度大于铲土长度,而填土或弃土宽度又大于卸土长度时,可采用横向环形开行;反之,则采用纵向环形开行。铲土和填土位置可逐渐错动,以完成所需要的断面。

(2)8字形开行。当工作前线较长,而填挖高差较大时,则应采用8字形开行方式。其进口坡道与挖方轴线间的夹角以40°~60°为宜,夹角过大则转弯不便,夹角过小则加大运距。

采用铲运机工作时,应本着挖近填远、挖远填近的原则施工,即铲土时先从填土区最近的一端开始,先近后远;填土则从铲土区最远的一端开始,先远后近,依次进行。这样不仅创造了下坡铲土的有利条件,还可以在填土区内保持一定长度的自然地面,以便铲运机能高速行驶。

3.反铲挖掘机开挖渠道

当渠道开挖较深时,采用反铲挖掘机开挖较为理想。该方案有方便快捷、生产率高的特点,在生产实践中应用相当广泛,其布置方式有沟端开挖和沟侧开挖两种。

(三)爆破开挖渠道

开挖岩基渠道和盘山渠道时,宜采用爆破开挖法。开挖程序是先挖平台再挖槽。开挖平台时,一般采用抛掷爆破,尽量将待开挖土体抛向预定地方,形成理想的平台。挖槽爆破时,先采用预裂爆破或预留保护层,再采取浅孔小爆破或人工清边清底。

二、渠堤填筑

筑堤用的土料,以黏土略含砂质为宜。如果用几种透水性不同的土料,应将透水性小的填在迎水坡,透水性大的填在背水坡。土料中不得掺有杂质,并应保持一定的含水量,以利于压实。填方渠道的取土坑与堤脚应保持一定的距离,挖土深度不宜超过2 m,且中间应留有土埂。取土宜先远后近,并留有斜坡道以便运土。半填半挖渠道应尽量利用挖方筑堤,只有在土料不足或土质不适用时,才在取土坑取土。

铺土前应先行清基,并将基面略加平整后进行刨毛,铺土厚度一般为20~30 cm,并应铺平铺匀。每层铺土宽度应略大于设计宽度,以免削坡后断面不足。堤顶应做成坡度为2%~5%的坡面,以利于排水。填筑高度应考虑沉陷,一般可预加5%的沉陷量。对于机械不能填筑到的部位和小型渠道土堤填筑夯实,宜采用人力夯或蛙式打夯机。对砂卵石填堤,在水源充沛时可用水力夯实,否则可选用轮胎碾或振动碾。

三、渠道衬护

渠道衬护的类型有灰土、砌石、混凝土、沥青材料、钢丝网水泥及塑料薄膜等。在选择衬护类型时,应考虑以下原则:防渗效果好,因地制宜,就地取材,施工简易,能提高渠道输水能力和抗冲能力,减小渠道断面尺寸,造价低廉,有一定的耐久性,便于管理养护,维修费用低等。

（一）砌石衬护

在砂砾石地区，坡度大，渗漏性强的渠道，采用浆砌卵石衬护，有利于就地取材，是一种经济的抗冲防渗措施，同时还具有较高的抗磨能力和抗冻性，一般可减少渗漏量80%~90%。施工时应先按设计要求铺设垫层，然后砌卵石。砌卵石的基本要求是使卵石的长边垂直于边坡，并砌紧、砌平、错缝，坐落在垫层上。为了防止砌面被局部冲毁而扩大，每隔10~20 m距离用较大的卵石砌一道隔墙。渠坡隔墙可砌成平直形，渠底隔墙可砌成拱形，其拱顶迎向水流方向，以加强抗冲能力。隔墙深度可根据渠道可能冲刷深度确定。渠底卵石的砌缝最好垂直于水流方向，这样抗冲效果较好。不论是渠底还是渠坡，砌石缝面必须用水泥砂浆压缝，以保证施工质量。

（二）混凝土衬护

混凝土衬护由于防渗效果好，一般能减少90%以上渗漏量，耐久性强，糙率小，强度高，便于管理，适应性强，因而成为一种广泛采用的衬护方法。

渠道混凝土衬砌，目前多采用板型结构，但小型渠道也采用槽型结构。素混凝土板常用于水文地质条件较好的渠段；钢筋混凝土板和预应力钢筋混凝土板则用于地质条件较差和防渗要求较高的重要渠段。混凝土板按其截面形状的不同，又有矩形板、楔形板、肋梁板等不同形式。矩形板适用于无冻胀地区的各种渠道。楔形板、肋形板多用于冻胀地区的各种渠道。

大型渠道的混凝土衬砌多为就地浇筑，渠道在开挖和压实处理以后，先设置排水，铺设垫层，然后浇筑混凝土。渠底采用跳仓法浇筑，但也有依次连续浇筑的。渠坡分块浇筑时，先立两侧模板，然后随混凝土的升高，边浇筑边安设表面模板。如渠坡较缓用表面振动器捣实混凝土时，则不安设表面模板。在浇筑中间块时，应按伸缩缝宽度设立两边的缝子板。缝子板在混凝土凝固以后拆除，以便灌浇沥青油膏等填缝材料。

装配式混凝土衬砌是在预制场制作混凝土板，运至现场安装和灌注填缝材料。预制板的尺寸应与起吊运输设备的能力相适应，装配式衬砌预制板的施工受气候条件影响较小，在已运用的渠道上施工，可减少施工与放水间的矛盾。但装配式衬砌的接缝较多，防渗、抗冻性能差，一般在中、小型渠道中采用。

（三）沥青材料衬护

沥青材料具有良好的不透水性，一般可减少渗漏量90%以上，并具有抗碱类腐蚀能力，其抗冲能力则随覆盖层材料而定。沥青材料渠道衬护有沥青薄膜与沥青混凝土两类。

1. 沥青薄膜类防渗

沥青薄膜类防渗按施工方法可分为现场浇筑和装配式两种。现场浇筑又可分为喷洒沥青和沥青砂浆两种。

（1）现场喷洒沥青薄膜施工，首先要将渠床整平、压实、并洒水少许，然后将温度为200 ℃的软化沥青用喷洒机具，在354 kPa压力下均匀地喷洒在渠床上，形成厚6~7 mm的防渗薄膜。各层间需结合良好。喷洒沥青薄膜后，应及时进行质量检查和修补工作。最后在薄膜表面铺设保护层。一般素土保护层的厚度，小型渠道多用10~30 cm，大型渠道多用30~50 cm。渠道内坡以不陡于1:1.75为宜，以免保护层产生滑动。

（2）沥青砂浆防渗多用于渠底。施工时先将沥青和砂分别加热，然后进行拌和，拌好后保持在160~180 ℃，即可进行现场摊铺，然后用大方铣反复烫压，直至出油，再做保护层。

2.沥青混凝土衬护

沥青混凝土衬护分现场铺筑与预制安装两种施工方法。

(1)现场铺筑与沥青混凝土面板施工相似。

(2)预制安装多采用矩形预制板。施工时为保证运用过程中不被折断,可设垫层,并将表面进行平整。安装时应将接缝错开,顺水流方向,不应留有通缝,并将接缝处理好。

(四)钢丝网水泥衬护

该方法是一种无模化施工。其结构为柔性,适应变形能力强,在渠道衬护中有较好的应用前景。钢丝网水泥衬护的做法是:在平整的基底(渠底或渠坡)上铺小间距的钢丝,然后抹水泥砂浆或喷浆。其操作简单易行。

(五)塑料薄膜衬护

采用塑料薄膜进行渠道防渗,具有效果好、适应性强、重量轻、运输方便、施工速度快和造价较低等优点。用于渠道防渗的塑料薄膜厚度以 0.15 ~ 0.30 mm 为宜。塑料薄膜的铺设方式有表面式和埋藏式两种。表面式是将塑料薄膜铺于渠床表面,薄膜容易老化和遭受破坏。埋藏式是在铺好的塑料薄膜上铺筑土料或砌石作为保护层。由于塑料表面光滑,为保证渠道断面的稳定,避免发生渠坡保护层滑塌,渠床边坡宜采用锯齿形。保护层厚度一般不小于 30 cm。塑料薄膜衬护渠道施工大致可分为渠床开挖和修整、塑料薄膜的加工和铺设、保护层的填筑等三个施工过程。薄膜铺设前,应在渠床表面加水湿润,以保证薄膜能紧密地贴在基土上。铺设时,将成卷的薄膜横放在渠床内,一端与已铺好的薄膜进行焊接或搭接,并在接缝处填土压实,此后即可将薄膜展开铺设,然后填筑保护层。铺填保护层时,渠底部分应从一端向另一端进行,渠坡部分则应自下向上逐渐推进,以排除薄膜下的空气。保护层分段填筑完毕后,再将塑料薄膜的边缘固定在顺渠顶开挖的堑壕里,并用土回填压紧。

塑料薄膜的接缝可采用焊接或搭接。搭接时为减少接缝漏水,上游一块塑料薄膜应搭在下游一块之上,搭接长度为 50 cm,也可用连接槽搭接。

第二节　装配式渡槽施工

装配式渡槽施工主要包括预制和吊装两个施工过程。

一、构件的预制

(一)槽架的预制

槽架是渡槽的支承构件,槽架预制时选择就近槽址的场地平卧制作。构件多采用地面立模和阴胎成模制作。

(1)地面立模。地面立模制作应在平整场地后将地面夯实整平,按槽架外形放样定位,用 1:3:8 的水泥、黏土、砂浆抹面,厚约 1 cm,压抹光滑作为底模,立上侧模后就地浇制,在底模上架立槽架构件的侧面模板,并在底模及侧面模板上预涂废机油或肥皂液制作的隔离剂,然后架设钢筋骨架(钢筋骨架应先在工厂绑扎好),浇筑混凝土并捣固成型。一两天后即可拆除侧面模板,并洒水养护。拆模后,当强度达到 70% 时,即可移出存放以便重复利用场地。

(2)阴胎成模。阴胎成模制作是采用砌砖或夯实土料制作的阴胎,与构件接触的部分均用水泥黏土砂浆抹面并涂上脱模隔离剂。构件养护到一定强度后即可把模型挖开，清除构件表面的灰土，便可进行吊装。高度在15 m以上的排架，如受起重设备能力的限制，可以分段预制。吊装时，分段定位，用焊接固定接头，待槽身就位后，再浇二期混凝土。阴胎成模制作可以节省模板，但生产效率低，制件外观质量差。

（二）槽身的预制

模板架立好后，将钢筋骨架运往预制现场施工。对于反置槽身，需先布置架立筋或放置混凝土小垫块，用以承托主筋，并借以控制主筋的位置与尺寸。然后立横向主筋，布置纵向钢筋。在纵横向钢筋相交处用铅丝绑扎或点焊。为了便于预制后直接吊装，整体槽身预制宜在两排架之间或排架一侧进行。槽身的方向可以垂直或平行于渡槽的纵向轴线，根据吊装设备和方法而定。要避免因预制位置选择不当，而在起吊时发生摆动或冲击现象。

U形薄壳梁式槽身的预制有正置和反置两种浇筑方式。正置浇筑是槽口向上，优点是内模板拆除方便、吊装时不需翻身，但底部混凝土不易捣实，适用于大型渡槽或槽身不便翻身的工地。反置浇筑是槽口向下，优点是捣实较易，质量容易保证，且拆模快、用料少等，缺点是增加了翻身的工序。

矩形槽身的预制可以整体预制也可分块预制。中小型工程，槽身预制可采用砖土材料制模。矩形槽身的整体预制与U形槽身基本相同。但矩形槽身的预制可分块进行，通常可分成三块或两块浇制。分块预制的优点是吊装重量轻，预制方便；缺点是接头处需用水泥砂浆填充，多一道工序，并且影响渡槽的整体性和防渗性能。分块预制适用于吊装设备的起重能力不够大或槽身重量大的大中型渡槽的施工。

二、梁式渡槽的吊装

装配式渡槽的吊装工作是渡槽施工中的主要环节，必须根据渡槽的形式、尺寸、构件重量、吊装设备能力、地形和自然条件、施工队伍的素质以及进度要求等因素，进行具体分析比较，选定快速简便、经济合理和安全可靠的吊装方案。

构件吊装的设备有绳索、吊具、滑车及滑车组、倒链及千斤顶、牵引设备、锚碇、扒杆、简易缆索以及常用起重机械等吊装机组。由于材料来源的限制或设备规格不合要求等情况，则应对已有材料、设备进行必要的技术鉴定，检查和试验，认为安全可靠才能使用，以免造成安全事故。

（一）槽架的吊装

槽架下部结构有支柱、横梁和整体排架等。支柱和排架的吊装通常有垂直起吊插装和就地转起立装两种。垂直起吊插装是用吊装机械将整个槽架滑行、竖直吊离地面，插入基础预留的杯形孔穴中，先用木楔（或钢楔）临时固定，校正标高和平面位置后，再填充混凝土做永久固定。就地转起立装法是在两支柱间的横梁仍用起重设备吊装。吊装次序由下而上，将横梁先放置在临时固定于支柱上的三角撑铁上。位置校正无误后，即焊接梁与柱连系钢筋，并浇二期混凝土，使支柱与横梁成为整体。这种方法比较省力，但基础孔穴一侧需要有缺口，并预埋铰圈，槽架预制时，必须对准基础孔穴缺口，槽架脚处亦应预埋铰圈。槽架吊装，随着采用不同的机械（如独脚扒杆、人字扒杆等）和不同的机械数量（如一台、二台、三台等），可以有不同的吊装方法，实际工程中应结合具体情况拟订恰当的方案。

（二）槽身的吊装

装配式渡槽槽身的吊装，基本上可分为两类，即起重设备架立于地面上吊装及起重设备架立于槽墩或槽身上吊装。

起重设备立于地面进行吊装，工作比较方便，起重设备的组装和拆除比较容易；但起重设备的高度大，且易受地形限制。因此，这种吊装方法只适用于起重设备的高度不大和地势比较平坦的工程。

槽身重量和起吊高度不大时，采用两台或四台独脚扒杆抬吊。当槽身起吊到空中后，用副滑车组将枕头梁吊装在排架顶上。这种方法起重扒杆移行费时，吊装速度较慢。

龙门架抬吊的顶部设有横梁和轨道，并装有行车。操作上使四台卷扬机提升速度相同，并用带蝴蝶铰的吊具，使槽身四吊点受力均匀，槽身铅直起吊，平移就位。为使行车易于平移，横梁轨道顶面要有一定坡度，以便行车在自重作用下能顺坡下滑，从而使槽身平移在排架顶上降落就位。采用此法吊装渡槽者较多。

起重设备架立于地面进行槽身吊装，还可采用悬臂扒杆、摇臂扒杆以及简易缆索吊装等方式，悬臂扒杆、摇臂扒杆的吊装方式的基本特点与独脚扒杆立于地面进行吊装的方式类似，实际使用中可结合各类扒杆的性能和工程具体情况加以考虑选用。

起重设备架立于槽架或槽身上进行吊装，不受地形条件限制，起重设备的高度不大，故得到了广泛的使用，但起重设备的组装和拆除需在高空进行，有些吊装方法还会使已架立的槽架承受较大的偏心荷载，必须对槽架结构进行加强。

T型钢架抬吊槽梁法，为了使槽梁能平移，就位在钢架顶部设置横梁和平移小车，钢架用螺栓连接，以便重复使用。此桁架包括前端导架，中段起重架和后端平衡架三部分。桁架首尾的摇臂扒杆用来安装和拆除行走用的滚轮托架。为了使槽身在起吊时能错开牛腿，槽身的预制位置偏离渡槽中心线一个距离，并在槽底两端各留一缺口。当槽身上升高出牛腿后，再由平行装置移动到支承位置，平移装置由安装在底盘上的胶木滑道和螺杆驱动装置所组成。钢架是沿临时安放在现浇短槽身顶部的滚轮托架向前移动的，在钢架首部用牵引绳拉紧并控制前进方向，同时收紧推拖索，钢架便向前移动。

缆索吊装也是对吊装机械进行吊装的一种方法。当渡槽横跨峡谷、两岸地形陡峻、谷底较深，由于扒杆长度难以达到要求吊装高度，并且构件无法在河谷内制作时，一般常采用缆索吊装。缆索吊装的控制长度大，受地形限制小，可适应于平原和深山峡谷地区，机动性较强，全部设备拆卸、搬运和组装都比较方便，并可以沿建筑物轴线设置缆索，适用于长条形建筑物的吊装。但是，对于分布面积较小，布置比较集中的建筑物，不如扒杆吊装方便；同时，缆索吊装需要较多的高空作业，具有一定的危险性。

第三节　涵洞施工

这里重点介绍钢筋混凝土管涵的预制与安装施工方法。

一、钢筋混凝土管的预制

钢筋混凝土圆管的预制方法，有震动制管器法、悬辊制管法、离心法或立式挤压法。

(一)震动制管器法

震动制管器是由可拆装的钢外模与附有震动器的钢内模组成的。外模由两片厚为5 mm左右的钢板半圆筒拼制,半圆筒用带楔的销栓连接。内模为一整圆筒,下口直径较上口直径稍小,以便取出内模。

用震动制管器制管时,将震动制管器直接放在铺有油毡纸或塑料薄膜的地坪上施工。模板与混凝土接触的表面涂有润滑剂,钢筋笼放在内外模间固定后,先震动10 s左右使模型密贴地坪,以防漏浆。每节涵管分5层灌注,每层灌好铲平后开动震动器,震至混凝土冒浆为止,再灌次1层,最后1层震动冒浆后,抹平顶面,冒浆后2~3 min即关闭震动器。固定销在灌注中逐渐抽出,先抽下边,后抽上边。停震抹平后,用链滑车吊起内模。起吊时应垂直,刚起吊时应辅以震动(震动2~3次,每次1 s左右),使内膜与混凝土脱离。内模吊起20 cm,即不得再震动。外模在灌注5~10 min后拆开,拆后混凝土表面缺陷应及时修整。

震动制管器制管混凝土要求和易性要好,坍落度一般应小于1 cm,含砂率45%~48%,5 mm以上大粒径尽量减少,平均粒径0.37~0.4 mm,每立方米混凝土用水量为150~160 kg,水泥以硅酸盐水泥或普通硅酸盐水泥为好。

(二)悬辊制管法

悬辊制管法是利用悬辊制管机的悬辊,带动套在悬辊上的钢模一起转动,再利用钢模旋转时产生的离心力,使投入钢模内的混凝土拌和物均匀地附着在钢模的内壁上,随着投料量的增加,混凝土管壁逐渐增厚,当超过模口时,模口便离开悬辊,此时管内壁混凝土便与旋转的悬辊直接接触,钢模依靠悬辊与混凝土之间的摩擦力继续旋转,同时悬辊又对管壁混凝土进行反复辊压,因此促使管壁混凝土能在较短时间内达到要求的密实度和获得光洁的内表面。

悬辊法制管的主要设备为悬辊制管机、钢模和吊装设备。悬辊制管机由机架、传动变速机构、悬辊、门架、料斗、喂料机等组成。

悬辊法制管需用干硬性混凝土,水灰比一般为0.30~0.36。在制管时无游离水分析出,场地较清洁,生产效率比离心法高,其缺点是需带模养护,钢模用量多,所以该制管方法适用于预制工厂。

二、管节安装

管节安装可根据地形及设备条件采用下列方法。

(一)涵洞管节滚动安装法

管节在垫板上滚动至安装位置前,转动90°使其与涵管方向一致,略偏一侧。在管节后端用木橇棍拨动至设计位置。

(二)滚木安装法

先将管节沿基础滚至安装位置前1 m处,使与涵管方向一致。把薄铁板放在管节前的基础上,摆上圆滚木6根,在管节两端放入半圆形承托木架,以杉木杆插入管内,用力将前端撬起,垫入圆滚木,再滚动管节至安装位置,将管节侧向推开,取出滚木及铁板,再滚回来并以撬棍仔细调整。

(三)压绳下管法

当涵洞基坑较深,需沿基坑边坡侧向将管滚入基坑时,可采用压绳下管法,下管前,应在涵管基坑外埋设木桩。在管两端各套一根长绳，绳一端紧固于桩上，另一端在桩上缠两圈后，绳端分别用两组人或两盘绞车拉紧。下管时由专人指挥，两端徐徐松绳，管子渐渐滚入基坑内。再用滚动安装法或滚木安装法将管节安放于设计位置。

（四）吊车安装法

使用汽车或履带吊车安装管节甚为方便。

三、钢筋混凝土管涵施工注意事项

（1）管座混凝土应与管身紧密相贴，使圆管受力均匀，圆管的基底应夯填密实。

（2）管节接头采用对头拼接，接缝应不大于 1 cm，并用沥青麻絮或其他具有弹性的不透水材料填塞。

（3）所有管节接缝和沉降缝均应密实不透水。

（4）各管壁厚度不一致时，应在内壁取平。

第四节　倒虹吸管施工

这里仅介绍现浇钢筋混凝土倒虹吸管的施工方法。

现浇钢筋混凝土倒虹吸管施工程序一般为：放样、清基和地基处理、管模板的制作与安装、管钢筋的制作与安装、管道接头止水施工、混凝土浇筑、混凝土养护与拆模。

一、管模板的制作与安装

在清基和地基处理之后，即可进行管模板的制作与安装。

（一）刚性弧形管座

现浇刚性弧形管座模板由内模、外模组成，制作与安装较为复杂，内模要根据倒虹吸管直径进行设计，经加工厂制作完成后运到现场进行安装，内模采用木模时，为了节约木材，可采用钢模。

当管径较大时，管座事先做好，在浇捣管底混凝土时，则需在内模底部开置活动口，以便进料浇捣。若为了避免在内模底部开口，也可采用管座分次施工的办法，即先做好底部范围（中心角约 80°）的小弧座，以作为外模的一部分，待管底混凝土浇到一定程度时，即边砌小弧座旁的浆砌管座边浇混凝土，直到砌完整个管座。

外模是在装好两侧梯形桁架后，边浇筑混凝土边装外模的。许多管道在浇筑顶部混凝土时，为便于进料，总是在顶部（圆心角 80°左右）不装外模，致使混凝土振捣时水泥浆向两侧流淌，同时由于混凝土自重力作用，在初凝期间，即向两侧下沉，因而使管顶混凝土成为全管质量的薄弱带，在施工中应引起注意。

外模安装时，还应注意两侧梯形桁架立筋布置，必须通过计算，以避免拉伸值超过允许范围，否则会导致管身混凝土松动，甚至在顶部出现纵向裂缝。

（二）两点式及中空式刚性管座

两点式及中空式刚性管座均事先砌好管座，在基座底部挖空处可用土模代替外模，施工时，对底部回填土要仔细夯实，以防止在浇筑过程中，土壤产生压缩变形而导致混凝土开裂，当管道浇筑完毕投入运行时，由于底部土模压缩模量远小于刚性基础的弹性模量，因而基本处于卸荷状态,全部垂直荷载实际上由刚性管座承受。中空式管座为使管壁与管座接触面密合,也可采用混凝土预制块做外模。若用于敷设带有喇叭形承口的预应力管,则不需再做底部土模。

二、钢筋的安装

内模安装完成后,即可穿绕内环筋,其次是内纵筋、架立筋、外纵筋、外环筋,钢筋间距可根据设计尺寸,预先在纵筋及环筋上分别用红色油漆放好样。钢筋排好后可按照上述顺序,依次进行绑扎。一般情况下,倒虹吸管的受力钢筋应尽可能采用电焊。为确保钢筋保护层厚度,应在钢筋上放置砂浆垫块。

三、管道接头止水

管道接头止水主要采用金属片止水和塑料带止水。

(一)止水片的安装

金属止水片或塑料止水带加工好后,擦洗干净,套在安装好的内模上,周围以架立钢筋固定位置,使其不致因浇筑混凝土而变位。浇筑混凝土时,此处应由专人负责,止水带周围混凝土必须密实均匀。混凝土浇完后,要使止水带的中线对准管道接头缝中线。

(二)沥青止水的施工方法

接头止水中有一层是沥青止水层,若采用灌注的方法,则不好施工,这时可以将沥青先做成凝固的软块,待第一节管道浇好后至第二节管模安装前,先将预制好的沥青软块沿着已浇好管道的端壁从下至上一块一块粘贴,直至贴完一周,沥青软块应适当做厚一些,以便溶化后能填满缝隙。

软块制作过程是:溶化沥青使其成液态,将溶化的沥青倒入模内并抹平,随即将盛满沥青溶液的模子浸入冷水之中,沥青即降温而凝固成软状预制块。

四、混凝土的浇筑

(一)倒虹吸管混凝土材料要求

倒虹吸管混凝土对抗拉、抗渗要求,比一般结构的混凝土要严格。要求混凝土的水灰比应控制在 0.5 以下,坍落度要求:机械振捣时为 4~6 cm,人工振捣时不大于 6~9 cm。含砂率常用值为 30%~38%,以采用偏低值为宜。为满足抗拉强度和抗渗性要求,可按照水工混凝土施工规范规定,掺用适量的减水剂、引气剂等外加剂。

(二)倒虹吸管混凝土浇筑顺序

浇筑前应对浇筑仓进行全面检查,验收合格后方可进行浇筑。为了便于整个管道施工,浇筑时应编排好顺序,可按每次间隔一节进行浇筑编排。例如:先浇筑 1#、3#、5# 等部位的管,再浇筑 2#、4#、6# 部位的管。

(三)倒虹吸管混凝土浇筑方式

常见的倒虹吸管有卧式和立式两种,在卧式中,又可分平卧或斜卧,平卧大都是管道通过水平或缓坡地段所采用的一种方式,斜卧多用于进出口山坡陡峻地区,对于立式管道则多采用预制管安装。

1. 平卧式浇筑

此浇筑有两种方法：一种是浇筑层与管轴线平行，一般由中间向两端发展，以避免仓中积水，从而增大混凝土的水灰比。这种浇捣方式的缺点是混凝土浇筑缝皆与管轴线平行，刚好和水压产生的拉力方向垂直。一旦发生冷缝，管道最易沿浇筑层（冷缝）产生纵向裂缝。为克服这一缺点，可采用斜向分层浇筑，以避免浇筑缝与水压产生的拉力正交，当斜度较大时，浇筑缝的长度可缩短，浇筑缝的间隙时间也可缩短，但这样浇筑的混凝土都呈斜向增高，使砂浆和粗骨料分布不均匀，加上振捣器都是斜向振捣，不如竖向振捣能保证质量。因此，施工时应严格控制水灰比和混凝土的和易性。

2. 斜卧式浇筑

进出口山坡上常有斜卧式管道，混凝土浇筑时应由低处开始逐渐向高处浇筑，使每层混凝土浇筑层保持水平。不论采用哪种浇筑方式，要做好浇筑前的施工组织工作，确保浇筑层的间歇时间不超过规范允许值。应注意两侧或周围进料均匀，快慢一致。否则，将产生模板位移，导致管壁厚薄不一，而严重影响管道质量。

五、混凝土的养护与拆模

（一）养护

倒虹吸管的养护比一般混凝土的要求严格，养护要做到"早"、"勤"、"足"。"早"就是混凝土初凝后，应及时洒水，用帘、麻袋等覆盖（在夏季混凝土浇筑后 2~3 h）；"勤"就是昼夜不间断地进行洒水；"足"是指养护时间要保证，压力管道至少养护 21 d。当气温低于 5 ℃时，不得洒水，并做好已浇筑混凝土的保温工作。

（二）拆模

拆模时间根据气温不同和模板承重情况而定。管座（若为混凝土）、模板与管道外模为非承重模板可适当早拆，以利于养护和模板周转。管道内模为承重模板，不宜早拆，一般要求管壁混凝土强度达到设计强度值 70% 以上，方可拆除。

第五章 导截流工程施工

水利工程的主体建筑物如大坝、水闸等,一般是修建在河流中的。而施工是在干地中进行的,这样就需要在进行建筑物施工前,把原来的河道中的水暂时引向其他地方并流入下游。例如,要建一座水电站,先在河床外修建一条明渠,使原河流经过明渠安全泄流到下游,用堤坝把建筑物范围的河道围起来,这种堤坝就叫做围堰。围堰围起来的河道范围叫做基坑。排干基坑中的水后即可作为施工现场。这种方法就是导流施工。

第一节 施工导流

施工导流是保证干地施工和施工工期的关键,是水利工程施工特有的施工情况,对水利工程建设有重要的理论和现实意义。

一、导流设计流量的确定

(一)导流标准

知道导流设计流量的大小是导流施工的前提和保证,只有在保证施工安全的前提下才能进行导流施工。导流设计流量取决于洪水频率标准。

施工期可能遭遇的洪水是一个随机事件。如果导流设计标准太低,不能保证工程的施工安全;反之,则会使导流工程设计规模过大,不仅导流费用增加,而且可能因其规模太大而无法按期完工,造成工程施工的被动局面。因此,导流设计标准的确定,实际是要在经济性与风险性之间寻求平衡。

根据现行《水利水电工程施工组织设计规范》(SDJ 303—2004),在确定导流设计标准时,首先根据导流建筑物的保护对象、使用年限、失事后果和工程规模等因素,将导流建筑物确定为3~5级,具体按表5-1确定,然后根据导流建筑物级别及导流建筑物类型确定导流标准(见表5-2)。

表5-1 导流建筑物级别划分

级别	保护对象	失事后果	使用年限（年）	围堰工程规模	
				堰高(m)	库容(亿 m³)
3	有特殊要求的1级永久建筑物	淹没重要城镇、工矿企业、交通干线或推迟工程总工期及第一台(批)机组发电,造成重大灾害和损失	>3	>50	>1.0
4	1、2级永久建筑物	淹没一般城镇、工矿企业或推迟工程总工期及第一台(批)机组发电而造成较大灾害和损失	1.5~3	15~50	0.1~1.0
5	3、4级永久建筑物	淹没基坑,但对总工期及第一台(批)机组发电影响不大,经济损失较小	<1.5	<15	<0.1

表 5-2 导流建筑物洪水标准划分

导流建筑物类型	导流建筑物级别		
	3	4	5
	洪水重现期（年）		
土石	50 ~ 20	20 ~ 10	10 ~ 5
混凝土	20 ~ 10	10 ~ 5	5 ~ 3

在确定导流建筑物的级别时,当导流建筑物根据表 5-1 指标分属不同级别时,应以其中最高级别为准。但列为 3 级导流建筑物时,至少应有两项指标符合要求;不同级别的导流建筑物或同级导流建筑物的结构型式不同时,应分别确定洪水标准、堰顶超高值和结构设计安全系数;导流建筑物级别应根据不同的施工阶段按表 5-1 划分,同一施工阶段中的各导流建筑物的级别应根据其不同作用划分;各导流建筑物的洪水标准必须相同,一般以主要挡水建筑物的洪水标准为准;利用围堰挡水发电时,围堰级别可提高一级,但必须经过技术经济论证;导流建筑物与永久建筑物结合时,结合部分结构设计应采用永久建筑物级别标准,但导流设计级别与洪水标准仍按表 5-1 及表 5-2 规定执行。

当 4 ~ 5 级导流建筑物地基的地质条件非常复杂,或工程具有特殊要求必须采用新型结构,或失事后淹没重要厂矿、城镇时,其结构设计级别可以提高一级,但设计洪水标准不相应提高。

导流建筑物设计洪水标准,应根据建筑物的类型和级别在表 5-2 规定幅度内选择,并结合风险度综合分析,使所选择标准经济合理,对失事后果严重的工程,要考虑对超标准洪水的应急措施。导流建筑物洪水标准,在下述情况下可用表 5-2 中的上限值:

（1）河流水文实测资料系列较短（小于 20 年）,或工程处于暴雨中心区;

（2）采用新型围堰结构型式;

（3）处于关键施工阶段,失事后可能导致严重后果;

（4）工程规模、投资和技术难度用上限值与下限值相差不大。

当枢纽所在河段上游建有水库时,导流设计采用的洪水标准应考虑上游梯级水库的影响及调蓄作用。

过水围堰的挡水标准应结合水文特点、施工工期、挡水时段,经技术经济比较后,在重现期 3 ~ 20 年范围内选定。当水文序列较长（不小于 30 年）时,也可按实测流量资料分析选用。过水围堰级别以过水围堰挡水期情况作为衡量依据。围堰过水时的设计洪水标准应根据过水围堰的级别和表 5-2 选定。当水文系列较长（不小于 30 年）时,也可按实测典型年资料分析并通过水力学计算或水工模型试验选用。

（二）导流时段划分

导流时段就是按照导流程序划分的各施工阶段的延续时间。我国一般河流全年的流量变化过程为枯水期、中水期和洪水期。在不影响主体工程施工的条件下,若导流建筑物只担负非洪水期的挡水泄水任务,显然可以大大减少导流建筑物的工程量,改善导流建筑物的工作条件,具有明显的技术经济效益。因此,合理划分导流时段,明确不同导流时段建筑物的工作条件,是既安全又经济地完成导流任务的基本要求。

导流时段的划分与河流的水文特征、水工建筑物的形式、导流方案、施工进度有关。土坝、堆石坝和支墩坝一般不允许过水，当施工进度能够保证在洪水来临前完工时，导流时段可按洪水来临前的施工时段为标准，导流设计流量即为洪水来临前的施工时段内按导流标准确定的相应洪水重现期的最大流量。但是当施工期较长，洪水来临前不能完建时，导流时段就要考虑以全年为标准，其导流设计流量就应以导流设计标准确定的相应洪水期的年最大流量。

山区型河流的特点是洪水期流量特别大，历时短，而枯水期流量特别小，因此水位变幅很大。若按一般导流标准要求设计导流建筑物，则需将挡水围堰修得很高或者使泄水建筑物的尺寸很大，这样显然不是很经济的。可以考虑采用允许基坑淹没的导流方案，就是大水来时围堰过水，基坑被淹没，河床部分停工，待洪水退落、围堰挡水时再继续施工。由于基坑淹没引起的停工天数不长，故使得施工进度能够保证，而导流总费用（导流建筑物费用与淹没基坑费用之和）又较省，所以比较合理。

二、施工导流方案的选择

水利水电枢纽工程的施工，从开工到完建往往不是采用单一的导流方法，而是几种导流方法组合起来配合运用，以取得最佳的技术经济效果。例如，三峡工程采用分期导流方式，分三期进行施工：第一期土石围堰围护右岸汊河，江水和船舶从主河槽通过；第二期围护主河槽，江水经导流明渠泄向下游；第三期修建碾压混凝土围堰拦断明渠，江水经由泄洪坝段的永久深孔和22个临时导流底孔下泄。这种不同导流时段、不同导流方法的组合，通常就称为导流方案。

导流方案的选择应根据不同的环境、目的和因素等综合判定。合理的导流方案，必须在周密地研究各种影响因素的基础上，拟订几个可能的方案，进行技术经济比较，从中选择技术经济指标优越的方案。

选择导流方案时考虑的主要因素如下。

（一）水文条件

水文条件是施工导流方案中的首要考虑因素。全年河流流量的变化情况、每个时期的流量大小和时间长短、水位变化的幅度、冬季的流冰及冰冻情况等，都是影响导流方案的因素。一般来说，对于河床单宽流量大的河流，宜采用分段围堰法导流。对于枯水期较长的河流，可以充分利用枯水期安排工程施工。对于流冰的河流，应充分注意流冰的宣泄问题，以免流冰壅塞，影响泄流，造成导流建筑物失事。

（二）地质条件

河床的地质条件对导流方案的选择与导流建筑物的布置有直接影响。若河流两岸或一岸岩石坚硬且有足够的抗压强度，则有利于选用隧洞导流。如果岩石的风化层破碎，或有较厚的沉积滩地，则选择明渠导流。河流的窄深对导流方案的选择也有直接的关系。当河道窄时，其过水断面的面积必然有限，水流流过的速度增大。对于岩石河床，其抗冲刷能较强。河床允许束窄程度甚至可达到88%，流速增加到7.5 m/s，但对覆盖层较厚的河床，抗冲刷能力较差，其束窄程度不到30%，流速仅允许达到3.0 m/s。此外，选择围堰形式、基坑能否允许淹没、能否利用当地材料修筑围堰等，也都与地质条件有关。

（三）水工建筑物的形式及其布置

水工建筑物的形式和布置与导流方案相互影响，因此在决定建筑物的形式和枢纽布置时，应该同时考虑并拟订导流方案，而在选定导流方案时，又应该充分利用建筑物形式和枢纽布置方面的特点。如枢纽组成中有隧洞、涵管、泄水孔等永久泄水建筑物，在选择导流方案时应尽可能利用。在设计永久泄水建筑物的断面尺寸和其布置位置时，也要充分考虑施工导流的要求。

就挡水建筑物的形式来说，土坝、土石混合坝和堆石坝的抗冲能力小，除采用特殊措施外，一般不允许从坝身过水，所以多利用坝身以外的泄水建筑物（如隧洞、明渠等）或坝身范围内的泄水建筑物（如涵管等）来导流，这就要求枯水期将坝身抢筑到拦洪高程以上，以免水流漫顶，发生事故。至于混凝土坝，特别是混凝土重力坝，由于抗冲能力较强，允许流速达到 25 m/s，故不但可以通过底孔泄流，而且还可以通过未完建的坝身过水，使导流方案选择的灵活性大大增加。

（四）施工期间河流的综合利用

施工期间，为了满足通航、筏运、渔业、供水、灌溉或水电站运转等的要求，使导流问题的解决变得更加复杂。在通航河流上大多采用分段围堰法导流。要求河流在束窄以后，河宽仍能便于船只的通行，水深要与船只吃水深度相适应，束窄断面的最大流速一般不得超过 2.0 m/s。

对于浮运木筏或散材的河流，在施工导流期间，要避免木材壅塞泄水建筑物或者堵塞束窄河床。在施工中后期，水库拦洪蓄水时，要注意满足下游供水、灌溉用水和水电站运行的要求，有时为了保证渔业的要求，还要修建临时的过鱼设施，以便鱼群能洄游。

影响导流施工方案的因素有很多，但水文条件、地形地质条件和坝型是考虑的主要因素。河谷形状系数在一定程度上综合反映地形地质情况，当该系数小时，表明河谷窄深，地质多为岩石。

三、围堰

围堰是导流施工中临时的建筑物，围起建筑施工所需的范围，保证建筑物能在干地施工。在导流施工结束后如果围堰对永久性建筑的运行有妨碍等，应予拆除。

（一）围堰分类

按其所使用的材料，最常见的围堰有土石围堰、钢板桩格型围堰、混凝土围堰、草土围堰等。

按围堰与水流方向的相对位置，可以分为大致与水流方向垂直的横向围堰和大致与水流方向平行的纵向围堰。

按围堰与坝轴线的相对位置，可分为上游围堰和下游围堰。

按导流期间基坑淹没条件，可分为过水围堰和不过水围堰。过水围堰除需要满足一般围堰的基本要求外，还要满足堰顶过水的专门要求。

按施工分期，可以分为一期围堰和二期围堰等。

在实际工程中，为了能充分反映某一围堰的基本特点，常以组合方式对围堰命名：如一期下游横向土石围堰、二期混凝土纵向围堰等。

(二)围堰的基本形式

1. 不过水土石围堰

不过水土石围堰是水利水电工程中应用最广泛的一种围堰形式,其断面与土石坝相仿,通常用土和石渣(或砾石)填筑而成。它能充分利用当地材料或废弃的土石方,构造简单,施工方便,对地形地质条件要求低,可以在动水中、深水中、岩基上或有覆盖层的河床上修建。

2. 混凝土围堰

混凝土围堰的抗冲能力与抗渗能力强,挡水水头高,断面尺寸较小,易于与永久混凝土建筑物相连接,必要时还可以过水,因此采用的比较广泛。在国外,采用拱形混凝土围堰的工程较多。近年,国内贵州省的乌江渡、湖南省的凤滩等水利水电工程也采用过拱形混凝土围堰作为横向围堰,但多数还是以重力式围堰做纵向围堰,如我国的三门峡、丹江口、三峡工程的混凝土纵向围堰均为重力式混凝土围堰。

1)拱形混凝土围堰

拱形混凝土围堰由于利用了混凝土抗压强度高的特点,与重力式相比,断面较小,可节省混凝土工程量。一般适用于两岸陡峻、岩石坚实的山区河流,常采用隧洞及允许基坑淹没的导流方案。通常围堰的拱座是在枯水期的水面以上施工的。对围堰的基础处理,当河床的覆盖层较薄时,需进行水下清基;若覆盖层较厚,则可灌注水泥浆防渗加固。堰身的混凝土浇筑则要进行水下施工,在拱基两侧要回填部分砂砾料以便灌浆,形成阻水帷幕,因此难度较高。

2)重力式混凝土围堰

采用分段围堰法导流时,重力式混凝土围堰往往可兼作第一期和第二期纵向围堰,两侧均能挡水,还能作为永久建筑物的一部分,如隔墙、导墙等。纵向围堰需抗御高速水流的冲刷,所以一般均修建在岩基上。为保证混凝土的施工质量,一般可将围堰布置在枯水期出露的岩滩上。如果这样还不能保证干地施工,则通常需另修土石低水围堰加以围护。重力式混凝土围堰现在有普遍采用碾压混凝土浇筑的趋势,如三峡工程三期横向围堰及纵向围堰均采用碾压混凝土。

重力式围堰可做成普通的实心式,与非溢流重力坝类似,也可做成空心式,如三门峡工程的纵向围堰。

3. 草土围堰

草土围堰是一种草土混合结构,多用捆草法修筑,是我国人民长期与洪水作斗争的智慧结晶,至今仍用于黄河流域的水利水电工程中。例如黄河的青铜峡、盐锅峡、八盘峡水电站和汉江的石泉水电站都成功地应用过草土围堰。

草土围堰施工简单,施工速度快,可就地取材,成本低,还具有一定的抗冲、防渗能力,能适应沉陷变形,可用于软弱地基;但草土围堰不能承受较大水头,施工水深及流速也受到限制,草料还易于腐烂,一般水深不宜超过 6 m,流速不超过 3.5 m/s。草土围堰使用期约为两年。八盘峡工程修建的草土围堰最大高度达 17 m,施工水深达 11 m,最大流速 1.7 m/s,堰高及水深突破了上述范围。

草土围堰适用于岩基或砂砾石基础。如河床大孤石过多,草土体易被架空,形成漏水通道,使用草土围堰时应有相应的防渗措施。细砂或淤泥基础因易被冲刷,稳定性差,不适宜采用。

草土围堰断面一般为梯形,堰顶宽度为水深的 2 ~ 2.5 倍,若为岩基,则可减小至 1.5 倍。

(三)围堰的平面布置

围堰的平面布置是一个很重要的问题。如果围护基坑的范围过大,就会使得围堰工程量大并且增加排水设备容量和排水费用;而范围过小,又会妨碍主体工程施工,进而影响工期;如果分期导流的围堰外形轮廓不当,还会造成导流不畅,冲刷围堰及其基础,影响主体工程安全施工。

围堰的平面布置主要包括堰内基坑范围确定和围堰轮廓布置两个问题。

堰内基坑范围大小主要取决于主体工程的轮廓及其施工方法。当采用一次拦断的不分期导流时,基坑是由上、下游围堰和河床两岸围成的。当采用分期导流时,基坑是由纵向围堰与上、下游横向围堰围成的。在上述两种情况下,上、下游横向围堰的布置都取决于主体工程的轮廓。通常,围堰坡趾距离主体工程轮廓的距离不应小于 20 ~ 30 m,以便布置排水设施、交通运输道路、堆放材料和模板等。至于基坑开挖边坡的大小,则与地质条件有关。

当纵向围堰不作为永久建筑物的一部分时,围堰坡趾距离主体工程轮廓的距离一般不小于 2.0 m,以便布置排水导流系统和堆放模板。如果无此要求,只需留 0.4 ~ 0.6 m。

在实际工程中,基坑形状和大小往往是很不相同的。有时可以利用地形,以减少围堰的高度和长度;有时为照顾个别建筑物施工的需要,将围堰轴线布置成折线形;有时为了避开岸边较大的溪沟,也采用折线布置。为了保证基坑开挖和主体建筑物的正常施工,布置基坑范围应当留有一定富余。

(四)堰顶高程

堰顶高程的确定取决于导流设计流量及围堰的工作条件。

下游横向围堰堰顶高程可按下式计算

$$H_d = h_d + \delta \tag{5-1}$$

式中 H_d——下游围堰的顶部高程,m;

h_d——下游水位高程,m,可直接由天然河道水位—流量关系曲线查得;

δ——围堰的安全超高,不过水围堰的可按表5-3查得,过水围堰的为 0.2 ~ 0.5 m。

表5-3 不过水围堰堰顶安全超高下限值 （单位:m）

围堰形式	围堰级别	
	III	IV ~ V
土石围堰	0.7	0.5
混凝土围堰	0.4	0.3

上游围堰的堰顶高程由下式确定

$$H_d = h_d + Z + h_a + \delta \tag{5-2}$$

式中 H_d——上游围堰的顶部高程,m;

Z——上下游水位差,m;

h_a——波浪高度,可参照永久建筑物的有关规定和有关专业规范计算,一般情况可以不计,但应适当增加超高。

纵向围堰的堰顶高程,应与堰侧水面曲线相适应。通常,纵向围堰顶面往往做成阶梯形或倾斜状,其上、下游高程分别与所衔接的横向围堰同高程连接。

(五)围堰防冲措施

一次拦断的不分段围堰法的上、下游横向围堰,应与泄水建筑物进出口保持足够的距离。分段围堰法导流,围堰附近的流速流态与围堰的平面布置密切相关。

当河床是由可冲性覆盖层或软弱破碎岩石所组成的时,必须对围堰坡脚及其附近河床进行防护。工程实践中采用的护脚措施,主要有抛石、柴排及混凝土块柔性排三种。

1. 抛石护脚

抛石护脚施工简便,使用期较长时,抛石会随着堰脚及其基础的刷深而下沉,每年必须补充抛石,因此所需养护费较大。抛石护底的范围取决于可能产生的冲刷坑的大小。护脚长度大约为围堰纵向段长度的一半即可。纵向围堰外侧防冲护底的长度,根据新安江、富春江等工程的经验,可取为局部冲刷计算深度的2~3倍。经初步估算后,对于较重要的工程,仍应通过模型试验校核。

2. 柴排护脚

柴排护脚的整体性、柔韧性、抗冲性都较好。但是,柴排需要大量柴筋,拆除较困难。柴排流速要求不超过1 m/s,并需由人工配合专用船施工,多用于中小型工程。

3. 钢筋混凝土柔性排护脚

由于单块混凝土板易失稳而使整个护脚遭受破坏,故可将混凝土板块用钢筋串接成柔性排。当堰脚范围外侧的基础覆盖层被冲刷后,混凝土板块组成的柔性排可逐步随覆盖层冲刷而下沉,进而将堰脚覆盖层封闭,防止堰基进一步淘刷。

四、施工导流

施工导流的方法大体上分为两类:一类是全段围堰法导流(即河床外导流),另一类是分段围堰法导流(即河床内导流)。

(一)全段围堰法导流

全段围堰法导流是在河床主体工程的上、下游各建一道拦河围堰,使上游来水通过预先修筑的临时或永久泄水建筑物(如明渠、隧洞等)泄向下游,主体建筑物在排干的基坑中进行施工,主体工程建成或接近建成时再封堵临时泄水道。这种方法的优点是工作面大,河床内的建筑物在一次性围堰的围护下建造,如能利用水利枢纽中的永久泄水建筑物导流,可大大节约工程投资。

全段围堰法导流按泄水建筑物的类型不同可分为明渠导流、隧洞导流、涵管导流、渡槽导流等。

1. 明渠导流

为保证主体建筑物干地施工,在地面上挖出明渠使河道安全地泄向下游的导流方式称为明渠导流。

当导流量大,地质条件不适于开挖导流隧洞,河床一侧有较宽的台地或古河道,或者施工期需要,可以通航、过木或排冰时,可以考虑采用明渠导流。

国内外工程实践证明,在导流方案比较过程中,当明渠导流和隧洞导流均可采用时,一般是倾向于明渠导流,这是因为明渠开挖可采用大型设备,加快施工进度,对主体工程提前开工有利。

1)导流明渠布置

导流明渠布置分岸坡上和滩地上两种布置形式。

(1)导流明渠轴线的布置。

导流明渠应布置在较宽台地、垭口或古河道一岸;渠身轴线要伸出上、下游围堰外坡脚,水平距离要满足防冲要求,一般为 50~100 m;明渠进出口应与上、下游水流相衔接,与河道主流的交角以 30°为宜;为保证水流畅通,明渠转弯半径应大于 5 倍渠底宽;明渠轴线布置应尽可能缩短明渠长度和避免深挖方。

(2)明渠进出口位置和高程的确定。

明渠进出口力求不冲、不淤和不产生回流,可通过水力学模型试验调整进出口形状和位置,以达到这一目的;进口高程按截流设计选择,出口高程一般由下游消能控制;进出口高程和渠道水流流态应满足施工期通航、过木和排冰要求。在满足上述条件下,尽可能抬高进出口高程,以减少水下开挖量。

2)明渠封堵

导流明渠结构布置应考虑后期封堵要求。当施工期有通航、放木和排冰任务,明渠较宽时,可在明渠内预设闸门墩,以利于后期封堵。当施工期无通航、过木和排冰任务时,应于明渠通水前,将明渠坝段施工到适当高程,并设置导流底孔和坝面口使二者联合泄流。

2. 隧洞导流

为保证主体建筑物干地施工,采用导流隧洞的方式宣泄天然河道水流的导流方式称为隧洞导流。

当河道两岸或一岸地形陡峻、地质条件良好,导流流量不大,坝址河床狭窄时,可考虑采用隧洞导流。

1)导流隧洞的布置

导流隧洞的布置一般应满足以下条件:

(1)隧洞轴线沿线地质条件良好,足以保证隧洞施工和运行的安全。隧洞轴线宜按直线布置,如有转弯,转弯半径不小于 5 倍洞径(或洞宽),转角不宜大于 60°,弯道首尾应设直线段,长度不应小于 3~5 倍的洞径(或洞宽);进出口引渠轴线与河流主流方向夹角宜小于 30°。

(2)隧洞间净距、隧洞与永久建筑物间距、洞脸与洞顶围岩厚度均应满足结构和应力要求。

(3)隧洞进出口位置应保证水力学条件良好,并伸出堰外坡脚一定距离,一般距离应大于 50 m,以满足围堰防冲要求。进口高程多由截流控制,出口高程由下游消能控制,洞底按需要设计成缓坡或急坡,避免成反坡。

2)隧洞封堵

导流隧洞设计应考虑后期封堵要求,布置封堵闸门门槽及启闭平台设施。有条件者,导流隧洞应与永久隧洞结合,以利节省投资(如小浪底工程的三条导流隧洞后期将改建为三条孔板消能泄洪洞)。一般高水头枢纽,导流隧洞只可能与永久隧洞部分相结合,中低水头则有可能全部相结合。

3. 涵管导流

涵管通常布置在河岸岩滩上，其位置在枯水位以上，这样可在枯水期不修围堰或只修一段围堰而先将涵管筑好，然后修上、下游全段围堰，将河水引经涵管下泄。

涵管一般是钢筋混凝土结构。当有永久涵管可以利用或修建隧洞有困难时，采用涵管导流是合理的。在某些情况下，可在建筑物基岩中开挖沟槽，必要时予以衬砌，然后封上混凝土或钢筋混凝土顶盖，形成涵管。利用这种涵管导流往往可以获得经济可靠的效果。由于涵管的泄水能力较低，所以一般用于导流流量较小的河流上或只用来担负枯水期的导流任务。

为了防止涵管外壁与坝身防渗体之间的渗流，通常在涵管外壁每隔一定距离设置截流环，以延长渗径，降低渗透坡降，减少渗流的破坏作用。此外，必须严格控制涵管外壁防渗体的压实质量。涵管管身的温度缝或沉陷缝中的止水必须认真施工。

（二）分段围堰法导流

分段围堰法，也称分期围堰法，是用围堰将建筑物分段分期围护起来进行施工的方法。

分段就是从空间上将河床围护成若干个干地施工的基坑段进行施工。分期就是从时间上将导流过程划分成阶段。导流的分期数和围堰的分段数并不一定相同，因为在同一导流分期中，建筑物可以在一段围堰内施工，也可以同时在不同段内施工。但是段数分得越多，围堰工程量越大，施工也越复杂；同样，期数分得越多，工期有可能拖得越长。在通常情况下，采用二段二期导流法。

分段围堰法导流一般适用于河床宽阔、流量大、施工期较长的工程，尤其是在通航河流和冰凌严重的河流上。这种导流方法的费用较低，国内外一些大中型水利水电工程采用较广。分段围堰法导流，前期由束窄的原河道导流，后期可利用事先修建好的泄水道导流，常见泄水道的类型有底孔、缺口等。

1. 底孔导流

利用设置在混凝土坝体中的永久底孔或临时底孔作为泄水道，是二期导流经常采用的方法。导流时让全部或部分导流流量通过底孔宣泄到下游，保证后期工程的施工。临时底孔在工程接近完工或需要蓄水时要加以封堵。

采用临时底孔时，底孔的尺寸、数目和布置，要通过相应的水力学计算确定，其中底孔的尺寸在很大程度上取决于导流的任务（过水、过船、过木和过鱼）以及水工建筑物结构特点和封堵用闸门设备的类型。底孔的布置要满足截流、围堰工程以及本身封堵的要求。如底坎高程布置较高，截流时落差就大，围堰也高，但封堵时的水头较低，封堵就容易。一般底孔的底坎高程应布置在枯水位之下，以保证枯水期泄水。当底孔数目较多时，可把底孔布置在不同的高程，封堵时从最低高程的底孔堵起，这样可以减少封堵时所承受的水压力。

底孔导流的优点是挡水建筑物上部的施工可以不受水流的干扰，有利于均衡连续施工，这对修建高坝特别有利。若坝体内设有永久底孔可以用来导流，更为理想。底孔导流的缺点是：由于坝体内设置了临时底孔，使钢材用量增加；如果封堵质量不好，会削弱坝体的整体性，还有可能漏水；在导流过程中底孔有被漂浮物堵塞的危险；封堵时由于水头较高，安放闸门及止水等均较困难。

2. 坝体缺口导流

混凝土坝施工过程中,当汛期河水暴涨暴落,其他导流建筑物不足以宣泄全部流量时,为了不影响坝体施工进度,使坝体在涨水时仍能继续施工,可以在未建成的坝体上预留缺口,以便配合其他建筑物宣泄洪峰流量,待洪峰过后,上游水位回落,再继续修筑缺口。所留缺口的宽度和高度取决于导流设计流量、其他建筑物的泄水能力、建筑物的结构特点和施工条件。采用底坎高程不同的缺口时,为避免高低缺口单宽流量相差过大,产生高缺口向低缺口的侧向泄流,引起压力分布不均匀,需要适当控制高低缺口间的高差。根据湖南省柘溪工程的经验,其高差以不超过 4~6 m 为宜。

在修建混凝土坝,特别是大体积混凝土坝时,由于这种导流方法比较简单,常被采用。

上述两种导流方式,一般只适用于混凝土坝,特别是重力式混凝土坝枢纽。至于土石坝或非重力式混凝土坝枢纽,采用分段围堰法导流时,常与隧洞导流、明渠导流等河床外导流方式相结合。

上述两种导流方式并不只适用于分段围堰法导流,在全段围堰法后期导流时,也常有采用;同样,隧洞和明渠导流,并不只适用于全段围堰法导流,在分段围堰法后期导流时,也常有应用。因此,选择一个工程的导流方式,必须因时因地制宜,绝不能机械地套用。

第二节　截流施工

在施工导流中,只有截断原河床水流(简称截流),把河水引向导流泄水建筑物下泄,才能在河床中全面开展主体建筑物的施工。截流过程一般为:先在河床的一侧或两侧向河床中填筑截流戗堤,逐步缩窄河床,称为进占。戗堤进占到一定程度,河床束窄,形成流速较大的过水缺口称为龙口。封堵龙口的工作称为合龙。合龙以后,龙口段及戗堤本身仍然漏水,必须在戗堤全线设置防渗措施,这一工作称为闭气。所以,整个截流过程包括戗堤进占、龙口裹头及护底、合龙、闭气等四项工作。截流后,对戗堤进一步加高培厚,修筑成设计围堰。

截流在施工导流中占有重要的地位,如果截流不能按时完成(或截流失败),失去了以水文年计算的良好截流时机,就会延误相关建筑物的开工日期,甚至可能拖延工期一年。截流本身无论在技术上和施工组织上都具有相当的艰巨性和复杂性。为了截流成功,必须充分掌握河流的水文、地形、地质等条件,掌握截流过程中水流的变化规律及其影响。做好周密的施工组织,在狭小的工作面上用较大的施工强度,在较短的时间内完成截流。所以,在施工导流中,常把截流看作一个关键性工作,它是影响施工进度的一个控制项目。

一、截流的基本方法

河道截流有立堵法、平堵法、立平堵法、平立堵法、下闸截流以及定向爆破截流等多种方法,但基本方法为立堵法和平堵法两种。

(一)立堵法

立堵法截流是将截流材料从一侧戗堤或两侧戗堤向中间抛投进占,逐渐束窄河床,直至全部拦断。

立堵法截流不需架设浮桥,准备工作比较简单,造价较低。但截流时水力条件较为不利,龙口单宽流量较大,流速也较大,易造成河床冲刷,需抛投单个重量较大的截流材料。由于工作前线狭窄,抛投强度受到限制。立堵法截流适用于大流量、岩基或覆盖层较薄的岩基河床,对于软基河床应采取护底措施后才能使用。

(二)平堵法

平堵法截流是沿整个龙口宽度全线抛投截流材料,抛投料堆筑体全面上升,直至露出水面,因此合龙前必须在龙口架设浮桥。由于它是沿龙口全宽均匀地抛投,所以其单宽流量小,流速也较小,需要的单个材料的重量也较轻。沿龙口全宽同时抛投强度较大,施工速度快,但有碍于通航,适用于软基河床、河流架桥方便且对通航影响不大的河流。

(三)综合法

1.立平堵

为了既发挥平堵水力条件较好的优点,又降低架桥的费用,有的工程采用先立堵,后在栈桥上平堵的方法。

2.平立堵

对于软基河床,单纯立堵易造成河床冲刷,可采用先平抛护底,再立堵合龙。平抛多利用驳船进行。我国青铜峡、丹江口及葛洲坝和三峡工程在二期大江截流时均采用了该方法,取得了满意的效果。由于护底均为局部性,故这类工程本质上属于立堵法截流。

二、截流日期及截流设计流量

截流年份应结合施工进度的安排来确定。截流年份内截流时段的选择,既要把握截流时机,选择在枯水流量、风险较小的时段进行;又要为后续的基坑工作和主体建筑物施工留有余地,不致影响整个工程的施工进度。在确定截流时段时,应考虑以下要求:

(1)截流以后,需要继续加高围堰,完成排水、清基、基础处理等大量基坑工作,并应把围堰或永久建筑物在汛期前抢修到一定高程以上。为了保证这些工作的完成,截流时段应尽量提前。

(2)在通航的河流上进行截流,截流时段最好选择在对航运影响较小的时段内。因为截流过程中,航运必须停止,即使船闸已经修好,但因截流时水位变化较大,亦须停航。

(3)在北方有冰凌的河流上,截流不应在流冰期进行。因为冰凌很容易堵塞河道或导流泄水建筑物,壅高上游水位,给截流带来极大困难。

综上所述,截流时间应根据河流水文特征、气候条件、围堰施工及通航过木等因素综合分析确定。一般多选在枯水期初,流量已有显著下降的时候。严寒地区应尽量避开河道流冰及封冻期。

截流设计流量是指某一确定的截流时间的截流设计流量。一般按频率法确定,根据已选定截流时段,采用该时段内一定频率的流量作为设计流量,截流设计标准一般可采用截流时段重现期 5 ~ 10 年的月或旬平均流量。除了频率法外,也有不少工程采用实测资料分析法。当水文资料系列较长、河道水文特性稳定时,这种方法可应用。

在大型工程截流设计中,通常多以选取一个流量为主,再考虑较大、较小流量出现的可能性,用几个流量进行截流计算和模型试验研究。对于有深槽和浅滩的河道,如分流建筑物布置在浅滩上,对截流的不利条件要特别进行研究。

三、龙口位置和宽度

龙口位置的选择,对截流工作顺利与否有密切关系。一般来说,龙口附近应有较宽阔的场地，以便布置截流运输线路和制作、堆放截流材料。它要设置在河床主流部位，方向力求与主流顺直，并选择在耐冲河床上，以免截流时因流速增大，引起过分冲刷。

原则上龙口宽度应尽可能窄些，这样可以减少合龙工程量，缩短截流延续时间，但应以不引起龙口及其下游河床的冲刷为限。

四、截流水力计算

截流水力计算的目的是确定龙口诸水力参数的变化规律。它主要解决两个问题：一是确定截流过程中龙口各水力参数，如单宽流量 q、落差 z 及流速 v 等的变化规律；二是由此确定截流材料的尺寸或重量及相应的数量等。这样，在截流前，可以有计划、有目的地准备各种尺寸或重量的截流材料及其数量，规划截流现场的场地布置，选择起重、运输设备；在截流时，能预先估计不同龙口宽度的截流参数，何时何处应抛投何种尺寸或重量的截流材料及其方量等。

截流时的水量平衡方程为

$$Q_0 = Q_1 + Q_2 \tag{5-3}$$

式中　Q_0——截流设计流量，m^3/s；

　　　Q_1——分流建筑物的泄流量，m^3/s；

　　　Q_2——龙口泄流量，可按宽顶堰计算，m^3/s。

随着截流戗堤的进占，龙口逐渐被束窄，因此经分流建筑物和龙口的泄流量是变化的，但二者之和恒等于截流设计流量。变化规律为：开始时，大部分截流设计流量经龙口下泄，随着龙口断面不断被进占的戗堤所束窄，龙口上游水位不断上升，当上游水位高出泄水建筑物以后，经龙口的泄流量就越来越小，经分流建筑物的泄流量则越来越大，龙口合龙闭气后，截流设计流量全部经由泄水建筑物下泄。

第三节　施工排水

在围堰合龙闭气以后，就要考虑排除基坑内的积水，以保持基坑基本干燥状态，以利于基坑开挖、地基处理及建筑物的正常施工。

基坑排水工作按照排水时间及性质，一般可分为：①基坑开挖前的初期排水；②基坑开挖及建筑物施工过程中的经常性排水，包括围堰和基坑渗水、降水以及施工弃水量的排除。

基坑排水按照排水方法，有明式排水和人工降低地下水位两种。

一、明式排水

（一）初期排水

初期排水主要包括基坑积水，围堰与基坑渗水两大部分。因为初期排水是在围堰或截流戗堤合龙闭气后立即进行的，枯水期的降雨量很少，一般可不予考虑。除了积水和渗水外，有时还需考虑填方和基础中的饱和水。

初期排水渗透流量原则上可按有关公式计算，但是初期排水时的渗流量估算往往很难符合实际。因此，通常不单独估算渗流量，而将其与积水排除流量合并在一起，依靠经验估算初期排水总流量 Q

$$Q = Q_1 + Q_s = k \frac{V}{T} \tag{5-4}$$

式中　Q_1——积水排除的流量，m^3/s；

Q_s——渗水排除的流量，m^3/s；

V——基坑积水体积，m^3；

T——初期排水时间，s；

k——经验系数，主要与围堰种类、防渗措施、地基情况、排水时间等因素有关，根据国外一些工程的统计，$k = 4 \sim 10$。

基坑积水体积 V 可按基坑积水面积和积水水深计算，这是比较容易的。但是初期排水时间 T 的确定就比较复杂，其主要受基坑水位下降速度的限制，基坑水位的允许下降速度视围堰种类、地基特性和基坑内水深而定。水位下降太快，则围堰或基坑边坡中动水压力变化过大，容易引起坍坡；下降太慢，则影响基坑开挖时间。一般认为，土围堰的基坑水位下降速度应限制在 $0.5 \sim 0.7$ m/d，木笼及板桩围堰等应小于 $1.0 \sim 1.5$ m/d。初期排水时间，大型基坑一般可采用 $5 \sim 7$ d，中型基坑一般不超过 $3 \sim 5$ d。

通常，当填方和覆盖层体积不太大时，在初期排水且基础覆盖层尚未开挖时，可以不必计算饱和水的排除。如需计算，可按基坑内覆盖层总体积和孔隙率估算饱和水总水量。

在初期排水过程中，可以通过试抽法进行校核和调整，并为经常性排水计算积累一些必要资料。试抽时如果水位下降很快，则显然是所选择的排水设备容量过大，此时应关闭一部分排水设备，使水位下降速度符合设计规定。试抽时若水位不变，则显然是设备容量过小或有较大渗漏通道存在。此时，应增加排水设备容量或找出渗漏通道予以堵塞，然后进行抽水。还有一种情况是水位降至一定深度后就不再下降，这说明此时排水流量与渗流量相等，据此可估算出需增加的设备容量。

（二）基坑排水

基坑排水要考虑基坑开挖过程中和开挖完成后修建建筑物时的排水系统布置，使排水系统尽可能不影响施工。

基坑开挖过程中的排水系统应以不妨碍开挖和运输工作为原则。一般常将排水干沟布置在基坑中部，以利于两侧出土。随基坑开挖工作的进展，逐渐加深排水干沟和支沟。通常，保持干沟深度为 $1 \sim 1.5$ m，支沟深度为 $0.3 \sim 0.5$ m。集水井多布置在建筑物轮廓线外侧，井底应低于干沟沟底。但是，由于基坑坑底高程不一，有的工程就采用层层设截流沟、分级抽水的办法，即在不同高程上分别布置截水沟、集水井和水泵站，进行分级抽水。

建筑物施工时的排水系统通常都布置在基坑四周。排水沟应布置在建筑物轮廓线外侧，且距离基坑边坡坡脚不少于 $0.3 \sim 0.5$ m。排水沟的断面尺寸和底坡大小取决于排水量的大小。一般排水沟底宽不小于 0.3 m，沟深不大于 1.0 m，底坡坡度不小于 0.002。在密实土层中，排水沟可以不用支撑，但在松土层中，则需用木板或麻袋装石来加固。

为了防止降雨时地面径流进入基坑而增加抽水量，通常在基坑外缘边坡上挖截水沟，以拦截地面水。截水沟的断面及底坡应根据流量和土质而定，一般沟宽和沟深不小于 0.5 m，底坡坡度不小于 0.002，基坑外地面排水系统最好与道路排水系统相结合，以便自流排水。为了降低排水费用，当基坑渗水水质符合饮用水或其他施工用水要求时，可将基坑排水与生活、施工供水相结合。

（三）经常性排水

经常性排水的排水量，主要包括围堰和基坑的渗水、降雨、地基岩石冲洗及混凝土养护用废水等。设计中一般考虑两种不同的组合，从中择其大者，以选择排水设备。一种组合是渗水加降雨，另一种组合是渗水加施工废水。降雨和施工废水不必组合在一起，这是因为二者不会同时出现。

1. 降雨量的确定

在基坑排水设计中，对降雨量的确定尚无统一的标准。大型工程可采用 20 年一遇 3 d 降雨中最大的连续 6 h 雨量，再减去估计的径流损失值（每小时 1 mm，作为降雨强度）；也有的工程采用日最大降雨强度，基坑内的降雨量可根据上述计算降雨强度和基坑集雨面积求得。

2. 施工废水

施工废水主要考虑混凝土养护用水，其用水量估算应根据气温条件和混凝土养护的要求而定。一般初估时可按每立方米混凝土每次用水 5 L，每天养护 8 次计算。

3. 渗透流量计算

通常，基坑渗透总量包括围堰渗透量和基础渗透量两大部分。

在初步估算时，往往不可能获得较详尽而可靠的渗透系数资料，此时可采用更简便的估算方法。

二、人工降低地下水位

经常性排水过程中，为了保持基坑开挖工作始终在干地进行，常常要多次降低排水沟和集水井的高程，变换水泵站的位置，从而会影响开挖工作的正常进行。此外，在开挖细砂土、砂壤土一类地基时，随着基坑底面的下降，坑底与地下水位的高差愈来愈大，在地下水渗透压力作用下，容易产生边坡脱滑、坑底隆起等事故，甚至危及临近建筑物的安全，给开挖工作带来不良影响。

采用人工降低地下水位，可以改变基坑内的施工条件，防止流砂现象的发生，基坑边坡可以陡些，从而可以大大减少挖方量。人工降低地下水位的基本做法是：在基坑周围钻设一些井，地下水渗入井中后，随即被抽走，使地下水位线降到开挖的基坑底面以下，一般应使地下水位降到基坑底部 0.5~1.0 m。

人工降低地下水位的方法按排水工作原理可分为管井法和井点法两种。管井法是单纯重力作用排水，适用于渗透系数为 10~250 m/d 的土层；井点法还附有真空或电渗排水的作用，适用于渗透系数为 0.1~50 m/d 的土层。

（一）管井法降低地下水位

管井法降低地下水位时，在基坑周围布置一系列管井，管井中放入水泵的吸水管，地下水在重力作用下流入井中，被水泵抽走。管井法降低地下水位时，须先设置管井，管井通常由下沉钢井管而成，在缺乏钢管时也可用木管或预制混凝土管代替。井管的下部安装滤水管节（滤头），有时在井管外还需设置反滤层，地下水从滤水管进入井内，水中的泥沙则沉淀在沉淀管中。滤水管是井管的重要组成部分，其构造对井的出水量和可靠性影响很大，要求其过水能力大，进入的泥沙少，有足够的强度和耐久性。

井管埋设可采用射水法、振动射水法及钻孔法。射水下沉时，先用高压水冲土下沉套管,较深时可配合振动或锤击(振动水冲法),然后在套管中插入井管,最后在套管与井管的间隙中间填反滤层和拔套管,反滤层每填高一次便拔一次套管,逐层上拔,直至完成。

(二)井点法降低地下水位

井点法和管井法不同,它把井管和水泵的吸水管合而为一,简化了井的构造。

井点法降低地下水位的设备,根据其降深能力分轻型井点(浅井点)和深井点等。其中最常用的是轻型井点,轻型井点是由井管、集水总管、普通离心式水泵、真空泵和集水箱等设备所组成的一个排水系统。

轻型井点系统中地下水从井管下端的滤水管借真空泵和水泵的抽吸作用流入管内,沿井管上升汇入集水总管,流入集水箱,由水泵排出。轻型井点系统开始工作时,先开动真空泵,排除系统内的空气,待集水井内的水面上升到一定高度后,再启动水泵排水。水泵开始抽水后,为了保持系统内的真空度,仍需真空泵配合水泵工作。这种井点系统也叫真空井点。井点系统排水时,地下水位的下降深度取决于集水箱内的真空度与管路的漏气和水力损失。一般集水箱内真空度 80 kPa(400~600 mmHg),相当的吸水高度为 5~8 m,扣去各种损失后,地下水位的下降深度为 4~5 m。

当要求地下水位降低的深度超过 4~5 m 时,可以像管井一样分层布置井点,每层控制范围为 3~4 m,但以不超过 3 层为宜。分层太多,基坑范围内管路纵横,妨碍交通,影响施工,同时也增加挖方量,而且当上层井点发生故障时,下层水泵能力有限,地下水位回升,基坑有被淹没的可能。

布置井点系统时,为了充分发挥设备能力,集水总管、集水管和水泵应尽量接近天然地下水位。当需要几套设备同时工作时,各套总管之间最好接通,并安装开关,以便相互支援。

井管的安设,一般用射水法下沉。距孔口 1.0 m 范围内,应用黏土封口,以防漏气。排水工作完成后,可利用杠杆将井管拔出。

深井点与轻型井点不同,它的每一根井管上都装有扬水器(水力扬水器或压气扬水器),因此它不受吸水高度的限制,有较大的降深能力。

深井点有喷射井点和压气扬水井点两种。喷射井点由集水池、高压水泵、输水干管和喷射井管等组成。通常一台高压水泵能为 30~35 个井点服务,其最适宜的降水位范围为 5~18 m。喷射井点的排水效率不高,一般用于渗透系数为 3~50 m/d、渗流量不大的场合。压气扬水井点是用压气扬水器进行排水。排水时压缩空气由输气管送来,由喷气装置进入扬水管,于是,管内密度较小的水气混合液在管外水压力的作用下,沿水管上升到地面排走。为达到一定的扬水高度,就必须将扬水管沉入井中有足够的潜没深度,使扬水管内外有足够的压力差。压气扬水井点降低地下水位最大可达 40 m。

第四节　施工度汛

在水利水电枢纽施工过程中,中后期的施工导流往往需要由坝体挡水或拦洪。坝体能否可靠拦洪与安全度汛,将涉及工程的进度与成败。

一、坝体拦洪的标准

施工期坝体拦洪度汛包括两种情况:一种是坝体高程修筑到无须围堰保护或围堰已失

效时的临时挡水度汛;另一种是导流泄水建筑物封堵后,永久泄洪建筑物已初具规模,但尚未具备设计的最大泄洪能力,坝体尚未完建的度汛。这一施工阶段,通常称为水库蓄水阶段或大坝施工期运用阶段。此时,坝体拦洪度汛的洪水重现期标准取决于坝型及坝前拦洪库容。

二、拦洪高程的确定

一般导流泄水建筑物的泄水能力远不及原河道。洪水来临时的泄洪过程如图5-1所示。$t_1 \sim t_2$ 时段,进入施工河段的洪水流量大于泄水建筑物的泄量,使部分洪水暂时存蓄在水库中,抬高上游水位,形成一定容积的水库,此时泄水建筑物的泄量随着上游水位的升高而增大,达到洪峰流量 Q_m。到了入库的洪峰流量

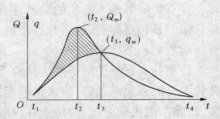

图 5-1 入流和泄流洪水过程线

Q_m 过后(即 $t_2 \sim t_3$ 时段),入库流量逐渐减少,但入库流量仍大于泄量,蓄水量继续增大,库水位继续上升,泄量 q 也随之增加,直到 t_3 时刻,入流量与泄流量相等时,蓄水容积达到最大值 V_m,相应的上游水位达最高值 H_m,即坝体挡水或拦洪水位,泄水建筑物的泄量也达最大值 q_m,即泄水建筑物的设计流量。t_3 时刻以后,Q 继续减少,库水位逐渐下降,q 也开始减少,但此时库水位较高,泄量 q 仍较大,且大于入流量 Q,使水库存蓄的水量逐渐排出,直到 t_4 时刻,蓄水全部排完,恢复到原来的状态。以上便是水库调节洪水的过程。显然,由于水库的这种调节作用,削减了通过泄水建筑物的最大泄量(如图5-1中,由 Q_m 削减为 q_m),但却抬高了坝体上游的水位,因此要确定坝体的挡水或拦洪高程,可以通过调洪计算,求得相应的最大泄量 q_m 与上游最高水位 H_m。上游最高水位 H_m 再加上安全超高便是坝体的挡水或拦洪高程,用公式表示为

$$H_f = H_m + \delta \tag{5-5}$$

式中 H_m——拦洪水位,m;

       δ——安全超高,m,依据坝的级别而定,1 级,$\delta \geqslant 1.5$ m,2 级,$\delta \geqslant 1.0$ m,3 级,$\delta \geqslant 0.75$ m,4 级,$\delta \geqslant 0.5$ m。

三、拦洪度汛措施

如果施工进度表明,汛期到来之前坝体不可能修筑到拦洪高程,则必须考虑其他拦洪度汛措施,尤其是当主体建筑物为土坝或堆石坝且坝体填筑又相当高时,更应给予足够的重视,因为一旦坝身过水,就会造成严重的溃坝后果。其他拦洪度汛措施因坝型不同而不同。

(一)混凝土坝的拦洪度汛

混凝土坝体是允许漫洪的,若坝身在汛期前不可能浇筑到拦洪高程,为了避免坝身过水时造成停工,可以在坝面上预留缺口以度汛,待洪水过后再封填缺口,全面上升坝体。另外,如果根据混凝土浇筑进度安排,虽然在汛前坝身可以浇筑到拦洪高程,但一些纵向施工缝尚未灌浆封闭时,可考虑用临时断面挡水。在这种情况下,必须提出充分论证,采取相应措施,以消除应力恶化的影响。如湖南某工程的大头坝为提前挡水就采取了调整纵缝位置、提高初期灌浆高程和改变纵缝形式等措施,以改善坝体的应力状态。

（二）土石坝拦洪度汛措施

土坝、堆石坝一般是不允许过水的。若坝身在汛期前不可能填筑到拦洪高程,一般可以考虑采取降低溢洪道高程、设置临时溢洪道并用临时断面挡水,或经过论证采用临时坝体保护过水等措施。

1.采用临时断面挡水时的注意事项

（1）临时挡水断面顶部应有足够的宽度,以便在紧急情况下仍有余地抢筑子堰,确保度汛安全。边坡应保证稳定,其安全系数一般应不低于正常设计标准。为防止施工期间由于暴雨冲刷和其他原因而坍坡,必要时应采取简单的防护措施和排水措施。

（2）上游垫层和块石护坡应按设计要求筑到拦洪高程,否则应考虑临时的防护措施。下游坝体部位,为满足临时挡水断面的安全要求,在基础清理完毕后,应按全断面填筑几米后再收坡,必要时应结合设计的反滤排水设施统一安排考虑。

2.采用临时坝面过水时的注意事项

（1）为保证过水坝面下游边坡的抗冲稳定,应加强保护或做成专门的溢流堰,如利用反滤体加固后作为过水坝面溢流堰体等,并应注意堰体下游的防冲保护。

（2）靠近岸边的溢流体的堰顶高程应适当抬高,以减小坝面单宽流量,减轻水流对岸坡的冲刷。过水坝面的顶高程一般应低于溢流堰体顶高程 $0.5 \sim 2.0$ m 或做成反坡式,以避免过水坝面的冲淤。

（3）根据坝面过流条件,合理选择坝面保护形式,防止淤积物渗入坝体,特别要注意防渗体、反滤层等的保护。必要时,上游设置拦污设施,防止漂木、杂物淤积坝面,撞击下游边坡。

第六章 水闸施工

第一节 概 述

一、水闸的发展

我国远在几千年前就已经开始引水灌溉和航运,因而有修建水闸的悠久历史。新中国成立以来,在广大平原地区和各条江河及大小灌区,修建了近3万座水闸,特别是在长江、黄河、淮河和海河的流域治理中,水闸数量众多,工程规模庞大。在水闸建筑技术上积累了比较丰富的经验,还创造了一些新的结构形式和施工方法。目前,已竣工的世界第一坝——三峡水利枢纽,共布设了各类闸门386扇,表孔泄洪闸门宽18 m,枢纽最大泄量12万 m^3/s。

二、水闸的工作特点和类型

水闸是一种低水头既挡水又泄水的水工建筑物,其作用是调节水位和流量,在防洪、灌溉、排水、航运、发电等水利工程中应用十分广泛。

(一)水闸的工作特点

水闸建成尚未挡水时,常因过大的垂直荷载使地基压力超过地基容许承载力导致地基发生塑性变形,可能产生闸基土被挤出或连同水闸滑动的危险。因此,水闸必须具有适当的基础面积以减少基底压力。水闸关闸挡水时,闸上下游形成的水位差会造成较大的水平水压力,使水闸有可能产生向下游侧滑动。为此,水闸必须有足够的重量以维持自身的稳定。在闸上下游水位差的作用下,水经过闸基及绕过两岸建筑物向下游渗透,闸基渗流对闸底产生渗透压力,减少水闸的有效重力,对水闸稳定不利;两岸渗流抬高了地下水位,增大了水平推力,推动岸墙向河渠内滑动,同时在渗流作用下,可能引起闸基及两岸土壤的渗透变形而危及它们的安全。因此,在水闸设计中,应采取合理的防渗排水措施,尽可能减少基底渗透压力,并防止闸基及两岸土壤发生渗透破坏,保证水闸的抗滑稳定。

当水闸泄水时,过闸水流具有较大的动能,流速较大,流态也较复杂,而河(或渠)床土壤抗冲能力较小,可能引起严重冲刷,甚至引起闸的失事。因此,在水闸设计中,除应有足够的过水能力外,还应采取有效的消能防冲措施,以消除水流的能量改善流态。

当水闸建在软土地基上,由于地基土壤压缩性大,抗剪强度低,在闸室重力和外荷载作用下,地基可能产生过大的沉陷及不均匀沉陷,造成水闸的下沉或倾斜,甚至引起闸底板断裂而不能正常工作。所以,在选定水闸结构和构造时,必须适应地基土壤的变形,保证闸室结构及闸基的稳定,必要时还要对地基进行处理。

(二)水闸的类型

水闸按其所承担任务的不同分为以下几类:

(1)进水闸。是用来从河道、湖泊、水库、灌溉渠首引取水流的水闸。

（2）节制闸。主要用来控制和调节河道水位和流量。一般拦河兴建，枯水时期利用闸门拦蓄水量，抬高水位，调节流量；洪水时期打开闸门，宣泄洪水，避免水闸上游河道洪水位过分壅高。

（3）排水闸。用来排泄河道两岸的积水，它既有排除洼地积水的任务，也有防止江河洪水倒灌的任务，有时还要发挥蓄水和引水的作用。

（4）泄水闸。一般设在重要的渠系建筑物上游或下游的渠侧，当上下游发生洪水漫溢、危及建筑物时能及时排除渠水，保证安全。

（5）挡潮闸。主要用来防止海水倒灌和抬高内水位以利于灌溉和航运，并兼有排水闸的作用。一般建在河道入海口附近，其特点是承受双向水头作用。

三、水闸的形式、组成和适用范围

水闸的形式分为开敞式和封闭式两类。

（一）开敞式水闸

开敞式水闸闸室上面没有填土，是露天的。这种水闸又分为有胸墙和无胸墙两种。开敞式水闸由闸室段、上游连接段及下游连接段三大部分组成。

1. 闸室段

闸室段是水闸的主体，包括底板、闸墩、闸门、胸墙、工作桥及交通桥。底板是水闸的基础，承受闸室全部荷载，并较均匀地传给地基，利用底板与地基土壤之间的摩擦阻力来维持闸室的稳定，此外还具有防冲防渗的作用。闸墩的作用主要是形成闸孔，支承闸门，并作为工作桥及交通桥的支座。闸门主要用来挡水、控制水位和流量。胸墙用来挡水和减小闸门高度。工作桥用以安装和检修闸门及启闭机械。交通桥用以沟通河、渠两岸的交通。

2. 上游连接段

上游连接段包括上游翼墙、铺盖、护底、上游防冲槽及护坡等。上游翼墙的作用是使水流平顺地进入闸孔，并有防冲、挡土及侧向防渗作用。铺盖主要起防渗、防冲作用。护坡及护底的作用是保护河床及河岸不受冲刷。上游防冲槽主要是保护护底的头部，防止河床冲刷向护底方向发展。

3. 下游连接段

下游连接段包括护坦、海漫、下游防冲槽、下游翼墙及护坡。护坦是消减水流动能的主要设施，并具有防冲作用。海漫则继续消减水流动能，并调整流速分布，防止河床冲刷。下游防冲槽是海漫末端的防冲设施，防止河床冲刷向上游发展。下游翼墙的作用是使水流均匀扩散，并有防冲及防渗作用。铺盖主要起防渗、防冲作用。护坡及护底的作用是保护河床及河岸不受冲刷，下游护坡作用同上游护坡。

（二）封闭式水闸

封闭式水闸又称涵洞式水闸。它的特点是闸室或洞身在填土下面，闸孔是封闭的，门后为无压涵洞，洞顶填土有利于闸室的稳定。

四、水闸设计的基本资料

为了搞好水闸设计，必须首先掌握正确的、足够的资料。

(一)地形资料

闸址选择应有 1:5 000 ~ 1:10 000 的地形图。闸址选择后需测绘 1:200 ~ 1:1 000 的地形图供水闸总体布置和设计之用,另外还需要有闸址处 1:200 ~ 1:2 000 的河(渠)道纵横断面图。

(二)灌区工程资料

灌区工程资料包括渠系布置图、渠道纵横断面图、灌区面积与排水控制面积的大小、道路现状与居民点的位置,以及该地区的远景规划等资料。

(三)闸基地质及水文地质资料

地质资料一般应包括地基土的类别、土质分布的层次和范围、地基土的物理力学性质指标等,这些资料要通过地基勘探和土工试验与分析获得。

(四)水文资料

水文资料是水闸水力计算的依据,包括建闸河段或渠道的水位—流量关系曲线、设计频率的洪水流量及水位、一定保证率的枯水流量与水位、河道的洪水过程线与含沙量及渠道的输水过程线等,以及降雨、风速、气温、冰冻等气象资料。

五、水闸等级划分及洪水标准

(一)工程等别及建筑物级别

根据《水利水电工程等级划分及洪水标准》(SL 252—2000)及《水闸设计规范》(SL 265—2001)的规定,按水闸最大过闸流量及防护对象的重要性划分等级见表 6-1 ~ 表 6-7。

表 6-1　平原区水闸枢纽工程分等指标

工程等别	Ⅰ	Ⅱ	Ⅲ	Ⅳ	Ⅴ
规模	大(1)型	大(2)型	中型	小(1)型	小(2)型
最大过闸流量(m³/s)	≥5 000	5 000 ~ 1 000	1 000 ~ 100	100 ~ 20	<20
防护对象的重要性	特别重要	重要	中等	一般	—

(二)洪水标准

根据《水闸设计规范》(SL 265—2001)的规定,按表 6-3 ~ 表 6-7 确定水闸的洪水标准。

表 6-2　水闸枢纽建筑物级别划分标准

工程等别	永久性建筑物级别		临时性建筑物级别
	主要建筑物	次要建筑物	
Ⅰ	1	3	4
Ⅱ	2	3	4
Ⅲ	3	4	5
Ⅳ	4	5	5
Ⅴ	5	5	—

表 6-3　平原区水闸洪水标准

水闸级别		1	2	3	4	5
洪水重现期(a)	设计	100~50	50~30	30~20	20~10	10
	校核	300~200	200~100	100~50	50~30	30~20

表 6-4　挡潮闸设计潮水标准

挡潮闸级别	1	2	3	4	5
设计潮水重现期(a)	≥100	100~50	50~20	20~10	10

表 6-5　灌排渠系上的水闸设计洪水标准

灌排渠系上的水闸级别	1	2	3	4	5
设计洪水重现期(a)	100~50	50~30	30~20	20~10	10

表 6-6　山丘、丘陵区水闸闸下消能防冲设计洪水标准

水闸级别	1	2	3	4	5
闸下消能防冲设计洪水重现期(a)	100	50	30	20	10

表 6-7　临时性建筑物洪水标准

建筑物类别	建筑物级别	
	4	5
土石结构的洪水重现期(a)	20~10	10~5
混凝土、浆砌石结构的洪水重现期(a)	10~5	5~3

第二节　水闸的总体布置

一、闸址选择

闸址的选择应根据水闸的功能、特点和运用要求，综合考虑地形、地质、水流、潮汐、泥沙、冻土、冰情、施工、管理、周围环境等因素，经技术经济比较后确定。

(一)地形和水流条件

闸址宜选择在地形开阔、河道顺直、岸坡稳定、岩土坚实、地下水位较低的地点。

拦河节制闸的闸址一般选择在河道顺直、河床稳定、断面单一的河段上。这样可使过闸水流平顺，单宽流量分布均匀，水流过闸后容易扩散，不致引起偏流或折冲水流而使下游产生严重冲刷。

进水闸的首要任务是在规定的水位条件下保证能够引进需要的流量。在多泥沙河道上取水，要尽量减少泥沙进入渠道。当有节制闸控制水位，冲沙闸排除泥沙时，进水闸的这一要求比较容易达到。当采用无坝引水时，这些要求能否达到，主要取决于进水闸闸址的选择是否合适。这时闸址选择在弯曲河道的凹岸顶点或稍下游一些，由于弯道上的环流作用，底沙向凸岸推移，可减少底沙进入渠道。

排水闸一般位于排水渠道的末端，闸址的选择在很大程度上取决于排水渠线的选择。为了最有效地发挥排水闸的功能，要求积水区域中心低洼地带至容泄区的排水渠线最短，尽量减少渠道的水头损失，同时也要求容泄区的水位较低。

（二）地质条件

地基的承载能力直接影响闸槛高程、闸室长度和基础形式的确定，地基的透水性和抗渗稳定性是确定地下轮廓和防渗措施的主要依据，地基的抗冲性能直接影响水闸的单宽流量的选择及防冲工程的布置，地基的均匀性是闸址选择必须慎重考虑的重要条件。闸址优先选择地质条件良好的天然地基，避免采用人工处理地基。除山区水库的溢洪道外，平原地区的水闸一般为土基，地基承载能力和沉降一般符合水闸设计的要求，抗渗能力和抗冲能力则较差，需要在设计中多加注意。

（三）施工条件

施工条件也是闸址选择时要考虑的一个因素。一般来说，水闸多建在平原地区，都有足够宽阔的施工场地，但要考虑建闸地点的运输条件及距离砂石料产地的远近等因素。材料运输距离近，运输条件好，就会降低工程投资和造价。

在江河上建造拦河节制闸，汛期施工导流是一个重要问题，因此常常把闸址选择在弯曲河段的凸岸上，利用河道导流，裁弯取直。这时即要尽量缩短引河长度，减少开挖土方量，也使引河进出口与原河道平顺连接。

水闸闸址的选择还要考虑建成后的工程管理维修、防汛抢险等条件，做出总体布置，拟定具体尺寸，估算工程量，通过各种条件的优缺点分析和对比，选择技术上可行、经济上合理的最优位置。

二、枢纽布置

水闸枢纽的布置应根据闸址地形、地质、水流等条件及枢纽中各建筑物的功能、特点、运用要求等确定，做到紧凑合理、协调美观，组成整体效益最大的有机联合体。水闸枢纽布置时应满足以下要求：

（1）节制闸或泄洪闸的轴线宜与河道中心线正交，其上、下游河道直线段长度不宜小于5倍水闸进口处水面宽度。位于弯道河段的泄洪闸宜布置在河道深泓部位。

（2）进水闸或分水闸的中心线与河（渠）道中心线的交角不宜超过30°，其上游引河（渠）长度不宜过长。位于弯曲河段的进水闸或分水闸宜布置在河（渠）深泓的岸边。

（3）排水闸或泄水闸的中心线与河（渠）道中心线的交角不宜超过60°，其下游引河（渠）长度宜短而直。引河（渠）轴线方向宜避开常年最大风向。

（4）水闸枢纽中的船闸、泵站或电站宜靠岸布置，但船闸不宜与泵站或电站布置在同一岸侧，船闸、泵站或电站与水闸的相对位置应保证满足水闸通畅泄水及各建筑物安全运行的要求。

（5）多泥沙河流上的水闸枢纽，应在进水闸进口或其他取水建筑物取水口的相邻位置设置冲沙闸或泄洪冲沙闸，并应注意解决进水闸进水口或其他取水建筑物取水口处可能产生的泥沙淤堵问题。

（6）水流形态复杂的大型水闸枢纽布置，应经水工模型试验验证。模型试验验证的范围应包括水闸上、下游可能产生冲淤的河段。

三、闸室布置和构造

水闸的闸室由底板、闸墩、闸门、工作桥及交通桥等组成。闸室的布置应根据挡水、泄水和运行要求，结合考虑闸址地形、地质等因素，做到结构安全可靠、布置紧凑合理、施工方便、运用灵活、经济美观。

（一）闸室结构形式

由于地质条件不同，底板的结构形式、配置的闸门形式也不相同，因而组成各种不同形式的闸室结构，且各有其特点和使用条件。底板的结构形式（见图6-1）有整体式平底板、分离式平底板、折线平底板、实用堰式底板、反拱底板等。底板形式应根据地质条件及受力情况选定。

1. 整体式平底板

底板和闸墩浇筑成整体时，称为整体式平底板。这种底板整体性强，抗震性能好，使用地基允许不均匀沉陷，一般多建在中等紧密偏差的地基上，其缺点是工程量大，用钢材较多。当水闸挡水水头较高、孔径较大时，一般配置弧形闸门。对于有排冰、过木要求的水闸，不仅要求孔径较大，而且水位以上的净空要求较高，故配置平面闸门或下卧式弧形闸门。当地基软弱，承载力很差（只有 $30 \sim 40 \ kN/m^2$）时，为了减轻底板及上部结构的质量，这时可以考虑采用空箱平底板。这种底板刚度大、质量轻、整体性好，能适应于地基不均匀沉陷，一般适用于地基不作人工处理的情况。

2. 分离式平底板

当底板用缝与闸墩分开时，称为分离式平底板。这时，底板上部结构的重力及荷载直接由闸墩传给地基，底板不再承受上部结构传来的荷载，仅具有防冲、防渗的作用，闸室的抗滑稳定是依靠闸墩与地基间的摩擦力来维持的；它与整体底板相比较，底板的受力条件得到改善，厚度较薄，钢筋用量少，但整体性较差，一般建在紧密或中等紧密偏好的地基上，因弧形闸门对闸墩间不均匀沉陷适应性差，常配置平面闸门。对于松软地基，必须先做好地基处理，才能采用分离式平底板。

设有灌注桩并采用分离式平底板的闸室是分离式底板在松软地基上的推广应用。这种闸室，通常是依靠灌注桩的抗剪能力维持稳定，且灌注桩布置在闸墩底部，地板不承受地基反力，故可采用较大的孔径，并且具有沉陷量少、抗震性能好等优点，但灌注桩用钢量大，造价较高。根据实践经验，当底板与地基间的摩擦系数小于0.3时，采用灌注桩底板较为经济合理。这种底板在我国海河流域及黄河中、下游地区应用较广泛。

3. 折线平底板

当闸室高度不大，但上、下游河（渠）高差较大时，可采用折线式底板。这种底板一般建在紧密或中等紧密偏好的地基上。

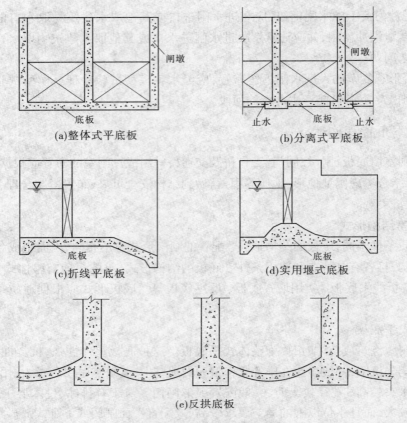

图 6-1　水闸底板的结构形式

4. 实用堰式底板

当上、下游河(渠)高差较大,为了限制单宽流量,或由于地基表层土质松软,需要降低闸底板高程时,可采用曲线或折线型实用堰和驼峰堰式底板。这种底板的流量系数大,与平底板相比较,有可能缩短水闸总宽和减少闸门高度,但其泄流能力随着淹没度的增大而很快降低。

5. 反拱底板

反拱底板利用拱形结构的特点,充分发挥混凝土的抗压性能,使底板的厚度减薄,钢筋用量减少。但反拱底板系连拱式超静定结构,对地基的不均匀沉陷和温度变化非常敏感,且构造复杂,施工难度大,计算方法还不成熟,抗震性能还有待于研究,所以未能得到广泛应用。

(二)闸墩及闸底板的布置和结构

1. 闸墩

闸墩的作用主要是形成闸孔,支承闸门,并作为工作桥及交通桥的支座。闸门主要用来挡水,控制水位和流量,一般用钢筋混凝土、混凝土及浆砌石建造。闸墩的外形应使水流平顺、减少侧收缩影响,提高闸孔的泄流能力,所以闸墩头部及尾部形状常做成半圆形、流线形及夹角形,其中流线形最好,应用广泛。

闸墩的长度应满足闸门、胸墙、工作桥和交通桥等的布置要求,一般与闸底板同长。闸墩上游部分的顶面高程应根据挡水和泄水两种运用情况确定。挡水时,闸顶高程不应低于水闸正常蓄水位(或最高挡水位)加波浪计算高度与相应安全超高值之和;泄水时,闸顶高程不应低于设计洪水位(或校核洪水位)与相应安全超高值之和。水闸安全超高下限值见表6-8。

表6-8　水闸安全超高下限值　　　　　　　　　　　　　　　　　(单位:m)

运用情况		水闸级别			
		1	2	3	4、5
挡水时	正常蓄水位	0.7	0.5	0.4	0.3
	最高挡水位	0.5	0.4	0.3	0.2
泄水时	设计洪水位	1.5	1.0	0.7	0.5
	校核洪水位	1.0	0.7	0.5	0.4

闸孔孔径应根据闸的地基条件、运用要求、闸门结构形式、启闭机容量,以及闸门的制作、运输、安装等因素,进行综合分析确定。选用的闸孔孔径应符合《水利水电工程钢闸门设计规范》(SL 74—95)所规定的闸门孔口尺寸系列标准。闸孔孔数小于 8 孔时,宜采用单数孔。

闸墩的厚度必须满足稳定和强度要求,并与门型及闸门跨度有关。根据实践经验,一般浆砌石闸墩厚 0.8 ~ 1.5 m,混凝土闸墩厚 1.0 ~ 1.6 m,钢筋混凝土闸墩厚 0.7 ~ 1.2 m,闸墩在门槽处厚度不小于 0.4 m。工作闸门门槽应设在闸墩水流较平顺部位,其宽深比宜取 1.6 ~ 1.8。根据管理维修需要设置的检修闸门门槽,其与工作闸门门槽之间的净距离不宜小于 1.5 m。

2. 闸底板

底板是水闸的基础,承受闸室全部荷载,并较均匀地传给地基,利用底板与地基土壤之间的摩擦阻力来维持闸室的稳定,此外还具有防冲防渗的作用。

闸室底板的形式应根据地基、泄流等条件选用平底板、低堰底板或折线底板。一般情况下,闸室底板宜采用平底板;松软地基上且荷载较大时,也可采用箱式平底板。当限制单宽流量而闸底建基高程不能抬高,或因地基表层松软需要降低闸底建基高程,或在多泥沙河流上游有拦沙要求时,可采用低堰底板。在坚实或中等坚实地基上,当闸室高度不大,但上、下游河底高差较大时,可采用折线底板,其后部可作为消力池的一部分。

闸底板的厚度应根据闸室地基条件、作用荷载及闸孔净宽等因素,经计算并结合构造要求确定。可取闸孔净宽的 1/5 ~ 1/7,一般为 1.2 ~ 2.0 m,最薄不小于 0.6 m。底板内配置的钢筋,最大配筋率不宜超过 0.3%。底板上、下游两端常作有齿墙,深为 0.5 ~ 1.5 m。底板混凝土强度等级应满足强度、抗渗及防冲要求。

闸室底板顺水流向长度应根据闸室地基条件和结构布置要求,以满足闸室整体稳定和地基允许承载力为原则,进行综合分析确定。水头愈大,地基条件愈差,底板愈长,一般为 15 ~ 20 m。根据实践经验,在砂砾及砾石地基上,底板长度为 (2.0 ~ 3.0)H(H 为闸上、下游最大水位差);在砂性土及砂壤土地基上,底板长度为 (3.0 ~ 4.0)H;在黏壤土地基上,底板长度为 (3.5 ~ 4.5)H;在黏土地基上,底板长度为 (4.5 ~ 5.0)H。

闸室底板垂直水流向分段长度应根据闸室地基条件和结构构造特点,结合考虑采用的施工方法和措施确定。对坚实地基上或采用桩基的水闸,可在底板上或闸墩中间设缝分段;对软弱地基上或强震区的水闸,宜在闸墩中间设缝分段。岩基上的分段长度不宜超过 20 m,土基上的分段长度不宜超过 35 m。当分段长度超过上述规定时宜作技术论证。

(三)上部结构的布置

1. 工作桥

为了安置启闭设备及工作人员操作的需要,通常在闸墩上设置工作桥。如果工作桥位置过高,则在闸墩上另建支墩或排架支撑工作桥。

工作桥的高程由闸门及启闭机形式、闸门高度而定。对于平板闸门,若采用固定式启闭机械,桥高为门高的 2 倍加上 1.0~1.5 m 的富裕高度。若采用活动式启闭机械,桥面高程可以低些,应大于门高的 1.7 倍。对于弧形闸门及升卧式闸门,工作桥的高度视桥的位置及闸门吊点的位置等具体情况而定,一般比平面闸门的工作桥高程低得多。

工作桥面宽度应满足安置启闭机和供工作人员进行操作及设置栏杆的要求,宽度为启闭机外轮廓尺寸每侧不小于 1.2 m,一般为 3~5 m。工作桥的结构形式一般为预制钢筋混凝土板梁结构,由两根 T 形梁或一根 π 形梁构成。

2. 交通桥

为了沟通水闸两岸的交通,常在闸墩上设置交通桥,供汽车、拖拉机、行人等通行之用。桥的位置根据闸室稳定及两岸交通连接等条件决定,一般位于闸室的下游侧,桥面的宽度按交通要求确定,双车道的公路桥宽为 7.0 m,单车道宽为 4.0 m,仅供人及牛马车通行的交通桥宽不小于 3.0 m。桥面高程应高出最高洪水位 0.5 m 以上,若有流冰,应高出冰面以上 0.2 m。

四、地下轮廓布置

水闸壅高了闸上游水位,形成上、下游水位差,必然在透水地基中形成从上游流向下游的渗透水流。对水闸工程的影响包括渗流引起的水量损失、渗流对与它接触的任何物体产生的压力、对水闸底板产生的扬压力。渗流在土体的孔隙内流动,给土体的压力超过了阻止颗粒移动的阻力,土粒就会移动,土体结构就会发生变化,这种现象称为渗透变形。不同性质的地基,渗透变形将以不同的形式出现。如果渗透变形不断发展,导致土体骨架颗粒移动,闸基就将丧失稳定。

地下轮廓布置的任务就是选择适当的防渗和导渗措施,并合理布置,尽可能减少渗透流量、建筑物底部的扬压力和出逸比降,防止地基的渗透变形,确保闸基的稳定性。

水闸防渗排水布置应根据闸基地质条件和闸上、下游水位差等因素,结合闸室、消能防冲和两岸连接布置进行综合分析确定。

均匀地基上以水平防渗为主,地下轮廓安全长度按式(6-1)估算:

$$L = C\Delta H \tag{6-1}$$

式中 L——闸基防渗长度,即闸基轮廓线防渗部分水平段和垂直段长度的总和,m;

ΔH——上、下游水位差,m;

C——允许渗径系数值,按表 6-9 采用。

表 6-9　允许渗径系数值

排水条件	地基类别									
	粉砂	细砂	中砂	粗砂	中砾、细砾	粗砾	轻粉壤土	轻砂壤土	壤土	黏土
有滤层	13~9	9~7	7~5	5~4	4~3	3~2.5	11~7	9~5	5~3	3~2
无滤层	—	—	—	—	—	—	—	—	7~4	4~3

当闸基为中壤土、轻壤土或重壤土时,闸室上游宜设置钢筋混凝土铺盖或黏土铺盖,或土工膜防渗铺盖,闸室下游护坦底部应设置滤层。

当闸基为粉土、粉细砂、轻砂壤土或轻粉质砂壤土时,闸室上游宜采用铺盖和垂直防渗体(钢筋混凝土板桩、水泥砂浆帷幕、高压喷射灌浆帷幕、混凝土防渗墙、土工膜垂直防渗结构等)相结合的布置形式,垂直防渗体布置在闸室底板的上游端。在地震区粉细砂地基上,闸室底板下布置的垂直防渗体宜构成四周封闭的形式。

当闸基为较薄的砂性土层或砂砾石层,其下卧层为深厚的相对不透水层时,闸室上游宜设置截水槽或防渗墙,闸室下游渗流出口处应设置滤层。

承受双向挡水的水闸,其防渗排水布置应以水位差较大的一向为主,选择合理的双向布置形式。

五、两岸连接布置

水闸两岸连接应保证岸坡稳定,改善水闸进出水流条件,提高泄流能力和消能防冲效果,满足侧向防渗需要,减轻闸室底板边荷载影响,且有利于环境绿化等。

水闸两岸连接宜采用直墙式结构,当上、下游水位差不大时可采用斜坡式结构,但应考虑防渗、防冲和防冻等问题。在坚实或中等坚实的地基上,岸墙和翼墙可采用重力式或扶壁式结构;在松软地基上,宜采用空箱式结构。

上、下游翼墙与闸室及两岸岸墙应平顺连接。上游翼墙的平面布置宜采用圆弧式或椭圆弧式,下游翼墙的平面布置宜采用圆弧(或椭圆弧)与直线组合式或折线式。在坚硬的黏性土或岩石地基上,上、下游翼墙可采用扭曲面与岸坡连接的形式。

上、下游翼墙顺水流向的投影长度应大于或等于铺盖的长度。下游翼墙的扩散角每侧宜采用7°~12°,其顺水流向的投影长度应大于或等于消力池的长度。在有侧向防渗要求的条件下,上、下游翼墙的墙顶高程应分别高于上、下游最不利的运用水位。

翼墙的分段长度应根据结构和地基条件确定。建在坚实或中等坚实地基上的翼墙分段长度可采用15~20 m,建在松软地基上的翼墙分段长度可适当减少。

第三节　水闸的水力设计

水闸的水力设计内容包括水闸的闸孔设计、水闸的消能防冲设计及闸门的控制方式的拟定。进行水力设计时,应考虑到水闸建成后上、下游河床可能发生淤积或冲刷,以及闸下游水位的变化等情况对过水能力和消能防冲设施产生的不利影响。

一、水闸的闸孔设计

水闸闸孔总净宽应根据下游闸槛形式和布置,上、下游水位衔接要求,泄流状态等因素计算确定。水闸的过闸单宽流量应根据下游河床地质条件,上、下游水位差,下游尾水深度,闸孔总净宽与河道宽度比值,闸的结构构造特点和下游消能防冲设施等因素选定。水闸的过闸水位差应根据上游淹没影响、允许的过闸单宽流量和水闸工程造价等因素综合比较选定。一般情况下,平原区水闸的过闸水位差可采用 0.1 ~ 0.3 m。

(一)闸底高程的确定

闸底高程的选定是否适当,对闸的稳定与闸孔尺寸的大小有很大影响。闸基表土多是比较松软的,因此闸底板底面必须在地表腐植土层以下。一般说来,闸底高程应低一些,可以缩小闸孔,而且有利于泄流或排水。但是闸底高程定得过低,增加了闸身和两岸建筑物的深度,增加了闸门的挡水高度,也增加了施工困难,因而提高了工程造价。从运行方面看,低的闸槛不仅给防沙、冲沙带来困难,而且泥沙容易进入渠道,增加常年清除渠道的管理费用。另外,从地质条件看,闸基要求置放于密实的土层上,在松软土基上筑闸会增加地基处理费用,而且延长了施工时间。总之,闸底高程的选定是一个方案比较问题。必须从运用、管理、施工、地形、工程地质和水文地质等各方面加以分析和比较,才能确定一个技术上可靠、经济上合理、施工和运用都方便的方案。

灌溉渠系中各种水闸的闸底高程与渠底高程间有密切的关系。进水闸的闸底高程常等于或略高于渠底高程,且比闸前河床至少高 1.0 m,以防止推移质泥沙入渠。分水闸的闸底高程常高于渠底高程,以防止泥沙入支渠。若支渠很大或支渠为挖方渠道,分水闸的闸底和支渠渠底可与干渠渠底同高。节水闸的闸底应与该闸所在的渠底相平。泄水闸的闸底与前一段渠道常略低于该闸所在渠道的渠底,以便增加泄水闸的泄流能力,并在必要时泄空渠道,进行修理。拦河闸的闸底高程一般与河床齐平或略高于河床。

(二)过闸单宽流量的确定

过闸单宽流量 q 与总流量 Q 之间有以下关系:

$$Q = qB \tag{6-2}$$

式中　B——闸孔总净宽。

从式(6-2)可以看出,单宽流量用小了,就要增大闸孔宽度;单宽流量用大了固然可以缩小闸孔总净宽,但是闸下游的消能防冲设施必须加强,甚至需要在较长一段范围内进行护砌,不一定经济。适当的单宽流量是与下游河(渠)床土质的抗冲能力及下游水深有关的。对于较大的水闸,在砂质壤土地基上可采用 15 ~ 25 m^3/s;对于尾水较浅的分洪闸,可采用 10 ~ 15 m^3/s;在黏性土地基上对尾水较深的水闸,可采用 35 ~ 40 m^3/s;在岩石地基上单宽流量可增至 70 m^3/s。

(三)闸孔宽度的确定

1. 平底闸的闸孔总净宽计算

对于平底闸,当为堰流时,闸孔总净宽可按式(6-3)计算(计算简图见图6-2):

$$B_0 = \frac{Q}{\sigma \varepsilon m \sqrt{2g} H_0^{3/2}} \tag{6-3}$$

式中　B_0——闸孔总净宽,m;

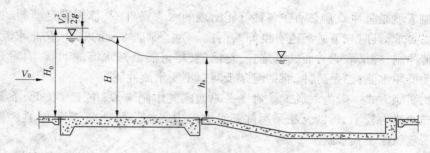

图 6-2　水闸闸孔宽度计算简图

Q——过闸流量，m^3/s；

H_0——计入行近流速水头的堰上水深，m；

g——重力加速度，可采用 9.81 m/s^2；

m——堰流流量系数，可采用 0.385；

ε——堰流侧收缩系数，可由上面有关公式计算或由表 6-10 查得；

σ——堰流淹没系数，可由上面有关公式计算或由表 6-11 查得。

表 6-10　宽顶堰堰流侧收缩系数 ε 值

b_0/b_s	≤0.2	0.3	0.4	0.5	0.6	0.7	0.8	0.9	1.0
ε	0.909	0.911	0.918	0.928	0.940	0.953	0.968	0.983	1.000

表 6-11　宽顶堰堰流淹没系数 σ 值

b_0/b_s	≤0.72	0.75	0.78	0.80	0.82	0.84	0.86	0.88	0.90	0.91
σ	1.00	0.99	0.98	0.97	0.95	0.93	0.90	0.87	0.83	0.80
b_0/b_s	0.92	0.93	0.94	0.95	0.96	0.97	0.98	0.99	0.995	0.998
σ	0.77	0.74	0.70	0.66	0.61	0.55	0.47	0.36	0.28	0.19

2. 实用堰的闸孔总净宽计算

对于实用堰时，闸孔总净宽可按式(6-3)计算。

二、水闸的消能防冲设计

(一)水闸冲刷的原因及消能方式

水闸泄水时，水流具有较大的动能，而河床土壤抗冲能力常较低，因此闸下冲刷是一种普遍现象。形成闸下冲刷的原因很多，主要是由于设计不当或管理不善造成的。对于拦河闸，一般闸宽较原河道窄，水流过闸时先收缩，除渣后再扩散，如闸身布置不当，除渣水流往往不能均匀扩散，主流集中，蜿蜒冲击，形成折冲水流，冲刷河岸及河床。此外，当水流的弗劳德数很小（$Fr = 1 \sim 1.7$），共轭水深比值 $h''_c / h'_c \leqslant 2$ 时，还会出现波状水跃。波状水跃的消能效果甚微，水流不能随翼墙扩散，仍保持急流前进，只是两侧产生回流，因而缩窄了河槽有效过水宽度，局部单宽流量增大，严重冲刷河床及河岸。

水闸闸下消能防冲设施必须在各种可能出现的水力条件下,都能满足消散动能与均匀扩散水流的要求,且应与下游河道有良好的衔接。为了保证水闸的安全,防止水流对河床及河岸的有害冲刷,应采取两方面的措施:一是消能,尽可能消减水流的动能,消除波状水跃,并防止产生折冲水流;二是防冲,保护河床及河岸不受水流冲刷。

水闸的消能方式一般为底流式。对于平原地区的水闸来说,由于水头低,下游水深大,加之土壤抗冲能力较小,所以无法采用挑流消能;又因水闸下游水深变化大,在一般情况下,难以形成稳定的面流式水跃。

底流式消能防冲设施,一般采用护坦和海漫。护坦紧接闸室,其作用是促使出闸水流在护坦范围内产生水跃,以消除水流大部分能量,并保护河床免受冲刷。海漫紧接护坦,其作用是继续消除水流的剩余动能,使水流扩散并调整流速分布,以减少底部流速和保护河床免受冲刷。海漫末端常设防冲槽加固,以防海漫下游河床冲刷而影响海漫安全。

(二) 消力池设计

水闸消能防冲布置应根据闸基地质情况、水利条件及闸门控制运用方式等因素,进行综合分析确定。水闸消能防冲设施必须在各种可能出现的水力条件下,都能满足消散动能与均匀扩散水流的要求,且应与下游河道有良好的衔接。

1. 消力池深度的确定

消力池深度可按下面公式计算(计算简图见图6-3):

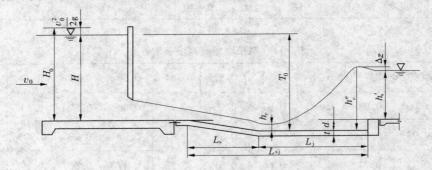

图6-3 消力池深度的计算简图

$$d = \sigma_0 h_c'' - h_s' - \Delta z \tag{6-4}$$

$$h_c'' = \frac{h_c}{2}\left(\sqrt{1 + \frac{8\alpha q^2}{gh_c^3}} - 1\right)\left(\frac{b_1}{b_2}\right)^{0.25} \tag{6-5}$$

$$h_c^3 - T_0 h_c^2 + \frac{\alpha q^2}{2g\varphi^2} = 0 \tag{6-6}$$

$$\Delta z = \frac{\alpha q^2}{2g\varphi^2 h_s'^2} - \frac{\alpha q^2}{2g h_c''^2} \tag{6-7}$$

式中 d——消力池深度,m;

　　　　σ_0——水跃淹没系数,可采用 $1.05 \sim 1.10$;

　　　　h_c''——跃后水深,m;

　　　　h_c——收缩水深,m;

　　　　α——水流动能校正系数,可采用 $1.0 \sim 1.05$;

q——过闸单宽流量，m^2/s；

b_1——消力池首端宽度，m；

b_2——消力池末端宽度，m；

T_0——由消力池底板顶面算起的总势能，m；

Δz——出池落差，m；

h'_s——出池河床水深，m。

2. 消力池长度的确定

消力池长度可按下面公式计算：

$$L_{sj} = L_s + \beta L_j \tag{6-8}$$

$$L_j = 6.9(h''_c - h_c) \tag{6-9}$$

式中　L_{sj}——消力池长度，m；

L_s——消力池斜坡段水平投影长度，m；

β——水跃长度校正系数，可采用 0.7 ~ 0.8；

L_j——水跃长度，m。

3. 消力池构造

消力池的受力情况比较复杂，既承受高速水流的冲击，又承受渗透压力顶托，一旦破裂就会失去整体性，并将逐块被水流冲散。因此，所用的建筑材料必须是坚固耐用的，一般采用混凝土或浆砌块石结构。

混凝土强度等级一般采用 C20，并满足抗渗和抗冻要求。消力池一般配置 Φ 10 或 Φ 12 的分布钢筋，每米 3 ~ 4 根，用来抗御因温度应力和冲击荷载而引起的应力。较大水闸的消力池顶底两层均配钢筋，较小水闸的消力池可以只在顶层配钢筋或不配钢筋，也可采用浆砌块石结构。

消力池与其闸底板、翼墙及海漫间均用缝互相分开，以适应不均匀沉陷和伸缩。池中顺水流向的纵缝与底板上的纵缝应错开布置，缝宽 20 ~ 30 mm。

消力池厚度可根据抗冲和抗浮要求按下面公式计算并取大值：

抗冲　　　　　$$t = k_1 \sqrt{q} \sqrt{\Delta H'} \tag{6-10}$$

抗浮　　　　　$$t = k_2 \frac{U - W \pm P_m}{\gamma_b} \tag{6-11}$$

式中　t——消力池底板始端厚度，m；

$\Delta H'$——闸孔泄水时的上、下游水位差，m；

k_1——消力池底板计算系数，可采用 0.15 ~ 0.20；

k_2——消力池底板安全系数，可采用 1.1 ~ 1.3；

U——作用在消力池底板地面的扬压力，kPa；

W——作用在消力池底板顶面的水重，kPa；

P_m——作用在消力池底板的脉动压力，kPa；

γ_b——消力池底板的饱和容重，kN/m^3。

消力池末端厚度可采用 $t/2$，但不宜小于 0.5 m。

4. 辅助消能工

为了提高消力池的消能效果，有时还可设置消力墩、消力齿等辅助消能工。辅助消能工对水流具有分散、反击作用,能稳定水跃,减少跃后水深,从而减少消力池深度和长度。

消力墩的形式有方形、直角梯形、梯形,尺寸及布置应通过水工模型试验确定。一般多布置在消力池的前半段,设置 2～3 排,交错布置。通常墩高为池中水深的 15%～25%,并小于 0.5 m。墩宽及墩间净距可取墩高的一半,前后排的净距可比墩高稍大些。

消力齿一般多布置在消力池的前端,其主要作用是改善水闸开门放水的始流条件。即将水流挑起,然后落到池内,促使形成水跃,避免射流冲出尾槛。试验证明,齿的高度为下游水深的 17%～25%,对水跃消能作用最大。消力齿的齿宽及齿的净距约为齿高一半。

(三)海漫设计

水流经过消力池消能后,有一定的余能,流速较大,分布不均匀,水流紊乱较厉害,如消力池直接与河道连接,必然引起冲刷,所以在消力池后面仍要采取防冲加固措施,即设置海漫。

1. 海漫长度

海漫的长度应根据可能出现的不利的水位、流量组合情况进行计算确定。海漫长度的计算公式如下:

$$L_p = K_s \sqrt{q_s \sqrt{\Delta H'}} \tag{6-12}$$

式中　　L_p——海漫长度,m;

　　　　q_s——消力池末端的单宽流量,m^2/s;

　　　　K_s——海漫长度计算系数,可由表 6-12 查得。

表 6-12　海漫长度计算系数 K_s 值

河床土质	粉砂、细砂	中粗砂、粉质壤土	粉质黏土	坚硬黏土
K_s	14～13	12～11	10～9	8～7

2. 海漫构造

海漫应具有一定的柔性、透水性、表面粗糙性,其构造和抗冲能力应与水流速度相适应。海漫应做成等于或缓于 1:10 的斜坡,海漫下面应设垫层。

1)干砌石海漫

干砌石海漫有单层和双层之分,单层干砌石厚度为 20～30 cm,能抵抗的最大流速为2.0～3.5 m/s;双层干砌石厚度为 40～50 cm,能抵抗的最大流速为 3.5～4.5 m/s。砌石下面应设砂及碎石垫层,厚度各为 10 cm,在中粗砂基础上可只设碎石垫层,在粉砂、粉质壤土及粉质黏土基础上可在碎石垫层下面增设砂垫层。

2)浆砌石海漫

浆砌石海漫的厚度同干砌石,单层浆砌石厚度为 20～30 cm,能抵抗的最大流速为 3.0～4.5 m/s;双层浆砌石厚度为 40～50 cm,能抵抗的最大流速为 4.5～6.0 m/s。砌石下面应设砂及碎石垫层,厚度各为 10 cm。浆砌石内应设置排水孔,排水孔间距一般为2～3 m。

3)预制混凝土块海漫

预制混凝土块海漫可就地预制,尺寸规整,施工方便,但耐久性比石料差。常用在规模较小的水闸或海漫的末端。

4）现浇混凝土海漫

现浇混凝土海漫常用在较重要的水闸上，厚度根据抗冲及抗浮计算确定，厚度一般为30~50 cm，为了节省投资，可在混凝土中掺入块石，块石掺入量一般为25%~35%。现浇混凝土海漫适应变形能力较差，可进行分块，分块间距一般为4~6 m，分块之间采用沥青油毛毡或沥青木丝板，缝宽为1~2 cm。

（四）防冲槽设计

海漫末端的水流仍具有较小的冲刷力，河床仍难免遭受冲刷，从而危及海漫的安全。为了防止此种冲刷，在海漫末端常设置一道防冲槽。防冲槽的作用是当下游河床形成最终冲刷状态时，确保海漫不致破坏。

防冲槽可做成抛石形式，槽顶与海漫末端齐平，槽底则取决于冲刷深度和施工条件。当海漫下游河床受冲刷时，槽内抛石自行坍塌，形成护面，保护河床。

下游防冲槽的深度应根据河床土质、海漫末端的单宽流量和下游水深等因素综合确定，且不应小于海漫末端的河床冲刷深度。海漫末端的河床冲刷深度按式（6-13）计算：

$$d_{\mathrm{m}} = 1.1 \frac{q_{\mathrm{m}}}{[v_0]} - h_{\mathrm{m}} \tag{6-13}$$

式中　d_{m}——海漫末端的河床冲刷深度，m；

　　　q_{m}——海漫末端的单宽流量，m^2/s；

　　　$[v_0]$——河床土质允许不冲流速，m/s；

　　　h_{m}——海漫末端的河床水深，m。

上游防冲槽的深度应根据河床土质、上游护底首端单宽流量和上游水深等因素综合确定，且不应小于上游护底首端河床冲刷深度。铺盖上游护底首端的河床冲刷深度按式（6-14）计算：

$$d'_{\mathrm{m}} = 0.8 \frac{q'_{\mathrm{m}}}{[v_0]} - h'_{\mathrm{m}} \tag{6-14}$$

式中　d'_{m}——上游护底首端河床冲刷深度，m；

　　　q'_{m}——上游护底首端单宽流量，m^2/s；

　　　h'_{m}——上游护底首端河床水深，m。

三、闸门控制方式的拟定

闸门的控制运用应根据水闸的水力计算或水工模型试验成果，规定闸门的启闭顺序和开度，避免产生集中水流或折冲水流等不良流态。闸门的控制运用方式应满足下列要求：

（1）在大型水闸的初步设计阶段，其水力计算成果应经模型试验验证。

（2）闸孔泄水时，保证在任何情况下水跃均完整地发生在消力池内。

（3）闸门尽量同时均匀分级启闭。若不能全部同时启闭，可由中间孔向两侧分段、分区或隔孔对称启闭，关闭时与上述顺序相反。

（4）对分层布置的双层闸孔或双扉闸门应先开底层闸孔或下扉闸门，再开上层闸孔或上扉闸门，关闭时与上述顺序相反。

（5）严格控制始流条件下的闸门开度，避免闸门停留在振动较大的开度区泄水。

（6）关闭或减少闸门开度时，避免水闸下游河道水位降落过快。

第四节 水闸的防渗排水设计

水闸的防渗排水设计应根据闸基的地质情况,闸基和两侧轮廓线布置及上、下游水位条件等进行,其内容应包括渗透压力计算、抗渗稳定验算、滤层设计、排水及止水设计。

一、水闸的渗透压力计算

岩基上水闸基底渗透压力计算可采用全断面直线分布法,但应考虑设置防渗帷幕和排水孔对降低渗透压力的作用和效果,土基上水闸基底渗透压力计算可采用改进阻力系数法或流网法,复杂土质地基上的重要水闸,应采用数值计算法。

(一)岩基上水闸基底渗透压力计算

当岩基上水闸闸基设有灌浆帷幕和排水孔时,闸底板底面上游端的渗透压力作用水头为 $H - h_s$,排水孔中心线处为 $\alpha(H - h_s)$,下游端为零,其间各段依次以直线连接,渗透压力按式(6-15)计算(计算简图见图6-4):

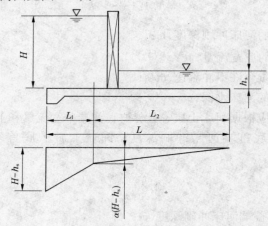

图6-4 渗透压力分布

$$U = \frac{1}{2}\gamma(H - h_s)(L_1 + \alpha L) \tag{6-15}$$

式中 U——作用于闸底板底面上的渗透压力,kN/m;

      L_1——排水孔中心线与闸底板底面上游端的水平距离,m;

      α——渗透压力强度系数,可采用0.25;

      L——闸底板底面的水平投影长度,m。

当岩基上水闸闸基未设灌浆帷幕和排水孔时,闸底板底面上游端的渗透压力作用水头为 $H - h_s$,下游端为零,其间各段依次以直线连接,渗透压力按式(6-16)计算:

$$U = \frac{1}{2}\gamma(H - h_s)L \tag{6-16}$$

(二)改进阻力系数法

1. 土基上水闸的地基有效深度计算

当 $L_0/S_0 \geq 5$ 时 $T_e = 0.5L_0$ $(6-17)$

当 $L_0 / S_0 < 5$ 时

$$T_e = \frac{5L_0}{1.6\dfrac{L_0}{S_0} + 2}$$ (6-18)

式中　T_e——土基上水闸的地基有效深度，m；

　　　L_0——地下轮廓的水平投影长度，m；

　　　S_0——地下轮廓的垂直投影长度，m。

当计算的 T_e 值大于地基实际深度时，T_e 值应按地基实际深度采用。

2. 分段阻力系数计算

1）进、出口段

$$\xi_0 = 1.5\left(\frac{S}{T}\right)^{3/2} + 0.441$$ (6-19)

式中　ξ_0——进、出口处的阻力系数；

　　　S——板桩或齿墙的入土深度，m；

　　　T——地基透水层深度，m。

2）内部垂直段

$$\xi_y = \frac{2}{\pi}\ln \cot\left[\frac{\pi}{4}\left(1 - \frac{S}{T}\right)\right]$$ (6-20)

式中　ξ_y——内部垂直段的阻力系数。

3）水平段

$$\xi_x = \frac{L_x - 0.7(S_1 + S_2)}{T}$$ (6-21)

式中　ξ_x——水平段的阻力系数；

　　　L_x——水平段的长度，m；

　　　S_1、S_2——进、出口段板桩或齿墙的入土深度，m。

3. 各分段水头损失值计算

$$h_i = \xi_i \frac{\Delta H}{\sum\limits_{i=1}^{n} \xi_i}$$ (6-22)

式中　h_i——各分段水头损失值，m；

　　　ξ_i——各分段的阻力系数；

　　　n——总分段数。

用直线连接各分段计算点的水头值，即得渗透压力分布图。

二、水闸的抗渗稳定验算

（一）闸基的渗透变形

土基上建闸蓄水后，闸基中将产生渗透水流。当渗透水流的速度或坡降超过某一限度时，渗流作用下的土颗粒，特别是无黏性土的颗粒会在地基中移动，靠近渗流出逸处首先由细颗粒被渗流携带到地表上来，从而改变土的结构和组成，这种现象称为土的渗透变形。

若渗流只从土中挟出一些细小颗粒，并未破坏由较大颗粒构成的骨架，这种土在渗流作用下仍是稳定的。如果地基土的骨架颗粒被渗流冲动或带走，地基就会产生不均匀沉陷，甚至塌陷,不少水闸因此失事。因此,在水闸设计中,对于地基土的抗渗稳定问题,必须给予高度重视。

由于土类的不同,渗透变形常以管涌或流土的形式出现。

管涌是地基土中的个别颗粒被冲走的现象,多发生在不均匀的无黏性土中。当渗流速度达到一定值时,土中的最小颗粒开始被带走,导致土中的孔隙增大,随着渗流速度增大,有可能带走土中的较大颗粒,如果继续发展,带走的颗粒愈来愈大,土中即形成管状孔隙。当孔隙尺寸大于土骨架颗粒能够维持稳定的土拱尺寸时,就会引起土的塌陷。一般说来,管涌造成水闸的失事,总有一段较长时间的发展过程,不会突然发生。

流土是土体表面一定范围内的所有颗粒被渗流推动的现象。在水闸下游,大片的整块土体被渗流浮起,就是典型的流土现象。但由于土层分布不均匀,有时被浮动的土体较小,还有以泉眼的形式出现的流土,类似管涌,但不是管涌。因为它不是细小颗粒穿过粗颗粒孔隙的流失,而是大小颗粒一起移动,仍然属于流土性质。

闸基渗透变形的形式取决于土的种类、颗粒直径、级配、密实度和渗透系数等因素。

(二)地基的允许坡降

验算砂砾石闸基出口段抗渗稳定性时,应首先判别可能发生的渗流破坏形式(流土或管涌):当 $4P_f(1-n) > 1.0$ 时,为流土破坏;当 $4P_f(1-n) < 1.0$ 时,为管涌破坏。砂砾石闸基出口段防止流土破坏。

反滤层的级配应能满足被保护土的稳定性和滤料的透水性要求,且滤料颗粒级配曲线应大致与被保护土颗粒级配曲线平行。

滤层的级配宜符合式(6-23)~式(6-25)的要求:

$$\frac{D_{15}}{d_{85}} \leq 5 \tag{6-23}$$

$$\frac{D_{15}}{d_{15}} = 5 \sim 40 \tag{6-24}$$

$$\frac{D_{50}}{d_{50}} \leq 25 \tag{6-25}$$

式中 D_{15}、D_{50}——滤层滤料颗粒级配曲线上小于含 15%、50% 的粒径,mm;

   d_{15}、d_{50}、d_{85}——被保护土颗粒级配曲线上小于含量 15%、50%、85% 的粒径,mm。

滤层的每层厚度可采用 20~30 cm。滤层的铺设长度应使其末端的渗流坡降值小于地基土在无滤层保护时的允许渗流坡降值。

当采用土工织物代替传统砂石料作为滤层时,选用的土工织物应有足够的强度和耐久性,且应能满足保土性、透水性和防堵性等要求。

三、水闸的防渗、排水和止水设计

(一)水闸防渗设计

为了延长渗径,减少渗透坡降,降低渗透压力,防止地基土产生渗透变形,需要设置防渗设备。防渗设备主要有铺盖、板桩和帷幕。

1. 铺盖

铺盖设在紧靠水闸闸室的上游河底上,主要作用是延长渗径,降低渗透压力和渗透坡降,有时也兼有上游防冲及协助闸室抵抗滑动的作用。铺盖可采用钢筋混凝土、黏土铺盖、土工膜防渗铺盖等形式。铺盖长度可根据闸基防渗需要确定,一般采用上、下游最大水位差的 3~5 倍。

1)钢筋混凝土铺盖

混凝土强度等级一般为 C20;厚度不宜小于 0.4 m;其顺水流向的永久缝缝距可采用 8~20 m,靠近翼墙的铺盖缝距宜采用小值,缝宽为 2~3 cm;铺盖兼作抗滑时,受力钢筋按破损阶段轴心受拉构件计算,根据计算配置受力钢筋,上下层均配置钢筋,不得小于 Φ 10,间距 30 cm,横向分布钢筋一般采用 Φ 10~12,间距 30~33.3 cm;铺盖不作阻滑板时,可只在顶层配置分布钢筋,钢筋一般采用 Φ 10~12,间距 30~33.3 cm;铺盖只作为防冲而无防渗作用时,可以不布设钢筋。

2)黏土铺盖

地基土的渗透系数应比土料的渗透系数大 100 倍以上;厚度根据土料的允许水力坡降计算确定,其前端最小厚度不宜小于 0.6 m,逐渐向闸室方向加厚;为了防止铺盖在施工期间被破坏、运用期间被冲坏或冻坏,铺盖上面应设保护层,厚度为 0.3~0.5 m,可采用干砌石、浆砌石、混凝土。

3)土工膜防渗铺盖

随着新型材料的发展,土工膜防渗也是常用的防渗措施之一。防渗土工膜厚度应根据作用水头、膜下土体可能产生裂隙宽度、膜的应变和强度等因素确定,但不宜小于 0.5 mm,土工膜上面应设保护层。

2. 板桩

板桩多用来延长铅直渗径。如果不透水层较浅,板桩能达到不透水层而成为截流板桩时,防渗效果最好。当透水层较深时,板桩不可能达到不透水层,而成为悬挂式板桩。板桩打入土中的深度应根据渗径计算和施工条件确定。一般为最大水头的 0.6~1.0 倍。其按材料分为木板桩、钢板桩、钢筋混凝土板桩等几种。一般采用钢筋混凝土板桩,厚度为 20~30 cm,宽度为 40~60 cm,混凝土等级为 C20~C25,预制结构,矩形断面的短边应留三角形和梯形的榫槽,桩尖应呈向一侧倾斜的斜面,板状中的配筋应根据施工时起吊和打桩受力条件确定。

3. 帷幕

近年水泥砂浆帷幕在水闸截渗中有着广泛的应用,是一种较为有效的垂直防渗措施。有高压喷射灌浆、深层搅拌桩等形式。

1)高压喷射灌浆

高压喷射灌浆技术,开始阶段只用于粉细砂地层,随着理论技术水平的提高、设备条件的改进、工艺方法的不断完善,这项技术已拓宽至极弱软淤泥及淤泥质地层加固和含大颗粒极不均匀砾、卵、漂石地层的防渗加固工程。它具有较好的防渗性能、施工简便、灵活等优点,完全可用于低水头水闸闸基防渗,是一种较为有效的垂直防渗措施。

高压喷射灌浆的机理是置换灌浆,即利用置于钻孔中的喷射管,通过高压水(浆)、气同轴喷射,在提升过程中,高压水(浆)、气射流使土体被冲切,经高压水(浆)、气的搅拌作用成为泥浆,同时由下而上灌注水泥砂浆,使泥浆被升扬置换到地面,形成渗透系数小,具有一定强度的凝结体,达到防渗和提高地基承载力的作用。

施工设备高压喷射灌浆有多种方法,目前在防渗中多采用单管法、双管法和三管法。近年,高压泥浆泵性能的提高,新三管法得到了广泛的应用。

所谓新三管法是以水、气、浆为介质喷射的工法,是在原三管法的基础上改低压注浆为高压射浆,形成双介质高压喷射的施工方法。新三管法的工艺特点是首先用高压水切割冲击原始地层,然后用高压喷浆对地层进行二次切割。同时,由于浆嘴、水嘴间间距较大,水对浆的稀释作用大大减小。新三管法与原三管法相比,不仅增大了喷射半径,也提高了凝结体的结石率及强度。

高喷灌浆施工工艺在高压喷射灌浆施工中,使用单向喷嘴和双向喷嘴(90°~180°夹角),分别或组合采用旋喷、定喷和摆喷工艺,可以形成符合设计要求几何尺寸和性状的桩、板、墙及组合形式的高喷凝结体,达到防渗加固的目的。

2)深层搅拌桩

深层搅拌桩也称粉喷桩,是加固地基方法的一种形式,现在也用在堤防闸基截渗中。深层搅拌法是加固饱和软黏土地基的一种新颖方法,它是利用水泥或石灰粉体等材料作为固化剂,通过特制的搅拌机械就地将软土和固化剂强制搅拌,发生一系列物理化学反应而形成的柱状固结体。它是搅拌桩的一种,能使软弱土硬结成具有整体性、水稳定性和一定强度的优质地基。一般当土层的天然含水量大于50%时就可采用粉喷桩处理。

(二)水闸排水设计

就防渗布置来讲,上游的防渗设备要尽可能削减渗透水头,但不可避免底板底面上还有较大的渗透压力。设置排水就是为了继续降低渗压,并将渗水安全地排至下游。

排水是布置在地基中的透水性很强的垫层。常用砂砾石或碎石铺筑,渗水由此与下游相连。排水中的水头与下游水位几乎相同,因此利用排水可以降低排水起点以前闸底所受的渗透压力,并消除排水起点以后建筑物底面上的渗透压力,但却增大了渗流出逸坡降。因此,为了防止管涌,应在渗流进入排水的各个方面都设置反滤层。

排水在地基中的部位和形式主要有平铺式排水、水平带状排水、铅直排水等形式。

(三)水闸止水设计

位于防渗范围内的永久缝内应设一道止水。大型水闸的永久缝内应设两道止水。止水的形式应能适应不均匀沉降和温度变化的要求,止水材料应耐久。垂直止水与水平止水相交处须构成密封系统。永久缝可铺贴沥青油毡或其他柔性材料,缝下土质地基上宜铺设土工织物带。设计烈度为8度及8度以上地震区大、中型水闸的永久缝止水设计,应作专门研究。

止水材料有金属、橡胶和塑料。金属止水有铜片和镀锌铁皮:铜片止水耐久性好,但它有造价高、焊接技术要求高、接头多、焊接质量不易保证等缺点,采用较少;镀锌铁皮止水造价低和耐久性好,也常采用。橡胶止水和塑料止水具有较好的弹性和韧性,割切和熔接工具设备简单,施工方便等优点,是一种常用的止水设备。

接缝和止水设备的工作量虽然较小,但对水闸正常工作的影响很大,如果设计施工不当,止水一旦破坏,严重的将会造成整个水闸的失事,并且止水破坏后是很难修复的,因此必须严格控制止水的施工质量。

第五节　闸室稳定计算

一、闸室荷载计算

作用在水闸上的荷载可分为基本荷载和特殊荷载两类。基本荷载主要有自重、水重、静水压力、扬压力、土压力、浪压力、风压力及其他出现机会较多的荷载等。特殊荷载主要有相应于校核洪水位情况下的水重、静水压力、扬压力、浪压力、地震荷载及其他出现机会较少的荷载等。

（一）闸室结构自重

闸室结构自重按设计尺寸与材料容重计算确定。材料容重按《水工建筑物荷载设计规范》(DL 5077—1997)附录 B 中表 B1 采用。

（二）闸门及启闭机的自重

闸门、启闭机及其他永久设备应尽量采用实际自重。闸门最好在闸门设计完成后按设计图计算自重。闸门设计未完成时，一般按类比法估算，根据已知的闸门孔口大小和设计水头，与同类型已有的闸门的自重相比。启闭机的自重按产品样本采用设备的铭牌自重。

（三）水重

作用在水闸底板上的水重应按其实际体积及水的容重计算确定。多泥沙河流上的水闸，还应考虑含沙量对水的容重的影响。

（四）静水压力

作用在水闸上的静水压力应根据水闸不同运用情况时的上、下游水位组合条件计算确定。多泥沙河流上的水闸，还应考虑含沙量对水的容重的影响。

作用在水闸上的静水压力强度应按式(6-26)计算：

$$P_w = \gamma_w H \tag{6-26}$$

式中　P_w——计算点处的静水压力强度，kN/m^2；

γ_w——水的容重，kN/m^3，$\gamma_w = 9.81\ kN/m^3$；

H——计算点处的作用水头，m。

当在铺盖与底板接头 a 点设金属或橡胶止水带时，a 点上、下的静水压力就突变起来。a 点上、下的静水压力强度之差应等于绕过铺盖至 a 点所消耗的渗压水头，见图6-5。

如底板上设有黏土铺盖，上游水压力见图6-6，b 点的水压力应为 b 点的静水压力减去绕过铺盖至 b 点所消耗的渗压水头 ab。

（五）扬压力

作用在水闸上的扬压力应根据地基类别、防渗排水布置及水闸上、下游水位组合条件计算确定。扬压力包括浮托力和渗透压力，浮托力为水位以下闸室所受的浮力，渗透压力根据本章第四节的方法计算。

（六）土压力

作用在水闸上的土压力应根据填土性质、挡土高度、填土内的地下水位、填土顶面坡角及超荷载等计算确定。对于向外侧移动或转动的挡土结构，可按主动土压力计算；对于保持静止不动的挡土结构，可按静止压力计算。

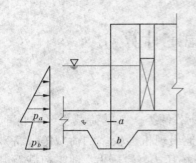 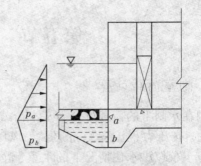

图 6-5　混凝土铺盖水平水压力分布　　　　图 6-6　黏土铺盖水平水压力分布

（七）浪压力

作用在水闸上的浪压力应根据水闸闸前风向、风速、风区长度（吹程）、风区内的平均水深及闸前实际波态的判别等计算确定。浪压力计算公式见《水闸设计规范》（SL 265—2001）的附录 E。

（八）风压力

作用在水闸上的风压力应根据当地气象台站提供的风向、风速和水闸受锋面积等计算确定。计算风压力时应考虑水闸周围地形、地貌及附近建筑物的影响。

（九）地震荷载

水闸的地震荷载应包括自重以及其上的设备自重所产生的地震惯性力、地震动水压力和地震动土压力。可根据设计地震烈度、设计地震加速度、工程抗震设防类别、场地类别、地震作用效应计算。当设计烈度 8、9 度时的 1、2 级水闸应同时计入水平向和竖向地震作用。

二、闸室荷载组合

设计水闸时，应将可能同时作用的各种荷载进行组合，荷载组合可分为基本组合和特殊组合两类。基本组合由基本荷载组成；特殊组合由基本荷载和一种或几种特殊荷载组成，但地震荷载只应与正常蓄水位情况下的相应荷载组合。

计算闸室稳定和应力时的荷载组合可按表 6-13 的规定采用，必要时还可考虑其他可能的不利组合。

三、闸室稳定计算

（一）基本规定

闸室稳定计算时应满足下列基本规定：

（1）闸室稳定计算宜取两相邻顺水流向永久缝之间的闸室段作为计算单元。

（2）土基上的闸室稳定计算应满足下列要求：

①在各种计算情况下，闸室平均基底应力不大于地基允许承载力，最大基底应力不大于地基允许承载力的 1.2 倍。

②闸室基底应力的最大值与最小值之比不大于《水闸设计规范》（SL 265—2001）规定的允许值。

③沿闸室基底面的抗滑稳定安全系数不小于《水闸设计规范》（SL 265—2001）规定的允许值。

表6-13　荷载组合

荷载组合	计算情况	荷载												说明
		自重	水重	静水压力	扬压力	土压力	淤沙压力	风压力	浪压力	冰压力	土的冻胀力	地震荷载	其他	
基本组合	完成情况	√	—	—	—	√	—	—	—	—	—	—	√	必要时,可考虑地下水产生的扬压力
	正常蓄水位情况	√	√	√	√	√	√	√	√	—	—	—	√	按正常蓄水位组合计算水重、静水压力、扬压力及浪压力
	设计洪水位情况	√	√	√	√	√	√	√	√	—	—	—	—	按设计洪水位组合计算水重、静水压力、扬压力及浪压力
	冰冻情况	√	√	√	√	√	√	—	—	√	—	—	√	按正常蓄水位组合计算水重、静水压力、扬压力及冰压力
特殊组合	施工情况	√	—	—	—	√	—	—	—	—	—	—	√	应考虑施工过程中各个阶段的临时荷载
	检修情况	√	√	√	√	√	√	√	√	—	—	—	√	按正常蓄水位组合(必要时可按设计洪水位组合或冬季低水位条件)计算静水压力、扬压力及浪压力
	校核洪水位情况	√	√	√	√	√	√	√	√	—	—	—	—	按校核洪水位组合计算水重、静水压力、扬压力及浪压力
	地震情况	√	√	√	√	√	√	√	√	—	—	√	—	按正常蓄水位组合计算水重、静水压力、扬压力及浪压力

(3)岩基上的闸室稳定计算应满足下列要求:

①在各种计算情况下,闸室最大基底应力不大于地基允许承载力。

②在非地震情况下,闸室基底不出现拉应力;在地震情况下,闸室基底拉应力不大于100 kPa。

③沿闸室基底面的抗滑稳定安全系数不小于《水闸设计规范》(SL 265—2001)规定的允许值。

(4)土基上闸室基底应力最大值与最小值之比的允许值,见表6-14。

(5)在没有试验资料的情况下,闸室基底面与地基之间摩擦系数 f 值,可根据地基类别按表6-15所列数值选用。

表 6-14　土基上闸室基底应力最大值与最小值之比的允许值

地基土质	荷载组合	
	基本组合	特殊组合
松软	1.50	2.00
中等坚实	2.00	2.50
坚实	2.50	3.00

注:1. 对于特别重要的大型水闸,其闸室基底应力和最大值与最小值之比的允许值可按表列数值适当减小。

2. 对于地震区的水闸,闸室基底应力最大值与最小值之比的允许值可按表列数值适当增大。

3. 对于地基特别坚实或可压缩土层甚薄的水闸,可不受本表的规定限制,但要求闸室基底不出现拉应力。

表 6-15　闸室基底面与地基之间摩擦系数 f 值

地基类别		f
黏土	软弱	0.20 ~ 0.25
	中等坚硬	0.25 ~ 0.35
	坚硬	0.35 ~ 0.45
壤土、粉质壤土		0.25 ~ 0.40
砂壤土、粉砂土		0.35 ~ 0.40
细砂、极细砂		0.40 ~ 0.45
中砂、粗砂		0.45 ~ 0.50
砂砾石		0.40 ~ 0.50
砾石、卵石		0.50 ~ 0.55
碎石土		0.40 ~ 0.50
软质岩石	极软	0.40 ~ 0.45
	软	0.45 ~ 0.55
	较软	0.55 ~ 0.60
硬质岩石	较坚硬	0.60 ~ 0.65
	坚硬	0.65 ~ 0.70

(6)闸室基底面与土质地基之间摩擦角 φ_0 值及黏聚力 c_0 值可根据土质地基类别按表 6-16 的规定采用。

表 6-16　闸室基底面与土质地基之间摩擦角 φ_0 值及黏聚力 c_0 值(土质地基)

土质地基类别	φ_0	c_0
黏性土	0.9φ	$(0.2 ~ 0.3)c$
砂性土	$(0.85 ~ 0.9)\varphi$	0

注:表中 φ 为室内饱和固结快剪(黏性土)或饱和快剪(砂性土)试验测得的内摩擦角,(°);c 为室内饱和固结快剪试验测得的黏聚力,kPa。

（7）闸室基底面与岩石地基之间的抗剪断摩擦系数 f' 值及抗剪断黏聚力 c' 值可根据室内岩石抗剪断试验成果，并参照类似工程实践经验及表 6-17 所列数值选用。但选用的 f'、c' 值不应超过闸室基础混凝土本身的抗剪断参数值。

表 6-17　抗剪断摩擦系数 f' 值及抗剪断黏聚力 c' 值（岩石地基）

岩石地基类别		f'	c'（MPa）
硬质岩石	坚硬	1.5 ~ 1.3	1.5 ~ 1.3
	较坚硬	1.3 ~ 1.1	1.3 ~ 1.1
软质岩石	较软	1.1 ~ 0.9	1.1 ~ 0.7
	软	0.9 ~ 0.7	0.7 ~ 0.3
	极软	0.7 ~ 0.4	0.3 ~ 0.05

注：如岩石地基内存在结构面、软弱层（带）或断层的情况，f'、c' 值应按现行的《水利水电工程地质勘察规范》（GB 50287—99）的规定选用。

（8）土基上沿闸室基底面抗滑稳定安全系数的允许值，见表 6-18。

表 6-18　土基上沿闸室基底面抗滑稳定安全系数的允许值

荷载组合		水闸级别			
		1	2	3	4、5
基本组合		1.35	1.30	1.25	1.20
特殊组合	Ⅰ	1.20	1.15	1.10	1.05
	Ⅱ	1.10	1.05	1.05	1.00

注：1. 特殊组合 Ⅰ 适用于施工情况、检修情况及校核洪水位情况。
2. 特殊组合 Ⅱ 适用于地震情况。

（9）岩基上沿闸室基底面抗滑稳定安全系数的允许值，见表 6-19。

表 6-19　岩基上沿闸室基底面抗滑稳定安全系数的允许值

荷载组合		按式(6-29)计算时			按式(6-31)计算时
		水闸级别			
		1	2、3	4、5	
基本组合		1.10	1.08	1.05	3.00
特殊组合	Ⅰ	1.05	1.03	1.00	2.50
	Ⅱ	1.00	1.00	1.00	1.00

注：1. 特殊组合 Ⅰ 适用于施工情况、检修情况及校核洪水位情况。
2. 特殊组合 Ⅱ 适用于地震情况。

（10）当沿闸室基底面抗滑稳定安全系数计算小于允许值时，可在原有结构布置的基础上，结合工程的具体情况，采用下列一种或几种抗滑措施：

①适当增加地板宽度；
②在基底增设凸榫；
③在墙后增设阻滑板或锚杆；

④在墙后改填摩擦角较大的填料,并增设排水;

⑤在不影响水闸正常运用的条件下,适当限制墙后的填土高度,或在墙后采用其他减载措施。

(二)闸室基底应力计算

闸室基底应力应根据结构布置及受力情况,分别按下列规定进行计算。

(1)当结构布置及受力情况对称时,按下列公式计算:

$$p_{\min}^{\max} = \frac{\sum G}{A} \pm \frac{\sum M}{W} \tag{6-27}$$

式中 $p_{\min}^{\max}$——闸室基底应力的最大值或最小值,kPa;

$\sum G$——作用在闸室上的全部竖向荷载(包括闸室基础底面上的扬压力在内),kN;

$\sum M$——作用在闸室上的全部竖向和水平荷载对于基础底面垂直水流方向的形心轴的力矩,kN·m;

A——闸室基底面面积,m²;

W——闸室基底面对于该底面垂直水流方向的形心轴的截面矩,m³。

(2)当结构布置及受力情况不对称时,按下列公式计算:

$$p_{\min}^{\max} = \frac{\sum G}{A} \pm \frac{\sum M_X}{W_X} \pm \frac{\sum M_Y}{W_Y} \tag{6-28}$$

式中 $\sum M_X$、$\sum M_Y$——作用在闸室上的全部竖向和水平向荷载对于基础底面形心轴 X、Y 的力矩,kN·m;

W_X、W_Y——闸室基底面对于该底面形心轴 X、Y 的截面矩,m³。

(三)闸室基底抗滑计算

(1)土基上沿闸室基底面的抗滑稳定安全系数按下列公式计算。

土基上沿闸室基底面的抗滑稳定安全系数,应按式(6-29)或式(6-30)计算:

$$K_c = \frac{f \sum G}{\sum H} \tag{6-29}$$

$$K_c = \frac{\tan\varphi_0 \sum G + c_0 A}{\sum H} \tag{6-30}$$

式中 K_c——沿闸室基底面的抗滑稳定安全系数;

f——闸室基底面与地基之间的摩擦系数;

$\sum H$——作用在闸室上的全部水平向荷载,kN;

φ_0——闸室基底面与土质地基之间的摩擦角,(°);

c_0——闸室基底面与土质地基之间的黏聚力,kPa。

(2)岩基上沿闸室基底面的抗滑稳定安全系数按下列公式计算。

岩基上沿闸室基底面的抗滑稳定安全系数,应按式(6-29)或式(6-31)计算:

$$K_c = \frac{f' \sum G + c'A}{\sum H} \tag{6-31}$$

式中 f'——闸室基底面与岩石地基之间的抗剪断摩擦系数;

c'——闸室基底面与岩石地基之间的抗剪断黏聚力,kPa。

第六节 水闸设计常见问题

自新中国成立以来,在广大平原地区和各条江河及大小灌区,修建了近 3 万座水闸,特别是在长江、黄河、淮河和海河的流域治理中,水闸数量众多。在水闸设计、施工、运行管理中积累了丰富经验,也出现了一些问题和事故,在已建水闸上留下了缺陷,甚至导致毁灭性破坏,分析造成这些问题和事故的原因,从中吸取教训,将有利于水闸设计水平的提高。

一、消能防冲设计中存在的问题

(1)消能设施不足。主要是对闸下游尾水位的选定缺乏实际资料的依据或对下游河床的演变分析预测不够。对下游河床的演变分析预测不仅要考虑建闸后的自然冲刷影响,更重要的是分析预测人为因素的影响,由于基本建设规模迅速增加,河道人为采沙量随之增加,必须科学合理地分析预测人为采沙对闸下游河床的影响,确定合理的下游尾水位,以防止消能设施不足而带来的问题。

(2)消力池结构单薄,强度不足而遭冲毁。多数是对消力池的受力条件缺乏正确的分析和足够的估计。例如,消力池底的脉动水压力,池底因跃前水面凹陷而产生的上、下游压力差,消力齿、消力槛的水流冲击力,均无法精确计算,常根据已建工程经验用类比方法确定,如果类比条件不一致,就会出现不同程度的事故。

(3)海漫结构形式采用不当。海漫要求柔性、粗糙、透水等条件,但在山丘型河道中要慎重。例如,采用干砌石海漫,由于流速较大,产生的脉动水压力较大,如果反滤层级配不良,海漫下层的颗粒容易带出而发生渗透变形,使海漫坍塌而破坏。采用浆砌石海漫或混凝土海漫,必须做好排水设施和合理分缝。

(4)翼墙扩散角过大,回流没有消除,冲刷坑沿回流与主流交界的部位发展,该处单宽流量集中,流速较大,如果海漫过短,未延伸到回流的末端,则遭受冲刷。

二、水闸的渗流控制设计存在的问题

(1)地下轮廓布置和两岸边墙的布置不协调,地基渗透和两岸绕渗的水头损失不一致,以致常用的两向渗透计算结果不符合实际。通常对两岸的绕渗注意不够,渗径不足而产生渗透破坏。

(2)对两岸地下水向河槽渗透补给的情况估计不足。当岸坡有强烈的透水层且地下水位较高时,这种渗透将显著影响闸基下和边墙后的渗透水头分布,但设计中往往缺乏必要的防护措施。

(3)渗流逸出面的位置布置在急流低压区。例如,在消力池斜坡段上设置排水孔,水闸泄水时,由于急流脉动水压力而产生负压,渗透水头增加,出逸坡降随之加大,如果出口反滤层级配不良,都容易发生渗透变形。

(4)反滤层堵塞导致闸基和护坦扬压力增大,特别容易引起护坦失稳而发生重大事故。

(5)地下轮廓范围内止水不严密而漏水,带出地基颗粒而发生渗透破坏。

三、地基不均匀沉陷引起的问题

地基不均匀沉陷的原因有两方面：一是地基不均匀，二是荷载不均匀。前者较被人们所关注，在闸址选择时总竭力避开那些明显不均匀的地基。但是天然地基的形态复杂多变，即使地层性质相同，但在微观上如含水量、密实程度、压缩性等往往是不均匀的，由此产生的不均匀沉降是在所难免的。后者常被人们所忽视，例如边墙后填土的荷载大于闸室，闸室的荷载大于上、下游护坦，相互之间必然产生不均匀沉降。但常常被忽视，不采取相应的措施，造成水闸不均匀沉陷而引起水闸的缺陷。

地基不均匀沉陷常引起以下问题：

（1）闸室缝墩张开，与上、下游护坦的接缝错动，导致止水片断裂而失效。

（2）闸室倾斜，导致闸门止水不密而漏水、闸门启闭不灵等问题。

（3）闸室的梁、板构件由于支座的相对变位而裂缝。

（4）上、下游护坦因闸室和翼墙的沉降影响而裂缝，多由于护坦的强度设计未考虑边荷载的影响，以致配筋不足而引起。

四、混凝土构件因温度变化而裂缝

（1）固结于闸墩上部的胸墙、桥梁等结构，断面尺寸远小于闸墩，在温度变化的过程中，受闸墩约束而不能自由伸缩，常因温度降低时拉应力过大而裂缝。有些简支胸墙和桥梁，由于支座摩阻力的约束，也因温度降低时产生拉应力而裂缝。

（2）闸墩底部受基础的约束，在温度降低时会产生拉应力，导致自上而下的竖向裂缝。此种裂缝在直接位于岩基上的装置弧形闸门的闸墩上最为多见。

（3）经常露出水面的护坦和底板，由于冬季温差过大及寒流冲击而裂缝，这种裂缝表现为不规则的龟裂，是逐渐发展的，起初为表面裂缝，经多次胀缩，裂缝由浅入深。护坦厚度较薄，最终成为贯穿裂缝。底板厚度较大，配筋多，很少发展成贯穿裂缝。闸墩表面也常出现这种裂缝。

第七节　水闸运用管理

一、管理机构

为确保工程正常运行，长期发挥工程效益，必须加强工程管理，建立健全管理体制和管理机构。具体负责工程运行与管理工作，进行统一调度，综合利用。

根据水利部、财政部《水利工程管理单位定岗标准》（试点），设立工程管理机构，并从简配备人员，成立工程管理机构，包括处长室、工程科、财务供应科和综合办公室等管理科室。

二、控制运用

认真贯彻执行《中华人民共和国水法》、《中华人民共和国防洪法》、《中华人民共和国环保法》及上级有关条例、文件精神，建立健全管理规章制度，加强污水监测、供水计量技术培训,搞好工程确权划界,做到责任到人,上下协调统一,蓄泄灵活机动。管理过程中要以洪水调度为指导,在管好用好工程的前提下,开展综合经营,积累资料,总结经验,不断提高管理工作水平,使工程管理与运行走上良性轨道。搞好职工培训工作;建立健全各项管理规章制度,落实岗位责任制;按照国家和上级有关水费征收文件精神,搞好水费计征改革,加强水费征收,实现工程管理自食其力、合理上缴、良性循环。

(一)水闸控制运用依据

水闸应根据规划设计的工程特征值,结合工程现状确定下列有关指标:

(1)上、下游最高水位与最低水位。

(2)最大过闸流量,相应单宽流量。

(3)最大水位差及相应的上、下游水位。

(4)上、下游河道的安全水位和流量。

(5)兴利水位及流量。

(二)水闸控制运用原则

(1)局部服从全局,全局照顾局部,兴利服从防洪,统筹兼顾。

(2)综合利用水资源。

(3)按照有关规定和协议合理利用。

(4)与上、下游和相邻有关工程密切配合运用。

(三)水闸控制运用

(1)水闸管理单位应按年度或阶段制定控制运用计划,报上级主管部门批准后执行,有防洪任务的水闸,汛期的控制运用计划报防汛指挥部备案,并接受其监督。

(2)水闸的控制运用,按批准的控制运用计划执行,不得接受其他任何单位和个人的指令,指令要做好记录,并向上级主管部门报告。

(3)当水闸超过规定的控制运用指标运用时,必须进行充分的分析论证,提出可行的运用方案,报上级主管部门批准后施行。

(四)闸门的操作运用

1. 闸门操作运用的基本要求

(1)过闸流量必须与下游水位相适应,使水跃发生在消力池内。

(2)过闸水流应平稳,避免发生集中水流、折冲水流、回流、涡流等不良流态。

(3)关闸或减少过闸流量时,应避免下游河道水位降低过快。

(4)避免闸门停留在发生振动的位置运用。

2. 闸门启闭前的准备

(1)对管理范围内的船舶、竹木筏等,应做好妥善处理。

(2)检查闸门启、闭状态,有无卡阻。

(3)检查机、电、启闭设备是否符合运转要求。

(4)观察上、下游水位与流态,查对流量。

3. 闸门操作规定

闸门操作应有专门记录,并妥为保存,记录应符合以下规定要求:

(1)应有熟练人员进行操作,做到准确及时,保证工程和人员安全。

(2)手电两用的启闭机人工操作前,必须先断开电源;闭门是严禁松开制动器使闸门自由下落,操作结束应立即取下摇柄。

(3)闸门启闭如发现沉重、停滞、杂生等异常情况,应及时停车检查,加以处理。

(4)使用油压启闭机,当闸门开启到预定位置,而压力仍然升高时,应立即将回油控制阀开大至极限位置。

(5)当闸门开启接近最大开度或关闭接近闸底时,应注意及时停车;遇有闸门关闭不严现象,应查明原因进行处理;使用螺杆启闭机的,严禁强行顶压。

4.多孔闸门操作运用规定

(1)多孔水闸闸门按设计提供的启闭程序或管理运用经验进行操作运行,一般同时分级均匀启闭,不能同时启闭的,应由中间孔向两边依次对称开启,由两边向中间依次对称关闭。

(2)多孔挡潮闸下游河道淤积严重时,可开启单孔或少数孔闸门进行适度冲淤,但必须加强监视,严防效能设施遭受损坏。

(3)双层孔口或上、下扉的闸门,应先开启底层或下扉的闸门,再开启上层或上扉的闸门,关闭顺序相反。

三、检查观测

(一)水闸检查观测的主要任务

(1)监视水情和水流形态、工程状态变化和工作情况,掌握水情、工程变化规律,为正确管理提供科学依据。

(2)及时发现异常现象,分析原因,采取措施,防止发生事故。

(3)验证工程规划、设计、施工及科研成果,为发展水利科学技术提供资料。

(二)水闸检查观测工作的基本要求

(1)检查观测应按规定的内容、测次和时间执行。

(2)观测成果应真实、准确,精度符合要求,资料应及时整理、分析,并定期进行整编。

(3)检测设施应妥善保护,监测仪器和工具应定期校验、维修。

(三)工程检查

工程检查工作包括经常检查、定期检查、特别检查和安全鉴定。

经常检查:管理单位应经常对各部位、河床冲淤、管理范围内的情况等进行检查,每月检查不少于一次。

定期检查:每年汛前、汛后、冬季,应对各部位进行全面检查。运用前检查岁修工程完成情况,汛后检查工程变化和破坏情况,冬季检查防冻、防冰凌的情况。

特别检查:当发生特大洪水、强烈地震和其他重大情况时,应及时进行特别检查。

安全鉴定:水闸投入运行后,每隔15~20年应进行一次全面的安全鉴定,安全鉴定由管理单位报请上级主管部门负责组织实施。

(四)工程观测

工程观测应按设计要求确定,设计未作规定的,可结合工程的具体情况和需要确定。必须观测的项目包括垂直位移、扬压力、裂缝、混凝土炭化、河床演变,水位流量。专门性观测的项目包括水平位移、绕渗、水流形态、水质、泥沙、冰凌等。

四、养护修理

工程养护修理分为养护、岁修、抢修和大修。应本着"经常养护、随时维修、养重于修、修重于抢"的原则进行,在施工过程中应确保工程质量和安全生产,并做好详细的记录。

(一)土工建筑物的养护修理

堤坝出现雨淋沟、塌陷,岸、翼墙后填土区发生塌陷时应修补夯实;堤坝发生渗漏、管涌现象时,应按照"上截、下排"的原则及时进行处理;堤坝出现滑坡迹象时,应按"上部减载、下部压重、迎水坡防渗、背水坡导渗"的原则进行处理;河床冲刷坑已危及防冲槽或岸坡稳定时应立即抢护;河床淤积影响工程效益发挥时,应及时采取人工开挖、机械疏浚等方法清除。

(二)砌石建筑物的养护修理

砌石护坡、护底有松动、塌陷、隆起、底部掏空、垫层散失等现象,应按有关规定及原状修复;水闸的防冲槽、海漫等遭遇冲刷破坏时,一般采取加筑消能设施或抛石笼、抛石等办法处理;水闸的反滤设施、减压井、排水设施等应保持畅通,若有堵塞、损坏,应予以疏通、修复。

(三)混凝土建筑物的养护修理

消力池、门槽范围内的砂石和杂物等应定期清除;建筑物上的进水孔、排水孔、通气孔等应保持畅通;经常出露水面的底部钢筋混凝土构件,应采取适当的保护措施防止腐蚀和受冻;钢筋混凝土保护层损坏时,应采用涂料封闭、喷浆等措施修补处理;混凝土建筑物出现裂缝后,应加强检查观测,查明原因,确定修补措施;伸缩缝填料如有流失,应及时填充,止水损坏,可用柔性材料灌浆或重新埋设止水予以修复。

(四)闸门的养护修理

闸门表面附着的水生物、污垢、杂物等应定期清除;运转部件的加油设施应保持完好、畅通,并定期加油;钢闸门可采用喷涂金属、涂装涂料进行防腐;闸门止水出现磨损、变形或止水橡皮自然老化、失去弹性且漏水超过规定值时,应予更换;承载构件发生变形时,应进行核算并及时矫形、补强或更换;行走支承装置的零部件出现问题时应及时维修或更换;寒冷地区的水闸,冰冻期间应因地制宜地对闸门采取有效的防冰冻措施。

(五)启闭机的养护修理

启闭机的连接件应保持坚固,不得有松动现象;传动件应加油润滑;闸门开度指示器应保持运转灵活,指示准确;制动装置应经常维修,适时调整,确保动作灵活、制动可靠;钢丝绳应经常涂抹防水油脂,定期清洗保养;螺杆启闭机的螺杆发生弯曲变形影响使用时,应予以矫正。

(六)机电设备的养护修理

(1)电动机维护:保持无尘、无污、无锈;接线盒应防潮,压线不松动;绕组的绝缘电阻值应定期检测,不符合要求时应进行处理。

(2)操作设备维护:开关应经常打扫,保持清洁,露天开关应防雨、防潮;各种开关、继电保护装置,应保持干净、触点良好、接头牢固;主令控制器及限位装置应保持定位准确可靠,触点无烧毛现象;保险丝必须按规定使用,不得用其他金属丝代替。

(3)输电线路维护:各种线路应防止发生漏电、断路、短路、虚连等现象。

(4)指示仪表及防雷器:按供电部门的有关规定进行定期校验。

（5）防雷设施:按供电部门的有关规定进行定期校验。接地电阻超过规定值的20%时,应增设补充接地极;防雷设施构架上严禁架设低压线、广播线及通信线。

五、实例

【例题6-1】 某河道上水闸地下轮廓布置如图6-7所示,上游水深6.0 m,下游水深2.0 m。闸基透水层深度为30 m。试用阻力系数法求:
（1）闸底板下的渗透压力;
（2）闸底板水平段的平均渗透坡降和出口处的平均逸出坡降。

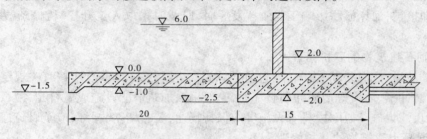

图6-7 某河道上水闸地下轮廓布置 （单位:m）

解:第一步,地下轮廓线的简化。

为了便于计算,将复杂的地下轮廓线进行简化,由于铺盖头部及底板上、下游两端的齿墙均较浅,可以将它们简化为短板桩,见图6-8。

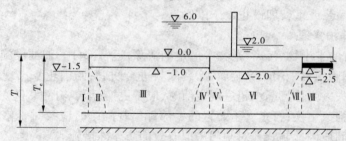

图6-8 地下轮廓的简化 （单位:m）

第二步,确定地基的有效深度。

由图6-8可知,地下轮廓的水平投影长度 $L_0 = 20 + 15 = 35(\mathrm{m})$,垂直投影长度 $S_0 = 2.5$ m。$L_0/S_0 = 35/2.5 = 14 > 5$,故地基的有效深度:

$$T_e = 0.5L_0 = 0.5 \times 35 = 17.5(\mathrm{m})$$

第三步,渗流区域的分段和阻力系数的计算。

地下轮廓线的角点、尖点,将渗流区域分成8个典型段,见图6-8。Ⅰ、Ⅷ段为进出口、段,Ⅱ、Ⅳ、Ⅴ、Ⅶ为内部垂直段,Ⅲ、Ⅵ为内部水平段。

（1）进口段阻力系数:

$$\xi_\mathrm{I} = 1.5\left(\frac{S}{T}\right)^{3/2} + 0.441$$

$$S = 1.5\ \mathrm{m}, T = 17.5\ \mathrm{m}$$

故
$$\xi_{\mathrm{I}} = 1.5 \times \left(\frac{1.5}{17.5}\right)^{3/2} + 0.441 = 0.479$$

（2）内部垂直段阻力系数：

$$\xi_{\mathrm{II}} = \frac{2}{\pi}\ln\cot\left[\frac{\pi}{4} \times \left(1 - \frac{S}{T}\right)\right]$$

$$S = 0.5\ \mathrm{m}, T = 16.5\ \mathrm{m}$$

故
$$\xi_{\mathrm{II}} = \frac{2}{\pi}\ln\cot\left[\frac{\pi}{4} \times \left(1 - \frac{0.5}{16.5}\right)\right] = 0.030$$

（3）内部水平段阻力系数：

$$\xi_{\mathrm{III}} = \frac{L - 0.7(S_1 + S_2)}{T}$$

$$L = 20\ \mathrm{m}, S_1 = 0.5\ \mathrm{m}, S_2 = 1.5\ \mathrm{m}, T = 16.5\ \mathrm{m}$$

$$\xi_{\mathrm{III}} = \frac{20 - 0.7 \times (0.5 + 1.5)}{16.5} = 1.127$$

（4）内部垂直段阻力系数：

$$\xi_{\mathrm{IV}} = \frac{2}{\pi}\ln\cot\left[\frac{\pi}{4} \times \left(1 - \frac{S}{T}\right)\right]$$

$$S = 1.5\ \mathrm{m}, T = 16.5\ \mathrm{m}$$

故
$$\xi_{\mathrm{IV}} = \frac{2}{\pi}\ln\cot\left[\frac{\pi}{4} \times \left(1 - \frac{1.5}{16.5}\right)\right] = 0.091$$

（5）内部垂直段阻力系数：

$$\xi_{\mathrm{V}} = \frac{2}{\pi}\ln\cot\left[\frac{\pi}{4} \times \left(1 - \frac{S}{T}\right)\right]$$

$$S = 0.5\ \mathrm{m}, T = 15.5\ \mathrm{m}$$

故
$$\xi_{\mathrm{V}} = \frac{2}{\pi}\ln\cot\left[\frac{\pi}{4} \times \left(1 - \frac{0.5}{15.5}\right)\right] = 0.032$$

（6）内部水平段阻力系数：

$$\xi_{\mathrm{VI}} = \frac{L - 0.7(S_1 + S_2)}{T}$$

$$S_1 = S_2 = 0.5\ \mathrm{m}, T = 15.5\ \mathrm{m}, L = 15\ \mathrm{m}$$

故
$$\xi_{\mathrm{VI}} = \frac{15 - 0.7 \times (0.5 + 0.5)}{15} = 0.953$$

（7）内部垂直段阻力系数：

$$\xi_{\mathrm{VII}} = \frac{2}{\pi}\ln\cot\left[\frac{\pi}{4} \times \left(1 - \frac{S}{T}\right)\right]$$

$$S = 0.5\ \mathrm{m}, T = 15.5\ \mathrm{m}$$

故
$$\xi_{\mathrm{VII}} = \frac{2}{\pi}\ln\cot\left[\frac{\pi}{4} \times \left(1 - \frac{0.5}{15.5}\right)\right] = 0.032$$

（8）出口段阻力系数：

$$\xi_{\mathrm{III}} = 1.5\left(\frac{S}{T}\right)^{3/2} + 0.441$$

$$S = 0.5 \text{ m}, T = 16.0 \text{ m}$$

故 $$\xi_{VII} = 1.5 \times \left(\frac{0.5}{16.0}\right)^{3/2} + 0.441 = 0.449$$

故 $\xi = \sum_{i=1}^{VIII} \xi_i = 0.479 + 0.030 + 1.127 + 0.091 + 0.032 + 0.953 + 0.032 + 0.449 = 3.193$

第四步,计算渗透压力。

(1)各段水头损失的计算 $h_i = \frac{\Delta H}{\xi} \xi_i$,$\Delta H = 6 - 2 = 4(\text{m})$。

$$h_I = 0.600 \text{ m}$$
$$h_{II} = 0.038 \text{ m}$$
$$h_{III} = 1.412 \text{ m}$$
$$h_{IV} = 0.114 \text{ m}$$
$$h_V = 0.040 \text{ m}$$
$$h_{VI} = 1.194 \text{ m}$$
$$h_{VII} = 0.040 \text{ m}$$
$$h_{VIII} = 0.562 \text{ m}$$

(2)进出口水头损失的修正。

进口处修正系数 β_1 为:

$$\beta_1 = 1.21 - \frac{1}{\left[12\left(\frac{T'}{T}\right)^2 + 2\right]\left(\frac{S'}{T} + 0.059\right)}$$

已知 $$S' = 1.5 \text{ m}, T' = 16.5 \text{ m}, T = 17.5 \text{ m}。$$

故 $$\beta_1 = 1.21 - \frac{1}{\left[12 \times \left(\frac{16.5}{17.5}\right)^2 + 2\right] \times \left(\frac{1.5}{17.5} + 0.059\right)} = 0.665 < 1.0$$

应予以修正。

进口段的水头损失修正为:
$$h'_I = \beta_1 h_I = 0.665 \times 0.600 = 0.399(\text{m})$$

修正量为 $\Delta h = 0.600 - 0.399 = 0.201(\text{m})$,且该修正量应转移给相邻各段,则
$$h'_{II} = 0.038 + 0.038 = 0.076(\text{m})$$
$$h'_{III} = 1.412 + (0.201 - 0.038) = 1.575(\text{m})$$

出口处修正系数 β_2 为:

$$\beta_2 = 1.21 - \frac{1}{\left[12\left(\frac{T'}{T}\right)^2 + 2\right]\left(\frac{S'}{T} + 0.059\right)}$$

已知 $S' = 1.0 \text{ m}, T' = 15.5 \text{ m}, T = 16 \text{ m}$。所以 $\beta_2 = 0.589 < 1.0$,应修正。

出口段的水头损失修正为:
$$h'_{VIII} = \beta_2 h_{VIII} = 0.589 \times 0.562 = 0.331(\text{m})$$

修正量 $\Delta h = 0.562 - 0.331 = 0.231(\text{m})$,转移给相邻各段,则
$$h'_{VII} = 0.040 + 0.040 = 0.080(\text{m})$$
$$h'_{VI} = 1.194 + (0.231 - 0.040) = 1.385(\text{m})$$

（3）计算各角偶点的渗压水头（见图6-9）。

$$H_1 = 4.0 \text{ m}$$
$$H_2 = 4.0 - h'_{\text{I}} = 4.0 - 0.399 = 3.601(\text{m})$$
$$H_3 = H_2 - h'_{\text{II}} = 3.601 - 0.076 = 3.525(\text{m})$$
$$H_4 = H_3 - h'_{\text{III}} = 3.525 - 1.575 = 1.95(\text{m})$$
$$H_5 = H_4 - h_{\text{IV}} = 1.95 - 0.114 = 1.836(\text{m})$$
$$H_6 = H_5 - h_{\text{V}} = 1.836 - 0.040 = 1.796(\text{m})$$
$$H_7 = H_6 - h'_{\text{VI}} = 1.796 - 1.385 = 0.411(\text{m})$$
$$H_8 = H_7 - h'_{\text{VII}} = 0.411 - 0.080 = 0.331(\text{m})$$
$$H_9 = H_8 - h'_{\text{VIII}} = 0.331 - 0.331 = 0(\text{m})$$

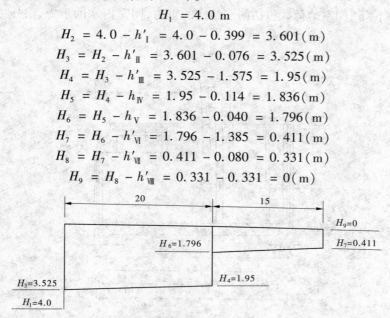

图6-9　渗透压力分布图　（单位:m）

（4）作出渗压分布图,并计算其值。

单位宽底板所受渗透压力为:

$$P_1 = \frac{1}{2}(H_6 + H_7) \times 15 \times 1$$
$$= \frac{1}{2} \times (1.796 + 0.411) \times 15 \times 1 = 16.55(\text{t})$$

单位宽铺盖所受的渗透压力为:

$$P_1 = \frac{1}{2}(H_3 + H_4) \times 20 \times 1$$
$$= \frac{1}{2} \times (3.525 + 1.95) \times 20 \times 1 = 54.75(\text{t})$$

第五步,计算闸底板水平段的平均渗透坡降 J_x 和出口处的平均出逸坡降 J_0。

$$J_x = \frac{h_{\text{VI}}}{L_x} = \frac{1.194}{15} = 0.080$$
$$J_0 = \frac{h'_{\text{VIII}}}{S'} = \frac{0.331}{1.0} = 0.331$$

【例题6-2】　某水闸闸室结构布置如图6-10所示。两孔一联,每孔净宽6.5 m,闸孔净宽13 m,中墩厚1.10 m,总宽度为15.2 m,底板长16 m,厚1.2 m。上游设计水位4.3 m,下游水位1.0 m。混凝土、钢筋混凝土的容重取为25 kN/m³。地基为坚硬粉质黏土,凝聚力 $c = 60.0$ kPa,内摩擦角 $\varphi = 19°$,天然容重 $\gamma = 20.3$ kN/m³,浮容重 $\gamma_b = 10.09$ kN/m³,地基最大承载力 $[\sigma] = 110$ kPa。波浪高度 $h_l = 0.8$ m,波浪长 $L_l = 8$ m。取中间一个独立的闸室单元进行分析,分析:①闸室基底压力;②闸室的抗滑稳定性。

解:(1)荷载计算。

在设计水位下,闸室的荷载包括闸室结构的重力,闸室内水的重力、浪压力、水压力、扬压力等。

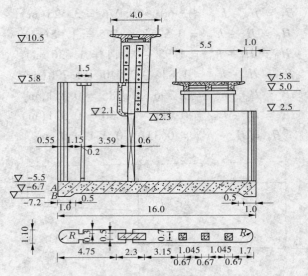

图 6-10 闸室结构布置 （单位:m）

①底板重力:

$$G_1 = 16 \times 1.2 \times 15.2 \times 25 + \frac{1}{2} \times (1 + 1.5) \times 0.5 \times 15.2 \times 25 \times 2 = 7\,771.0(\text{kN})$$

②闸墩重力:

每个中墩重

$$G_2' = \frac{1}{2} \times 3.14 \times 0.55^2 \times 11.3 \times 25 + \frac{1}{2} \times 3.14 \times 0.55^2 \times 8.0 \times 25 +$$

$$(4.2 \times 1.10 \times 11.3 - 2 \times 0.2 \times 0.3 \times 11.3) \times 25 + (2.3 \times 1.10 \times$$

$$11.3 - 2 \times 0.3 \times 0.6 \times 11.3 + 2.3 \times 0.5 \times 4.7) \times 25 +$$

$$(8.4 \times 1.10 \times 8.0 + 3 \times 0.67 \times 0.7 \times 1.8 + 0.7 \times 0.7 \times 4.7) \times 25$$

$$= 134.2 + 95.0 + 1\,271.3 + 748.2 + 1\,968.9 = 4\,217.6(\text{kN})$$

每个闸室单元有两个中墩,则

$$G_2 = 2G_2' = 2 \times 4\,217.6 = 8\,435.2(\text{kN})$$

③闸门重力:

$$G_3 = 200.0 \times 2 = 400.0(\text{kN})$$

④胸墙重力:

$$G_4 = 0.3 \times 0.5 \times 13 \times 25 + 0.4 \times 0.8 \times 13 \times 25 +$$

$$0.2 \times (3.7 - 0.4 - 0.3) \times 13 \times 25 = 347.8(\text{kN})$$

⑤工作桥及启闭机重力:

工作桥重考虑到栏杆及横梁重等工作桥每米重约为 27.0 kN,则

$$G_5' = 27 \times 15.2 = 410.4(\text{kN})$$

· 148 ·

启闭机 QPQ2×25 单台机身重40.7 kN,考虑到机架混凝土及电机重,每台启闭机重按48.0 kN 计,启闭机重力

$$G_5'' = 2 \times 48 = 96.0(\text{kN})$$

则
$$G_5 = G_5' + G_5'' = 410.4 + 96.0 = 506.4(\text{kN})$$

⑥公路桥重力:

公路桥每米重约80 kN,考虑到栏杆重另加50 kN,则公路桥重

$$G_6 = 80 \times 15.2 + 50 = 1\ 266.0(\text{kN})$$

⑦检修便桥重力:

检修便桥每米重约10.2 kN,则检修便桥重

$$G_7 = 10.2 \times 15.2 = 155.0(\text{kN})$$

⑧闸室内水的重力:

$$W_1 = (0.55 + 1.15 + 0.2 + 3.59) \times (4.3 + 5.5) \times 13 \times 9.8 + (16 - 5.49 - 0.6) \times$$
$$(1.0 + 5.5) \times 13 \times 9.8 = 6\ 854.4 + 8\ 206.5 = 15\ 060.9(\text{kN})$$

⑨水平水压力:

$$P_1 = \frac{1}{2} \times 9.8 \times (9.8 + 0.2) \times (9.8 + 0.2) \times 15.2 = 7\ 448.0(\text{kN}) \ (\rightarrow)$$

$$P_2 = \frac{1}{2} \times (8.33 \times 9.8 + 9.75 \times 9.8) \times 1.5 \times 15.2 = 2\ 019.9(\text{kN})(\rightarrow)$$

$$P_3 = \frac{1}{2} \times 9.8 \times (1.0 + 7.2) \times (1.0 + 7.2) \times 15.2 = 5\ 008.0(\text{kN})(\leftarrow)$$

⑩浪压力:

首先计算波浪要素,由已知资料知:$h_l = 0.8$ m,$L_l = 8$ m,上游 $\overline{H} = 9.8$ m,则上游波浪中心线壅高

$$h_0 = \frac{\pi h_l^2}{L_l} \times \coth \frac{2\pi \overline{H}}{L_l} = \frac{\pi \times 0.8^2}{8^2} \times \coth \frac{2\pi \times 9.8}{8} = 0.25(\text{m})$$

波浪破碎的临界水深

$$H_{lj} = \frac{L_l}{4\pi} \ln \frac{L_l + 2\pi h_l}{L_l - 2\pi h_l} = \frac{8}{4\pi} \ln \frac{8.0 + 2\pi \times 0.8}{8.0 - 2\pi \times 0.8} = 0.94(\text{m})$$

可见,上游平均水深 $\overline{H} = 9.8$ m,大于 $\frac{L_l}{2} = 4$ m,且大于 H_{lj},故为深水波。因此

$$P_l = \frac{1}{2} \times (4 \times 9.8) \times (4 + 0.25 + 0.8) \times 15.2 - \frac{1}{2} \times$$
$$(4 \times 9.8) \times 4 \times 15.2 = 312.8(\text{kN})(\rightarrow)$$

⑪浮托力:

$$F = 7.7 \times 9.8 \times 16 \times 15.2 + 2 \times \frac{1}{2} \times (1.0 + 1.5) \times$$
$$0.5 \times 9.8 \times 15.2 = 18\ 538.0(\text{kN})(\uparrow)$$

⑫渗透压力(计算过程见例题6-1):

$$U = 0.30 \times 9.8 \times 16 \times 15.2 + \frac{1}{2} \times 1.22 \times 9.8 \times 16 \times 15.2$$

$$= 715.0 + 1\ 453.8 = 2\ 168.8(kN)(\uparrow)$$

荷载和力矩计算简图见图6-11,计算结果见表6-20。

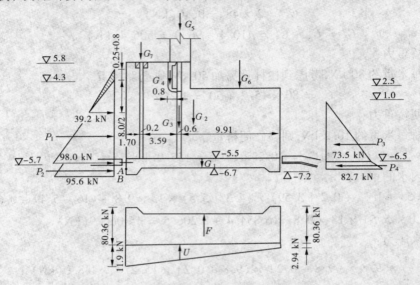

图6-11 荷载和力矩计算简图

(2)闸室基底压力验算。

闸室地基压应力计算,由表6-20可知:$\sum G = 13\ 235.5$ kN, $\sum M = 122\ 682.7$ kN·m。

则
$$e = \frac{16}{2} - \frac{122\ 682.7}{13\ 235.5} = -1.27 \text{ m(偏下游)}$$

$$P_{\max}_{\min} = \frac{13\ 235.5}{243.2} \times (1 \pm 6 \times \frac{1.27}{16}) = \frac{80.34(下游端)}{28.50(上游端)}(kPa)$$

$P_{\max} = 80.34$ kPa $< [\sigma] = 110$ kPa,小于容许值。

$P_{\min} = 28.50$ kPa > 0,不出现拉应力。

因此,基底压力验算满足要求。

(3)闸室抗滑稳定验算。

地基产生深层滑动的临界压应力
$$P_{kp} = A_1 \gamma_b B \tan\varphi + 2c(1 + \tan\varphi)$$
$$= 1.75 \times 10.09 \times 16 \times \tan19° + 2 \times 60 \times (1 + \tan19°) = 258.6(kPa)$$

$P_{kp} > P_{\max} = 80.34$ kPa,故闸室不会发生深层滑动,仅需作表层抗滑稳定分析。

$$K_c = \frac{\tan\varphi_0 \sum G + c_0 A}{\sum H}$$

其中:$\varphi_0 = 0.9\varphi = 17.1°$,$c_0 = \frac{1}{3}c = 20.0$ kPa,由于本闸齿墙较浅,可取 $A = 243.2$ m²,则

$$K_c = \frac{\tan17.1° \times 13\ 235.5 + 20.0 \times 243.2}{4\ 772.7} = 1.87 > [K_c] = 1.25$$

因此,闸室抗滑稳定性满足要求。

表 6-20 荷载和力矩计算(对 B 的力矩)

荷载名称	竖向力(kN)		水平力(kN)		力臂 M	力矩(kN·m)	
	↓	↑	→	←		↻	↺
底板	7 771.0				8.0	62 168.0	
闸墩(1)	268.4				0.32	85.9	
闸墩(2)	2 542.6				2.65	6 737.9	
闸墩(3)	1 496.4				5.90	8 828.8	
闸墩(4)	3 937.8				11.25	44 300.3	
闸墩(5)	190.0				15.68	2 979.2	
闸门	400.0				5.79	2 316.0	
工作桥	410.4				5.90	2 421.4	
启闭机	96.0				5.90	566.4	
公路桥	1 266.0				12.25	15 508.5	
检修便桥	155.0				1.80	279.0	
胸墙	347.8				4.79	1 665.5	
上游 水压力			7 448.0 2 019.9 312.8		4.83 0.73 10.52	35 973.8 1 474.5 3 290.7	
下游水压力				5 008.0	2.73		13 671.8
浮托力		18 538.0			8.0		148 304.0
渗透压力		715.0 1 453.8			8.0 5.33		5 720.0 7 748.8
水重力	6 854.4 8 206.5				2.75 11.05	18 849.6 90 681.8	
合计	33 942.3	20 706.8	9 780.7	5 008.0		298 127.3	175 444.6
	13 235.5(↓)		4 772.7(→)			122 682.7(↻)	

第七章 模板工程施工

第一节 概 述

一、模板工程的发展及现状

模板工程是伴随着混凝土工程的产生而产生的。随着技术的发展和社会分工的细化，模板逐渐成为一个单独的工种。我国早期的模板大都采用木模板，由于木模板自重大，强度、刚度低，耗用木材多，周转性差，逐渐被钢模板所代替。此后20多年，普通钢模板的发展基本上是停滞不前的，大劳动量的模板工程大大延缓了工程进度，加大了施工成本。20世纪末，随着建筑行业的技术创新，新型建筑、新型结构的涌现，对模板技术提出了更高的要求，新型模板也就应运而生了。新型模板不仅在模板材料上有创新，而且在模板类型、施工技术和工艺上也大有创新，从而大大降低了模板工程的劳动量，提高了周转率。本章将对新型模板详加阐述。

二、模板的作用与重要性

模板在建筑工程中属于周转性材料，是混凝土的成型模具，是混凝土结构工程的重要组成部分。在现代建筑混凝土结构工程中，模板费用所占比例相当大，据估计，模板费用占混凝土结构工程造价的比例，国外为 28% ~33%，国内平均为 25% ~30%。同时，模板工程的劳动量占混凝土结构工程的 30% ~35%，工期占 50% ~60%。另外，模板又是保证混凝土结构表面质量的关键，因此模板在混凝土结构工程中乃至整个建筑工程中的重要性不言而喻。了解模板的特点及应用，掌握模板的安装与拆除，对提高模板的周转率，加快施工进度，降低工程造价是至关重要的。

模板在混凝土结构中的作用及对模板的要求主要有以下几点：

（1）成型作用。现浇混凝土具有流动性和可塑性，这就要求模板围成的模型形状、尺寸、相对位置和绝对位置必须符合设计图纸要求，并且需要在混凝土浇筑和养护期间保持稳定。

（2）支撑作用。由于混凝土及模板的自重较大，且在浇筑和养护期间还有部分活荷载，故要求模板及其支撑系统有足够的强度、刚度和稳定性，以保证施工和构件安全。

（3）保护和改善混凝土表面质量。为保证混凝土表面不出现蜂窝和麻面等质量问题，要求模板之间的接缝严密，不漏浆，模板与混凝土接触面应涂隔离脱模剂。

（4）保温保湿作用。木模板和胶合模板，对混凝土还有一定的保温保湿作用。当保温要求高时，应选用保温效果较好的材料或在模板上敷设保温材料。

（5）模板作为周转性材料，为提高周转效率，要求材料坚固耐用，构造简单，装拆方便，能多次使用。尽量做到标准化、系列化，尽量少用木模板。

三、模板的组成及基本类型

模板主要由面板系统、连接系统和支撑系统三部分组成。根据面板和架立特点,可从以下几方面分类。

按制作材料,模板可分为木模板、钢模板、钢胶合板模板、竹胶合板模板、塑料模壳模板、钢框橡胶模板、铝合金胶合板模板、混凝土和钢筋混凝土预制模板等。

按模板形状,模板可分为平面模板和曲面模板。

按受力条件,模板可分为承重模板和侧面模板。侧面模板按其支撑受力方式,又分为简支模板、悬臂模板和半悬臂模板。

按架立和工作特征,模板可分为固定式模板、拆移式模板、移动式模板和滑动式模板。固定式模板多用于起伏的基础部位或特殊的异形结构(如蜗壳或扭曲面),因大小不等,形状各异,难以重复使用。拆移式模板、移动式模板、滑动式模板可重复或连续在形状一致或变化不大的结构上使用,有利于实现标准化和系列化生产。

按施工工艺和应用特征,模板可分为传统模板和新型模板、通用模板和专用模板。

按构件和建筑物特征,模板可分为基础模板、墙体模板、楼梯模板、梁模板、门窗模板、电梯井模板、隧道模板等。

四、选择模板的原则

(1)适应工程的结构特点。选择模板品种时,首先要根据工程的规模、面积、高度、平面形状及结构类型等综合考虑,且不同的部位可选用不同的模板。例如:当工程为全剪力墙结构的高层建筑时,可选用全钢大模板或钢框胶合板大模板;当工程为多层框架结构时,柱子可选用可调截面柱模板;而地下室外墙可采用木(竹)胶合板模板。

(2)确保工程质量。根据工程对混凝土表面质量等级的要求不同,选择合理的模板类型。

(3)满足施工进度要求。不同的模板品种和模板工艺,其施工进度相差较大。例如,高层剪力墙工程工期要求紧迫,可选择滑模,反之可选用大模板或其他模板。

(4)根据施工现场条件确定。在城市和环境比较复杂的山区,施工场地往往受到很多限制,当施工现场非常狭窄,不能采用大模板装拆吊运时,可以选择爬模施工。

(5)技术先进性。采用新型模板技术往往成本较高,但由于技术先进,安全可靠,在大中型工程施工中可加快施工进度,从而缩短了工期,降低了整个工程的成本,因此选择模板时要综合考虑整个工程需求。

(6)满足周转使用次数需要,力求摊销费用低。

第二节　模板基本类型

一、拆移式模板

它适用于浇筑块表面为平面的情况,目前在中小型工程和民间市场上应用较为广泛。它主要由面板系统和支撑连接系统两部分组成。按面板材料不同又有木模板和钢模板两

种,均可做成定型的标准模板,其标准尺寸,大型的为 100 cm ×(325 ~ 525)cm,小型的为
(75 ~ 100)cm × 150 cm。前者适用于 3 ~ 5 m 高的浇筑块,需小型机具吊装;后者用于薄层浇
筑,可人力搬运,如图 7-1 所示。

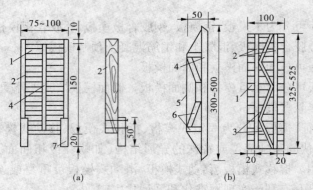

1—面板;2—肋木;3—加劲肋;4—方木;5—拉条;6—桁架木;7—支撑木

图 7-1　平面标准模板 （单位:cm）

平面木模板由面板、加劲肋和支架三个基本部分组成。加劲肋(板样肋)把面板连接起
来,并由支架安装在混凝土浇筑块上。

架立模板的支架,常用围图和桁架梁,如图 7-2(a)、(b)所示。桁架梁多用方木和钢筋
制作。立模时,将桁架梁下端插入预埋在下层混凝土块内的 U 形埋件中。当浇筑块薄时,
上端用钢拉条对拉;当浇筑块大时,则采用斜拉条固定,以防模板变形。钢筋拉条直径应大
于 8 mm,间距为 1 ~ 2 m,斜拉角度为 30° ~ 45°。

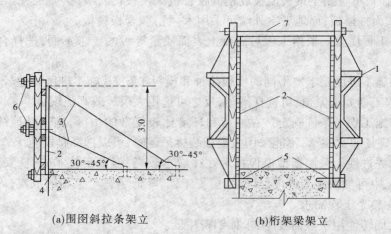

(a)围图斜拉条架立　　　　　(b)桁架梁架立

1—钢木桁架;2—木面板;3—斜拉条;4—预埋锚筋;5—U 形埋件;6—横向围图;7—对拉条

图 7-2　拆移式模板的架立图 （单位:m）

钢模板由面板、边框和加劲肋焊接而成,边框和加劲肋上有钻孔,以利于拼装和连接,见
图 7-3。连接件有多种螺栓和卡扣件,如 U 形卡、山形卡、紧固螺栓、钩头螺栓、蝶形扣件等。

悬臂钢模板由面板、支撑柱和预埋连接件组成。面板采用定型组合钢模板拼装或直接
用钢板焊制。支撑模板的立柱,有型钢梁和钢桁架两种,视浇筑块高度而定。预埋在下层混
凝土内的连接件有螺栓式和插座式(U 形铁件)两种。

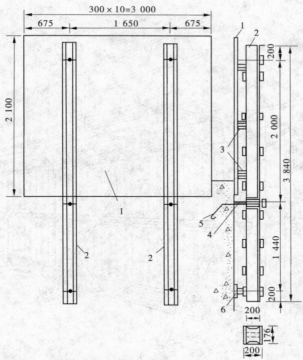

1—提升柱;2—提升机械;3—预定锚栓;4—模板锚固件;
5—提升柱锚固件;6—柱模板连接螺栓;7—调节丝杆;8—模板

图 7-3　悬臂钢模板　(单位:mm)

采用悬臂钢模板,由于仓内无拉条,模板整体拼装,为大体积混凝土机械化施工创造了有利条件,且模板本身的安装比较简单,重复使用次数高(可达 100 多次)。但模板重量大(每块模板重 0.5 ~ 2 t),需要起重机配合吊装。由于模板顶部容易变位,故适用浇筑高度受到限制,一般为 1.5 ~ 2 m。用钢桁架作支撑柱时,高度也不宜超过 3 m。

此外,还有一种半悬臂模板,常用高度有 3.2 m 和 2.2 m 两种。半悬臂模板结构简单,装拆方便,但支撑柱下端固结程度不如悬臂模板,故仓内需要设置短拉条,对仓内作业有影响。

一般标准大模板的重复利用次数即周转率为 5 ~ 10 次,而钢木混合模板的周转率为 30 ~ 50 次,木材消耗减少 90% 以上,由于是大块组装和拆卸,故劳力、材料、费用大为降低。

二、大模板

大模板是一种单块面积较大的大型模板,见图 7-4,其高度根据层高和内外墙位置选用,宽度根据开间、进深确定,一般为一面墙的净长(除角模外)选配一块,墙较长时可选用多块组合使用。大模板工业化、机械化程度高,模板工艺施工方法简单、方便,施工速度快,混凝土表面平整光滑,周转率高,是城市高层和多层建筑施工首选的新型模板。

(一) 常见大模板类型

1. 专用整体大模板

它是根据具体工程的层高、开间、进深尺寸专门设计、制作的。模板整体无拼缝,刚度大,工程质量、外观好,但通用性差,周转率较低。

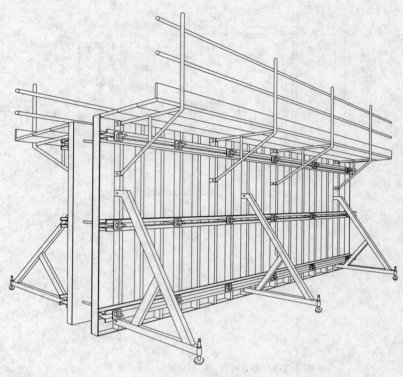

图 7-4 大模板透视图

2.组拼式大模板

它是用水平背棱和连接螺栓将数块模板组拼成所需宽度的大模板。组拼灵活,通用性强,周转次数多,但拼缝多,模板平整度较整体大模板差。

3.定型整体大模板

这种模板是定型的、模数化的,以300 mm为模数确定模板的高度和宽度。定型整体大模板拼缝少、刚度大,板面平整,通用性和整体性均较好,但由于标准模板规格较多而制约着其发展。

(二)大模板构造

1.大模板系统组成

定型整体大模板,由标准大模板、调节模板、角模板、上接模、下包模、斜撑、挑架、爬梯、工具箱、外挂架、挂钩螺栓、穿墙螺栓、芯带、钢楔、吊钩等组成,见图7-5。

2.定型整体大模板的基本尺寸

(1)定型整体大模板的高度为标准层层高减100 mm,可以根据具体工程上接或下包,也可将外墙模板直接做成与标准层等高或超高50 mm,超高部分留做剔凿余地。

(2)定型整体大模板的标准宽度为:600~6 000 mm,常用规格有6 000 mm、5 400 mm、4 800 mm、4 200 mm、3 600 mm、3 000 mm、2 700 mm、2 400 mm、2 100 mm、1 800 mm、1 500 mm、1 200 mm、900 mm、600 mm,其中900 mm、600 mm宽模板主要用于丁字墙。每道墙面净尺寸减去相应的两个角模宽度后,优先排列标准大模板,余下部分即以调节模板补充或以角模边长调节。

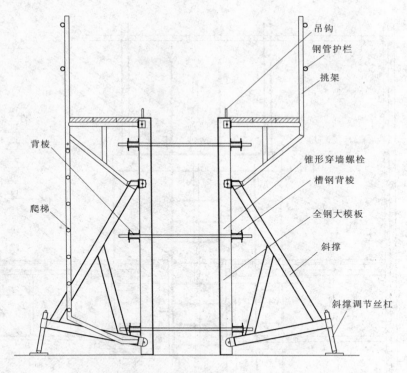

图 7-5　定型整体大模板剖面图

图中标注：吊钩、钢管护栏、挑架、锥形穿墙螺栓、槽钢背棱、全钢大模板、斜撑、斜撑调节丝杠、背棱、爬梯

三、滑模

滑动式模板（简称滑模）是现浇混凝土工程中机械化程度较高的工艺，主要用于烟囱、水塔、筒仓、桥墩、电视塔机及高层等高耸建筑物。

滑模施工可以节约模板和支撑材料，不需要搭设脚手架，施工速度快，改善施工条件，保证结构的整体性，提高混凝土表面质量，降低工程造价。缺点是滑模系统一次性投资大，耗钢量大，且保温条件差，不宜于低温季节使用。

滑模是先在地面上按照建筑物的平面轮廓组装一套 1.0~1.2 m 高的模板，随着浇筑层的不断上升而逐渐滑升，直至完成整个建筑物计划高度内的浇筑。

滑模装置剖面图如图 7-6 所示，由模板系统、操作平台系统和液压支撑系统、施工精度控制系统、水电系统等五部分组成。

(一)模板系统

它包括模板、围圈、提升架、模板截面及倾斜度调节装置等。模板多用钢模板、钢木混合模板及定型组合大钢模板，其高度取决于滑升速度和混凝土达到出模强度(0.05~0.25 MPa)所需的时间，一般高为 1.0~1.2 m。为减少滑升时与混凝土间的摩擦力，应将模板自下向上稍向内倾斜，做成单面为 0.2%~0.3% 模板高度的正锥度。围圈用于支撑和固定模板，上下各布置一道。它承受由模板传来的水平侧压力和由滑升摩擦力、模板与圈梁自重、操作平台自重及其上的施工荷载产生的竖向力，多用角钢或槽钢制成。如果围圈所受的水平力和竖向力很大，也可做成平面桁架或空间桁架，使其具有大的承载力和刚度，防止模板

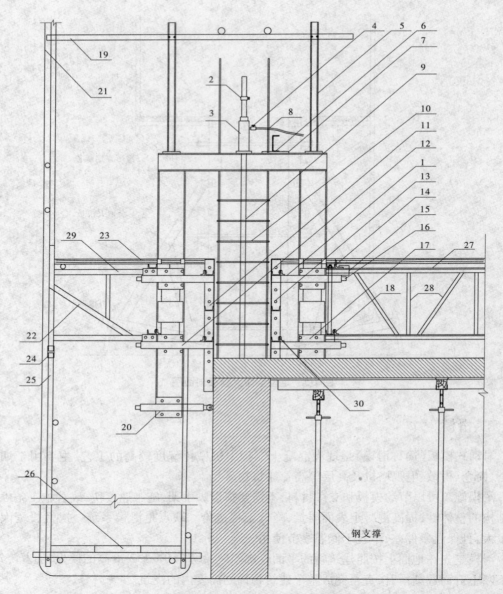

钢支撑

1—提升架;2—限位卡;3—千斤顶;4—针形阀;5—支架;6—环梁;7—环梁连接板;8—油管;9—工具式支撑杆;
10—插板;11—外模板;12—支腿;13—内模板;14—围图桁架上弦;15—边框卡铁;16—伸缩调节丝杠;
17—滑道槽钢;18—围图桁架下弦;19—支架连接管;20—纠偏装置;21—安全网;22—外挑架;
23—外挑平台;24—吊杆连接管;25—吊杆;26—吊平台;27—活动平台边框;
28—桁架斜杆、立杆、对拉螺栓;29—钢管水平桁架;30—围圈卡铁

图 7-6　滑模装置剖面图

和操作平台出现超标准的变形。提升架由立柱和横梁组成,其作用是固定围圈,把模板系统
和操作平台系统连成整体,承受整个模板和操作平台系统的全部荷载,并将竖向荷载传递给
液压千斤顶。提升架立柱和横梁一般用槽钢做成由双柱和双梁组成的"开"形架,立柱有时
也采用方木制作。

(二)操作平台系统

它包括固定平台、活动平台、挑平台、内外吊脚手架等,是承放液压控制台,临时堆存钢筋、混凝土及修饰刚刚出模的混凝土面的施工操作场所,一般为钢结构或钢木混合结构。

(三)液压支撑系统

它包括支撑杆、穿心式液压千斤顶、输油管路和液压控制台等,是使模板向上滑升的动力和支撑装置。

1.支撑杆

支撑杆又称爬杆,它既是液压千斤顶爬升的轨道,又是滑模装置的承重支柱,承受施工过程中的全部荷载。

支撑杆的规格与直径要与选用的千斤顶相适应,目前使用的额定起重量为 30 kN 的滚珠式卡具千斤顶,其支撑杆一般采用 φ25 mm 的 Q235 圆钢。支撑杆应调直除锈,当 I 级圆钢采用冷拉调直时,冷拉率控制在 3% 以内。支撑杆的加工长度一般为 3~5 m,其连接方法可使用丝扣连接、榫接和剖口焊接,如图 7-7 所示。丝扣连接操作简单,使用安全可靠,但机械加工量大。榫接亦有操作简单和机械加工量大之特点,滑升过程中易被千斤顶的卡头带起。采用剖口焊接时,接口处倘若略有偏斜或凸疤,则要用手提砂轮机处理平整,使其能通过千斤顶孔道。当采用工具式支撑杆时,应用丝扣连接。

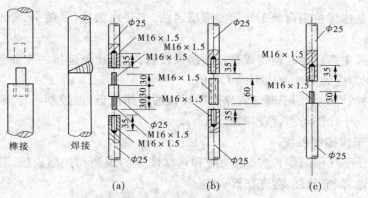

图 7-7　支撑杆连接方式　(单位:mm)

2.液压千斤顶

滑模工程中所用的千斤顶为穿心式液压千斤顶,支撑杆从其中心穿过。按千斤顶卡具形式的不同可分为滚珠卡具式和楔块卡具式。千斤顶的允许承载力,即工作起重量一般不应超过其额定起重量的 1/2。

液压千斤顶的工作原理如下:工作时,先将支撑杆由上向下插入千斤顶中心孔,然后开动油泵由油嘴 P 进油,如图 7-8(a)所示。由于上卡头与支撑杆锁紧,活塞不能下行,在高压油液的作用下整个缸体被举起,当上升至上、下卡头相互顶紧时,即完成一个提升过程,见图 7-8(b)。排油时上卡头放松,下卡头锁紧,上卡头及活塞被排油弹簧向上推动复位,见图 7-8(c)。一次循环的行程一般为 20~30 mm。如此往复动作,千斤顶即带动滑模装置沿着支撑杆不断爬升。

3.液压控制台

液压控制台是液压传动系统的控制中心,主要由电动机、齿轮油泵、溢流阀、换向阀、分

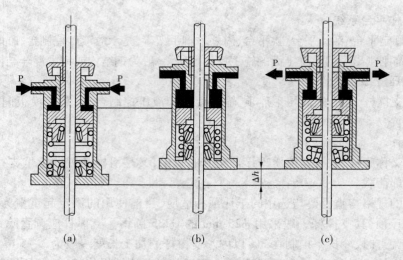

图 7-8　液压千斤顶工作过程

油器和油箱等组成。

液压控制台按操作方式的不同,可分为手动和自动控制形式。

4. 油路系统

油路系统是连接控制台到千斤顶的液压通路,主要由油管、管接头、分油器和截止阀等组成。

油管一般采用高压无缝钢管或高压耐油橡胶管,与千斤顶连接的支油管最好使用高压胶管,油管耐压力应大于油泵压力的 1.5 倍。

截止阀又称针形阀,用于调节管路及千斤顶的液体流量,以控制千斤顶的升差,一般设置于分油器上或千斤顶与油管连接处。

(四)施工精度控制系统

它主要包括千斤顶同步、建筑物轴线和垂直度等的观测和控制设施,具体有激光经纬仪、铅直仪、滑轮、调节丝杠、激光靶等仪器。

(五)水电系统

它主要给滑模施工提供动力、照明、指示信号及施工用水,包括电缆线、配电箱、照明灯具、信号按钮、摄像及监控仪器、水泵、水管、阀门等器具。

四、爬模

爬升模板(简称爬模)是依附在建筑结构上,随着结构施工而逐层上升的一种模板,是适用于高层建筑物或高耸构筑物现浇混凝土施工或倾斜结构施工的先进模板工艺。与滑模工艺的主要区别在于:滑模是在模板与混凝土保持接触、相互摩擦的情况下逐步整体上升的,刚脱模的混凝土强度仅为 0.2 ~ 0.4 MPa,爬模上升时,模板不与混凝土摩擦,此时混凝土强度已大于 1.2 MPa。

液压爬升模板是滑模与支模相结合的一种新工艺,它吸收了支模工艺按常规方法浇筑混凝土的特点,劳动组织和施工管理简便,混凝土表面质量易于保证,又避免了滑模施工常见的缺陷,施工偏差可逐层消除。在爬升方法上同滑模工艺一样,提升架、模板、操作平台及

· 160 ·

调脚手架等以液压千斤顶为动力依次向上爬升,见图7-9。

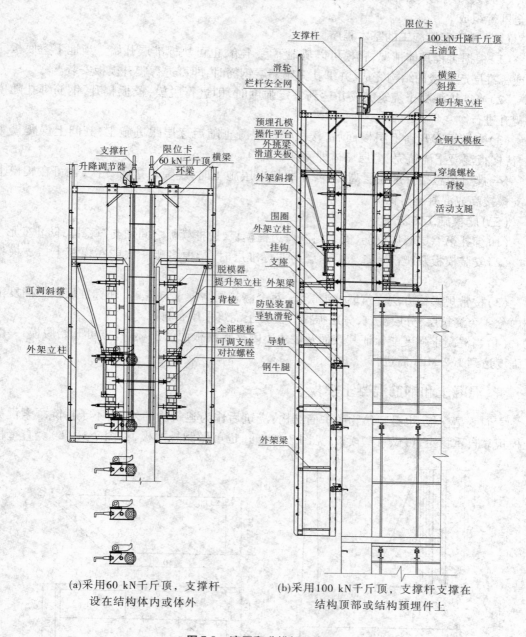

(a)采用60 kN千斤顶,支撑杆
设在结构体内或体外

(b)采用100 kN千斤顶,支撑杆支撑在
结构顶部或结构预埋件上

图7-9　液压爬升模板示意图

(一)液压爬模的构造

(1)模板系统,由定型组合大钢模板、调节缝板、角模、钢背棱及对拉螺栓、铸钢螺母、铸钢垫片等组成;

(2)液压提升系统,由提升架立柱、横梁、斜撑、活动支腿、滑道夹板、围圈、千斤顶、支撑杆、液压控制台、各种孔径的油管及阀门、接头等组成;

（3）操作平台系统，由上下操作平台、吊平台、中间平台、外挑架、外架立柱、斜撑、栏杆、安全网等组成。

（二）液压爬模施工的基本程序

（1）根据工程具体情况，爬模可以从地下室开始，也可从标准层开始。当地下室底板完成或标准层起始楼面结构完成，并绑扎完第一层钢筋时，即可进行爬升模板安装。

（2）当墙体混凝土浇筑完成并达到一定强度时，即进行脱模，模板爬升，钢筋绑扎随模板爬升进行。

（3）当模板爬升到上层楼面后，楼板钢筋混凝土随后逐层跟进施工，其间上层爬模紧固，待楼板混凝土浇筑完，上层墙体即又开始浇筑。

（4）爬升模板按标准层层高配置，在非标准层施工时，爬模可进行2次，也可在爬模上部支模接高或混凝土打低。

（三）爬模施工方法

（1）绑扎第一层墙体钢筋，安装门洞口边框模板，边框模板之间加支撑稳固，防止变形。

（2）安装模板及爬模装置。第一层为非标准层时，爬模多爬一次或在模板上口支模接高。

（3）按常规操作方法浇筑墙体混凝土，每个浇筑层高度1 m左右，即标准层模板高度范围内分3个浇筑层，分层浇筑，分层振捣。混凝土浇筑采用布料机。

（4）当混凝土强度能保证其表面及棱角不因拆除模板而受损坏后，方可开始脱模，一般在强度达到1.2 MPa后进行。

五、混凝土和钢筋混凝土模板

它们既是模板，也是建筑物的护面结构，浇筑后作为建筑物的外壳，不予拆除。素混凝土模板靠自重稳定，可做直壁模板，见图7-10（a），也可做倒悬模板，见图7-10（b）。直壁模

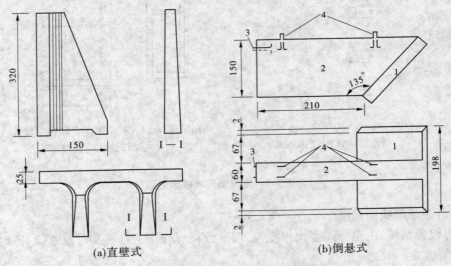

（a）直壁式　　　　　　　　（b）倒悬式

1—面板；2—肋墙；3—连接预埋环；4—预埋吊环

图7-10　混凝土预制模板　（单位：cm）

板除面板外,还靠两肢等厚的肋墙维持其稳定。若将此模板反向安装,让肋墙置于仓外,在面板上涂以隔离剂,待新浇混凝土达到一定强度后,可拆除重复使用,这时,相邻仓位高程大体一致。例如,可在浇筑廊道的侧壁或把坝的下游面浇筑成阶梯时使用。倒悬式混凝土预制模板可取代传统的倒悬木模板,一次埋入现浇混凝土内不再拆除,既省工,又省木材。

钢筋混凝土模板既可做建筑物表面的镶面板,也可做厂房、空腹坝空腹和廊道顶拱的承重模板,如图7-11所示。这样避免了高架立模,既有利于施工安全,又有利于加快施工进度,节约材料,降低成本。

(a)廊道顶拱　　(b)廊道拱墙　　(c)空腹坝顶拱

图7-11　钢筋混凝土承重模板

预制混凝土和钢筋混凝土模板重量较大,常需起重设备起吊,所以在模板预制时都应预埋吊环供起吊用。对于不拆除的预制模板,模板与新浇混凝土的接合面需进行凿毛处理。

第三节　模板的设计荷载、安装与拆除

一、模板的设计荷载

模板及其支撑结构应具有足够的强度、刚度和稳定性,必须能承受施工中可能出现的各种荷载的最不利组合,其结构变形应在允许范围以内。模板及其支架承受的荷载分基本荷载和特殊荷载两类。

(一)基本荷载

(1)模板及其支架的自重,根据设计图确定。木材的密度,针叶类按 600 kg/m³,阔叶类按 800 kg/m³ 计算。

(2)新浇混凝土重量,通常可按 24 ~ 25 kN 计算。

(3)钢筋重量,对一般钢筋混凝土,可按 1 kN/m³ 计算。

(4)工作人员及浇筑设备、工具等荷载,计算模板及直接支撑模板的棱木时,可按均布活荷载 2.5 kN/m² 及集中荷载 2.5 kN 验算。计算支撑棱木的构件时,可按 1.5 kN/m² 计,计算支架立柱时,按 1 kN/m² 计。

(5)振捣混凝土产生的荷载,可按 1 kN/m² 计。

(6)新浇混凝土的侧压力与混凝土初凝前的浇筑速度、捣实方法、凝固速度、坍落度及浇筑块的平面尺寸等因素有关,其中以前三个因素关系最密切。在振动影响范围内,混凝土因振动而液化,可按静水压力计算其侧压力,所不同者,只是用流态混凝土的容重取代水的容重。当计入温度和浇筑速度的影响,混凝土不加缓凝剂,且坍落度在 11 cm 以内时,新浇大体积混凝土的最大侧压力值可参考表7-1选用。

表 7-1　混凝土最大侧压力 P_m 值　　　　　　　　（单位：kPa）

| 温度（℃） | 平均浇筑速度（m/h） | | | | | | 混凝土侧压力分布图 |
	0.1	0.2	0.3	0.4	0.5	0.6	
5	22.55	25.50	27.46	29.42	31.38	32.36	
10	19.61	22.55	24.52	26.48	28.44	29.42	
15	17.65	20.59	22.55	24.52	26.48	27.46	
20	14.71	17.65	19.61	21.57	23.54	24.52	
25	12.75	15.69	17.65	19.61	21.57	22.55	

混凝土侧压力分布图中：$h_m = \dfrac{P_m}{r}$，下部标注为 $3h_m$。

（二）特殊荷载

（1）风荷载，根据施工地区和立模部位离地面的高度，按现行《建筑结构荷载规范》（GB 5009—2001）确定；

（2）上列 7 项荷载以外的其他荷载。

在计算模板及支架的强度和刚度时，应根据模板的种类，选择表 7-2 的基本荷载组合。特殊荷载可按实际情况计算，如平仓机、非模板工程的脚手架、工作平台、混凝土浇筑过程不对称的水平推力及重心偏移、超过规定堆放的材料等。

表 7-2　各种模板结构的基本荷载组合

| 项次 | 模板种类 | 基本荷载组合 | |
		计算强度用	计算刚度用
1	承重模板： 　（1）板、薄壳底模板及支架 　（2）梁、其他混凝土结构（厚度大于 0.4 m）的底模板及支架	 1+2+3+4 1+2+3+5	 1+2+3 1+2+3
2	竖向模板	6 或 5+6	6

承重模板及支架的抗倾稳定性应按下列要求核算：

（1）倾复力矩。应计算下列三项倾复力矩，并采用其中的最大值。①水荷载，按现行 GB 5009—2001 确定；②实际可能发生的最大水平作用力；③作用于承重模板边缘 1 471 N/m 的水平力。

（2）稳定力矩。模板及支架的自重，折减系数为 0.8，如同时安装钢筋，应包括钢筋的重量。

（3）抗倾稳定系数。抗倾稳定系数大于 1.4，模板的跨度大于 4 m 时，其设计起拱值通常取跨度的 0.3% 左右。

二、模板的制作与安装

（一）模板制作

大中型工程模板通常由专门的加工厂制作，采用机械化流水作业，以利于提高模板的生产率和加工质量。加工制作有以下要点。

1.钢材选择

模板加工的首要关键是材料,必须采用符合国家标准的合格钢材。面板宜选用 6 mm 厚 Q235 热轧原平钢板,厚度公差控制在 ±0.2 mm。边框宜采用 80 mm×80 mm 钢板或带凹线的特制边框料,同面板垂直焊接,误差控制在 −0.3 ~ −0.5 mm。竖肋 8 号槽钢和 10 号水平槽钢应采用腹宽准确、两翼垂直的合格产品。

2.面板下料拼接

面板下料拼接主要包括槽钢下料、模板组对和焊接、检查校对、面板钻孔、喷漆等作业内容,具体要求可参照相关质量要求及规范。

（二）模板安装程序

模板安装必须按设计图纸测量放样,对重要结构应多设控制点,以利检查校正。模板安装好后,要进行质量检查。检查合格后,才能进行下一道工序。应经常保持足够的固定设施,以防模板倾覆。不同类型模板的安装程序也各不相同,下面是几种常见模板的安装程序。

（1）基础模板安装程序见图 7-12。

（2）柱模板安装程序见图 7-13。

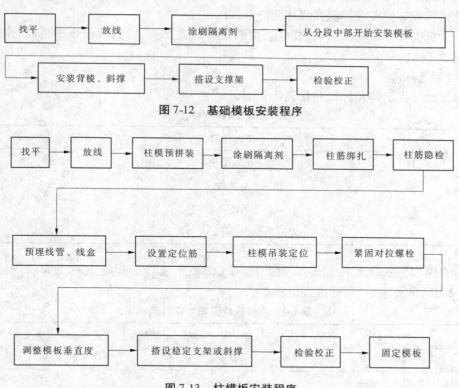

图 7-12　基础模板安装程序

图 7-13　柱模板安装程序

三、模板制作安装质量要求

（一）模板安装质量要求

1.基础模板安装质量要求

（1）模板轴线定位、外形尺寸、水平标高要准确无误。

（2）板面应平整洁净，拼缝严密，不漏浆。

（3）安装应牢固稳定，保证在施工过程中不移位、不胀模。

（4）模板安装偏差应控制在规范允许范围内。

2. 柱模板安装质量要求

（1）模板轴线定位、外型尺寸、水平标高要准确无误。

（2）板面应平整洁净，拼缝严密，不漏浆。

（3）模板安装后应具有足够的承载能力、刚度和稳定性，能承受新浇混凝土的自重和侧压力以及在施工过程中所产生的荷载。

（4）模板安装偏差应控制在规范允许范围内。

3. 水平模板安装质量要求

（1）次梁轴线位置、截面尺寸及水平标高应准确无误。

（2）板面应平整洁净，拼缝严密，不漏浆。

（3）模板安装后应具有足够的承载能力、刚度和稳定性，能承受新浇混凝土的自重和侧压力以及在施工过程中所产生的荷载。

（4）模板安装偏差应控制在规范允许范围内。

（5）梁板支撑系统底部设可调底座，顶部设可调支撑头，以调节模板的标高、水平及按规定要求的起拱。

（二）质量标准

（1）支模模板制作允许偏差见表 7-3。

表 7-3 支模模板制作允许偏差

序号	检查项目	允许偏差（mm）
1	外形尺寸	±2
2	对角线	3
3	相邻表面高低差	1
4	表面平整度（用 2 m 直尺）	2

（2）支模模板安装允许偏差见表 7-4。按《混凝土结构工程施工质量验收规范》（GB 50204—2002）的要求，提高标准进行检查。

表 7-4 支模模板安装允许偏差

项目		规范允许偏差（mm）
轴线位置		5
底模上表面标高		±5
截面内部尺寸	基础	±10
	柱、墙、梁	+4 −5
层高垂直度	≤5 m	6
	>5 m	8
相邻两板表面高低差		2

（3）按《液压滑动模板施工技术规范》（GBJ 113—87），滑模装置安装允许偏差见表7-5。

表7-5　滑模装置安装允许偏差

内容		允许偏差（mm）
模板结构轴线与相应结构轴线位置		3
围圈位置偏差	水平方向	3
	垂直方向	3
提升架的垂直偏差	平面内	3
	平面外	2
安放千斤顶的提升架横梁相对标高偏差		5
考虑倾斜度后模板尺寸的偏差	上口	−1
	下口	+2
千斤顶安装位置偏差	提升架平面内	5
	提升架平面外	5
圆模直径、方模边长的偏差		5
相邻两块模板平面平整偏差		2

（4）滑模、爬模构件制作允许偏差见表7-6。

表7-6　滑模、爬模构件制作允许偏差

名称	内容		允许偏差（mm）
钢模板	表面平整度		1
	长度		2
	宽度		−2
	侧面平直度		2
	连接孔位置		0.5
围圈	长度		−5
	弯曲长度	长度≤3 m	2
		长度＞3 m	4
	连接孔位置		0.5
提升架	高度		3
	宽度		3
	围圈支托位置		2
	连接孔位置		0.5
支撑杆	弯曲（L 为支撑杆加工长度）		小于$(2/1\,000)L$
	直径		−0.5
	丝扣接头中心		0.25

(三)质量保证措施

1. 支模质量保证措施

(1)保证模板有足够的刚度、承载能力和稳定性。我们所选用的各模板系列是已经使用成熟的模板工程系列,能够保证施工成品质量符合现行钢筋混凝土质量标准。对于个别部位使用的非系列模板,需经技术人员设计计算方可使用。

(2)严格控制模板加工质量,要求模板制作质量比 GB 50204—2002 的规定有所提高,并派专人负责检验模板产品,凡质量不达标的产品不得进入施工现场。

(3)拼装和安装过程要选用合格的原材料和合格的配件,保证模板本身的使用可靠性。

(4)完成拼装和安装模板后,首先工人要进行自检,自检合格后,报经相应的责任工程师和监理工程师检查认可后方可进行下一道工序施工。

(5)模板拆除时间要达到 GB 50204—2002 要求的混凝土强度。

(6)隔离剂的选用。为了模板施工正常有序地进行和保证模板的正常使用寿命,确保混凝土的表面质量,要求采用低腐蚀的油性隔离剂。

2. 滑模施工质量保证措施

(1)建立一套强有力的指挥管理系统,采取金字塔形的统一指挥、统一管理。从上到下、一包到顶。把各项管理工作落实到每个具体的人,明确职责范围,建立名副其实的质量保证体系。

(2)混凝土浇筑采取均匀布料、分层浇筑、分层振捣的方法,严格控制浇筑层高,每层300 mm。由于均匀分层浇筑,混凝土的均匀性、整体性比其他模板工艺要好。

(3)严格控制混凝土的材质、配合比和坍落度,根据气温变化情况,通常备有 4~5 个配合比,以适应温差变化需要,坍落度既要考虑泵送混凝土的经时损失,又要保证混凝土分层浇筑的交圈时间要求和上、下层混凝土之间的连接要求。因此,控制混凝土坍落度是确保混凝土不拉裂的重要措施之一。

(4)GBJ 113—87 要求的出模强度为 0.2~0.4 MPa,为了有效控制出模强度,除实验室测定初凝时间和强度外,工地上采取以首罐混凝土做试块,进行手压目测的方法,由施工指挥人员及时掌握强度的变化,采取相应的滑升速度。比较理想的手压结果是混凝土已开始硬化,但表面能压出 0.5~1 mm 深的手指压痕。

(5)内筒外墙角、内墙角、电梯井、门窗洞等垂直度必须层层吊线检查,并由测量工用经纬仪上返控制线,以保证抹灰从上到下一次成功。

(6)强调"防偏为主、纠偏为辅",按照施工组织设计采取的各项防偏措施组织施工。测量观测采取激光控制,垂直度用激光经纬仪观测,水平度用激光安平仪扫描。

四、模板拆除

(一)支模模板的拆除

(1)模板拆除应遵循先安后拆、后安先拆的原则。

(2)水平模板拆除时应按模板设计要求留设必要的养护支撑,不得随意拆除。

(3)水平模板拆除时先降低可调支撑头高度,再拆除主、次木棱及模板,最后拆除脚手架,严禁颠倒工序、损坏面板材料。

(4)拆除后的各类模板,应及时清除面板混凝土残留物,涂刷隔离剂。

（5）拆除后的模板及支撑材料应按照一定位置和顺序堆放，尽量保证上下对应使用。

（6）大钢模板的堆放必须面对面、背对背，并按设计计算的自稳角要求调整堆放期间模板的倾斜角度。

（7）严格按《混凝土结构工程施工质量验收规范》（GB 50204—2002）规定的要求拆模，严禁为抢工期、节约材料而提前拆模。

（8）底模板在混凝土强度符合 GB 50204—2002 表 4.3.1 规定（见表7-7）后，方可拆除。

表 7-7　底模板拆除时的混凝土强度要求

次序	构件类型	构件跨度（m）	达到设计的混凝土立方体抗压强度标准值的百分率（%）
1	板	≤2	≥50
		>2，≤8	≥75
		>8	≥100
2	梁、拱、壳	≤8	≥75
		>8	≥100
3	悬臂构件	≤2	≥75
		>2	≥100

（9）侧模板在混凝土强度能保证其表面及棱角不因拆除模板而受损时，方可拆除，一般要求墙柱混凝土强度达到 1.2 MPa 时方可拆除。

（二）滑模装置的拆除

（1）拆除前由技术负责人及有关工长对参加拆除的人员进行技术、安全交底，按顺序拆除。

（2）拆除内外纠偏用的钢丝绳、接长支腿及纠偏装置、测量系统装置。

（3）拆除固定平台及外平台、上操作平台的平台铺板，拆除的材料堆放在平台上吊运。

（4）拆除高压油管、针形阀、液压控制台。

（5）拆除电气系统配电箱、电线及照明灯具。

（6）拆除活动平台及边框。

（7）拆除连接模板的阴阳角模。

（8）拆除墙（梁）模板及墙（梁）提升架。

（9）墙模板和提升架采用分段整体拆除方法，以轴线之间一道墙为一段，将钢丝绳先拴在提升架上，再用气焊割断支撑杆，拆除模板段与段的连接螺栓，整体运吊到地面，高空不作拆除。

（10）进行拆除后的清理。

第八章 水利工程施工质量管理

第一节 水利工程质量管理的基本概念

水利工程项目的施工阶段是根据设计图纸和设计文件的要求,通过工程参建各方及其技术人员的劳动形成工程实体的阶段。这个阶段的质量控制无疑是极其重要的,其中心任务是通过建立健全有效的工程质量监督体系,确保工程质量达到合同规定的标准和等级要求。为此,在水利工程项目建设中,建立了质量管理的三个体系,即施工单位的质量保证体系、建设(监理)单位的质量检查体系和政府部门的质量监督体系。

一、工程项目质量和质量控制的概念

(一)工程项目质量

质量是反映实体满足明确或隐含需要能力的特性的总和。工程项目质量是国家现行的有关法律、法规、技术标准、设计文件及工程承包合同对工程的安全、适用、经济、美观等特征的综合要求。

从功能和使用价值来看,工程项目质量体现在适用性、可靠性、经济性、外观质量与环境协调等方面。由于工程项目是依据项目法人的需求而兴建的,故各工程项目的功能和使用价值的质量应满足不同项目法人的需求,并无一个统一的标准。

从工程项目质量的形成过程来看,工程项目质量包括工程建设各个阶段的质量,即可行性研究质量、工程决策质量、工程设计质量、工程施工质量、工程竣工验收质量。

工程项目质量具有两个方面的含义:一是指工程产品的特征性能,即工程产品质量;二是指参与工程建设各方面的工作水平、组织管理等,即工作质量。工作质量包括社会工作质量和生产过程工作质量。社会工作质量主要是指社会调查、市场预测、维修服务等。生产过程工作质量主要包括管理工作质量、技术工作质量、后勤工作质量等,最终将反映在工序质量上,而工序质量的好坏直接受人、原材料、机具设备、工艺及环境等五方面因素的影响。因此,工程项目质量的好坏是各环节、各方面工作质量的综合反映,而不是单纯靠质量检验查出来的。

(二)工程项目质量控制

质量控制是指为达到质量要求所采取的作业技术和活动,工程项目质量控制实际上就是对工程在可行性研究、勘测设计、施工准备、建设实施、后期运行等各阶段、各环节、各因素的全程、全方位的质量监督控制。工程项目质量有个产生、形成和实现的过程,控制这个过程中的各环节,以满足工程合同、设计文件、技术规范规定的质量标准。在我国的工程项目建设中,工程项目质量控制按其实施者的不同,包括以下三个方面。

1. 项目法人的质量控制

项目法人方面的质量控制,主要是委托监理单位依据国家的法律、规范、标准和工程建

设的合同文件对工程建设进行监督和管理。其特点是外部的、横向的、不间断的控制。

2. 政府方面的质量控制

政府方面的质量控制是通过政府的质量监督机构来实现的，其目的在于维护社会公共利益，保证技术性法规和标准的贯彻执行。其特点是外部的、纵向的、定期或不定期抽查。

3. 承包人方面的质量控制

承包人主要是通过建立健全质量保证体系，加强工序质量管理，严格施行"三检制"（即初检、复检、终检），避免返工，提高生产效率等方式来进行质量控制。其特点是内部的、自身的、连续的控制。

二、工程项目质量的特点

由于建筑产品具有位置固定、生产流动性、项目单件性、生产一次性、受自然条件影响大等特点，这些决定了工程项目质量具有以下特点。

（一）影响因素多

影响工程质量的因素是多方面的，如人的因素、机械因素、材料因素、方法因素、环境因素（人、机、料、法、环）等均直接或间接地影响着工程质量，尤其是水利水电工程项目主体工程的建设，一般由多家承包单位共同完成，故其质量形式较为复杂，影响因素多。

（二）质量波动大

由于工程建设周期长，在建设过程中易受到系统因素及偶然因素的影响，使产品质量产生波动。

（三）质量变异大

由于影响工程质量的因素较多，任何因素的变异均会引起工程项目的质量变异。

（四）质量具有隐蔽性

由于工程项目在实施过程中，工序交接多，中间产品多，隐蔽工程多，取样数量受到各种因素、条件的限制，使产生错误判断的概率增大。

（五）终检局限性大

由于建筑产品具有位置固定等自身特点，使质量检验时不能解体、拆卸，所以在工程项目终检验收时难以发现工程内在的、隐蔽的质量缺陷。

此外，质量、进度和投资目标三者之间既对立又统一的关系，使工程质量受到投资、进度的制约。因此，应针对工程质量的特点，严格控制质量，并将质量控制贯穿于项目建设的全过程。

三、工程项目质量控制的原则

在工程项目建设过程中，对其质量进行控制应遵循以下几项原则。

（一）质量第一原则

"百年大计，质量第一"，工程建设与国民经济的发展和人民生活的改善息息相关。质量的好坏直接关系到国家繁荣富强，关系到人民生命财产的安全，关系子孙幸福，所以必须树立强烈的"质量第一"的思想。

要确立质量第一的原则，必须弄清并且摆正质量和数量、质量和进度之间的关系。不符合质量要求的工程，数量和进度都将失去意义，也没有任何使用价值，而且数量越多，进度越快,国家和人民遭受的损失也将越大。因此,好中求多、好中求快、好中求省才是符合质量管理所要求的质量水平。

(二)预防为主原则

对于工程项目的质量,我们长期以来采取事后检验的方法,认为严格检查就能保证质量,实际上这是远远不够的,应该从消极防守的事后检验变为积极预防的事先管理。因为好的建筑产品是好的设计、好的施工所产生的,不是检查出来的。必须在项目管理的全过程中,事先采取各种措施,消灭种种不符合质量要求的因素,以保证建筑产品质量。如果各质量因素(人、机、料、法、环)预先得到保证,工程项目的质量就有了可靠的前提条件。

(三)为用户服务原则

建设工程项目是为了满足用户的要求,尤其是要满足用户对质量的要求。真正好的质量是用户完全满意的质量。进行质量控制就是要把为用户服务的原则作为工程项目管理的出发点,贯穿到各项工作中去。同时,要在项目内部树立"下道工序就是用户"的思想。各个部门、各种工作、各种人员都有个前、后的工作顺序,在自己这道工序的工作一定要保证质量,凡达不到质量要求不能交给下道工序,一定要使"下道工序"这个用户感到满意。

(四)用数据说话原则

质量控制必须建立在有效的数据基础之上,必须依靠能够确切反映客观实际的数字和资料,否则就谈不上科学的管理。一切用数据说话,就需要用数理统计方法对工程实体或工作对象进行科学的分析和整理,从而研究工程质量的波动情况,寻求影响工程质量的主次原因,采取改进质量的有效措施,掌握保证和提高工程质量的客观规律。

在很多情况下,我们评定工程质量时,虽然也按规范标准进行检测计量产生一些数据,但是这些数据往往不完整、不系统,没有按数理统计要求积累数据、抽样选点,所以难以汇总分析,有时只能统计加估计,抓不住质量问题,既不能完全表达工程的内在质量状态,也不能有针对性地进行质量教育,提高企业素质。所以,必须树立起"用数据说话"的意识,从积累的大量数据中找出控制质量的规律性,以保证工程项目的优质建设。

四、工程项目质量控制的任务

工程项目质量控制的任务就是根据国家现行的有关法规、技术标准和工程合同规定的工程建设各阶段质量目标实施全过程的监督管理。由于工程建设各阶段的质量目标不同,因此需要分别确定各阶段的质量控制对象和任务。

(一)工程项目决策阶段质量控制的任务

(1)审核可行性研究报告是否符合国民经济发展的长远规划、国家经济建设的方针政策。

(2)审核可行性研究报告是否符合工程项目建议书或业主的要求。

(3)审核可行性研究报告是否具有可靠的基础资料和数据。

(4)审核可行性研究报告是否符合技术经济方面的规范标准和定额等指标。

(5)审核可行性研究报告的内容、深度和计算指标是否达到标准要求。

(二)工程项目设计阶段质量控制的任务

(1)审查设计基础资料的正确性和完整性。

(2)编制设计招标文件,组织设计方案竞赛。

（3）审查设计方案的先进性和合理性,确定最佳设计方案。

（4）督促设计单位完善质量保证体系,建立内部专业交底及专业会签制度。

（5）进行设计质量跟踪检查,控制设计图纸的质量。在初步设计和技术设计阶段,主要检查生产工艺及设备的选型、总平面布置、建筑与设施的布置、采用的设计标准和主要技术参数;在施工图设计阶段,主要检查计算是否有错误,选用的材料和做法是否合理,标注的各部分设计标高和尺寸是否有错误,各专业设计之间是否有矛盾等。

（三）工程项目施工阶段质量控制的任务

施工阶段质量控制是工程项目全过程质量控制的关键环节。根据工程质量形成的时间,施工阶段的质量控制又可分为质量的事前控制、事中控制和事后控制,其中事前控制为重点控制。

1. 事前控制

（1）审查承包商及分包商的技术资质。

（2）协助承建商完善质量体系,包括完善计量及质量检测技术和手段等,同时对承包商的实验室资质进行考核。

（3）督促承包商完善现场质量管理制度,包括现场会议制度、现场质量检验制度、质量统计报表制度和质量事故报告及处理制度等。

（4）与当地质量监督站联系,争取其配合、支持和帮助。

（5）组织设计交底和图纸会审,对某些工程部位应下达质量要求标准。

（6）审查承包商提交的施工组织设计,保证工程质量具有可靠的技术措施。审核工程中采用的新材料、新结构、新工艺、新技术的技术鉴定书;对工程质量有重大影响的施工机械、设备,应审核其技术性能报告。

（7）对工程所需原材料、构配件的质量进行检查与控制。

（8）对永久性生产设备或装置,应按审批同意的设计图纸组织采购或订货,到场后进行检查验收。

（9）对施工场地进行检查验收。检查施工场地的测量标桩、建筑物的定位放线以及高程水准点,重要工程还应复核,落实现场障碍物的清理、拆除等。

（10）把好开工关。对现场各项准备工作检查合格后,方可发开工令;停工的工程,未发复工令者不得复工。

2. 事中控制

（1）督促承包商完善工序控制措施。工程质量是在工序中产生的,工序控制对工程质量起着决定性的作用。应把影响工序质量的因素都纳入控制状态中,建立质量管理点,及时检查和审核承包商提交的质量统计分析资料和质量控制图表。

（2）严格工序交接检查。主要工作作业（包括隐蔽作业）需按有关验收规定经检查验收后,方可进行下一工序的施工。

（3）重要的工程部位或专业工程（如混凝土工程）要做试验或技术复核。

（4）审查质量事故处理方案,并对处理效果进行检查。

（5）对完成的分部（分项）工程,按相应的质量评定标准和办法进行检查验收。

（6）审核设计变更和图纸修改。

（7）按合同行使质量监督权和质量否决权。

（8）组织定期或不定期的质量现场会议，及时分析、通报工程质量状况。

3．事后控制

（1）审核承包商提供的质量检验报告及有关技术性文性。

（2）审核承包商提交的竣工图。

（3）组织联动试车。

（4）按规定的质量评定标准和办法，进行检查验收。

（5）组织项目竣工总验收。

（6）整理有关工程项目质量的技术文件，并编目、建档。

（四）工程项目保修阶段质量控制的任务

（1）审核承包商的工程保修书。

（2）检查、鉴定工程质量状况和工程使用情况。

（3）对出现的质量缺陷，确定责任者。

（4）督促承包商修复缺陷。

（5）在保修期结束后，检查工程保修状况，移交保修资料。

五、工程项目质量影响因素的控制

在工程项目建设的各个阶段，对工程项目质量影响的主要因素就是"人、机、料、法、环"等五大方面。为此，应对这五个方面的因素进行严格的控制，以确保工程项目建设的质量。

（一）对"人"的因素的控制

人是工程质量的控制者，也是工程质量的"制造者"。工程质量的好与坏与人的因素是密不可分的。控制人的因素，即调动人的积极性、避免人的失误等，是控制工程质量的关键因素。

1．领导者的素质

领导者是具有决策权力的人，其整体素质是提高工作质量和工程质量的关键，因此在对承包商进行资质认证和选择时一定要考核领导者的素质。

2．人的理论和技术水平

人的理论水平和技术水平是人的综合素质的表现，它直接影响工程项目质量，尤其是技术复杂、操作难度大、要求精度高、工艺新的工程对人员素质要求更高；否则，工程质量就很难保证。

3．人的生理缺陷

根据工程施工的特点和环境，应严格控制人的生理缺陷，如高血压、心脏病的人不能从事高空作业和水下作业；反应迟钝、应变能力差的人不能操作快速运行、动作复杂的机械设备等；否则，将影响工程质量，引起安全事故。

4．人的心理行为

影响人的心理行为因素很多，而人的心理因素如疑虑、畏惧、抑郁等很容易使人产生愤怒、怨恨等情绪，使人的注意力转移，由此引发质量、安全事故。所以，在审核企业的资质水平时，要注意企业职工的凝聚力如何，职工的情绪如何，这也是选择企业的一条标准。

5．人的错误行为

人的错误行为是指人在工作场地或工作中吸烟、打盹、错视、错听、误判断、误动作等，这些都会影响工程质量或造成质量事故。所以,在有危险的工作场所,应严格禁止吸烟、嬉戏等。

6. 人的违纪违章

人的违纪违章是指人的粗心大意、注意力不集中、不履行安全措施等不良行为,会对工程质量造成损害,甚至引起工程质量事故。所以,在使用人的问题上,应从思想素质、业务素质和身体素质等方面严格控制。

(二)对施工机械设备的控制

施工机械设备是工程建设不可缺少的设施。目前,工程建设的施工进度和施工质量都与施工机械关系密切,因此在施工阶段,必须对施工机械的性能、选型和使用操作等方面进行控制。

1. 机械设备的选型

机械设备的选型应因地制宜,按照技术先进、经济合理、生产适用、性能可靠、使用安全、操作和维修方便等原则来选择施工机械。

2. 机械设备的主要性能参数

机械设备的性能参数是选择机械设备的主要依据,为满足施工的需要,在参数选择上可适当留有余地,但不能选择超出需要很多的机械设备;否则,容易造成经济上的不合理。机械设备的性能参数很多,要综合各参数确定合适的施工机械设备。在这方面,要结合机械施工方案,择优选择机械设备;要严格把关,对不符合需要和有安全隐患的机械,不准进场。

3. 机械设备的使用、操作要求

合理使用机械设备、正确地进行操作是保证工程项目施工质量的重要环节,应贯彻"人机固定"的原则,实行定机、定人、定岗位的制度。操作人员必须认真执行各项规章制度,严格遵守操作规程,防止出现安全质量事故。

(三)对材料、构配件的质量控制

1. 材料质量控制的要点

(1)掌握材料信息,优选供货厂家。应掌握材料信息,优先选有信誉的厂家供货,对于主要材料、构配件在订货前必须经监理工程师论证同意后才可订货。

(2)合理组织材料供应。应协助承包商合理地组织材料采购、加工、运输、储备。尽量加快材料周转,按质、按量、如期满足工程建设需要。

(3)合理地使用材料,减少材料损失。

(4)加强材料检查验收。用于工程上的主要建筑材料,进场时必须具备正式的出厂合格证和材质化验单。否则,应作补检。工程中所有各种构配件,必须具有厂家批号和出厂合格证。

凡是标志不清或质量有问题的材料,对质量保证资料有怀疑或与合同规定不相符的一般材料,应进行一定比例的材料试验,并需要追踪检验。对于进口的材料和设备以及重要工程或关键施工部位所用材料,则应进行全部检验。

(5)重视材料的使用认证,以防错用或使用不当。

2. 材料质量控制的内容

1)材料质量的标准

材料质量的标准是用以衡量材料标准的尺度,并作为验收、检验材料质量的依据。其具体的材料标准指标可参见相关材料手册。

2）材料质量的检验、试验

材料质量的检验目的是通过一系列的检测手段,将取得的材料数据与材料的质量标准相比较,用以判断材料质量的可靠性。

（1）材料质量的检验方法：

①书面检验。书面检验是通过对提供的材料质量保证资料、试验报告等进行审核,取得认可方能使用。

②外观检验。外观检验是对材料从品种、规格、标志、外形尺寸等进行直观检查,看有无质量问题。

③理化检验。理化检验是借助试验设备和仪器对材料样品的化学成分、机械性能等进行科学的鉴定。

④无损检验。无损检验是在不破坏材料样品的前提下,利用超声波、X射线、表面探伤仪等进行检测。

（2）材料质量检验程度。材料质量检验程度分为免检、抽检和全部检查（简称全检）三种：

①免检。免检就是免去质量检验工序。对有足够质量保证的一般材料,以及实践证明质量长期稳定而且质量保证资料齐全的材料,可予以免检。

②抽检。抽检是按随机抽样的方法对材料抽样检验。如对材料的性能不清楚,对质量保证资料有怀疑,或对成批生产的构配件,均应按一定比例进行抽样检验。

③全检。对进口的材料、设备和重要工程部位的材料,以及贵重的材料,应进行全部检验,以确保材料和工程质量。

（3）材料质量检验项目。一般可分为一般检验项目和其他检验项目。

（4）材料质量检验的取样。材料质量检验的取样必须具有代表性,也就是所取样品的质量应能代表该批材料的质量。在采取试样时,必须按规定的部位、数量及采选的操作要求进行。

（5）材料抽样检验的判断。抽样检验是对一批产品（个数为 M）根据一次抽取 N 个样品进行检验,用其结果来判断该批产品是否合格。

3）材料的选择和使用要求

材料的选择不当和使用不正确会严重影响工程质量或造成工程质量事故。因此,在施工过程中,必须针对工程项目的特点和环境要求及材料的性能、质量标准、适用范围等多方面综合考察,慎重选择和使用材料。

（四）对方法的控制

对方法的控制主要是指对施工方案的控制,也包括对整个工程项目建设期内所采用的技术方案、工艺流程、组织措施、检测手段、施工组织设计等的控制。对一个工程项目而言,施工方案恰当与否直接关系到工程项目质量,关系到工程项目的成败,所以应重视对方法的控制。这里说的方法控制,在工程施工的不同阶段,其侧重点也不相同,但都是围绕确保工程项目质量这个纲进行的。

（五）对环境因素的控制

影响工程项目质量的环境因素很多,有工程技术环境、工程管理环境、劳动环境等。环境因素对工程质量的影响复杂而且多变,因此应根据工程特点和具体条件,对影响工程质量的环境因素严格控制。

第二节　质量体系建立与运行

一、施工阶段的质量控制

(一)质量控制的依据

施工阶段的质量管理及质量控制的依据大体上可分为两类,即共同性依据及专门技术法规性依据。

共同性依据是指那些适用于工程项目施工阶段与质量控制有关的,具有普遍指导意义和必须遵守的基本文件。其主要有工程承包合同文件、设计文件,国家和行业现行的有关质量管理方面的法律、法规文件。

工程承包合同中分别规定了参与施工建设的各方在质量控制方面的权利和义务,并据此对工程质量进行监督和控制。

有关质量检验与控制的专门技术法规性依据是指针对不同行业、不同的质量控制对象而制定的技术法规性的文件,主要包括:

(1)已批准的施工组织设计。它是承包单位进行施工准备和指导现场施工的规划性、指导性文件,详细规定了工程施工的现场布置、人员设备的配置、作业要求、施工工序和工艺、技术保证措施、质量检查方法和技术标准等,是进行质量控制的重要依据。

(2)合同中引用的国家和行业的现行施工操作技术规范、施工工艺规程及验收规范。它是维护正常施工的准则,与工程质量密切相关,必须严格遵守执行。

(3)合同中引用的有关原材料、半成品、配件方面的质量依据。如水泥、钢材、骨料等有关产品技术标准,水泥、骨料、钢材等有关检验、取样、方法的技术标准,有关材料验收、包装、标志的技术标准。

(4)制造厂提供的设备安装说明书和有关技术标准。这是施工安装承包人进行设备安装必须遵循的重要技术文件,也是进行检查和控制质量的依据。

(二)质量控制的方法

施工过程中的质量控制方法主要有旁站检查、测量、试验等。

1. 旁站检查

旁站是指有关管理人员对重要工序(质量控制点)的施工所进行的现场监督和检查,以避免质量事故的发生。旁站也是驻地监理人员的一种主要现场检查形式。根据工程施工难度及复杂性,可采用全过程旁站、部分时间旁站两种方式。对容易产生缺陷的部位,或产生了缺陷难以补救的部位,以及隐蔽工程,应加强旁站检查。

在旁站检查中,必须检查承包人在施工中所用的设备、材料及混合料是否符合已批准的文件要求,检查施工方案、施工工艺是否符合相应的技术规范。

2. 测量

测量是对建筑物的尺寸控制的重要手段,应对施工放样及高程控制进行核查,不合格者不准开工。对模板工程、已完工程的几何尺寸、高程、宽度、厚度、坡度等质量指标,按规定要求进行测量验收,不符合规定要求的须进行返工。测量记录均要事先经工程师审核签字后方可使用。

3. 试验

试验是工程师确定各种材料和建筑物内在质量是否合格的重要方法。所有工程使用的材料都必须事先经过材料试验,质量必须满足产品标准,并经工程师检查批准后,方可使用。材料试验包括水泥、粗骨料、沥青、土工织物等各种原材料,不同等级混凝土的配合比试验,外购材料及成品质量证明和必要的试验鉴定,仪器设备的校调试验,加工后的成品强度及耐用性检验,工程检查等。没有试验数据的工程不予验收。

(三) 工序质量监控

1. 工序质量监控的内容

工序质量控制主要包括对工序活动条件的监控和对工序活动效果的监控。

1) 对工序活动条件的监控

所谓工序活动条件监控,就是指对影响工程生产因素进行的控制。工序活动条件的控制是工序质量控制的手段。尽管在开工前对生产活动条件已进行了初步控制,但在工序活动中有的条件还会发生变化,使其基本性能达不到检验指标,这正是生产过程产生质量不稳定的重要原因。因此,只有对工序活动条件进行控制,才能达到对工程或产品的质量性能特性指标的控制。工序活动条件包括的因素较多,要通过分析,分清影响工序质量的主要因素,抓住主要矛盾,逐渐予以调节,以达到质量控制的目的。

2) 对工序活动效果的监控

对工序活动效果的监控主要反映在对工序产品质量性能的特征指标的控制上。通过对工序活动的产品采取一定的检测手段进行检验,根据检验结果分析、判断该工序活动的质量效果,从而实现对工序质量的控制,其步骤如下:

(1) 工序活动前的控制,主要要求人、材料、机械、方法或工艺、环境能满足要求;

(2) 采用必要的手段和工具,对抽出的工序子样进行质量检验;

(3) 应用质量统计分析工具(如直方图、控制图、排列图等)对检验所得的数据进行分析,找出这些质量数据所遵循的规律;

(4) 根据质量数据分布规律的结果,判断质量是否正常;

(5) 若出现异常情况,寻找原因,找出影响工序质量的因素,尤其是那些主要因素,采取对策和措施进行调整;

(6) 重复前面的步骤,检查调整效果,直到满足要求。

这样便可达到控制工序质量的目的。

2. 工序质量监控实施要点

对工序活动质量监控,首先应确定质量控制计划,它是以完善的质量监控体系和质量检查制度为基础。一方面,工序质量控制计划要明确规定质量监控的工作程序、流程和质量检查制度;另一方面,需进行工序分析,在影响工序质量的因素中找出对工序质量产生影响的重要因素,进行主动的、预防性的重点控制。例如,在振捣混凝土这一工序中,振捣的插点和振捣时间是影响质量的主要因素,为此应加强现场监督并要求施工单位严格予以控制。

同时,在整个施工活动中,应采取连续的动态跟踪控制,通过对工序产品的抽样检验判定其产品质量波动状态,若工序活动处于异常状态,则应查出影响质量的原因,采取措施排除系统性因素的干扰,使工序活动恢复到正常状态,从而保证工序活动及其产品质量。此外,为确保工程质量,应在工序活动过程中设置质量控制点,进行预控。

3. 质量控制点的设置

质量控制点的设置是进行工序质量预防控制的有效措施。质量控制点是指为保证工程质量而必须控制的重点工序、关键部位、薄弱环节。应在施工前全面、合理地选择质量控制点,并对设置质量控制点的情况及拟采取的控制措施进行审核。必要时,应对质量控制实施过程进行跟踪检查或旁站监督,以确保质量控制点的施工质量。

设置质量控制点的对象,主要有以下几方面:

(1)关键的分项工程。如大体积混凝土工程、土石坝工程的坝体填筑、隧洞开挖工程等。

(2)关键的工程部位。如混凝土面板堆石坝面板趾板及周边缝的接缝、土基上水闸的地基基础、预制框架结构的梁板节点、关键设备的设备基础等。

(3)薄弱环节。指经常发生或容易发生质量问题的环节,或承包人无法把握的环节,或采用新工艺(材料)施工的环节等。

(4)关键工序。如钢筋混凝土工程的混凝土振捣,灌注桩钻孔,隧洞开挖的钻孔布置、方向、深度、用药量和填塞等。

(5)关键工序的关键质量特性。如混凝土的强度、耐久性,土石坝的干密度、黏性土的含水率等。

(6)关键质量特性的关键因素。如冬季混凝土强度的关键因素是环境(养护温度),支模的关键因素是支撑方法,泵送混凝土输送质量的关键因素是机械,墙体垂直度的关键因素是人等。

控制点的设置应准确、有效,因此究竟选择哪些作为控制点,需要由有经验的质量控制人员进行选择。一般可根据工程性质和特点来确定,表8-1列举出某些分部(分项)工程的质量控制点,可供参考。

表 8-1　质量控制点的设置

分部(分项)工程		质量控制点
建筑物定位		标准轴线桩、定位轴线、标高
地基开挖及清理		开挖部位的位置、轮廓尺寸、标高,岩石地基钻爆过程中的钻孔、装药量、起爆方式,开挖清理后的建基面;断层、破碎带、软弱夹层、岩熔的处理,渗水的处理
基础处理	基础灌浆、帷幕灌浆	造孔工艺、孔位、孔斜,岩芯获得率,洗孔及压水情况,灌浆情况,灌浆压力、结束标准、封孔
	基础排水	造孔、洗孔工艺,孔口、孔口设施的安装工艺
	锚桩孔	造孔工艺锚桩材料质量、规格、焊接、孔内回填
混凝土生产	砂石料生产	毛料开采、筛分、运输、堆存,砂石料质量(杂质含量、细度模数、超逊径、级配)、含水率、骨料降温措施
	混凝土拌和	原材料的品种、配合比、称量精度,混凝土拌和时间、温度均匀性,拌和物的坍落度、温控措施(骨料冷却、加冰、加冰水)、外加剂比例

分部(分项)工程		质量控制点
混凝土浇筑	建基面清理	岩基面清理(冲洗、积水处理)
	模板、预埋件	位置、尺寸、标高、平整性、稳定性、刚度、内部清理,预埋件型号、规格、埋设位置、安装稳定性、保护措施
	钢筋	钢筋品种、规格、尺寸、搭接长度、钢筋焊接、根数、位置
	浇筑	浇筑层厚度、平仓、振捣、浇筑间歇时间、积水和泌水情况、埋设件保护、混凝土养护、混凝土表面平整度、麻面、蜂窝、露筋、裂缝、混凝土密实性、强度
土石料填筑	土石料	土料的黏粒含量、含水率,砾质土的粗粒含量、最大粒径,石料的粒径、级配,坚硬度,抗冻性
	土料填筑	防渗体与岩石面或混凝土面的结合处理、防渗体与砾质土、黏土地基的结合处理、填筑体的位置、轮廓尺寸、铺土厚度、铺填边线、土层接面处理、土料碾压、压实干密度
	石料砌筑	砌筑体位置、轮廓尺寸、石块重量、尺寸、表面顺直度、砌筑工艺、砌体密实度、砂浆配比、强度
	砌石护坡	石块尺寸、强度、抗冻性、砌石厚度、砌筑方法、砌石孔隙率、垫层级配、厚度、孔隙率

4. 见证点、停止点的概念

在工程项目实施控制中,通常是由承包人在分项工程施工前制订施工计划时,就选定设置控制点,并在相应的质量计划中进一步明确哪些是见证点,哪些是停止点。所谓见证点和停止点,是国际上对于重要程度不同及监督控制要求不同的质量控制对象的一种区分方式。见证点监督也称为 W 点监督。凡是被列为见证点的质量控制对象,在规定的控制点施工前,施工单位应提前 24 h 通知监理人员在约定的时间内到现场进行见证并实施监督。如监理人员未按约定到场,施工单位有权对该点进行相应的操作和施工。停止点也称为待检查点或 H 点,它的重要性高于见证点,是针对那些由于施工过程或工序施工质量不易或不能通过其后的检验和试验而充分得到论证的"特殊过程"或"特殊工序"而言的。凡被列入停止点的控制点,要求必须在该控制点来临之前 24 h 通知监理人员到场实行监控,如监理人员未能在约定时间内到达现场,施工单位应停止该控制点的施工,并按合同规定等待监理方,未经认可不能超过该点继续施工,如水闸闸墩混凝土结构在钢筋架立后,混凝土浇筑之前,可设置停止点。

在施工过程中,应加强旁站和现场巡查的监督检查,严格实施隐蔽工程工序间交接检查验收、工程施工预检等检查监督,严格执行对成品保护的质量检查。只有这样才能及早发现问题,及时纠正,防患于未然,确保工程质量,避免导致工程质量事故。

为了对施工期间的各分部(分项)工程的各工序质量实施严密、细致和有效的监督、控制,应认真地填写跟踪档案,即施工和安装记录。

(四)施工合同条件下的工程质量控制

工程施工是使业主及工程设计意图最终实现并形成工程实体的阶段,也是最终形成工程产品质量和工程项目使用价值的重要阶段。由此可见,施工阶段的质量控制不但是工程师的核心工作内容,也是工程项目质量控制的重点。

1. 质量检查(验)的职责和权力

施工质量检查(验)是建设各方质量控制必不可少的一项工作,它可以起到监督、控制质量,及时纠正错误,避免事故扩大,消除隐患等作用。

1)承包商质量检查(验)的职责

提交质量保证计划措施报告。保证工程施工质量是承包商的基本义务。承包商应按ISO 9000 系列标准建立和健全所承包工程的质量保证计划,在组织上和制度上落实质量管理工作,以确保工程质量。

承包商质量检查(验)职责。根据合同规定和工程师的指示,承包商应对工程使用的材料和工程设备以及工程的所有部位及其施工工艺进行全过程的质量自检,并作质量检查(验)记录,定期向工程师提交工程质量报告。同时,承包商应建立一套全部工程的质量记录和报表,以便工程师复核检验和日后发现质量问题时查找原因。当合同发生争议时,质量记录和报表还是重要的当时记录。

自检是检验的一种形式,它是由承包商自己来进行的。在合同环境下,承包商的自检包括:班组的初检、施工队的复检、公司的终检。自检的目的不仅在于判定被检验实体的质量特性是否符合合同要求,更为重要的是用于对过程的控制。因此,承包商的自检是质量检查(验)的基础,是控制质量的关键。为此,工程师有权拒绝对那些"三检"资料不完善或无"三检"资料的过程(工序)进行检验。

2)工程师的质量检查(验)权力

按照我国有关法律、法规的规定,工程师在不妨碍承包商正常作业的情况下,可以随时对作业质量进行检查(验)。这表明工程师有权对全部工程的所有部位及其任何一项工艺、材料和工程设备进行检查和检验,并具有质量否决权。具体内容包括:

(1)复核材料和工程设备的质量及承包商提交的检查结果。

(2)对建筑物开工前的定位定线进行复核签证,未经工程师签认不得开工。

(3)对隐蔽工程和工程的隐蔽部位进行覆盖前的检查(验),上道工序质量不合格的不得进入下一道工序施工。

(4)对正在施工中的工程在现场进行质量跟踪检查(验),发现问题及时纠正等。

这里需要指出,承包商要求工程师进行检查(验)的意向,以及工程师要进行检查(验)的意向均应提前24 h通知对方。

2. 材料、工程设备的检查和检验

《水利水电土建工程施工合同条件》通用条款及技术条款规定材料和工程设备的采购分两种情况:承包商负责采购的材料和工程设备;业主负责采购的工程设备,承包商负责采购的材料。

对材料和工程设备进行检查和检验时应区别对待以上两种情况。

1)材料和工程设备的检验和交货验收

对承包商采购的材料和工程设备,其产品质量承包商应对业主负责。材料和工程设备的检验和交货验收由承包商负责实施,并承担所需费用,具体做法:承包商会同工程师进行检验和交货验收,查验材质证明和产品合格证书。此外,承包商还应按合同规定进行材料的抽样检验和工程设备的检验测试,并将检验结果提交给工程师。工程师参加交货验收不能减轻或免除承包商在检验和验收中应负的责任。

对业主采购的工程设备,为了简化验交手续和重复装运,业主应将其采购的工程设备由生产厂家直接移交给承包商。为此,业主和承包商在合同规定的交货地点(如生产厂家、工地或其他合适的地方)共同进行交货验收,由业主正式移交给承包商。在交货验收过程中,业主采购的工程设备检验及测试由承包商负责,业主不必再配备检验及测试用的设备和人员,但承包商必须将其检验结果提交工程师,并由工程师复核签认检验结果。

2)工程师检查或检验

工程师和承包商应商定对工程所用的材料和工程设备进行检查和检验的具体时间和地点。通常情况下,工程师应到场参加检查或检验,如果在商定时间内工程师未到场参加检查或检验,且工程师无其他指示(如延期检查或检验),承包商可自行检查或检验,并立即将检查或检验结果提交给工程师。除合同另有规定外,工程师应在事后确认承包商提交的检查或检验结果。

对于承包商未按合同规定检查或检验材料和工程设备,工程师指示承包商按合同规定补作检查或检验。此时,承包商应无条件地按工程师的指示和合同规定补作检查或检验,并应承担检查或检验所需的费用和可能带来的工期延误责任。

3)额外检验和重新检验

(1)额外检验。

在合同履行过程中,如果工程师需要增加合同中未作规定的检查和检验项目,工程师有权指示承包商增加额外检验,承包商应遵照执行,但应由业主承担额外检验的费用和工期延误责任。

(2)重新检验。

在任何情况下,如果工程师对以往的检验结果有疑问时,有权指示承包商进行再次检验即重新检验,承包商必须执行工程师指示,不得拒绝。"以往检验结果"是指已按合同规定要求得到工程师的同意,如果承包商的检验结果未得到工程师同意,则工程师指示承包商进行的检验不能称为重新检验,应为合同内检测。

重新检验带来的费用增加和工期延误责任的承担视重新检验结果而定。如果重新检验结果证明这些材料、工程设备、工序不符合合同要求,则应由承包商承担重新检验的全部费用和工期延误责任;如果重新检验结果证明这些材料、工程设备、工序符合合同要求,则应由业主承担重新检验的费用和工期延误责任。

当承包商未按合同规定进行检查或检验,并且不执行工程师有关补作检查或检验指示和重新检验的指示时,工程师为了及时发现可能的质量隐患,减少可能造成的损失,可以指派自己的人员或委托其他人进行检查或检验,以保证质量。此时,不论检查或检验结果如何,工程师因采取上述检查或检验补救措施而造成的工期延误和增加的费用均应由承包商承担。

4)不合格工程、材料和工程设备

禁止使用不合格材料和工程设备。工程使用的一切材料、工程设备均应满足合同规定的等级、质量标准和技术特性。工程师在工程质量的检查或检验中发现承包商使用了不合格材料或工程设备时,可以随时发出指示,要求承包商立即改正,并禁止在工程中继续使用这些不合格的材料和工程设备。

如果承包商使用了不合格材料和工程设备,其造成的后果应由承包商承担责任,承包商应无条件地按工程师指示进行补救。业主提供的工程设备经验收不合格的应由业主承担相应责任。

对不合格工程材料和工程设备的处理。

(1)如果工程师的检查或检验结果表明承包商提供的材料或工程设备不符合合同要求,工程师可以拒绝接收,并立即通知承包商。此时,承包商除立即停止使用外,应与工程师共同研究补救措施。如果在使用过程中发现不合格材料,工程师应视具体情况下达运出现场或降级使用的指示。

(2)如果检查或检验结果表明业主提供的工程设备不符合合同要求,承包商有权拒绝接收,并要求业主予以更换。

(3)如果因承包商使用了不合格材料和工程设备造成了工程损害,工程师可以随时发出指示,要求承包商立即采取措施进行补救,直至彻底清除工程的不合格部位及不合格材料和工程设备。

(4)如果承包商无故拖延或拒绝执行工程师的有关指示,则业主有权委托其他承包商执行该项指示。由此而造成的工期延误和增加的费用由承包商承担。

3. 隐蔽工程

隐蔽工程和工程隐蔽部位是指已完成的工作面经覆盖后将无法事后查看的任何工程部位和基础。由于隐蔽工程和工程隐蔽部位的特殊性及重要性,因此没有工程师的批准,工程的任何部分均不得覆盖或使之无法查看。

对于将被覆盖的部位和基础,在进行下一道工序之前,首先由承包商进行自检,确认符合合同要求后,再通知工程师进行检查,工程师不得无故缺席或拖延,承包商通知时应考虑到工程师有足够的检查时间。工程师应按通知约定的时间到场进行检查,确认质量符合合同规定要求,并在检查记录上签字后,才能允许承包商进入下一道工序,进行覆盖。承包商在取得工程师的检查签证之前,不得以任何理由进行覆盖;否则,承包商应承担因补检而增加的费用和工期延误责任。如果由于工程师未及时到场检查,承包商因等待或延期检查而造成工期延误,则承包商有权要求延长工期和赔偿其停工、窝工等损失。

4. 放线

1)施工控制网

工程师应在合同规定的期限内向承包商提供测量基准点、基准线和水准点及其书面资料。业主和工程师应对测量点、基准线和水准点的正确性负责。

承包商应在合同规定期限内完成测设自己的施工控制网,并将施工控制网资料报送工程师审批。承包商应对施工控制网的正确性负责。此外,承包商还应负责保管全部测量基准和控制网点。工程完工后,应将施工控制网点完好地移交给业主。

工程师为了监理工作的需要,可以使用承包商的施工控制网,并不为此另行支付费用。此时,承包商应及时提供必要的协助,不得以任何理由加以拒绝。

2)施工测量

承包商应负责整个施工过程中的全部施工测量放线工作,包括地形测量、放样测量、断面测量、支付收方测量和验收测量等,并应自行配置合格的人员、仪器、设备和其他物品。

承包商在施测前,应将施工测量措施报告报送工程师审批。

工程师应按合同规定对承包商的测量数据和放样成果进行检查。工程师认为必要时还可指示承包商在工程师的监督下进行抽样复测,并修正复测中发现的错误。

5. 完工和保修

1) 完工验收

完工验收是指承包商基本完成合同中规定的工程项目后,移交给业主接收前的交工验收,不是国家或业主对整个项目的验收。基本完成是指不一定要合同规定的工程项目全部完成,有些不影响工程使用的尾工项目,经工程师批准,可待验收后在保修期中去完成。

当工程具备了下列条件,并经工程师确认,承包商即可向业主和工程师提交完工验收申请报告,并附上完工资料:

(1)除工程师同意可列入保修期完成的项目外,已完成的合同规定的全部工程项目。

(2)已按合同规定备齐了完工资料,包括工程实施概况和大事记,已完工程(含工程设备)清单,永久工程完工图,列入保修期完成的项目清单,未完成的缺陷修复清单,施工期观测资料,各类施工文件、施工原始记录等。

(3)已编制了在保修期内实施的项目清单和未修复的缺陷项目清单以及相应的施工措施计划。

工程师在接到承包商完工验收申请报告后的 28 d 内进行审核并作出决定,或者提请业主进行工程验收,或者通知承包商在验收前尚应完成的工作和对申请报告的异议。承包商应在完成工作后或修改报告后重新提交完工验收申请报告。

完工验收和移交证书。业主在接到工程师提请进行工程验收的通知后,应在收到完工验收申请报告后 56 d 内组织工程验收,并在验收通过后向承包商颁发移交证书。移交证书上应注明由业主、承包商、工程师协商核定的工程实际完工日期。此日期是计算承包商完工工期的依据,也是工程保修期的开始。从颁交证书之日起,照管工程的责任即应由业主承担,且在此后 14 d 内,业主应将保留金总额的 50% 退还给承包商。

分阶段验收和施工期运行。水利水电工程中分阶段验收有两种情况:第一种情况是在全部工程验收前,某些单位工程如船闸、隧洞等已完工,经业主同意可先行单独进行验收,通过后颁发单位工程移交证书,由业主先接管该单位工程。第二种情况是业主根据合同进度计划的安排,需提前使用尚未全部建成的工程,如当大坝工程达到某一特定高程可以满足初期发电,可对该部分工程进行验收,以满足初期发电要求。验收通过应签发临时移交证书。工程未完成部分仍由承包商继续施工。对通过验收的部分工程由于在施工期运行而使承包商增加了修复缺陷的费用,业主应给予适当的补偿。

业主拖延验收。如业主在收到承包商完工验收申请报告后,不及时进行验收,或在验收通过后无故不颁发移交证书,则业主应从承包商发出完工验收申请报告 56 d 后的次日起承担照管工程的费用。

2) 工程保修

保修期(FIDIC 条款中称为缺陷通知期)。工程移交前,虽然已通过验收,但是还未经过运行的考验,而且还可能有一些尾工项目和修补缺陷项目未完成,所以还必须有一段时间用来检验工程的正常运行,这就是保修期。水利水电工程保修期一般不少于一年,从移交证书中注明的全部工程完工日期开始起算。在全部工程完工验收前,业主已提前验收的单位工程或部分工程,若未投入正常运行,其保修期仍按全部工程完工日期起算;若验收后投入正常运行,其保修期应从该单位工程或部分工程移交证书上注明的完工日期起算。

保修责任。保修期内,承包商应负责修复完工资料中未完成的缺陷修复清单所列的全部项目。保修期内如发现新的缺陷和损坏,或原修复的缺陷又遭损坏,承包商应负责修复。至于修复费用由谁承担,需视缺陷和损坏的原因而定,由于承包商施工中的隐患或其他承包商的原因所造成,应由承包商承担;若由于业主使用不当或业主其他原因所导致的损坏,则由业主承担。

保修责任终止证书(FIDIC 条款中称为履约证书)。在全部工程保修期满,且承包商不遗留任何尾工项目和缺陷修补项目,业主或授权工程师应在 28 d 内向承包商颁发保修责任终止证书。

保修责任终止证书的颁发表明承包商已履行了保修期的义务,工程师对其满意,也表明了承包商已按合同规定完成了全部工程的施工任务,业主接受了整个工程项目。但此时合同双方的财务账目尚未结清,可能有些争议还未解决,故并不意味合同已履行结束。

3)清理现场与撤离

圆满完成清场工作是承包商进行文明施工的一个重要标志。一般而言,在工程移交证书颁发前,承包商应按合同规定的工作内容对工地进行彻底清理,以便业主使用已完成的工程。经业主同意后也可留下部分清场工作在保修期满前完成。

承包商应按下列工作内容对工地进行彻底清理,并需经工程师检验合格为止:

(1)工程范围内残留的垃圾已全部焚毁、掩埋或清除出场。

(2)临时工程已按合同规定拆除,场地已按合同要求清理和平整。

(3)承包商设备和剩余的建筑材料已按计划撤离工地,废弃的施工设备和材料亦已清除。

(4)施工区内的永久道路和永久建筑物周围的排水沟道,均已按合同图纸要求和工程师指示进行疏通和修整。

(5)主体工程建筑物附近及其上、下游河道中的施工堆积场,已按工程师的指示予以清理。

此外,在全部工程的移交证书颁发后 42 d 内,除了经工程师同意,由于保修期工作需要留下部分承包商人员、施工设备和临时工程外,承包商的队伍应撤离工地,并做好环境恢复工作。

二、全面质量管理

全面质量管理(Total Quality Management,简称 TQM)是企业管理的中心环节,是企业管理的纲,它和企业的经营目标是一致的。这就要求将企业的生产经营管理和质量管理有机地结合起来。

(一)全面质量管理的基本概念

全面质量管理是以组织全员参与为基础的质量管理模式,它代表了质量管理的最新阶段,最早起源于美国,菲根堡姆指出:全面质量管理是为了能够在最经济的水平上,并充分考虑到满足用户的要求的条件下进行市场研究、设计、生产和服务,把企业内各部门研制质量、维持质量和提高质量的活动构成为一体的一种有效体系。他的理论经过世界各国的继承和发展,得到了进一步的扩展和深化。1994 版 ISO 9000 族标准中对全面质量管理的定义为:一个组织以质量为中心,以全员参与为基础,目的在于通过让顾客满意和本组织所有成员及社会受益而达到长期成功的管理途径。

(二)全面质量管理的基本要求

1. 全过程的管理

任何一个工程(和产品)的质量,都有一个产生、形成和实现的过程,整个过程由多个相互联系、相互影响的环节所组成,每一环节都或重或轻地影响着最终的质量状况。因此,要搞好工程质量管理,必须把形成质量的全过程和有关因素控制起来,形成一个综合的管理体系,做到以防为主、防检结合、重在提高。

2. 全员的质量管理

工程(产品)的质量是企业各方面、各部门、各环节工作质量的反映。每一环节、每一个人的工作质量都会不同程度地影响着工程(产品)最终质量。工程质量人人有责,只有人人都关心工程的质量,做好本职工作,才能生产出好质量的工程。

3. 全企业的质量管理

全企业的质量管理一方面要求企业各管理层次都要有明确的质量管理内容,各层次的侧重点要突出,每个部门应有自己的质量计划、质量目标和对策,层层控制;另一方面就是要把分散在各部门的质量职能发挥出来。如水利水电工程中的"三检制",就充分反映这一观点。

4. 多方法的管理

影响工程质量的因素越来越复杂:既有物质的因素,又有人为的因素;既有技术因素,又有管理因素;既有内部因素,又有企业外部因素。要搞好工程质量,就必须把这些影响因素控制起来,分析它们对工程质量的不同影响。灵活运用各种现代化管理方法来解决工程质量问题。

(三)全面质量管理的基本指导思想

1. 质量第一、以质量求生存

任何产品都必须达到所要求的质量水平,否则就没有或未实现其使用价值,从而给消费者、给社会带来损失。从这个意义上讲,质量必须是第一位的。贯彻"质量第一"就要求企业全员,尤其是领导层要有强烈的质量意识;要求企业在确定质量目标时,首先应根据用户或市场的需求,科学地确定质量目标,并安排人力、物力、财力予以保证。当质量与数量、社会效益与企业效益、长远利益与眼前利益发生矛盾时,应把质量、社会效益和长远利益放在首位。

"质量第一"并非"质量至上"。质量不能脱离当前的市场水准,也不能不问成本一味地讲求质量。应该重视质量成本的分析,把质量与成本加以统一,确定最适合的质量。

2. 用户至上

在全面质量管理中,这是一个十分重要的指导思想。"用户至上"就是要树立以用户为中心,为用户服务的思想。要使产品质量和服务质量尽可能满足用户的要求。产品质量的好坏最终应以用户的满意程度为标准。这里所谓用户是广义的,不仅指产品出厂后的直接用户,而且指在企业内部下道工序是上道工序的用户。如混凝土工程、模板工程的质量直接影响混凝土浇筑这一下道关键工序的质量。每道工序的质量不仅影响下道工序质量,也会影响工程进度和费用。

3. 质量是设计、制造出来的，而不是检验出来的

在生产过程中，检验是重要的，它可以起到不允许不合格品出厂的把关作用，同时还可以将检验信息反馈到有关部门。但影响产品质量好坏的真正原因并不在检验，而主要在于设计和制造。设计质量是先天性的，在设计的时候就已经决定了质量的等级和水平，而制造只是实现设计质量，是符合性质量。二者不可偏废，都应重视。

4. 强调用数据说话

这就是要求在全面质量管理工作中具有科学的工作作风，在研究问题时不能满足于一知半解和表面，对问题不仅有定性分析还尽量有定量分析，做到心中有"数"，这样可以避免主观盲目性。

在全面质量管理中广泛采用了各种统计方法和工具，其中用得最多的有七种，即因果图、排列图、直方图、相关图、控制图、分层法和调查表。常用的数理统计方法有回归分析、方差分析、多元分析、试验分析、时间序列分析等。

5. 突出人的积极因素

从某种意义上讲，在开展质量管理活动过程中，人的因素是最积极、最重要的因素。与质量检验阶段和统计质量控制阶段相比较，全面质量管理阶段格外强调调动人的积极因素的重要性。这是因为现代化生产多为大规模系统，环节众多，联系密切复杂，远非单纯靠质量检验或统计方法就能奏效的。必须调动人的积极因素，加强质量意识，发挥人的主观能动性，以确保产品和服务的质量。全面质量管理的特点之一就是全体人员参加的管理。"质量第一，人人有责"。

要提高质量意识，调动人的积极因素，一靠教育、二靠规范，需要通过教育培训和考核，同时还要依靠有关质量的立法以及必要的行政手段等各种激励及处罚措施。

（四）全面质量管理的工作原则

1. 预防原则

在企业的质量管理工作中，要认真贯彻预防为主的原则，凡事要防患于未然。在产品制造阶段应该采用科学方法对生产过程进行控制，尽量把不合格品消灭在发生之前。在产品的检验阶段，不论是对最终产品或是在制品，都要把质量信息及时反馈并认真处理。

2. 经济原则

全面质量管理强调质量，但无论质量保证的水平或预防不合格的深度都是没有止境的，必须考虑经济性，建立合理的经济界限，这就是所谓经济原则。因此，在产品设计制定质量标准时，在生产过程进行质量控制时，在选择质量检验方式为抽样检验或全数检验时，都必须考虑其经济效益。

3. 协作原则

协作是大生产的必然要求。生产和管理分工越细，就越要求协作。一个具体单位的质量问题往往涉及许多部门，如无良好的协作是很难解决的。因此，强调协作是全面质量管理的一条重要原则，也反映了系统科学全局观点的要求。

4. 按照 PDCA 循环组织活动

PDCA 循环是质量体系活动所应遵循的科学工作程序，周而复始，内外嵌套，循环不已，以求质量不断提高。

（五）全面质量管理的运转方式

质量保证体系运转方式是按照计划（P）、执行（D）、检查（C）、处理（A）的管理循环进行的。它包括四个阶段和八个工作步骤。

1. 四个阶段

（1）计划阶段。按使用者要求,根据具体生产技术条件,找出生产中存在的问题及其原因,拟订生产对策和措施计划。

（2）执行阶段。按预定对策和生产措施计划组织实施。

（3）检查阶段。对生产成品进行必要的检查和测试,即把执行的工作结果与预定目标对比,检查执行过程中出现的情况和问题。

（4）处理阶段。把经过检查发现的各种问题及用户意见进行处理。凡符合计划要求的予以肯定,成文标准化;对不符合设计要求和不能解决的问题,转入下一循环以进一步研究解决。

2. 八个步骤

（1）分析现状,找出问题。不能凭印象和表面作判断,结论要用数据表示。

（2）分析各种影响因素。要把可能因素一一加以分析。

（3）找出主要影响因素。要努力找出主要因素进行剖析,才能改进工作,提高产品质量。

（4）研究对策。针对主要因素拟订措施,制订计划,确定目标。

以上四个步骤属计划（P）阶段工作内容。

（5）执行措施为执行（D）阶段的工作内容。

（6）检查工作成果。对执行情况进行检查,找出经验教训,为检查（C）阶段的工作内容。

（7）巩固措施,制定标准。把成熟的措施制定成标准（规程、细则）,形成制度。

（8）遗留问题转入下一个循环。

以上步骤（7）和步骤（8）为处理（A）阶段的工作内容。PDCA 管理循环的工作程序如图 8-1 所示。

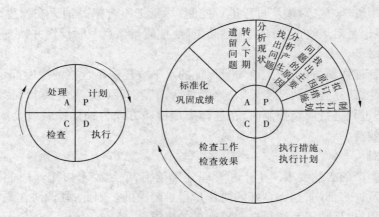

图 8-1　PDCA 管理循环的工作程序

3. PDCA 循环的特点

（1）四个阶段缺一不可,先后次序不能颠倒。就好像一只转动的车轮,在解决质量问题中滚动前进,逐步使产品质量提高。

(2)企业的内部 PDCA 循环各级都有,整个企业是一个大循环,企业各部门又有自己的循环,如图 8-2 所示。大循环是小循环的依据,小循环又是大循环的具体和逐级贯彻落实的体现。

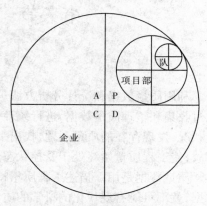

(3)PDCA 循环不是在原地转动,而是在转动中前进。每个循环结束,质量便提高一步。图 8-3 为循环上升示意图,它表明每一个 PDCA 循环都不是在原地周而复始地转动,而是像爬楼梯那样,每转一个循环都有新的目标和内容。这就意味前进了一步,从原有水平上升到了新的水平,每经过一次循环,也就解决了一批问题,质量水平就有新的提高。

图 8-2　PDCA 循环运转示意图

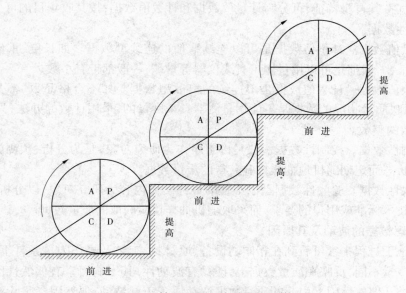

图 8-3　某工程项目的质量保证体系

(4)A 阶段是一个循环的关键,这一阶段(处理阶段)的目的在于总结经验,巩固成果,纠正错误,以利于下一个管理循环。为此必须把成功和经验纳入标准,定为规程,使之标准化、制度化,以便在下一个循环中遵照办理,使质量水平逐步提高。

必须指出,质的好坏反映了人们质量意识的强弱,也反映了人们对提高产品质量意义的认识水平。有了较强的质量意识,还应使全体人员对全面质量管理的基本思想和方法有所了解。这就需要开展全面质量管理,必须加强质量教育的培训工作,贯彻执行质量责任制并形成制度,持之以恒,才能使工程施工质量水平不断提高。

(六)质量保证体系的建立和运转

工程项目在实施过程中,要建立质量保证机构和质量保证体系,图 8-3 即为某工程项目的质量保证体系。

第三节　工程质量统计与分析

一、质量数据

利用质量数据和统计分析方法进行项目质量控制是控制工程质量的重要手段。通常，通过收集和整理质量数据，进行统计分析比较，找出生产过程的质量规律，判断工程产品质量状况，发现存在的质量问题，找出引起质量问题的原因，并及时采取措施，预防和纠正质量事故，使工程质量始终处于受控状态。

质量数据是用以描述工程质量特征性能的数据。它是进行质量控制的基础，没有质量数据，就不可能有现代化的科学的质量控制。

(一)质量数据的类型

质量数据按其自身特征，可分为计量值数据和计数值数据；按其收集目的可分为控制性数据和验收性数据。

(1)计量值数据。计量值数据是可以连续取值的连续型数据。如长度、重量、面积、标高等质量特征，一般都是可以用量测工具或仪器等量测，一般都带有小数。

(2)计数值数据。计数值数据是不连续的离散型数据。如不合格品数、不合格的构件数等，这些反映质量状况的数据是不能用量测器具来度量的，采用计数的办法，只能出现0、1、2等非负数的整数。

(3)控制性数据。控制性数据一般是以工序作为研究对象，是为分析、预测施工过程是否处于稳定状态而定期随机地抽样检验获得的质量数据。

(4)验收性数据。验收性数据是以工程的最终实体内容为研究对象，以分析、判断其质量是否达到技术标准或用户的要求，而采取随机抽样检验获取的质量数据。

(二)质理数据的波动及其原因

在工程施工过程中常可看到在相同的设备、原材料、工艺及操作人员条件下，生产的同一种产品的质量不同，反映在质量数据上，即具有波动性，其影响因素有偶然性因素和系统性因素两大类。偶然性因素引起的质量数据波动属于正常波动，偶然因素是无法或难以控制的因素，所造成的质量数据的波动量不大，没有倾向性，作用是随机的，工程质量只有偶然因素影响时，生产才处于稳定状态。由系统因素造成的质量数据波动属于异常波动，系统因素是可控制、易消除的因素，这类因素不经常发生，但具有明显的倾向性，对工程质量的影响较大。

质量控制的目的就是要找出出现异常波动的原因，即系统性因素是什么，并加以排除，使质量只受随机性因素的影响。

(三)质量数据的收集

质量数据的收集总的要求应当是随机地抽样，即整批数据中每一个数据都有被抽到的同样机会。常用的方法有随机法、系统抽样法、二次抽样法和分层抽样法。

(四)样本数据特征

为了进行统计分析和运用特征数据对质量进行控制，经常要使用许多统计特征数据。统计特征数据主要有均值、中位数、极值、极差、标准偏差、变异系数。其中，均值、中位数表示数据集中的位置;极差、标准偏差、变异系数表示数据的波动情况,即分散程度。

二、质量控制的统计方法简介

通过对质量数据的收集、整理和统计分析,找出质量的变化规律和存在的质量问题,提出进一步的改进措施,这种运用数学工具进行质量控制的方法是所有涉及质量管理的人员所必须掌握的,它可以使质量控制工作定量化和规范化。下面介绍几种在质量控制中常用的数学工具及方法。

(一)直方图法

1.直方图的用途

直方图又称频率分布直方图,它们将产品质量频率的分布状态用直方图形来表示,根据直方图形的分布形状和与公差界限的距离来观察、探索质量分布规律,分析和判断整个生产过程是否正常。

利用直方图可以制定质量标准,确定公差范围,可以判明质量分布情况是否符合标准的要求。

2.直方图的分析

直方图有以下几种分布形式,见图8-4。

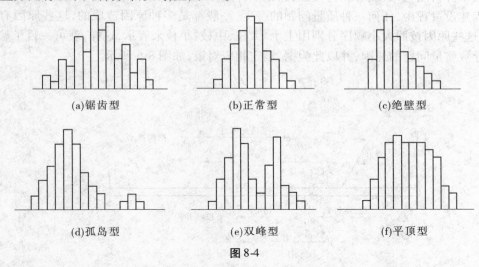

图 8-4

(1)锯齿型。原因一般是分组不当或组距确定不当,如图8-4(a)所示。

(2)正常型。说明生产过程正常,质量稳定,如图8-4(b)所示。

(3)绝壁型。一般是剔除下限以下的数据造成的,如图8-4(c)所示。

(4)孤岛型。原因一般是材质发生变化或他人临时替班所造成的,如图8-4(d)所示。

(5)双峰型。把两种不同的设备或工艺的数据混在一起造成的,如图8-4(e)所示。

(6)平顶型。生产过程中有缓慢变化的因素起主导作用,如图8-4(f)所示。

3.注意事项

(1)直方图属于静态的,不能反映质量的动态变化。

(2)画直方图时,数据不能太少,一般应大于 50 个数据,否则画出的直方图难以正确反映总体的分布状态。

（3）直方图出现异常时，应注意将收集的数据分层，然后画直方图。

（4）直方图呈正态分布时，可求平均值和标准差。

（二）排列图法

排列图又称巴雷特法、主次排列图法，是分析影响质量主要问题的有效方法，将众多的因素进行排列，主要因素就一目了然了，如图8-5所示。

排列图法由一个横坐标、两个纵坐标、几个长方形和一条曲线组成。左侧的纵坐标是频数或件数，右侧的纵坐标是累计频率，横轴则是项目或因素，按项目频数大小顺序在横轴上自左而右画长方形，其高度为频数，再根据右侧的纵坐标画出累计频率曲线，该曲线也称巴雷特曲线。

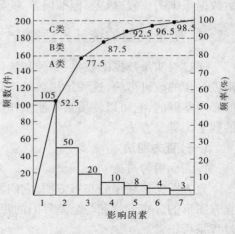

图 8-5　排列图

（三）因果分析图法

因果分析图也叫鱼刺图、树枝图，这是一种逐步深入研究和讨论质量问题的图示方法。在工程建设过程中，任何一种质量问题的产生，一般都是多种原因造成的，这些原因有大有小，把这些原因按照大小顺序分别用主干、大枝、中枝、小枝来表示，这样，就可一目了然地观察出导致质量问题的原因，并以此为据，制定相应对策，如图8-6所示。

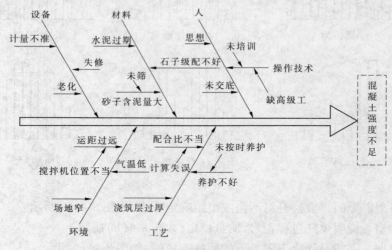

图 8-6　因果分析图

（四）管理图法

管理图也称控制图，它是反映生产过程随时间变化而变化的质量动态，即反映生产过程中各个阶段质量波动状态的图形，如图8-7所示。管理图利用上下控制界限，将产品质量特性控制在正常波动范围内，一旦有异常反映，通过管理图就可以发现，并及时处理。

（五）相关图法

产品质量与影响质量的因素之间常有一定的相互关系，但不一定是严格的函数关系，这

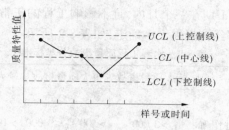

图 8-7　控制图

种关系称为相关关系,可利用直角坐标系将两个变量之间的关系表达出来。相关图的形式有正相关、负相关、非线性相关和无相关。

此外还有调查表法,分层法等。

第四节　工程质量事故的处理

工程建设项目不同于一般工业生产活动,其项目实施的一次性、生产组织特有的流动性和综合性、劳动的密集性、协作关系的复杂性和环境的影响,均导致建筑工程质量事故具有复杂性、严重性、可变性及多发性的特点,事故是很难完全避免的。因此,必须加强组织措施、经济措施和管理措施,严防事故发生,对发生的事故应调查清楚,按有关规定进行处理。

需要指出的是,不少事故开始时经常只被认为是一般的质量缺陷,容易被忽视。随着时间的推移,待认识到这些质量缺陷问题的严重性时,则往往处理困难,或难以补救,或导致建筑物失事。因此,除明显的不会有严重后果的缺陷外,对其他的质量问题均应分析,进行必要处理,并作出处理意见。

一、工程事故与分类

凡水利水电工程在建设中或完工后,由于设计、施工、监理、材料、设备、工程管理和咨询等方面造成工程质量不符合规程、规范和合同要求的质量标准,影响工程的使用寿命或正常运行,一般需采取补救措施或返工处理的,统称为工程质量事故。日常所说的事故大多指施工质量事故。

在水利水电工程中,按对工程的耐久性和正常使用的影响程度,检查和处理质量事故对工期影响时间的长短以及直接经济损失的大小,将质量事故分为一般质量事故、较大质量事故、重大质量事故和特大质量事故。

一般质量事故是指对工程造成一定经济损失,经处理后不影响正常使用,不影响工程使用寿命的事故。小于一般质量事故的统称为质量缺陷。

较大质量事故是指对工程造成较大经济损失或延误较短工期,经处理后不影响正常使用,但对工程使用寿命有较大影响的事故。

重大质量事故是指对工程造成重大经济损失或延误较长工期,经处理后不影响正常使用,但对工程使用寿命有较大影响的事故。

特大质量事故是指对工程造成特大经济损失或长时间延误工期,经处理后仍对工程正常使用和使用寿命有较大影响的事故。

如《水利工程质量事故处理暂行规定》规定:一般质量事故,它的直接经济损失在20

万～100万元,事故处理的工期在一个月内,且不影响工程的正常使用与寿命。一般建筑工程对事故的分类,主要根据经济损失大小确定,如表8-2所示。

表8-2　水利工程质量事故分类标准

损失情况		特大质量事故	重大质量事故	较大质量事故	一般质量事故
事故处理所需的物资、器材和设备、人工等直接损失费(万元)	大体积混凝土、金属制作和机电安装工程	>3 000	>500 且≤3 000	>100 且≤500	>20 且≤100
	土石方工程、混凝土薄壁工程	>1 000	>100 且≤1 000	>30 且≤100	>10 且≤30
事故处理所需合理工期(月)		>6	>3 且≤6	>1 且≤3	≤1
事故处理后对工程功能和寿命影响		影响工程正常使用,需限制条件使用	不影响工程正常使用,但对工程寿命有较大影响	不影响工程正常使用,但对工程寿命有一定影响	不影响工程正常使用和工程寿命

注:直接经济损失费用为必要条件,其他主要适用于大中型工程。

二、工程事故的处理方法

(一)事故发生的原因

工程质量事故发生的原因很多,最基本的还是人、机械、材料、工艺和环境几方面。一般可分直接原因和间接原因两类。

直接原因主要有人的行为不规范和材料、机械不符合规定状态。如设计人员不按规范设计、监理人员不按规范进行监理、施工人员违反规程操作等,属于人的行为不规范;又如水泥、钢材等某些指标不合格,属于材料不符合规定状态。

间接原因是指质量事故发生地的环境条件,如施工管理混乱、质量检查监督失职、质量保证体系不健全等。间接原因往往导致直接原因的发生。

事故原因也可从工程建设的参建各方来寻查,业主、监理、设计、施工和材料、机械、设备供应商的某些行为或各种方法也会造成质量事故。

(二)事故处理的目的

工程质量事故分析与处理的目的主要是:正确分析事故原因,防止事故恶化;创造正常的施工条件;排除隐患,预防事故发生;总结经验教训,区分事故责任;采取有效的处理措施,尽量减少经济损失,保证工程质量。

(三)事故处理的原则

质量事故发生后,应坚持"三不放过"的原则,即事故原因不查清不放过,事故主要责任人和职工未受到教育不放过,补救措施不落实不放过。

发生质量事故,应立即向有关部门(业主、监理单位、设计单位和质量监督机构等)汇报,并提交事故报告。

由质量事故而造成的损失费用,坚持事故责任是谁由谁承担的原则。若责任在施工承包商,则事故分析与处理的一切费用由承包商自己负责;若施工中事故责任不在承包商,则承包商可依据合同向业主提出索赔;若事故责任在设计或监理单位,应按照有关合同条款给予相关单位必要的经济处罚;构成犯罪的,移交司法机关处理。

(四)事故处理的程序方法

事故处理的程序是:①下达工程施工暂停令;②组织调查事故;③事故原因分析;④事故处理与检查验收;⑤下达复工令。

事故处理的方法有两大类:

(1)修补。这种方法适用于通过修补可以不影响工程的外观和正常使用的质量事故。此类事故是施工中多发的。

(2)返工。这类事故是严重违反规范或标准,影响工程使用和安全,且无法修补,必须返工。

有些工程质量问题,虽严重超过了规程、规范的要求,已具有质量事故的性质,但可针对工程的具体情况,通过分析论证,不需作专门处理,但要记录在案。如混凝土蜂窝、麻面等缺陷,可通过涂抹、打磨等方式处理;由于欠挖或模板问题使结构断面被削弱,经设计复核验算,仍能满足承载要求的,也可不作处理,但必须记录在案,并有设计和监理单位的鉴定意见。

第五节　工程质量验收与评定

一、工程质量评定

(一)质量评定的意义

工程质量评定是依据国家或部门统一制定的现行标准和方法,对照具体施工项目的质量结果,确定其质量等级的过程。水利水电工程按《水利水电工程施工质量评定规程》(SL 176—1996)(简称《评定标准》)执行。其意义在于统一评定标准和方法,正确反映工程的质量,使之具有可比性,同时也考核企业等级和技术水平,促进施工企业提高质量。

工程质量评定以单元工程质量评定为基础,其评定的先后次序是单元工程、分部工程和单位工程。

工程质量的评定在施工单位(承包商)自评的基础上,由建设(监理)单位复核,报政府质量监督机构核定。

(二)评定依据

(1)国家与水利水电部门有关行业规程、规范和技术标准。

(2)经批准的设计文件、施工图纸、设计修改通知、厂家提供的设备安装说明书及有关技术文件。

(3)工程合同采用的技术标准。

(4)工程试运行期间的试验及观测分析成果。

(三)评定标准

1.单元工程质量评定标准

单元工程质量等级按《评定标准》进行。当单元工程质量达不到合格标准时,必须及时处理,其质量等级按如下确定:①全部返工重做的,可重新评定等级。②经加固补强并经过鉴定能达到设计要求的,其质量只能评定为合格。③经鉴定达不到设计要求,但建设(监理)单位认为能基本满足安全和使用功能要求的,可不补强加固;或经补强加固后,改变外形尺寸或造成永久缺陷的,经建设(监理)单位认为能基本满足设计要求,其质量可按合格处理。

2.分部工程质量评定标准

分部工程质量合格的条件是:①单元工程质量全部合格;②中间产品质量及原材料质量全部合格,金属结构及启闭机制造质量合格,机电产品质量合格。

分部工程质量优良的条件是:①单元工程质量全部合格,其中有 50% 以上达到优良,主要单元工程、重要隐蔽工程及关键部位的单位工程质量优良,且未发生过质量事故;②中间产品质量全部合格,其中混凝土拌和物质量达到优良,原材料质量、金属结构及启闭机制造质量合格,机电产品质量合格。

3.单位工程质量评定标准

单位工程质量合格的条件是:①分部工程质量全部合格;②中间产品质量及原材料质量全部合格,金属结构及启闭机制造质量合格,机电产品质量合格;③外观质量得分率达 70%以上;④施工质量检验资料基本齐全。

单位工程质量优良的条件是:①分部工程质量全部合格,其中有 80% 以上达到优良,主要分部工程质量优良,且未发生过重大质量事故;②中间产品质量全部合格,其中混凝土拌和物质量达到优良,原材料质量、金属结构及启闭机制造质量合格,机电产品质量合格;③外观质量得分率达 85% 以上;④施工质量检验资料齐全。

4.工程质量评定标准

单位工程质量全部合格,工程质量可评为合格;如其中 50% 以上的单位工程优良,且主要建筑物单位工程质量优良,则工程质量可评为优良。

二、工程质量验收

(一)概述

工程验收是在工程质量评定的基础上,依据一个既定的验收标准,采取一定的手段来检验工程产品的特性是否满足验收标准的过程。水利水电工程验收分为分部工程验收、阶段验收、单位工程验收和竣工验收。按照验收的性质,可分为投入使用验收和完工验收。工程验收的目的是:检查工程是否按照批准的设计进行建设;检查已完工程在设计、施工、设备制造安装等方面的质量,并对验收遗留问题提出处理要求;检查工程是否具备运行或进行下一阶段建设的条件;总结工程建设中的经验教训,并对工程作出评价;及时移交工程,尽早发挥投资效益。

工程验收的依据是:有关法律、规章和技术标准,主管部门有关文件,批准的设计文件及相应设计变更、修设文件,施工合同,监理签发的施工图纸和说明,设备技术说明书等。当工程具备验收条件时,应及时组织验收。未经验收或验收不合格的工程不得交付使用或进行后续工程施工。验收工作应相互衔接,不应重复进行。

工程进行验收时必须要有质量评定意见。阶段验收和单位工程验收应有水利水电工程质量监督单位的工程质量评价意见;竣工验收必须有水利水电工程质量监督单位的工程质量评定报告,竣工验收委员会在其基础上鉴定工程质量等级。

（二）工程验收的主要工作

1. 分部工程验收

分部工程验收应具备的条件是:该分部工程的所有单元工程已经完建且质量全部合格。分部工程验收的主要工作是:鉴定工程是否达到设计标准;按现行国家或行业技术标准,评定工程质量等级;对验收遗留问题提出处理意见。分部工程验收的图纸、资料和成果是竣工验收资料的组成部分。

2. 阶段验收

根据工程建设需要,当工程建设达到一定关键阶段时(如基础处理完毕、截流、水库蓄水、机组启动、输水工程通水等),应进行阶段验收。阶段验收的主要工作是:检查已完工程的质量和形象面貌;检查在建工程建设情况;检查待建工程的计划安排和主要技术措施落实情况,以及是否具备施工条件;检查拟投入使用工程是否具备运用条件;对验收遗留问题提出处理要求。

3. 完工验收

完工验收应具备的条件是所有分部工程已经完建并验收合格。完工验收的主要工作是:检查工程是否按批准设计完成;检查工程质量,评定质量等级,对工程缺陷提出处理要求;对验收遗留问题提出处理要求;按照合同规定,施工单位向项目法人移交工程。

4. 竣工验收

工程在投入使用前必须通过竣工验收。竣工验收应在全部工程完建后 3 个月内进行。进行验收确有困难的,经工程验收主持单位同意,可以适当延长期限。竣工验收应具备以下条件:工程已按批准设计规定的内容全部建成;各单位工程能正常运行;历次验收所发现的问题已基本处理完毕;归档资料符合工程档案资料管理的有关规定;工程建设征地补偿及移民安置等问题已基本处理完毕,工程主要建筑物安全保护范围内的迁建和工程管理土地征用已经完成;工程投资已经全部到位;竣工决算已经完成并通过竣工审计。

竣工验收的主要工作:审查项目法人"工程建设管理工作报告"和初步验收工作组"初步验收工作报告",检查工程建设和运行情况,协调处理有关问题,讨论并通过"竣工验收鉴定书"。

第九章　水利工程施工成本管理

第一节　施工成本管理的基本任务

一、施工项目成本的概念

施工项目成本是指建筑施工企业完成单位施工项目所发生的全部生产费用的总和,包括完成该项目所发生的人工费、材料费、施工机械费、措施项目费、管理费(见表9-1)。但是不包括利润和税金,也不包括构成施工项目价值的一切非生产性支出。

表 9-1　施工项目成本的构成

直接成本	直接工程费	人工费
		材料费
		施工机械使用费
	措施费	环境保护费、文明施工费、安全施工费
		临时设施费、夜间施工费、二次搬运费
		大型机械设备进出场及安装费
		混凝土、钢筋混凝土模板及支架费
		脚手架费、已完成工程及设备保护费、施工排水费、降水费
间接成本	规费	工程排污费、工程定额测定费、住房公积金
		社会保障费,包括养老、失业、医疗保险费
		危险作业意外伤害保险费
	企业管理费	管理人员工资、办公费、差旅交通费、工会经费
		固定资产使用费、工具用具使用费、劳动保险费
		职工教育经费、财产保险费、财务费
		税金,包括房产税、车船使用税、土地使用税、印花税

二、施工项目成本的主要形式

(一)直接成本和间接成本

施工项目成本按照生产费用计入成本的方法可分为直接成本和间接成本。直接成本是指直接用于并能够直接计入施工项目的费用,如人工工资、材料费用等。间接成本是指不能够直接计入施工项目的费用,只能按照一定的计算基数和一定的比例分配计入施工项目的费用,如管理费、规费等。

（二）固定成本和变动成本

施工项目成本按照生产费用与产量的关系可分为固定成本和变动成本。固定成本是指在一定期间和一定工程量的范围内，成本的数量不会随工程量的变动而变动，如折旧费、大修费等。变动成本是指成本的发生会随工程量的变化而变动的费用，如人工费、材料费等。

（三）预算成本、计划成本和实际成本

施工项目成本按照控制的目标，从发生的时间可分为预算成本、计划成本和实际成本。

预算成本是根据施工图结合国家或地区的预算定额及施工技术等条件计算出的工程费用。它是确定工程造价的依据，也是施工企业投标的依据，同时也是编制计划成本和考核实际成本的依据。它反映的是一定范围内的平均水平。

计划成本是施工项目经理在施工前，根据施工项目成本管理目的，结合施工项目的实际管理水平编制的计算成本。它有利于加强项目成本管理、建立健全施工项目成本责任制，控制成本消耗，提高经济效益。它反映的是企业的平均先进水平。

实际成本是施工项目在报告期内通过会计核算计算出的项目的实际消耗。

三、施工项目成本管理的基本内容

施工项目成本管理包括成本预测和决策、成本计划编制、成本计划实施、成本核算、成本检查、成本分析以及成本考核。成本计划的编制与实施是关键的环节。因此，在进行施工项目成本管理的过程中，必须具体研究每一项内容的有效工作方式和关键控制措施，从而取得施工项目整体的成本控制效果。

（一）施工项目成本预测

施工项目成本预测是根据一定的成本信息结合施工项目的具体情况，采用一定的方法对施工项目成本可能发生或发展的趋势作出的判断和推测。成本决策则是在预测的基础上确定出降低成本的方案，并从可选的方案中选择最佳的成本方案。

成本预测的方法有定性预测法和定量预测法。

1. 定性预测法

定性预测是指具有一定经验的人员或有关专家依据自己的经验和能力水平对成本未来发展的态势或性质作出分析和判断。该方法受人为因素影响很大，并且不能量化，具体包括专家会议法、专家调查法（德尔斐法）、主管概率预测法。

2. 定量预测法

定量预测法是指根据收集的比较完备的历史数据，运用一定的方法计算分析，以此来判断成本变化的情况。此法受历史数据的影响较大，可以量化，具体包括移动平均法、指数滑移法、回归预测法。

【例 9-1】 某项目部的固定成本为 150 万元，单位建筑面积的变动成本为 380 元/m²，单位销售价格为 480 元/m²，试预测保本承包规模和保本承包收入。

解：保本承包规模 $= \dfrac{\text{固定成本}}{\text{单位售价} - \text{单位变动成本}} = \dfrac{1\,500\,000}{480 - 380} = 15\,000(\text{m}^2)$

保本承包收入 $= \text{单位售价} \times \dfrac{\text{固定成本}}{\text{单位售价} - \text{单位变动成本}}$

$= 480 \times \dfrac{1\,500\,000}{480 - 380} = 7\,200\,000(\text{元})$

(二)施工项目成本计划

计划管理是一切管理活动的首要环节,施工项目成本计划是在预测和决策的基础上对成本的实施作出计划性的安排和布置,是施工项目降低成本的指导性文件。

制定施工项目成本计划的原则:

(1)从实际出发。根据国家的方针政策,从企业的实际情况出发,充分挖掘企业内部潜力,使降低成本指标切实可行。

(2)与其他目标计划相结合。制订工程项目成本计划必须与其他各项计划(如施工方案、生产进度、财务计划等)密切结合。一方面,工程项目成本计划要根据项目的生产、技术组织措施、劳动工资、材料供应等计划来编制;另一方面,工程项目成本计划又影响着其他各种计划指标适应降低成本指标的要求。

(3)采用先进的经济技术定额的原则。根据施工的具体特点有针对地采取切实可行的技术组织措施来保证。

(4)统一领导、分级管理。在项目经理的领导下,以财务和计划部门为中心,发动全体职工共同总结降低成本的经验,找出降低成本的正确途径。

(5)弹性原则。应留有充分的余地,保持目标成本的一定弹性。在制定期内,项目经理部内外技术经济状况和供销条件会发生一些未预料的变化,尤其是供应材料,市场价格千变万化,给目标的制定带来了一定的困难,因而在制定目标时应充分考虑这些情况,使成本计划保持一定的适应能力。

(三)施工项目成本控制

成本控制包括事前控制、事中控制和事后控制。成本计划属于事前控制,此处所讲的控制是指项目在施工过程中,通过一定的方法和技术措施,加强对各种影响成本的因素进行管理,将施工中所发生的各种消耗和支出尽量控制在成本计划内,属于事中控制。

1. 工程前期的成本控制(事前控制)

成本的事前控制是通过成本的预测和决策,落实降低成本措施,编制目标成本计划而层层展开的,分为工程投标阶段和施工准备阶段。

2. 实施期间成本控制(事中控制)

实施期间成本控制的任务是:建立成本管理体系;项目经理部应将各项费用指标进行分解,以确定各个部门的成本指标;加强成本的控制。事中控制要以合同造价为依据,从预算成本和实际成本两方面控制项目成本。实际成本控制应包括对主要工料的数量和单价、分包成本和各项费用等影响成本的主要因素进行控制。其中,主要是加强施工任务单和限额领料单的管理;将施工任务单和限额领料单的结算资料与施工预算进行核对,计算分部(分项)工程成本差异,分析差异原因,采取相应的纠偏措施;作好月度成本原始资料的收集和整理核算;在月度成本核算的基础上,实行责任成本核算。经常检查对外经济合同履行情况;定期检查各责任部门和责任者的成本控制情况,检查责、权、利的落实情况。

3. 竣工验收阶段的成本控制(事后控制)

事后控制主要是重视竣工验收工作,对照合同价的变化,将实际成本与目标成本之间的差距加以分析,进一步挖掘降低成本的潜力。其中主要是合理安排时间,完成工程竣工扫尾工程,把时间降到最低;重视竣工验收工作,顺利交付使用;及时办理工程结算;在工程保修期间,应由项目经理指定保修工作者,并责成保修工作者提交保修计划;将实际成本与计划成本进行比较,计算成本差异,明确是节约还是浪费;分析成本节约或超支的原因和责任归属。

(四)施工项目成本核算

施工项目成本核算是指对项目产生过程所发生的各种费用进行核算。它包括两个基本的环节:一是归集费用,计算成本实际发生额;二是采取一定的方法计算施工项目的总成本和单位成本。

1. 施工项目成本核算的对象

(1)一个单位工程由几个施工单位共同施工,各单位都应以同一单位工程作为成本核算对象。

(2)规模大、工期长的单位工程可以划分为若干部位,以分部工程作为成本的核算对象。

(3)同一建设项目,由同一施工单位施工,并在同一施工地点,属于同一结构类型,开工、竣工时间相近的若干单位工程可以合并作为一个成本核算对象。

(4)改、扩建的零星工程可以将开工、竣工时间相近且属于同一个建设项目的各单位工程合并成一个成本核算对象。

(5)土方工程、打桩工程可以根据实际情况,以一个单位工程为成本核算对象。

2. 工程项目成本核算的基本框架

工程项目成本核算的基本框架如表9-2所示。

表9-2 工程项目成本核算的基本框架

人工费核算	内包人工费
	外包人工费
材料费核算	编制材料消耗汇总表
周转材料费核算	实行内部租赁制
	项目经理部与出租方按月结算租赁费
	周转材料进出时,加强计量验收制度
	租用周转材料的进退场费,按照实际发生数,由调入方负担
	对U形卡、脚手架等零件,在竣工验收时进行清点,按实际情况计入成本
	实行租赁制周转材料不再分配负担周转材料差价
结构件费核算	按照单位工程使用对象编制结构耗用月报表
	结构单价以项目经理部与外加工单位签订合同为准
	结构件耗用的品种和数量应与施工产值相对应
	结构件的高进、高出价差核算同材料费的高进、高出价差核算一致
	如发生结构件的一般价差,可计入当月项目成本
	部位分项分包,按照企业通常采用的类似结构件管理核算方法
	在结构件外加工和部位分项分包施工过程中,尽量获取经营利益或转嫁压价让利风险所产生的利益

机械使用费核算	机械设备实行内部租赁制
	租赁费根据机械使用台班、停用台班和内部租赁价计算,计入项目成本
	机械进出场费,按规定由承租项目承担
	各类大中小型机械,其租赁费全额计入项目机械成本
	结算原始凭证由项目指定人签证开班和停班数,据以结算费用
	向外单位租赁机械,按当月租赁费用金额计入项目机械成本
其他直接费核算	材料二次搬运费
	临时设施摊销费
	生产工具用具使用费
	除上述费用外其他直接费均按实际发生的有效结算凭证计入项目成本
施工间接费核算	要求以项目经理部为单位编制工资单和奖金单列支工作人员薪金
	劳务公司所提供的炊事人员、服务人员、警卫人员承包服务费计入施工间接费
	内部银行的存贷利息,计入内部利息
	先在项目施工间接费总账归集,再按一定分配标准计入收益成本
分包工程成本核算	包清工工程,纳入外包人工费内核算
	部分分项分包工程,纳入结构件费内核算
	双包工程
	机械作业分包工程
	项目经理部应增设分建成本项目,核算双包工程、机械作业分包工程成本状况

(五)施工项目成本分析

施工项目成本分析就是在成本核算的基础上采用一定的方法,对所发生的成本进行比较分析,检查成本发生的合理性,找出成本的变动规律,寻求降低成本的途径,主要有对比分析法、连环替代法、差额计算法和挣值法。

1. 对比分析法

对比分析法是通过实际完成成本与计划成本或承包成本进行对比,找出差异,分析原因以便改进。这种方法简单易行,但注意比较指标的内容要保持一致。

2. 连环替代法

连环替代法可用来分析各种因素对成本形成的影响。例如,某工程的材料成本资料如表 9-3 所示。分析的顺序是:先绝对量指标,后相对量指标;先实物量指标,后货币量指标。

3. 差额计算法

差额计算法是因素分析法的简化。仍按表 9-3 计算,其结果见表 9-4。

由于工程量增加使成本增加

$$(110 - 100) \times 320 \times 40 = 12\ 800(元)$$

由于单位耗量节约使成本降低

$$(310 - 320) \times 110 \times 40 = -44\ 000(元)$$

表 9-3　材料成本资料

项目	单位	计划	实际	差异	差异率
工程量	m³	100	110	+10	+10.0
单位材料消耗量	kg	320	310	−10	−3.1
材料单价	元/kg	40	42	+2.0	+5.0
材料成本	元	1 280 000	1 432 200	+152 200	+12.0

表 9-4　材料成本影响因素分析法

计算顺序	替换因素	影响成本的变动因素			成本（元）	与前一次差异（元）	差异原因
		工程量（m³）	单位材料消耗量（kg/m³）	单价（元/kg）			
①替换基数		100	320	40.0	1 280 000		
②一次替换	工程量	110	320	40.0	1 408 000	128 000	工程量增加
③二次替换	单耗量	110	310	40.0	1 364 000	−44 000	单位耗量节约
④三次替换	单价	110	310	42.0	1 432 200	68 200	单价提高
合计						15 200	

由于单价提高使成本增加

$$（42-40）\times 110 \times 310 = 68\ 200（元）$$

4. 挣值法

挣值法主要用来分析成本目标实施与期望之间的差异,是一种偏差分析方法,其分析过程如下。

1）明确三个关键变量

项目计划完成工作的预算成本 $BCWS$（$BCWS$ = 计划工作量 × 预算定额）；项目已完成工作的实际成本 $ACWP$（$ACWP$），项目已完成的预算成本 $BCWP$（$BCWP$ = 已完成工作量 × 该工作量的预算定额）。

2）两种偏差的计算

项目成本偏差 $C_v = BCWP - ACWP$。当 C_v 大于零时,表明项目实施处于节支状态；当 C_v 小于零时,表明项目实施处于超支状态。项目进度偏差 $S_v = BCWP - BCWS$。当 S_v 大于零时,表明项目实施超过进度计划；当 S_v 小于零时,表明项目实施落后于计划进度。

3）两个指数变量

计划完工指数 $SCI = BCWP/BCWS$。当 SCI 大于 1 时,表明项目实际完成的工作量超过计划工作量；当 SCI 小于 1 时,表明项目实际完成的工作量少于计划工作量。

成本绩效指数 $CPI = ACWP/BCWP$。当 CPI 大于 1 时,表明实际成本多于计划成本,资金使用率较低；当 CPI 小于 1 时,表明实际成本少于计划成本,资金使用率较高。

（六）成本考核

成本考核就是在施工项目竣工后,对项目成本的负责人考核其成本完成情况,以作到有奖有罚,避免"吃大锅饭",以提高职工的劳动积极性。

施工项目成本考核的目的是通过衡量项目成本降低的实际成果,对成本指标完成情况进行总结和评价。

施工项目成本考核应分层进行,企业对项目经理部进行成本管理考核,项目经理部对项目部内部各作业队进行成本管理考核。

施工项目成本考核的内容是既要对计划目标成本的完成情况进行考核,又要对成本管理工作业绩进行考核。

施工项目成本考核的要求如下:

(1)企业对项目经理部考核的时候,以责任目标成本为依据;

(2)项目经理部以控制过程为考核重点;

(3)成本考核要与进度、质量、安全指标的完成情况相联系;

(4)应形成考核文件,为对责任人进行奖罚提供依据。

第二节 施工项目成本控制的基本方法

在施工项目成本控制过程中,因为一些因素的影响会发生一定的偏差,所以应采取相应的措施、方法进行纠偏。

一、施工项目成本控制的原则

(1)以收定支的原则。

(2)全面控制的原则。

(3)动态性原则。

(4)目标管理原则。

(5)例外性原则。

(6)责、权、利、效相结合的原则。

二、施工项目成本控制的依据

(1)工程承包合同。

(2)施工进度计划。

(3)施工项目成本计划。

(4)各种变更资料。

三、施工项目成本控制步骤

(1)比较施工项目成本计划与实际的差值,确定是节约还是超支。

(2)分析节约还是超支的原因。

(3)预测整个项目的施工成本,为决策提供依据。

(4)施工项目成本计划在执行的过程中出现偏差,采取相应的措施加以纠正。

(5)检查成本完成情况,为今后的工作积累经验。

四、施工项目成本控制的手段

(一)计划控制

计划控制是用计划的手段对施工项目成本进行控制。施工项目成本预测和决策为成本计划的编制提供依据。编制成本计划首先要设计降低成本技术组织措施,然后编制降低成本计划,将承包成本额降低而形成计划成本,成为施工过程中成本控制的标准。

成本计划编制方法有以下两种。

1.常用方法

在概预算编制能力较强,定额比较完备的情况下,特别是施工图预算与施工预算编制经验比较丰富的企业,施工项目成本目标可由定额估算法产生。施工图预算反映的是完成施工项目任务所需的直接成本和间接成本,它是招标投标中编制标底的依据,也是施工项目考核经营成果的基础。施工预算是施工项目经理部根据施工定额制定的,作为内部经济核算的依据。

过去,通常以两算(概算、预算)对比差额与技术措施带来的节约额来估算计划成本的降低额,其计算公式为

$$计划成本降低额 = 两算对比差额 + 技术措施节约额$$

2.计划成本法

施工项目成本计划中计划成本的编制方法通常有以下几种:

(1)施工预算法。

计算公式为

$$计划成本 = 施工预算成本 - 技术措施节约额$$

(2)技术措施法。

计算公式为

$$计划成本 = 施工图预算成本 - 技术措施节约额$$

(3)成本习性法。

计算公式为

$$计划成本 = 施工项目变动成本 + 施工项目固定成本$$

(4)按实计算法:施工项目部以该项目的施工图预算的各种消耗量为依据,结合成本计划降低目标,由各职能部门结合本部门的实际情况,分别计算各部门的计划成本,最后汇总项目的总计划成本。

(二)预算控制

预算控制是在施工前根据一定的标准(如定额)或者要求(如利润)计算的买卖(交易)价格,在市场经济中也可以叫作估算或承包价格。它作为一种收入的最高限额,减去预期利润,便是工程预算成本数额,也可以用来作为成本控制的标准。用预算控制成本可分为两种类型:一是包干预算,即一次性包死预算总额,不论中间有何变化,成本总额不予调整;二是弹性预算,即先确定包干总额,但是可根据工程的变化进行商洽,作出相应的变动。我国目前大部分是弹性预算控制。

(三)会计控制

会计控制是指以会计方法为手段,以记录实际发生的经济业务及证明经济业务的合法

凭证为依据,对成本的支出进行核算与监督,从而发挥成本控制作用。会计控制方法系统性强、严格、具体、计算准确、政策性强,是理想的也是必须的成本控制方法。

(四)制度控制

制度是对例行活动应遵行的方法、程序、要求及标准作出的规定。成本的控制制度就是通过制定成本管理的制度,对成本控制作出具体的规定,作为行动的准则,约束管理人员和工人,达到控制成本的目的。如成本管理责任制度、技术组织措施制度、成本管理制度、定额管理制度、材料管理制度、劳动工资管理制度、固定资产管理制度等,都与成本控制关系非常密切。

在施工项目成本管理中,上述手段应同时进行并综合使用,不应孤立地使用某一种控制手段。

五、施工项目成本的常用控制方法

(一)偏差分析法

在施工成本控制中,把已完工程成本的实际值与计划值的差异称为施工项目成分偏差,即

$$施工项目成本偏差 = 已完工程实际成本 - 已完工程计划成本$$

若计算结果为正数,表示施工项目成本超支;否则,为节约。

该方法为事后控制的一种方法,也可以说是成本分析的一种方法。

(二)以施工图预算控制成本

采用此法时,要认真分析企业实际的管理水平与定额水平之间的差异,否则达不到控制成本的目的。

1. 人工费控制

项目经理与施工作业队签订劳动合同时,应该将人工费单价定得低一些,其余的部分可以用于定额外人工费和关键工序的奖励费。这样,人工费就不会超支,而且还留有余地,以备关键工序之需。

2. 材料费的控制

按"量价分离"方法计算工程造价的条件下,水泥、钢材、木材的价格由市场价格而定,实行高进高出,即地方材料的预算价格 = 基准价 × (1 + 材差系数)。由于材料价格随市场价格变动频繁,所以项目材料管理人员必须经常关注材料市场价格的变动,并积累详细的市场信息。

3. 周转设备使用费的控制

施工图预算中的周转设备使用费 = 耗用数 × 市场价格,而实际发生的周转设备使用费等于企业内部的租赁价格或摊销率,由于两者计算方法不同,只能以周转设备预算费的总量来控制实际发生的周转设备使用费的总量。

4. 施工机械使用费的控制

施工图预算中的机械使用费 = 工程量 × 定额台班单价。由于施工项目的特殊性,实际的机械使用率不可能达到预算定额的取定水平;加上机械的折旧率又有较大的滞后性,往往使施工图预算的施工机械使用费小于实际发生的机械使用费。在这种情况下,就可以用施工图预算的机械使用费和增加的机械费补贴来控制机械费的支出。

5. 构件加工费和分包工程费的控制

在市场经济条件下,混凝土构件、金属构件、木制品和成型钢筋的加工,以及相关的打

桩、吊装、安装、装饰和其他专项工程的分包,都要以经济合同来明确双方的权利和义务。签订这些合同的时候绝不允许合同金额超过施工图预算。

(三)以施工预算控制成本消耗

以施工过程中的各种消耗量,包括人工工日、材料消耗、机械台班消耗量为控制依据,施工图预算所确定的消耗量为标准,人工单价、材料价格、机械台班单价按照承包合同所确定的单价为控制标准。该方法由于所选的定额是企业定额,它反映企业的实际情况,控制标准相对能够结合企业的实际,比较切实可行。具体的处理方法如下:

(1)项目开工以前,编制整个工程项目的施工预算作为指导和管理施工的依据。

(2)对生产班组的任务安排,必须签发施工任务单和限额领料单,并向生产班组进行技术交底。

(3)任务单和限额领料单在执行过程中,要求生产班组根据实际完成的工程量和实际消耗人工、实际消耗材料作好原始记录,作为施工任务单和限额领料单结算的依据。

(4)在任务完成后,根据回收的施工任务单和限额领料单进行结算,并按照结算内容支付报酬。

第三节　施工项目成本降低的措施

降低施工项目成本的途径应该是既开源又节流,只开源不节流或者说只节流不开源,都不可能达到降低成本的目的。降低施工项目成本一方面主要是控制各种消耗和单价,另一方面是增加收入。

一、加强图纸会审,减少设计造成的浪费

施工单位应该在满足用户的要求和保证工程质量的前提下,联系项目施工的主、客观条件,对设计图纸进行认真的会审,并提出积极的修改意见,在取得用户和设计单位的同意后,修改设计图纸,同时办理增减账。

二、加强合同预算管理,增加工程预算收入

深入研究招标文件、合同文件、正确编写施工图预算;把合同规定的"开口"项目作为增加预算收入的重要方面;根据工程变更资料及时办理增减账。因此,项目承包方应就工程变更对既定施工方法、机械设备使用、材料供应、劳动力调配和工期目标影响程度,以及实施变更内容所需要的各种资料进行合理估价,及时办理增减账手续,并通过工程结算从建设单位取得补偿。

三、制订先进合理的施工方案,减少不必要的窝工等损失

施工方案不同,工期就不同,所需的机械也不同,因而发生的费用也不同。因此,制订施工方案要以合同工期和上级要求为依据,联系项目规模、性质、复杂程度、现场条件、装备情况、人员素质等因素综合考虑。

四、落实技术措施,组织均衡施工,保证施工质量,加快施工进度

(1)根据施工具体情况,合理规划施工现场平面布置(包括机械布置、材料、构件的堆方

场地,车辆进出施工现场的运输道路,临时设施搭建数量和标准等),为文明施工、减少浪费创造条件。

(2)严格执行技术规范和预防为主的方针,确保工程质量,减少零星工程的修补,消灭质量事故,不断降低质量成本。

(3)根据工程设计特点和要求,运用自身的技术优势,采取有效的技术组织措施,实行经济与技术相结合的道路。

(4)严格执行安全施工操作规程,减少一般安全事故,确保安全生产,将事故损失降到最低。

五、降低材料因为量差和价差所产生的材料成本

(1)材料采购和构件加工要求选择质优价廉、运距短的供应单位。对到场的材料、构件要正确计量,认真验收,若遇到不合格产品或用量不足要进行索赔。切实做到降低材料、构件的采购成本,减少采购加工过程中的管理损耗。

(2)根据项目施工的进度计划,及时组织材料、构件的供应,保证项目施工顺利进行,防止因停工造成的损失。在构件生产过程中,要按照施工顺序组织配套供应,以免因规格不齐造成施工间隙,浪费时间和人力。

(3)在施工过程中,严格按照限额领料制度,控制材料消耗,同时还要做好余料回收和利用工作,为考核材料的实际消耗水平提供正确的数据。

(4)根据施工需要,合理安排材料储备,降低资金占用率,提高资金利用效率。

六、提高机械的利用效果

(1)根据工程特点和施工方案,合理选择机械的型号、规格和数量。

(2)根据施工需要,合理安排机械施工,充分发挥机械的效能,减少机械使用成本。

(3)严格执行机械维修和养护制度,加强平时的维修保养,保证机械完好和在施工过程中运转良好。

七、重视人的因素,加强激励职能的作用,调动职工的积极性

(1)对关键工序施工的关键班组要实行重奖。

(2)对材料操作损耗特别大的工序,可由生产班组直接承包。

(3)实行钢模零件和脚手架螺栓有偿回收。

(4)实行班组"落手清"承包。

第四节　工程价款结算与索赔

一、工程价款的结算

(一)预付工程款

预付工程款是指施工合同签订后工程开工前,发包方预先支付给承包方的工程价款(该款项一般用于准备材料,所以又称工程备料款)。预付工程款不得超过合同金额

的30%。

（二）工程进度款

工程进度款是指在施工过程中，根据合同约定按照工程形象进度，划分不同阶段支付的工程款。

（三）竣工结算

竣工结算是指工程竣工后，根据施工合同、招标投标文件、竣工资料、现场签证等，编制的工程结算总造价的文件。根据竣工结算文件，承包方与发包方办理竣工总结算。

（四）工程尾款

工程尾款是指工程竣工结算时，保留的工程质量保证（保修）金，待工程保修期满后清算的款项。

二、结算办法

根据中华人民共和国财政部、建设部2004年颁布的"建设工程价款结算暂行办法"（财建〔2004〕369号）的规定，工程结算办法如下所述。

（一）预付工程款

（1）包工包料工程的预付款按合同约定拨付，原则上预付比例不低于合同金额的10%，不高于合同金额的30%。对于重大工程项目，按年度工程计划逐年预付。

（2）在具备施工条件的前提下，发包人应在双方签订合同后的一个月内或不迟于约定的开工日期前的7 d内预付工程款，发包人不按约定支付，承包人应在预付时间到期后10 d内向发包人发出要求预付的通知，发包人收到通知后仍不按要求预付，承包人发出通知14 d后停止施工，发包人应从约定应付之日起向承包人支付应付款利息，并承担违约责任。

（3）预付的工程款必须在合同中预定抵扣方式，并在工程进度款中进行抵扣。

（4）凡是没有签订合同或是不具备施工条件的工程，发包人不得预付工程款，不得以预付款的名义转移资金。

（二）工程进度款

（1）按月结算与支付，即实行按月支付进度款，竣工后清算的方法。合同工期在两年以上的工程，在年终进行工程盘点，办理年度结算。

（2）分段结算与支付，即当年开工、当年不能竣工的工程按照工程进度、形象进度，划分不同的阶段支付工程进度款。具体划分在合同中明确。

（三）工程进度款支付

（1）根据工程计量结果，承包人应向发包人提出支付工程进度款申请，在承包人发出申请后14 d内，发包人应按不低于工程价款的60%，不高于工程价款的90%向承包人支付工程进度款。

（2）发包人超过约定的支付时间不支付工程进度款，承包人应及时向发包人发出要求付款通知，发包人收到承包人通知后仍不能按照要求付款，可与承包人协商签订延期付款的协议，经承包人同意后可延期付款，协议应明确延期支付的时间和从工程计量结果确认后第15 d起计算应付款的利息。

（3）发包人不按合同约定支付工程进度款，双方又未达成延期付款的协议，导致施工无法进行，承包人可停止施工，由发包人承担违约责任。

三、竣工结算

工程竣工后,双方应按照合同价款及合同价款的调整内容以及索赔事项,进行工程竣工结算。

(一)工程竣工结算的方式

工程竣工结算分为单位工程竣工结算、单项工程竣工结算和建设项目竣工总结算。

(二)工程竣工结算的审编

单位工程竣工结算由承包人编制,发包人审查;若实行总承包的工程,由具体承包人编制,在总承包人审查的基础上,发包人审查。

单项工程竣工结算或者建设项目竣工总结算由总承包人编制,发包人可直接进行审查,也可以委托具有相关资质的工程造价机构进行审查。政府投资项目由同级财政部门审查。单项工程竣工结算或建设项目竣工总结算经发承包人签字盖章后有效。

(三)工程竣工结算审查期限

单项工程竣工后,承包人应在提交竣工验收报告的同时,向发包人递交竣工结算报告及完整的结算资料,发包人按以下规定时限进行核对并提交审查意见:

(1)500万元以下,从接到竣工结算报告和完整的竣工结算资料之日起20 d。

(2)500万~2 000万元,从接到竣工结算报告和完整的竣工结算资料之日起30 d。

(3)2 000万~5 000万元,从接到竣工结算报告和完整的竣工结算资料之日起45 d。

(4)5 000万元以上,从接到竣工结算报告和完整的竣工结算资料之日起60 d。

建设项目竣工结算在最后一个单项工程竣工结算审查确认后15 d内汇总,送发包人30 d内审查完毕。

(四)合同外零星项目工程价款结算

发包人要求承包人完成合同之外零星项目,承包人应在接受发包人要求的7 d内就用工数量和单价、机械台班数量和单价、使用材料金额等向发包人提出施工签证,由发包人签证后施工,如发包人未签证,承包人施工后发生争议的,责任由承包人承担。

(五)工程尾款

发包人根据确认的竣工结算报告向承包人支付竣工结算款,保留5%左右的质量保证金,待工程交付使用一年质保期满后清算,质保期内如有返修,发生费用应在质量保证金中扣除。

四、工程索赔

(一)索赔的原因

1. 业主违约

业主违约常表现为业主或其委托人未能按合同约定为承包商提供施工的必要条件,或未能在约定的时间内支付工程款,有时也可能是监理工程师的不适当决定或苛刻的检查等。

2. 合同缺陷

合同文件规定不严谨甚至矛盾、有遗漏或错误等。由合同缺陷产生索赔对于合同双方来说是不应该的,除非某一方存在恶意而另一方又太马虎。

3. 施工条件变化

施工条件的变化对工程造价和工期影响较大。

4. 工程变更

施工中发现设计问题、改变质量等级或施工顺序、指令增加新的工作、变更建筑材料、暂停或加快施工等常常是工程变更。

5. 工期拖延

施工中由于天气、水文地质等因素的影响常常出现工期拖延。

6. 监理工程师的指令

监理工程师的指令可能造成工程成本增加或工期延长。

7. 国家政策以及法律、法规变更

对直接影响工程造价的政策以及法律法规的变更,合同双方应约定办法处理。

(二)索赔价款结算

发包人未能按合同约定履行自己的各项义务或发生错误,给另一方造成经济损失的,由受损方按合同约定条款提出索赔,索赔金额按合同约定支付。

第十章 水利工程施工进度管理

第一节 概 述

施工管理水平对于缩短建设工期、降低工程造价、提高施工质量、保证施工安全至关重要。施工管理工作涉及施工、技术、经济等活动。其管理活动从制订计划开始,通过计划的制订进行协调与优化,确定管理目标;然后在实施过程中按计划目标进行指挥、协调与控制;根据实施过程中反馈的信息调整原来的控制目标,通过施工项目的计划、组织、协调与控制,实现施工管理的目标。

一、进度的概念

进度通常是指工程项目实施结果的进展情况,在工程项目实施过程中要消耗时间(工期)、劳动力、材料、成本等才能完成项目的任务。当然,项目实施结果应该以项目任务的完成情况,如工程的数量来表达。但由于工程项目对象系统(技术系统)的复杂性,常常很难选定一个恰当的、统一的指标来全面反映工程的进度。有时时间和费用与计划都吻合,但工程实物进度(工作量)未达到目标,则后期就必须投入更多的时间和费用。

在现代工程项目管理中,人们已赋予进度以综合的含义,它将工程项目任务、工期、成本有机地结合起来,形成一个综合的指标,能全面反映项目的实施状况。进度控制已不只是传统的工期控制,而且将工期与工程实物、成本、劳动消耗、资源等统一起来。

二、进度指标

进度控制的基本对象是工程活动。它包括项目结构图上各个层次的单元,上至整个项目,下至各个工作包(有时直到最低层次网络上的工程活动)。项目进度状况通常是通过各工程活动完成程度(百分比)逐层统计汇总计算得到的。进度指标的确定对进度的表达、计算、控制有很大影响。由于一个工程有不同的子项目、工作包,它们工作内容和性质不同,必须挑选一个共同的、对所有工程活动都适用的计量单位。

(一)持续时间

持续时间(工程活动的或整个项目的),是进度的重要指标。人们常用已经使用的工期与计划工期相比较以描述工程完成程度。例如,计划工期二年,现已经进行了一年,则工期已达50%。一个工程活动,计划持续时间为30 d,现已经进行了15 d,则已完成50%。但通常还不能说工程进度已达50%,因为工期与人们通常概念上的进度是不一致的,工程的效率和速度不是一条直线,如通常工程项目开始时工作效率很低,进度慢;到工程中期投入最大,进度最快;而后期投入又较少,所以工期达到50%,并不能表示进度达到了50%,何况在已进行的工期中还存在各种停工、窝工、干扰作用,实际效率可能远低于计划的效率。

（二）按工程活动的结果状态数量描述

按工程活动的结果状态数量描述主要针对专门的领域，其生产对象简单、工程活动简单。例如：设计工作按资料数量（图纸、规范等），混凝土工程按体积（墙、基础、柱），设备安装按吨位，管道、道路按长度，预制件按数量、重量、体积，运输量以吨、千米，土石方以体积或运载量等。特别是当项目的任务仅为完成这些分部工程时，以它们作指标比较能反映实际。

（三）已完成工程的价值量

已完成工程的价值量是用已经完成的工作量与相应的合同价格（单价），或预算价格计算。它将不同种类的分项工程统一起来，能够较好地反映工程的进度状况，这是常用的进度指标。

（四）资源消耗指标

最常用的资源消耗指标有劳动工时、机械台班、成本的消耗等。它们有统一性和较好的可比性，即各个工程活动直到整个项目部都可用它们作为指标，这样可以统一分析尺度，但在实际工程中要注意如下问题：

（1）投入资源数量和进度有时会有背离，会产生误导。例如，某活动计划需 100 工时，现已用了 60 工时，则进度已达 60%。这仅是偶然的，计划劳动效率和实际效率不会完全相等。

（2）由于实际工作量和计划经常有差别，例如，计划 100 工时，由于工程变更，工作难度增加，工作条件变化，应该需要 120 工时，现完成 60 工时，实质上仅完成 50%，而不是 60%，所以只有当计划正确（或反映最新情况）并按预定的效率施工时才得到正确的结果。

（3）用成本反映工程进度是经常的，但这里有如下因素要剔除：①不正常原因造成的成本损失，如返工、窝工、工程停工；②由于价格原因（如材料涨价、工资提高）造成的成本的增加；③考虑实际工程量，工程（工作）范围的变化造成的影响。

三、工期控制和进度控制

工期和进度是两个既互相联系，又有区别的概念。

由于工期计划可以得到各项目单元的计划工期的各个时间参数，其分别表示各层次的项目单元（包括整个项目）的持续、开始和结束时间以及允许的变动余地（各种时差）等，因此将它们作为项目的目标之一。

工期控制的目的是使工程实施活动与上述工期计划在时间上吻合，即保证各工程活动按计划及时开工、按时完成，保证总工期不推迟。

进度控制的总目标与工期控制是一致的，但控制过程中它不仅追求时间上的吻合，而且追求在一定的时间内工作量的完成程度（劳动效率和劳动成果）或消耗的一致性。

进度控制和工期控制的关系表现为：

（1）工期常常作为进度的一个指标，它在表示进度计划及其完成情况时有重要作用，所以进度控制首先表现为工期控制，有效的工期控制能达到有效的进度控制，但仅用工期表达进度会产生误导。

（2）进度的拖延最终会表现为工期拖延。

（3）进度的调整常常表现为对工期的调整，为加快进度，改变施工次序、增加资源投入，则意味着通过采取措施使总工期提前。

四、进度控制的过程

（1）采用各种控制手段保证项目及各个工程活动按计划及时开始，在工程过程中记录各工程活动的开始时间和结束时间及完成程度。

（2）在各控制期末（如月末、季末，一个工程阶段结束）将各活动的完成程度与计划对比，确定整个项目的完成程度，并结合工期、生产成果、劳动效率、消耗等指标，评价项目进度状况，分析其中的问题。

（3）对下期工作作出安排，对一些已开始但尚未结束的项目单元的剩余时间作估算，提出调整进度的措施，根据工程已完成状况作出新的安排和计划，调整网络（如变更逻辑关系、延长或缩短持续时间、增加新的活动等），重新进行网络分析，预测新的工期状况。

（4）对调整措施和新计划作出评审，分析调整措施的效果，分析新的工期是否符合目标要求。

第二节　实际工期和进度的表达

一、工作包的实际工期和进度的表达

进度控制的对象是各个层次的项目单元，而最低层次的工作包是主要对象，有时进度控制还要细到具体的网络计划中的工程活动。有效的进度控制必须能迅速且正确地在项目参加者（工程小组、分包商、供应商等）的工作岗位上反映如下进度信息：

（1）项目正式开始后，必须监控项目的进度以确保每项活动按计划进行，掌握各工作包（或工程活动）的实际工期信息，如实际开始时间，记录并报告工期受到的影响及原因，这些必须明确反映在工作包的信息卡（报告）上。

（2）工作包（或工程活动）所达到的实际状态，即完成程度和已消耗的资源。在项目控制期末（一般为月底）对各工作包的实施状况、完成程度、资源消耗量进行统计。这时，如果一个工程活动已完成或未开始，则已完成的进度为 100%，未开始的为 0，但这时必然有许多工程活动已开始但尚未完成。为了便于比较精确地进行进度控制和成本核算，必须定义它的完成程度。通常有如下几种定义模式：

① 0 ~ 100%，即开始后完成前一直为 0，直到完成才为 100%，这是一种比较悲观的反映。

② 50% ~ 50%，一经开始直到完成前都认为已完成 50%，完成后才为 100%。

③实物工作量或成本消耗、劳动消耗所占的比例，即按已完成的工作量占总计划工作量的比例计算。

④按已消耗工期与计划工期（持续时间）的比例计算。这在横道图计划与实际工期对比和网络调整中得到应用。

⑤按工序（工作步骤）分析定义。这里要分析该工作包的工作内容和步骤，并定义各个步骤的进度份额。例如，某基础混凝土工程，它的施工进度如表 10-1 所示。

表 10-1　某基础混凝土工程施工程序

步骤	时间(d)	工时投入(个)	份额	累计进度
放样	0.5	24	3%	3%
支模	4	216	27%	30%
钢筋	6	240	30%	60%
隐蔽工程验收	0.5	0	0	60%
混凝土浇捣	4	280	35%	95%
养护拆模	5	40	5%	100%
合计	20	800	100%	100%

各步骤占总进度的份额由进度描述指标的比例来计算,例如,可以按工时投入比例,也可以按成本比例。如果到月底隐蔽工程验收刚完,则该分项工程完成60%,而如果混凝土浇捣完成一半,则达77%。

当工作包内容复杂,无法用统一的、均衡的指标衡量时,可以采用按工序(工作步骤)定义的方法,该方法的好处是可以排除工时投入浪费、初期的低效率等造成的影响;可以较好地反映工程进度。例如,上述某基础混凝土工程中,支模已经完成,绑扎钢筋工作量仅完成了70%,则如果绑扎钢筋全完成进度为60%,现绑扎钢筋仍有30%未完成,则该分项工程的进度为

$$60\% - 30\%(1 - 70\%) = 60\% - 9\% = 51\%$$

这比前面的各种方法都要精确。

工程活动完成程度的定义不仅对进度描述和控制有重要作用,有时它还是业主与承包商之间工程价款结算的重要参数。

(3)预算工作包到结束尚需要的时间或结束的日期,这常常需要考虑剩余工作量、已有的拖延、后期工作效率的提高等因素。

二、施工项目进度计划的控制方法

施工项目进度控制是工程项目进度控制的主要环节,常用的控制方法有横道图控制法、S形曲线控制法、香蕉形曲线比较法等。

(一)横道图控制法

人们常用的、最熟悉的方法是用横道图编制实施性进度计划,指导项目的实施。它简明、形象、直观、编制方法简单、使用方便。

横道图控制法是在项目过程实施中,收集检查实际进度的信息,经整理后直接用横道线表示,并直接与原计划的横道线进行比较。

利用横道控制图检查时,图示清楚明了,可在图中用粗细不同的线条分别表示实际进度与计划进度。在横道图中,完成任务量可以用实物工程量、劳动消耗量和工作量等不同方式表示。

(二)S形曲线控制法

S形曲线是一个以横坐标表示时间、纵坐标表示完成工作量的曲线图。工作量的具体

内容可以是实物工程量、工时消耗或费用,也可以是相对的百分比。对于大多数工程项目来说,在整个项目实施期内单位时间(以天、周、月、季等为单位)的资源消耗(人、财、物的消耗)通常是中间多而两头少。由于这一特性,资源消耗累加后便形成一条中间陡而两头平缓的形如 S 的曲线。

像横道图一样,S 形曲线也能直观反映工程项目的实际进展情况。项目进度控制工程师事先绘制进度计划的 S 形曲线。在项目施工过程中,每隔一定时间按项目实际进度情况绘制完工进度的 S 形曲线,并与原计划的 S 形曲线进行比较,如图 10-1 所示。

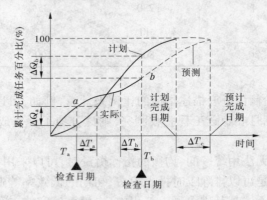

图 10-1 S 形曲线比较图

(1)项目实际进展速度。如果项目实际进展的累计完成量在原计划的 S 形曲线左侧,表示此时的实际进度比计划进度超前,如图 10-1 中 a 点;反之,如果项目实际进展的累计完成量在原计划的 S 形曲线右侧,表示实际进度比计划进度拖后,如图 10-1 中 b 点。

(2)进度超前或拖延时间。如图 10-1 中,ΔT_a 表示 T_a 时刻进度超前时间;ΔT_b 表示 T_b 时刻进度拖延时间。

(3)工程量完成情况。在图 10-1 中,ΔQ_a 表示 T_a 时刻超额完成的工程量;ΔQ_b 表示 T_b 时刻拖欠的工程量。

(4)项目后续进度的预测。在图 10-1 中,虚线表示项目后续进度若仍按原计划速度实施,总工期拖延的预测值为 ΔT_c。

(三)香蕉形曲线比较法

香蕉形曲线是由两条以同一开始时间、同一结束时间的 S 形曲线组合而成的。其中一条 S 形曲线是按最早开始时间安排进度所绘制的 S 形曲线,简称 ES 曲线;而另一条 S 形曲线是按最迟开始时间安排进度所绘制的 S 形曲线,简称 LS 曲线。除项目的开始和结束点外,ES 曲线在 LS 曲线上方,同一时刻两条曲线所对应完成的工作量是不同的。在项目实施过程中,理想的状况是任一时刻的实际进度在两条曲线所包区域内的曲线 R,如图 10-2 所示。

香蕉形曲线的绘制步骤如下:

(1)计算时间参数。在项目的网络计划基础上,确定项目数目 n 和检查次数 m,计算项目工作的时间参数 ES_i、$LS_i(i=1,2,\cdots,n)$。

(2)确定在不同时间计划完成的工程量。以项目的最早时标网络计划确定工作在各单位时间的计划完成工程量 q_{ij}^{ES},即第 i 项工作按最早开始时间开工,第 j 时段内计划完成的工程量$(1 \leqslant i \leqslant n, 0 \leqslant j \leqslant m)$；以项目的最迟时标网络计划确定工作在各单位时间的计划完成工程量q_{ij}^{LS}，即第 i 项工作按最迟开始时间开工，第 j 时段内计划完成的工程量$(1 \leqslant i \leqslant n, 0 \leqslant j \leqslant m)$。

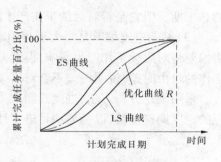

图 10-2　香蕉形曲线图

（3）计算项目总工程量 Q，即

$$Q = \sum_{i=1}^{n} \sum_{j=1}^{m} q_{ij}^{ES} \qquad (10\text{-}1)$$

或

$$Q = \sum_{i=1}^{n} \sum_{j=1}^{m} q_{ij}^{LS} \qquad (10\text{-}2)$$

（4）计算 j 时段末完成的工程量。按最早时标网络计划计算完成的工程量 Q_j^{ES}：

$$Q_j^{ES} = \sum_{i=1}^{n} \sum_{j=1}^{m} q_{ij}^{ES} \qquad (1 \leqslant i \leqslant n, 0 \leqslant j \leqslant m) \qquad (10\text{-}3)$$

按最迟时标网络计划计算完成的工程量为 Q_j^{LS}

$$Q_j^{LS} = \sum_{i=1}^{n} \sum_{j=1}^{m} q_{ij}^{LS} \qquad (1 \leqslant i \leqslant n, 0 \leqslant j \leqslant m) \qquad (10\text{-}4)$$

（5）计算 j 时段末完成项目工程量百分比。按最早时标网络计划计算完成工程量的百分比 μ_j^{ES} 为

$$\mu_j^{ES} = \frac{Q_j^{ES}}{Q} \times 100\% \qquad (10\text{-}5)$$

按最迟时标网络计划计算完成工程量的百分比 μ_j^{LS} 为

$$\mu_j^{LS} = \frac{Q_j^{LS}}{Q} \times 100\% \qquad (10\text{-}6)$$

（6）绘制香蕉形曲线。以(μ_j^{ES}, j) $(j = 0, 1, \cdots, m)$绘制 ES 曲线；以(μ_j^{LS}, j) $(j = 0, 1, \cdots, m)$绘制 LS 曲线，由 ES 曲线和 LS 曲线构成项目的香蕉形曲线。

三、进度计划实施中的调整方法

（一）分析偏差对后续工作及工期的影响

当进度计划出现偏差时，需要分析偏差对后续工作产生的影响。分析的方法主要是利用网络计划中工作的总时差和自由时差来判断。工作的总时差（TF）不影响项目工期，但影响后续工作的最早开始时间，是工作拥有的最大机动时间；而工作的自由时差是指在不影响后续工作的最早开始时间的条件下，工作拥有的最大机动时间。利用时差分析进度计划出现的偏差，可以了解进度偏差对进度计划的局部影响（后续工作）和对进度计划的总体影响（工期）。具体分析步骤如下：

（1）判断进度计划偏差是否在关键线路上。如果出现工作的进度偏差，则 $TF = 0$，说明该工作在关键线路上。无论其偏差有多大，都对其后续工作和工期产生影响，必须采取相应的调整措施；如果 $TF \neq 0$，则说明工作在非关键线路上。偏差的大小对后续工作和工期是否产生影响以及影响程度，还需要进一步分析判断。

（2）判断进度偏差是否大于总时差，如果工作的进度偏差大于工作的总时差，说明偏差必将影响后续工作和总工期。如果偏差小于或等于工作的总时差，说明偏差不会影响项目

的总工期。但它是否对后续工作产生影响,还需进一步与自由时差进行比较判断来确定。

（3）判断进度偏差是否大于自由时差。如果工作的进度偏差大于工作的自由时差,说明偏差将对后续工作产生影响,但偏差不会影响项目的总工期;反之,如果偏差小于或等于工作的自由时差,说明偏差不会对后续工作产生影响,原进度计划可不作调整。

采用上述分析方法,进度控制人员可以根据工作的偏差对后续工作的不同影响采取相应的进度调整措施,以指导项目进度计划的实施。具体的判断分析过程如图 10-3 所示。

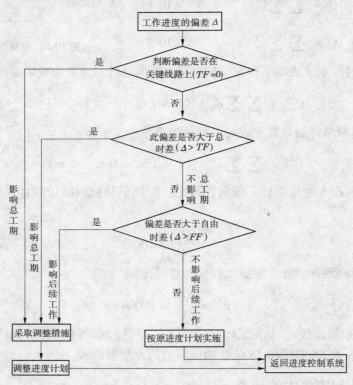

图 10-3　进度偏差对后续工作和工期影响的分析过程

（二）进度计划实施中的调整方法

当进度控制人员发现问题后,对实施进度进行调整。为了实现进度计划的控制目标,究竟采取何种调整方法,要在分析的基础上确定。从实现进度计划的控制目标来看,可行的调整方案可能有多种,存在一个方案优选的问题。一般来说,进度调整的方法主要有以下两种。

1.改变工作之间的逻辑关系

改变工作之间的逻辑关系主要是通过改变关键线路上工作之间的先后顺序、逻辑关系来实现缩短工期的目的。例如,若原进度计划比较保守,各项工作依次实施,即某项工作结束后,另一项工作才开始。通过改变工作之间的逻辑关系,变顺序关系为平行搭接关系,便可达到缩短工期的目的。这样进行调整,由于增加了工作之间的平行搭接时间,进度控制工作就显得更加重要,实施中必须做好协调工作。

2.改变工作延续时间

改变工作延续时间主要是对关键线路上的工作进行调整,工作之间的逻辑关系并不发生变化。例如,某一项目的进度拖延后,为了加快进度,可采用压缩关键线路上工作的持续时间,增加相应的资源来达到加快进度的目的。这种调整通常在网络计划图上直接进行,其调整方法与限制条件及对后续工作的影响程度有关,一般可考虑以下三种情况。

(1)在网络图中,某项工作进度拖延,但拖延的时间在该工作的总时差范围以内、自由时差以外。若用 Δ 表示此项工作拖延的时间,即

$$FF < \Delta < TF$$

根据前面的分析,这种情况不会对工期产生影响,只对后续工作产生影响。因此,在进行调整前,要确定后续工作允许拖延的时间限制,并作为进度调整的限制条件。确定这个限制条件有时很复杂,特别是当后续工作由多个平行的分包单位负责实施时更是如此。

(2)在网络图中,某项工作进度的拖延时间大于项目工作的总时差,即

$$\Delta > TF$$

这时该项工作可能在关键线路上($TF = 0$),也可能在非关键线路上,但拖延的时间超过了总时差($\Delta > TF$)。调整的方法是以工期的限制时间作为规定工期,对未实施的网络计划进行工期—费用优化。通过压缩网络图中某些工作的持续时间,使总工期满足规定工期的要求。具体步骤如下:

①简化网络图,去掉已经执行的部分,以进度检查时间作为开始节点的起点时间,将实际数据代入简化网络图中。

②以简化的网络图和实际数据为基础,计算工作最早开始时间。

③以总工期允许拖延的极限时间作为计算工期,计算各工作最迟开始时间,形成调整后的计划。

(3)在网络计划中工作进度超前。在计划阶段所确定的工期目标,往往是综合考虑各方面因素优选的合理工期。正因为如此,网络计划中工作进度的任何变化,无论是拖延还是超前,都可能造成其他目标的失控(如造成费用增加等)。例如,在一个施工总进度计划中,由于某项工作的超前,致使资源的使用发生变化。这不仅影响原进度计划的继续执行,也影响各项资源的合理安排,特别是施工项目采用多个分包单位进行平行施工时,因进度安排发生了变化,导致协调工作的复杂化。在这种情况下,对进度超前的项目也需要加以控制。

第三节　进度拖延原因分析及解决措施

一、进度拖延原因分析

项目管理者应按预定的项目计划定期评审实施进度情况,分析并确定拖延的根本原因。进度拖延是工程项目过程中经常发生的现象,各层次的项目单元,各个阶段都可能出现延误,分析进度拖延的原因可以采用许多方法,例如:

(1)通过工程活动(工作包)的实际工期记录与计划对比确定被拖延的工程活动及拖延量。

(2)采用关键线路分析的方法确定各拖延对总工期的影响。由于各工程活动(工作包)在网络中所处的位置(关键线路或非关键线路)不同,其对整个工期拖延的影响不同。

（3）采用因果关系分析图（表）、影响因素分析表，工程量、劳动效率对比分析等方法，详细分析各工程活动（工作包）对整个工期拖延的影响因素及各因素影响量的大小。

进度拖延的原因是多方面的，包括工期及计划的失误、边界条件变化、管理过程中的失误和其他原因。

（一）工期及计划的失误

计划失误是常见的现象。人们在计划期将持续时间安排得过于乐观。包括：

（1）计划时忘记（遗漏）部分必需的功能或工作。

（2）计划值（如计划工作量、持续时间）不足，相关的实际工作量增加。

（3）资源或能力不足，例如，计划时没考虑到资源的限制或缺陷，没有考虑如何完成工作。

（4）出现了计划中未能考虑到的风险或状况，未能使工程实施达到预定的效率。

（5）在现代工程中，上级（业主、投资者、企业主管）常常在一开始就提出很紧迫的工期要求，使承包商或其他设计人、供应商的工期太紧，而且许多业主为了缩短工期，常常压缩承包商的做标期、前期准备的时间。

（二）边界条件变化

（1）工作量的变化可能是由于设计的修改、设计的错误、业主新的要求、修改项目的目标及系统范围的扩展造成的。

（2）外界（如政府、上层系统）对项目新的要求或限制，设计标准的提高可能造成项目资源的缺乏，使得工程无法及时完成。

（3）环境条件的变化，如不利的施工条件不仅造成对工程实施过程的干扰，有时直接要求调整原来已确定的计划。

（4）发生不可抗力事件，如地震、台风、动乱、战争等。

（三）管理过程中的失误

（1）计划部门与实施者之间，总分包商之间，业主与承包商之间缺少沟通。

（2）工程实施者缺乏工期意识，例如，管理者拖延了图纸的供应和批准，任务下达时缺少必要的工期说明和责任落实，拖延了工程活动。

（3）项目参加单位对各个活动（各专业工程和供应）之间的逻辑关系（活动链）没有清楚地了解，下达任务时也没有作详细的解释，同时对活动的必要的前提条件准备不足，各单位之间缺少协调和信息沟通，许多工作脱节，资源供应出现问题。

（4）由于其他方面未完成项目计划规定的任务造成拖延。例如，设计单位拖延设计、运输不及时、上级机关拖延批准手续、质量检查拖延、业主不果断处理问题等。

（5）承包商没有集中力量施工、材料供应拖延、资金缺乏、工期控制不紧，这可能是由于承包商同期工程太多，力量不足造成的。

（6）业主没有集中资金的供应，拖欠工程款，或业主的材料、设备供应不及时。

（四）其他原因

由于采取其他调整措施造成工期的拖延，如设计的变更，质量问题的返工，实施方案的修改。

二、解决进度拖延的措施

（一）基本策略

对已产生的进度拖延可以有如下的基本策略：

（1）采取积极的措施赶工，以弥补或部分地弥补已经产生的拖延。主要通过调整后期计划，采取措施赶工、修改网络等方法解决进度拖延问题。

（2）不采取特别的措施，在目前进度状态的基础上，仍按照原计划安排后期工作。但在通常情况下，拖延的影响会越来越大。有时刚开始仅一两周的拖延，到最后会导致一年拖延的结果。这是一种消极的办法，最终结果必然损害工期目标和经济效益。

（二）可以采取的赶工措施

与在计划阶段压缩工期一样，解决进度拖延有许多方法，但每种方法都有它的适用条件、限制，必然会带来一些负面影响。在人们以往的讨论以及实际工作中，都将重点集中在时间问题上，这是不对的。许多措施常常没有效果，或引起其他更严重的问题，最典型的是增加成本开支、现场的混乱和引起质量问题。因此，应该将它作为一个新的计划过程来处理。

在实际工程中经常采取如下赶工措施：

（1）增加资源投入。例如，增加劳动力、材料、周转材料和设备的投入量。这是最常用的办法。它会带来如下问题：①造成费用增加，如增加人员的调遣费用、周转材料一次性费用、设备的进出场费用；②由于增加资源造成资源使用效率的降低；③加剧资源供应困难，如有些资源没有增加的可能性，加剧项目之间或工序之间对资源激烈的竞争。

（2）重新分配资源。例如，将服务部门的人员投入到生产中去，投入风险准备资源，采用加班或多班制工作。

（3）减少工作范围。包括减少工作量或删去一些工作包（或分项工程），但这可能产生如下影响：①损害工程的完整性、经济性、安全性、运行效率，或提高项目运行费用；②必须经过上层管理者，如投资者、业主的批准。

（4）改善工具、器具以提高劳动效率。

（5）提高劳动生产率。主要通过辅助措施和合理的工作过程，这里要注意以下几个问题：①加强培训，通常培训应尽可能的提前；②注意工人级别与工人技能的协调；③工作中的激励机制，例如奖金、小组精神发扬、个人负责制、目标明确；④改善工作环境及项目的公用设施（需要花费）；⑤项目小组时间上和空间上合理的组合和搭接；⑥避免项目组织中的矛盾，多沟通。

（6）将部分任务转移，如分包、委托给另外的单位，将原计划由自己生产的结构构件改为外购等。当然，这不仅有风险、产生新的费用，而且需要增加控制和协调工作。

（7）改变网络计划中工程活动的逻辑关系，如将前后顺序工作改为平行工作，或采用流水施工的方法。这又可能产生以下问题：①工程活动逻辑上的矛盾性；②资源的限制，平行施工要增加资源的投入强度，尽管投入总量不变；③工作面限制及由此产生的现场混乱和低效率问题。

（8）将一些工作包合并，特别是在关键线路上按先后顺序实施的工作包合并，与实施者一道研究，通过局部调整实施过程和人力、物力的分配达到缩短工期的目的。

通常，A_1、A_2两项工作如果由两个单位分包按次序施工（如图10-4所示），则持续时间较长；而如果将他们合并为A，由一个单位来完成，则持续时间就大大地缩短。这是由于：

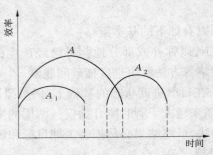

图10-4　工作时间—效率图

①两个单位分别负责，则它们都经过前期准备低效率→正常施工→后期低效率过程，则总的平均效率很低。

②由两个单位分别负责时；中间有一个对A_1工作的检查、打扫和场地交接和对A_2工作准备的过程，会使工期延长，这是由分包合同或工作任务单所决定的。

③如果合并由一个单位完成，则平均效率会较高，而且许多工作能够穿插进行。

④实践证明，采用"设计—施工"总承包，或项目管理总承包，比分阶段、分专业平行包工期会大大缩短。

⑤修改实施方案，例如，将现浇混凝土改为场外预制、现场安装，这样可以提高施工速度。又如在一国际工程中，原施工方案为现浇混凝土，工期较长，进一步调查发现该国技术工缺乏，劳动力的素质和可培训性较差，无法保证原工期，后来采用预制装配施工方案，大大缩短了工期。当然，这一方面必须有可用的资源，另一方面又考虑会造成成本的超支。

（三）应注意的问题

在选择措施时，要考虑到以下几点：

（1）赶工应符合项目的总目标与总战略；

（2）措施应是有效的、可以实现的；

（3）花费比较省；

（4）对项目的实施及承包商、供应商的影响面较小。

在制订后续工作计划时，这些措施应与项目的其他过程协调。

在实际工作中，人们常常采用了许多事先认为有效的措施，但实际效力却很小，常常达不到预期的缩短工期的效果。主要原因有以下几种：

（1）这些计划是无正常计划期状态下的计划，常常是不周全的。

（2）缺少协调，没有将加速的要求、措施，新的计划，可能引起的问题通知相关各方，如其他分包商、供应商、运输单位、设计单位。

（3）人们对以前造成拖延的问题的影响认识不清。例如，由于外界干扰到目前为止已造成拖延，而实质上，这些影响是有惯性的，还会继续扩大，所以即使现在采取措施，在一段时间内，拖延仍会继续扩大。

第十一章 水利工程施工合同管理

第一节 概 述

水利工程施工合同是指水利工程的项目法人(发包方)和工程承包商(施工单位或承包方)为完成商定的水利工程而明确相互权利、义务关系的协议,即承包方进行工程建设施工,发包方支付工程价款的合同。

水利工程施工合同管理是指水利建设主管机关、相应的金融机构,以及建设单位、监理单位、承包企业依照法律和行政法规、规章制度,采取法律的、行政的手段,对施工合同关系进行组织、指导协调和监督,保护施工合同当事人的合法权益,处理施工合同纠纷,防止和制裁违法行为,保证施工合同法规的贯彻实施等一系列活动。

施工合同明确了在施工阶段承包人和发包人的权利和义务。施工合同正确的签订是履行合同的基础,合同的最终实现需要发包人和承包人双方严格按照合同的各项条款和条件,全面履行各自的义务,才能享受其权利,最终完成工程任务。

依法成立的施工合同,在实施过程中承包人和发包人的权益都受到法律保护。当一方不履行合同,使对方的权益受到侵害时,就可以以施工合同为依据,根据有关法律,追究违约一方的法律责任。

一、合同谈判与签订

合同是影响利润最主要的因素,而合同谈判和合同签订是获得尽可能多利润的最好机会。如何利用这个机会,签订一份有利的合同,是每个承包商都十分关心的问题。

(一)合同谈判的主要内容

(1)关于工程范围。承包商所承担的工作范围,包括施工、设备采购、安装和调试等。在签订合同时要做到明确具体、范围清楚、责任明确,否则将导致报价漏项。

(2)关于技术要求、技术规范和施工技术方案。

(3)关于合同价格条款。合同依据计价方式的不同主要有总价合同、单价合同和成本加酬金合同,在谈判中根据工程项目的特点加以确定。

(4)关于付款。付款问题可归纳为三个方面,即价格问题、货币问题、支付方式问题。承包人应对合同的价格调整条款、合同规定货币价值浮动的影响、支付时间、支付方式和支付保证金等条款予以充分的重视。

(5)关于工期和维修期的条款。

①被授标的承包人首先应根据投标文件中自己填报的工期及考虑工程量的变动而产生的影响,与发包人最后确定工期。若可能应根据承包人的项目准备情况、季节和施工环境因素等洽商一个适当的开工日期。

②单项工程较多的项目,应争取分批竣工,提交发包人验收,并从该批验收起计算该部

分的维修期,应规定在发包人验收并接收前,承包人有权不让发包人随意使用等条款,以缩短自己的责任期限。

③在合同中应明确承包人保留由于工程变更、恶劣的气候影响等原因对工期产生不利影响时要求合理地延长工期的权利。

④合同文本中应当对保修工程的范围、保修责任及保修期的开始和结束时间有明确的说明,承包人应该只承担由于材料和施工方法及操作工艺等不符合规定而产生的缺陷。

⑤承包人应力争用维修保函来代替发包人扣留的保证金,它对发包人并无风险,是一种比较公平的做法。

(6)关于完善合同条件的问题。包括:关于合同图纸,关于合同的某些措辞,关于违约罚金和工期提前奖金,工程量验收以及衔接工序和隐蔽工程施工的验收程序,关于施工占地,关于开工和工期,关于向承包人移交施工现场和基础资料,关于工程交付,预付款保函的自动减款条款。

(二)合同最后文本的确定和合同的签订

1. 合同文件内容

(1)建设工程合同文件构成:合同协议书,工程量及价格单,合同条件,投标人须知,合同技术条件(附投标图纸),发包人授标通知,双方共同签署的合同补遗(有时也以合同谈判会议纪要形式表示),中标人投标时所递交的主要技术和商务文件,其他双方认为应作为合同的一部分文件。

(2)对所有在招标投标及谈判前后各方发出的文件、文字说明、解释性资料进行清理,对凡是与上述合同构成相矛盾的文件,应宣布作废。可以在双方签署的合同补遗中,对此作出排除性质的说明。

2. 关于合同协议的补遗

在合同谈判阶段,双方谈判的结果一般以合同补遗的形式表示,有时也可以以合同谈判纪要形式形成书面文件。这一文件将成为合同文件中极为重要的组成部分,因为它最终确认了合同签订人之间的意志,所以在合同解释中优先于其他文件。

3. 合同的签订

发包人或监理工程师在合同谈判结束后,应按上述内容和形式完成一个完整的合同文件草案,并经承包人授权代表认可后正式形成文件,承包人代表应认真审核合同草案的全部内容。当双方认为满意并核对无误后由双方代表草签,至此合同谈判阶段即告结束。此时,承包人应及时准备和递交履约保函,准备正式签署承包合同。

二、工程合同的类型

(一)按合同签约的对象内容划分

1. 建设工程勘察、设计合同

建设工程勘察、设计合同是指业主(发包人)与勘察人、设计人为完成一定的勘察、设计任务,明确双方权利、义务的协议。

2. 建设工程施工合同

建设工程施工合同通常也称为建筑安装工程承包合同,是指建设单位(发包方)和施工单位(承包方)为了完成商定的或通过招标投标确定的建筑工程安装任务,明确相互权利、义务关系的书面协议。

（二）按合同签约各方的承发包关系划分

1. 总包合同

建设单位（发包方）将工程项目建设全过程或其中某个阶段的全部工作发包给一个承包单位总包,发包方与总包方签订的合同称为总包合同。总包合同签订后,总承包单位可以将若干专业性工作交给不同的专业承包单位去完成,并统一协调和监督它们的工作。在一般情况下,建设单位仅同总承包单位发生法律关系,而不同各专业承包单位发生法律关系。

2. 分包合同

总承包方与发包方签订了总包合同之后,将若干专业性工作分包给不同的专业承包单位去完成,总包方分别与几个分包方签订分包合同。对于大型工程项目,有时也可由发包方直接与每个承包方签订合同,而不采取总包形式。这时,每个承包方都处于同样地位,各自独立完成本单位所承包的任务,并直接向发包方负责。

（三）按承包合同的不同计价方法划分

1. 固定总价合同

采用这类合同的工程,其总价是以施工图纸和工程说明书为计算依据,在招标时将造价一次包死。在合同执行过程中,不能因为工程量、设备、材料价格、工资等变动而调整合同总价。但人力不可抗拒的各种自然灾害、国家统一调整价格、设计有重大修改等情况除外。

2. 单价合同

该类合同分为以下几种形式。

1）工程量清单合同

工程量清单合同通常由建设单位委托设计、咨询单位计算出工程量清单,分别列出分部分项工程量。承包人在投标时填报单价,并计算出总造价。在工程施工过程中,各分部分项的实际工程量应按实际完成量计算,并按投标时承包人所填报的单价计算实际工程总造价。这种合同的特点是在整个施工过程中单价不变,工程承包金额将有变化。

2）单价一览表合同

单价一览表合同包括一个单价一览表,发包单位只在表中列出各分部分项工程,但不列出工程量。承包单位投标时只填各分部分项工程的单价。工程施工过程中按实际完成的工程量和原填单价计价。

3）成本加酬金合同

成本加酬金合同中的合同总价由两部分组成:一部分是工程直接成本,是按工程施工过程中实际发生的直接成本实报实销;另一部分是事先商定好的一笔支付给承包人的酬金。

三、《建设工程施工合同(示范文本)》简介

建设部和国家工商行政管理总局于 1999 年发布了《建设工程施工合同(示范文本)》(GF—1999—0201)(简称《示范文本》),这是一种主要适用于施工总承包的合同。该《示范文本》由协议书、通用条款和专用条款三部分组成,并附有承包人承揽工程项目一览表、发包人供应材料设备一览表、工程质量保修书三个附件。

（一）协议书内容

（1）工程概况:工程名称、工程地点、工程内容、工程立项批准文号和资金来源。

（2）工程承包范围：承包人承包工程的工作范围和内容。

（3）合同工期：开工、竣工日期、合同工期应填写的总日历天数。

（4）质量标准：工程质量必须达到国家标准规定的合格标准，双方也可以约定达到国家标准规定的优良标准。

（5）合同价款：应填写双方确定的合同金额（分别用大、小写表示）。

（6）组成合同的文件：合同文件应能相互解释，互为说明。除专用条款另有约定外，组成合同的文件及优先解释顺序如下：①合同协议书；②中标通知书；③投标书及其附件；④本合同专用条款；⑤本合同通用条款；⑥标准规范及有关技术文件；⑦图纸；⑧工程量清单；⑨工程报价单或预算书。

（7）本协议书中有关词语含义与本合同第二部分"通用条款"中分别赋予它们的定义相同。

（8）承包人向发包人承诺按照合同约定进行施工、竣工并在质量保修期内承担工程质量保修责任。

（9）发包人向承包人承诺按照合同约定的期限和方式支付合同价款及其他应当支付的款项。

（10）合同的生效。

（二）"通用条款"内容

（1）词语定义及合同文件。

（2）双方一般权利和义务。

（3）施工组织设计和工期。

（4）质量与检验。

（5）安全施工。

（6）合同价款与支付。

（7）材料设备供应。

（8）工程变更。

（9）竣工验收与结算。

（10）违约、索赔和争议。

（11）其他。

（三）"专用条款"内容

（1）"专用条款"谈判依据及注意事项。

（2）"专用条款"与"通用条款"是相对应的。

（3）"专用条款"具体内容是发包人与承包人协商将工程具体要求填写在合同文本中。

（4）建设工程合同"专用条款"的解释优于"通用条款"。

第二节　施工合同的实施与管理

一、合同分析

合同分析是将合同目标和合同条款规定落实到合同实施的具体问题和具体事件上，用以指导具体工作,使合同能顺利地履行,最终实现合同目标。合同分析应作为工程施工合同管理的起点。

(一)施工合同分析的必要性

(1)一个工程中,合同往往几份、十几份甚至几十份,合同之间关系复杂。

(2)合同文件和工程活动的具体要求(如工期、质量、费用等),合同各方的责任关系、事件和活动之间的逻辑关系极为复杂。

(3)许多参与工程的人员所涉及的活动和问题不是合同文件的全部,而仅为合同的部分内容,因此合同管理人员对合同进行全面分析,再向各职能人员进行合同交底以提高工作效率。

(4)合同条款的语言有时不够明了,只有在合同实施前进行合同分析以方便日常合同管理工作。

(5)在合同中存在的问题和风险,包括合同审查时已发现的风险和还可能隐藏着的风险,在合同实施前有必要作进一步的全面分析。

(6)合同实施过程中,双方会产生许多争执,解决这些争执也必须作合同分析。

(二)合同分析的内容

1.合同的法律基础

分析合同签订和实施所依据的法律、法规,通过分析,承包人了解适用于合同的法律的基本情况(范围、特点等),用以指导整个合同实施和索赔工作。对合同中明示的法律要重点分析。

2.合同类型

不同类型的合同,其性质、特点、履行方式不一样,双方的责权利关系和风险分担不一样,这直接影响合同双方的责任和权利的划分,影响工程施工中的合同管理和索赔。

3.承包人的主要任务

(1)承包人的总任务,即合同标的。承包人在设计、采购、生产、试验、运输、土建、安装、验收、试生产、缺陷责任期维修等方面的主要责任,施工现场的管理责任,给发包人的管理人员提供生活和工作条件的责任等。

(2)工作范围。它通常由合同中的工程量清单、图纸、工程说明、技术规范定义。工程范围的界限应很清楚,否则会影响工程变更和索赔,特别是固定总价合同。

(3)工程变更的规定。重点分析工程变更程序和工程变更的补偿范围。

4.发包人的责任

主要分析发包人的权利和合作责任。发包人的权利是承包人的合作责任,是承包人容易产生违约行为的地方;发包人的合作责任是承包人顺利完成合同规定任务的前提,同时又是承包人进行索赔的理由。

5.合同价格

应重点分析合同采用的计价方法、计价依据、价格调整方法、合同价格所包括的范围及工程款结算方法和程序。

6.施工工期

在实际工程中,工期拖延极为常见和频繁,而且对合同实施和索赔的影响很大,要特别重视。

7. 违约责任

如果合同的一方未遵守合同规定,造成对方损失,应受到相应的合同处罚。

(1)承包人不能按合同规定的工期、工程的违约金或承担发包人损失的条款;

(2)由于管理上的疏忽造成对方人员和财产损失的赔偿条款;

(3)由于预谋和故意行为造成对方损失的处罚和赔偿条款;

(4)由于承包人不履行或不能正确履行合同责任,或出现严重违约时的处理规定;

(5)由于发包人不履行或不能正确履行合同责任,或出现严重违约时的处理规定,特别是对发包人不及时支付工程款的处理规定。

8. 验收、移交和保修

(1)验收。包括许多内容,如材料和机械设备的进场验收、隐蔽工程验收、单项工程验收、全部工程竣工验收等。

在合同分析中,应对重要的验收要求、时间、程序以及验收所带来的法律后果作说明。

(2)移交。竣工验收合格即办理移交。应详细分析工程移交的程序,对工程尚存的缺陷、不足之处以及应由承包人完成的剩余工作,发包人可保留其权利,并指令承包人限期完成,承包人应在移交证书上注明的日期内尽快地完成这些剩余工程或工作。

(3)保修。分析保修期限和保修责任的划分。

9. 索赔程序和争执的解决

重点分析索赔的程序、争执的解决方式和程序及仲裁条款,包括仲裁所依据的法律,仲裁地点、方式和程序,仲裁结果的约束力等。

二、合同交底

合同交底是以合同分析为基础、以合同内容为核心的交底工作,涉及合同的全部内容,特别是关系到合同能否顺利实施的核心条款。合同交底的目的是将合同目标和责任具体落实到各级人员的工程活动中,并指导管理及技术人员以合同为行为准则。合同交底一般包括以下主要内容:

(1)工程概况及合同工作范围;

(2)合同关系及合同涉及各方之间的权利、义务与责任;

(3)合同工期控制总目标及阶段控制目标,目标控制的网络表示及关键线路说明;

(4)合同质量控制目标及合同规定执行的规范、标准和验收程序;

(5)合同对本工程的材料、设备采购、验收的规定;

(6)投资及成本控制目标,特别是合同价款的支付及调整的条件、方式和程序;

(7)合同双方争议问题的处理方式、程序和要求;

(8)合同双方的违约责任;

(9)索赔的机会和处理策略;

(10)合同风险的内容及防范措施;

(11)合同进展文档管理的要求。

三、合同实施控制

（一）合同控制的作用

（1）进行合同跟踪，分析合同实施情况，找出偏离，以便及时采取措施，调整合同实施过程，达到合同总目标。

（2）在整个工程过程中，能使项目管理人员一直清楚地了解合同实施情况，对合同实施现状、趋向和结果有一个清醒的认识。

（二）合同控制的依据

（1）合同和合同分析结果，如各种计划、方案、洽商变更文件等，是比较的基础，是合同实施的目标和依据；

（2）各种实际的工程文件，如原始记录，各种工程报表、报告、验收结果、计量结果等；

（3）工程管理人员每天对现场的书面记录。

（三）合同控制措施

1. 合同问题处理措施

分析合同执行差异的原因及差异责任，进行问题处理。

2. 工程问题处理措施

工程问题处理措施包括技术措施、组织和管理措施、经济措施和合同措施。

四、工程合同档案管理

合同的档案管理是对合同资料的收集、整理、归档和使用，合同资料的种类如下：

（1）合同资料，如各种合同文本、招标文件、投标文件、图纸、技术规范等；

（2）合同分析资料，如合同总体分析、网络图、横道图等；

（3）工程实施中产生的各种资料，如发包人的各种工作指令、签证、信函、会议纪要和其他协议，各种变更指令、申请、变更记录，各种检查验收报告、鉴定报告；

（4）工程实施中各种记录、施工日记等，官方的各种文件、批件，反映工程实施情况的各种报表、报告、图片等。

第三节　施工合同索赔管理

一、索赔的概念与分类

（一）索赔的概念

索赔是指在合同实施过程中，合同当事人一方因对方违约或其他过错，或虽无过错但无法防止的外因致使受到损失时，要求对方给予赔偿或补偿的法律行为。索赔是双向的，承包人可以向发包人索赔，发包人也可以向承包人索赔。一般称后者为反索赔。

（二）索赔的分类

1. 按索赔发生的原因分类

如施工准备、进度控制、质量控制、费用控制和管理等原因引起的索赔，这种分类能明确指出每一索赔的根源所在，使发包人和工程师便于审核分析。

2. 按索赔的目的分类

1）工期索赔

工期索赔就是要求发包人延长施工时间,使原规定的工程竣工日期顺延,从而避免违约罚金的发生。

2）费用索赔

费用索赔就是要求发包人补偿费用损失,进而调整合同价款。

3. 按索赔的依据分类

1）合同内索赔

合同内索赔是指索赔涉及的内容在合同文件中能够找到依据,或可以根据该合同某些条款的含义,推论出一定的索赔权。

2）合同外索赔

合同外索赔是指索赔内容虽在合同条款中找不到依据,但索赔权利可以从有关法律法规中找到依据。

3）道义索赔

道义索赔是指由于承包人失误,或发生承包人应负责任的风险而造成承包人重大的损失所产生的索赔。

4. 按索赔的有关当事人分类

（1）承包人和发包人之间的索赔。

（2）总承包人与分承包人之间的索赔。

（3）承包人与供货人之间的索赔。

（4）承包人向保险公司、运输公司索赔等。

5. 按索赔的处理方式分类

1）单项索赔

单项索赔就是采取一事一索赔的方式,每一件索赔事件发生后,即报送索赔通知书,编报索赔报告,要求单项解决支付。

2）总索赔

总索赔又称综合索赔或一揽子索赔,一般是在工程竣工或移交前,承包人将施工中未解决的单项索赔集中考虑,提出综合索赔报告,由合同双方当事人在工程移交前进行最终谈判,以一揽子方案解决索赔问题。

二、索赔的起因

（一）发包人违约

发包人违约主要表现为:未按施工合同规定的时间和要求提供施工条件、任意拖延支付工程款、无理阻挠和干扰工程施工造成承包人经济损失或工期拖延、发包人所指定分包商违约等。

（二）合同调整

合同调整主要表现为:设计变更、施工组织设计变更、加速施工、代换某些材料、有意提高设备或原材料的质量标准引起的合同差价、图纸设计有误或由于工程师指令错误等,造成工程返工、窝工、待工甚至停工。

(三)合同缺陷

合同缺陷主要有如下问题：

(1)合同条款规定用语含糊,不够准确,难以分清双方的责任和权益;

(2)合同条款中存在着漏洞,对实际各种可能发生的情况未作预测和规定,缺少某些必不可少的条款;

(3)合同条款之间互为矛盾,即在不同的条款和条文中,对同一问题的规定和解释要求不一致;

(4)合同的某些条款中隐含着较大的风险,即对承包人方面要求过于苛刻,约束条款不对等,不平衡。

(四)不可预见因素

(1)不可预见障碍,如古井、墓坑、断层、溶洞及其他人工构筑障碍物等。

(2)不可抗力因素,如异常的气候条件、高温、台风、地震、洪水、战争等。

(3)其他第三方原因,与工程相关的其他第三方所发生的问题对本工程项目的影响。如银行付款延误、邮路延误、车站压货等。

(五)国家政策、法规的变化

(1)建筑工程材料价格上涨,人工工资标准的提高。

(2)银行贷款利率调整,以及货币贬值给承包商带来的汇率损失。

(3)国家有关部门在工程中推广、使用某些新设备、施工新技术的特殊规定。

(4)国家对某种设备建筑材料限制进口、提高关税的规定等。

(六)发包人或监理工程师管理不善

(1)工程未完成或尚未验收,发包人提前进入使用,并造成了工程损坏;

(2)工程在保修期内,由于发包人工作人员使用不当,造成工程损坏。

(七)合同中断及解除

(1)国家政策的变化、不可抗力和双方之外的原因导致工程停建或缓建造成合同中断。

(2)合同履行中,双方在组织管理中不协调,不配合以至于矛盾激化,使合同不能再继续履行下去,或发包人严重违约,承包人行使合同解除权,或承包人严重违约,发包人行使驱除权解除合同等。

三、索赔的程序

(一)索赔意向通知

当索赔事项出现时,承包人将他的索赔意向,在事项发生 28 d 内,以书面形式通知工程师。

(二)索赔报告提交

承包人在合同规定的时限内递送正式的索赔报告。内容主要包括:索赔的合同依据、索理由、索赔事件发生经过、索赔要求(费用补偿或工期延长)及计算方法,并附相应证明材料。

(三)工程师对索赔的处理

工程师在收到承包人索赔报告后,应及时审核索赔资料,并在合同规定时限内给予答复或要求承包人进一步补充索赔理由和证据,逾期可视为该项索赔已经认可。

（四）索赔谈判

工程师提出索赔处理决定的初步意见后，发包人和承包人就此进行索赔谈判，作出索赔的最后决定。若谈判失败，即进入仲裁与诉讼程序。

四、索赔证据的要求

（1）事实性，索赔证据必须是在实施合同过程中确实存在和发生的，必须完全反映实际情况，能经得住推敲；

（2）全面性，所提供的证据应能说明事件的全过程，不能零乱和支离破碎；

（3）关联性，索赔证据应能互相说明，相互具关联性，不能互相矛盾；

（4）及时性，索赔证据的取得及提出应当及时；

（5）具有法律效力，一般要求证据必须是书面文件，有关记录、协议、纪要必须是双方签署的，工程中的重大事件、特殊情况的记录、统计必须由监理工程师签证认可。

五、反索赔

索赔管理的任务不仅在于对己方产生的损失的追索，而且在于对将产生或可能产生的损失的防止。追索损失主要通过索赔手段进行，而防止损失主要通过反索赔手段进行。

索赔和反索赔是进攻和防守的关系。在合同实施过程中，合同双方都在进行合同管理，都在寻找索赔机会，一旦干扰事件发生，一方进行索赔，不能进行有效的反索赔，同样要蒙受损失，所以反索赔与索赔有同等重要的地位。

反索赔的目的是防止损失的发生，它包括两方面的内容：

（1）防止对方提出索赔。在合同实施中进行积极防御，使自己处于不能被索赔的地位，如防止自己违约，完全按合同办事。

（2）反击对方的索赔要求。如对对方的索赔报告进行反驳，找出理由和证据，证明对方的索赔报告不符合事实情况，不符合合同规定，没有根据，计算不准确，以避免或减轻自己的赔偿责任，使自己不受或少受损失。

第十二章　水利工程施工安全与环境管理

第一节　施工安全管理

一、施工安全管理的目的和任务

施工项目安全管理的目的是最大限度地保护生产者的人身安全,控制影响工作环境内所有员工(包括临时工作人员、合同方人员、访问者和其他有关人员)安全的条件和因素,避免因使用不当对使用者造成安全危急,防止安全事故的发生。

施工安全管理的任务是建筑生产安全企业为达到建筑施工过程中安全的目的,所进行的组织、控制和协调活动,主要内容包括制定、实施、实现、评审和保持安全方针所需的组织机构、策划活动、管理职责、实施程序、所需资源等。施工企业应根据自身实际情况制定方针,并通过实施、实现、评审、保持、改进来建立组织机构、策划活动、明确职责、遵守安全法律法规、编制程序控制文件、实施过程控制,提供人员、设备、资金、信息等资源,对安全与环境管理体系按国家标准进行评审,按计划、实施、检查、总结循环过程进行提高。

二、施工安全管理的特点

(一)安全管理的复杂性

水利工程施工具有项目的固定性、生产的流动性、外部环境影响的不确定性,这决定了施工安全管理的复杂性。

生产的流动性主要指生产要素的流动性,它是指生产过程中人员、工具和设备的流动,主要表现有以下几个方面:

(1)同一工地不同工序之间的流动;

(2)同一工序不同工程部位之间的流动;

(3)同一工程部位不同时间段之间的流动;

(4)施工企业向新建项目迁移的流动。

外部环境对施工安全影响因素很多,主要表现在以下几个方面:

(1)露天作业多;

(2)气候变化大;

(3)地质条件变化;

(4)地形条件影响;

(5)地域、人员交流障碍影响。

以上生产因素和环境因素的影响使施工安全管理变得复杂,考虑不周会出现安全问题。

(二)安全管理的多样性

受客观因素影响,水利工程项目具有多样性的特点,使得建筑产品具有单件性,每一个

施工项目都要根据特定条件和要求进行施工生产,安全管理具有多样性特点,主要表现在以下几个方面:

(1)不能按相同的图纸、工艺和设备进行批量重复生产;

(2)因项目需要设置组织机构,项目结束组织机构不存在,生产经营的一次性特征突出;

(3)新技术、新工艺、新设备、新材料的应用给安全管理带来新的难题;

(4)人员的改变、安全意识、经验不同带来安全隐患。

(三)安全管理的协调性

施工过程的连续性和分工决定了施工安全管理的协调性。水利施工项目不能像其他工业产品一样可以分成若干部分或零部件同时生产,必须在同一个固定的场地按严格的程序连续生产,上一道工序完成才能进行下一道工序,上一道工序生产的结果往往被下一道工序所掩盖,而每一道工序都是由不同的部门和人员来完成的,这样,就要求在安全管理中,要求不同部门和人员做好横向配合和协调,共同注意各施工生产过程接口部分的安全管理的协调,确保整个生产过程和安全。

(四)安全管理的强制性

工程建设项目建设前,已经通过招标投标程序确定了施工单位。由于目前建筑市场供大于求,施工单位大多以较低的标价中标,实施中安全管理费用投入严重不足,不符合安全管理规定的现象时有发生,从而要求建设单位和施工单位重视安全管理经费的投入,达到安全管理的要求,政府也要加大对安全生产的监管力度。

三、施工安全控制的特点、程序、要求

(一)安全控制的概念

1.安全生产的概念

安全生产是指施工企业使生产过程避免人身伤害、设备损害及其不可接受的损害风险的状态。

不可接受的损害风险通常是指超出了法律、法规和规章的要求,超出了方针、目标和企业规定的其他要求,超出了人们普遍接受的要求(通常是隐含的要求)。

安全与否是一个相对的概念,根据风险接受程度来判断。

2.安全控制的概念

安全控制是指企业通过对安全生产过程中涉及的计划、组织、监控、调节和改进等一系列致力于满足施工安全措施所进行的管理活动。

(二)安全控制的方针与目标

1.安全控制的方针

安全控制的目的是安全生产,因此安全控制的方针是"安全第一,预防为主"。

安全第一是指把人身的安全放在第一位,安全为了生产,生产必须保证人身安全,充分体现以人为本的理念。

预防为主是实现安全第一的手段,采取正确的措施和方法进行安全控制,从而减少甚至消除事故隐患,尽量把事故消除在萌芽状态,这是安全控制最重要的思想。

2.安全控制的目标

安全控制的目标是减少和消除生产过程中的事故,保证人员健康安全,避免财产损失。安全控制目标具体包括:

(1)减少和消除人的不安全行为的目标;

(2)减少和消除设备、材料的不安全状态的目标;

(3)改善生产环境和保护自然环境的目标;

(4)安全管理的目标。

(三)施工安全控制的特点

1.安全控制面大

水利工程由于规模大、生产工序多、工艺复杂、流动施工作业多、野外作业多、高空作业多、作业位置多、施工中不确定因素多,因此施工中安全控制涉及范围广、控制面大。

2.安全控制动态性强

水利工程建设项目的单件性使得每个工程所处的条件不同,危险因素和措施也会有所不同。员工进驻一个新的工地,面对新的环境,需要大量时间去熟悉和对工作制度及安全措施进行调整。

工程施工项目施工的分散性使现场施工分散于场地的不同位置和建筑物的不同部位,面对新的具体的生产环境,除熟悉各种安全规章制度和技术措施外,还需作出自己的研判和处理。有经验的人员也必须适应不断变化的新问题、新情况。

3.安全控制体系的交叉性

工程项目施工是一个系统工程,受自然环境和社会环境影响大,施工安全控制和工程系统、质量管理体系、环境和社会系统联系密切,交叉影响,建立和运行安全控制体系要相互结合。

4.安全控制的严谨性

安全事故的出现是随机的,偶然中存在必然性,一旦失控,就会造成伤害和损失。因此,安全状态的控制必须严谨。

(四)施工安全控制程序

1.确定项目的安全目标

按目标管理的方法在以项目经理为首的项目管理系统内进行分解,从而确定每个岗位的安全目标,实现全员安全控制。

2.编制项目安全技术措施计划

对生产过程中的不安全因素,应采取技术手段加以控制和消除,并采用书面文件的形式作为工程项目安全控制的指导性文件,落实预防为主的方针。

3.落实项目安全技术措施计划

安全技术措施包括安全生产责任制、安全生产设施、安全教育和培训、安全信息的沟通和交流,通过安全控制使生产作业的安全状况处于可控制状态。

4.安全技术措施计划的验证

安全技术措施计划的验证包括安全检查、不符合因素纠正、安全记录检查、安全技术措施修改与再验证。

5.安全生产控制的持续改进

安全生产控制的持续改进直到完成工程项目全面工作的结束。

（五）施工安全控制的基本要求

（1）必须取得安全行政主管部门颁发的"安全施工许可证"后方可施工。

（2）总承包企业和每一个分包单位都应持有"施工企业安全资格审查认可证"。

（3）各类人员必须具备相应的执业资格才能上岗。

（4）新员工都必须经过安全教育和必要的培训。

（5）特种工种作业人员必须持有特种工种作业上岗证，并严格按期复查。

（6）对查出的安全隐患要做到五个落实：落实责任人、落实整改措施、落实整改时间、落实整改完成人、落实整改验收人。

（7）必须控制好安全生产的六个节点：即技术措施、技术交底、安全教育、安全防护、安全检查、安全改进。

（8）现场的安全警示设施齐全，所有现场人员必须戴安全帽，高空作业人员必须系安全带等防护工具，并符合国家和地方的有关安全规定。

（9）现场施工机械尤其是起重机械等设备必须经安全检查合格后方可使用。

四、施工安全控制的方法

（一）危险源

1.危险源的定义

危险源是可能导致人身伤害或疾病、财产损失、工作环境破坏或几种情况同时出现的危险因素和有害因素。

危险因素强调突发性和瞬时作用，有害因素强调在一定时间内的慢性损害和积累作用。危险源是安全控制的主要对象，也可以将安全控制称为危险源控制或安全风险控制。

2.危险源分类

施工生产中的危险源是以多种多样的形式存在的，危险源所导致的事故主要有能量的意外释放和有害物质的泄露。根据危险源在事故中的作用，把危险源分为两大类：第一类危险源和第二类危险源。

1）第一类危险源

可能发生能量意外释放的载体或危险物质称为第一类危险源。能量或危险物质的意外释放是事故发生的物理本质，通常把产生能量的能量源或拥有能量的载体作为第一类危险源进行处理。

2）第二类危险源

造成约束、限制能量的措施破坏或失效的各种不安全因素称为第二种危险源。在施工生产中，为了利用能量，使用各种施工设备和机器让能量在施工过程中流动、转换、做功，加快施工进度。而这些设备和设施可以看成约束能量的工具，在正常情况下，生产过程中的能量和危险物是受到控制和约束的，不会发生意外释放；也就是不会发生事故，一旦这些约束或限制措施受到破坏或者失效，包括出现故障，则会发生安全事故。这类危险源包括三个方面：人的不安全行为，物的不安全状态、环境的不良条件。

3. 危险源与事故

安全事故的发生是以上两种危险源共同作用的结果。第一类危险源是事故发生的前提,第二类危险源的出现是第一类危险源导致安全事故的必要条件。在事故发生和发展过程中,两类危险源相互依存和作用,第一类是事故的主体,决定事故的严重程度,第二类危险源的出现决定事故发生的大小。

（二）危险源控制方法

1. 危险源识别方法与风险评价方法

1）危险源识别方法

（1）专家调查法。专家调查法是通过向有经验的专家咨询、调查、分析、评价危险源的方法。

专家调查法的优点是简便、易行;缺点是受专家的知识、经验限制,可能出现疏漏。常用方法是头脑风暴法和德尔斐法。

（2）安全检查表法。安全检查表法就是运用事先编制好的检查表实施安全检查和诊断项目进行系统的安全检查,识别工程项目存在的危险源。检查表的内容一般包括项目类型、检查内容及要求、检查后处理意见等。可用回答是、否或做符号标识、注明检查日期,并由检查人和被检查部门或单位签字。

安全检查表法的优点是简单扼要、容易掌握,可以先组织专家编制检查表,制订检查项目,使施工安全检查系统化、规范化,缺点是只作一些定性分析和评价。

2）风险评价方法

风险评价是评估危险源所带来的风险大小,及确定风险是否允许的过程。根据评价结果对风险进行分级,按不同的风险等级有针对性地采取风险控制措施。

2. 危险源的控制方法

1）第一类危险源的控制方法

防止事故发生的方法有消除危险源、限制能量、对危险物质隔离。

避免或减少事故损失的方法有隔离,个体防护,使能量或危险物质按事先要求释放,采取避难、援救措施。

2）第二类危险源的控制方法

减少故障的方法有增加安全系数、提高可靠度、设置安全监控系统。

故障安全设计包括:最乐观方案(故障发生后,在没有采取措施前,使系统和设备处于安全的能量状态之下),最悲观方案(故障发生后,系统处于最低能量状态下,直到采取措施前,不能运转),最可能方案(保证采取措施前,设备、系统发挥正常功能)。

3. 危险源的控制策划

（1）尽可能完全消除有不可接受风险的危险源,如用安全品取代危险品。

（2）不可能消除时,应努力采取降低风险的措施,如使用低压电器等。

（3）在条件允许时,应使工作环境适宜于人类生存,如考虑降低人精神压力和体能消耗。

（4）应尽可能利用先进技术来改善安全控制措施。

（5）应考虑采取保护每个工作人员的措施。

（6）应将技术管理与程序控制结合起来。

（7）应考虑引入设备安全防护装置维护计划的要求。

（8）应考虑使用个人防护用品。

（9）应有可行、有效的应急方案。

（10）预防性测定指标要符合监视控制措施计划要求。

（11）组织应根据自身的风险选择适合的控制策略。

五、施工安全生产组织机构建立

人人都知道安全的重要，但是安全事故却又频频发生。为了保证施工过程不发生安全事故，必须建立安全管理的组织机构，建全安全管理规章制度，统一施工生产项目的安全管理目标、安全措施、检查制度、考核办法、安全教育措施等。具体工作如下：

（1）成立以项目经理为首的安全生产施工领导小组，具体负责施工期间的安全工作。

（2）项目副经理、技术负责人、各科负责人和生产工段的负责人为安全小组成员，共同负责安全工作。

（3）设立专职安全员，聘用有国家安全员职业资格或经培训持证上岗，专门负责施工过程中的安全工作，只要施工现场有施工作业人员，安全员就要上岗值班，在每个工序开工前，安全员要检查工程环境和设施情况，认定安全后方可进行工序施工。

（4）各技术及其他管理科室和施工段要设兼职安全员，负责本部门的安全生产预防和检查工作，各作业班组组长要兼本班组的安全检查员，具体负责本班组的安全检查。

（5）工程项目部应定期召开安全生产工作会议，总结前期工作，找出问题，布置落实后面工作，利用施工空闲时间进行安全生产工作培训，在培训工作中和其他安全工作会议上，安全小组领导成员要讲解安全工作的重要意义，学习安全知识，增强员工安全警觉意识，把安全工作落实在预防阶段。根据工程的具体特点，把不安全的因素和相应措施装订成册，让全体员工学习和掌握。

（6）严格按国家有关安全生产规定，在施工现场设置安全警示标识，在不安全因素的部位设立警示牌，严格检查进场人员配戴安全帽、高空作业配带安全带情况，严格持证上岗工作，风雨天禁止高空作业，遵守施工设备专人使用制度，严禁在场内乱拉用电线路，严禁非电工人员从事电工作。

（7）安全生产工作和现场管理结合起来，同时进行，防止因管理不善产生安全隐患，工地防风、防雨、防火、防盗、防疾病等预防措施要健全，都要有专人负责，以确保各项措施及时落实到位。

（8）完善安全生产考核制度，实行安全问题一票否决制，安全生产互相监督制，提高自检、自查意识，开展科室、班组经验交流和安全教育活动。

（9）对构件和设备吊装、爆破、高空作业、拆除、上下交叉作业、夜间作业、疲劳作业、带电作业、汛期施工、地下施工、脚手架搭设拆除等重要安全环节，必须在开工前进行技术交底、安全交底、联合检查后，确认安全，方可开工。在施工过程中，加强安全员的旁站检查，加强专职指挥协调工作。

六、施工安全技术措施计划与实施

（一）工程施工措施计划

1. 施工措施计划的主要内容

施工措施计划的主要内容包括工程概况、控制目标、控制程序、组织机构、职责权限、规章制度、资源配置、安全措施、检查评价、激励机制等。

2. 特殊情况应考虑安全计划措施

（1）对高处作业、井下作业等专性强的作业，电器、压力容器等特殊工种作业，应制定单项安全技术规程，并对管理人员和操作人员的安全作业资格和身体状况进行合格检查。

（2）对结构复杂、施工难度大、专业性较强的工程项目，除制定总体安全保证计划外，还须制定单位工程和分部（分项）工程安全技术措施。

3. 制定和完善施工安全操作规程

制定和完善施工安全操作规程是编制各施工工种，特别是危险性大的工种的施工安全操作要求，作为施工安全生产规范和考核的依据。

4. 施工安全技术措施

施工安全技术措施包括安全防护设施和安全预防措施，主要有防火、防毒、防爆、防洪、防尘、防雷击、防触电、防坍塌、防物体打击、防机械伤害、防起重机械滑落、防高空坠落、防交通事故、防寒、防暑、防疫、防环境污染等方面的措施。

（二）施工安全措施计划的落实

1. 安全生产责任制

安全生产责任制是指企业对项目经理部各部门、各类人员所规定的在他们各自职责范围内对安全生产应负责任的制度，建立安全生产责任制是施工安全技术措施的重要保证。

2. 安全教育

要树立全员安全意识，安全教育的要求如下：

（1）广泛开展安全生产的宣传教育，使全体员工真正认识到安全生产的重要性和必要性，掌握安全生产的基础知识，牢固树立安全第一的思想，自觉遵守安全生产的各项法规和规章制度。

（2）安全教育的主要内容有安全知识、安全技能、设备性能、操作规程、安全法规等。

（3）对安全教育要建立经常性的安全教育考核制度。考核结果要记入员工人事档案。

（4）一些特殊工种，如电工、电焊工、架子工、司炉工、爆破工、机操工、起重工、机械司机、机动车辆司机等，除一般安全教育外，还要进行专业技能培训，经考试合格后，取得资格才能上岗工作。

（5）工程施工中采用新技术、新工艺、新设备时，或人员调动到新工作岗位时，也要进行安全教育和培训，否则不能上岗。

3. 安全技术交底

1）基本要求

（1）实行逐级安全技术交底制度，从上到下，直到全体作业人员。

（2）安全技术交底工作必须具体、明确、有针对性。

（3）交底的内容要针对分部（分项）工程施工中给作业人员带来的潜在危害。

（4）应优先采用新的安全技术措施。

（5）应将施工方法、施工程序、安全技术措施等优先向工段长、班级组长进行详细交底，定期向多工种交叉施工或多个作业队同时施工的作业队进行书面交底，并保持书面交底的交接的书面签字记录。

2）主要内容

（1）工程施工项目作业特点和危险点。

（2）针对各危险点的具体措施。

（3）应注意的安全事项。

（4）对应的安全操作规程和标准。

（5）发生事故应及时采取的应急措施。

七、施工安全检查

施工安全检查的目的是消除安全隐患、防止安全事故发生、改善劳动条件及提高员工的安全生产意识，是施工安全控制工作的一项重要内容。通过安全检查可以发现工程中的危险因素，以便有计划地采取相应措施，保证安全生产的顺利进行。项目的施工生产安全检查应由项目经理组织，定期进行检查。

（一）安全检查的类型

施工项目安全检查的类型分为日常性检查、专业性检查、季节性检查、节假日前后检查和不定期检查等。

1. 日常性检查

日常性检查是经常的、普遍的检查，一般每年进行1~4次。项目部、科室每月至少进行1次，施工班组每周、每班次都应进行检查，专职安全技术人员的日常检查应有计划、有部位、有记录、有总结地周期性进行。

2. 专业性检查

专业性检查是指针对特种作业、特种设备、特殊场地进行的检查，如电焊、气焊、起重设备、运输车辆、锅炉压力容器、易燃易爆场所等，由专业检查员进行检查。

3. 季节性检查

季节性检查是根据季节性的特点，为保障安全生产的特殊要求所进行的检查，如春季空气干燥、风大，重点检查防火、防爆；夏季多雨、雷电、高温，重点检查防暑、降温、防汛、防雷击、防触电；冬季检查防寒、防冻等。

4. 节假日前后检查

节假日前后的检查是针对节假日期间容易产生麻痹思想的特点而进行的安全检查，包括假前的综合检查和假后的遵章守纪检查等。

5. 不定期检查

不定期检查是指在工程开工前、停工前、施工中、竣工时、试运转时进行的安全检查。

（二）安全检查的注意事项

（1）安全检查要深入基层，紧紧依靠员工，坚持领导与群众相结合的原则，组织好检查工作。

（2）建立检查的组织领导机构，配备适当的检查力量，选聘具有较高的技术业务水平的专业人员。

（3）做好检查各项准备工作，包括思想、业务知识、法规政策、检查设备和奖励等准备工作。

（4）明确检查的目的、要求，既严格要求，又防止一刀切，从实际出发，分清主次，力求实效。

（5）把自查与互查相结合，基层以自查为主，管理部门之间相互检查，互相学习，取长补短，交流经验。

（6）检查与整改相结合，检查是手段，整改是目的，发现问题及时采取切实可行的防范措施。

（7）建立检查档案，结合安全检查的实施，逐步建立健全检查档案，收集基本数据，掌握基本安全状态，为及时消除隐患提供数据，同时也为以后的职业健康安全检查打下基础。

（8）制订安全检查表时，应根据用途和目的具体确定安全检查表的种类。安全检查表的种类主要有设计用安全检查表、厂级安全检查表、车间安全检查表、班组安全检查表、岗位安全检查表、专业安全检查表，制订检查表要在安全技术部门指导下充分依靠员工来进行，初步制订检查表后，经过讨论、试用再加以修订，制订安全检查表。

（三）安全检查的主要内容

安全生产检查的主要内容作好五查：

（1）查思想，主要检查企业干部和员工对安全生产工作的认识。

（2）查管理，主要检查安全管理是否有效，包括安全生产责任制、安全技术措施计划、安全组织机构、安全保证措施、安全技术交底、安全教育、持证上岗、安全设施、安全标识、操作规程、违规行为、安全记录等。

（3）查隐患，主要检查作业现场是否符合安全生产的要求，是否存在不安全因素。

（4）查事故，查明安全事故的原因、明确责任、对责任人作出处理，明确落实整改措施等要求。另外，检查对伤亡事故是否及时报告、认真调查、严肃处理。

（5）查整改，主要检查对过去提出的问题的整改情况。

（四）安全检查的主要规定

（1）定期对安全控制计划的执行情况进行检查、记录、评价、考核，对作业中存在的安全隐患签发安全整改通知单，要求相应部门落实整改措施并进行检查。

（2）根据工程施工过程的特点和安全目标的要求确定安全检查的内容。

（3）安全检查应配备必要的设备，确定检查组成人员、明确检查方法和要求。

（4）检查方法采取随机抽样、现场观察、实地检测等，记录检查结果，纠正违章指挥和违章作业。

（5）对检查结果进行分析，找出安全隐患，评价安全状态。

（6）编写安全检查报告并上交。

（五）安全事故处理的原则

安全事故处理要坚持四个原则：

（1）事故原因不清楚不放过；

（2）事故责任者和员工没受教育不放过；

（3）事故责任者没受处理不放过；

（4）没有制定防范措施不放过。

八、安全事故处理程序

（1）报告安全事故。

（2）处理安全事故。包括抢救伤员、排除险情、防止事故扩大，做好标识、保护现场。

（3）进行安全事故调查。

（4）对事故责任者进行处理。

（5）编写调查报告并上报。

第二节　环境安全管理

一、环境安全管理的概念及意义

（一）环境安全管理的概念

环境安全是指在工程项目施工过程中保持施工现场良好的作业环境、卫生环境和工作秩序。环境安全主要包括以下几个方面的工作：

（1）规范施工现场的场容，保持作业环境的清洁卫生。

（2）科学组织施工，使生产有序进行。

（3）减少施工对当地居民、过路车辆和人员及环境的影响。

（4）保证职工的安全和身体健康。

环境保护是按照法律法规、各级主管部门和企业的要求，保护和改善作业现场的环境，控制现场的各种粉尘、废水、固体废弃物、噪声、振动等对环境的污染和危害。环境保护也是文明施工的重要内容之一。

（二）现场文明施工的意义

（1）文明施工能促进企业综合管理水平的提高。保持良好的作业环境和秩序，对促进安全生产、加快施工进度、保证工程质量、降低工程成本、提高经济和社会效益有较大作用。文明施工涉及人、财、物各个方面，贯穿于施工全过程之中，体现了企业在工程项目施工现场的综合管理水平，也是项目部人员素质的充分反映。

（2）文明施工是适应现代化施工的客观要求。现代化施工更需要采用先进的技术、工艺、材料、设备和科学的施工方案，需要严密组织、严格要求、标准化管理和较好的职工素质等。文明施工能适应现代化施工的要求，是实现优质、高效、低耗、安全、清洁、卫生的有效手段。

（3）文明施工代表企业的形象。良好的施工环境与施工秩序能赢得社会的支持和信赖，提高企业的知名度和市场竞争力。

（4）文明施工有利于员工的身心健康，有利于培养和提高施工队伍的整体素质。文明施工可以提高职工队伍的文化、技术和思想素质，培养尊重科学、遵守纪律、团结协作的大生产意识，促进企业精神文明建设，从而达到促进施工队伍整体素质的提高。

（三）现场环境保护的意义

（1）保护和改善施工环境是保证人们身体健康和社会文明的需要。采取专项措施防止粉尘、噪声和水源污染,保护好作业现场及其周围的环境是保证职工和相关人员身体健康、体现社会总体文明的一项利国利民的重要工作。

(2)保护和改善施工现场环境是消除外部干扰、保护施工顺利进行的需要。随着人们的法制观念和自我保护意识的增强,尤其是对距离当地居民或公路等较近的项目,施工扰民和影响交通的问题比较突出,项目部应针对具体情况及时采取防治措施,减少对环境的污染和对他人的干扰,这也是施工生产顺利进行的基本条件。

(3)保护和改善施工环境是现代化大生产的客观要求。现代化施工广泛应用新设备、新技术、新的生产工艺,对环境质量要求很高,若有粉尘或振动超标就可能损坏设备,影响功能发挥,使设备难以发挥作用。

(4)保护和改善施工环境是保护人类生存环境、保证社会和企业可持续发展的需要。人类社会即将面临环境污染危机的挑战。为了保护子孙后代赖以生存的环境条件,每个公民和企业都有责任和义务保护环境。良好的环境和生存条件也是企业发展的基础和动力。

二、环境安全的组织与管理

(一)组织和制度管理

(1)施工现场应成立以项目经理为第一责任人的文明施工管理组织。分包单位应服从总包单位的文明施工管理组织的统一管理,并接受监督检查。

(2)各项施工现场管理制度应有文明施工的规定,包括个人岗位责任制、经济责任制、安全检查制度、持证上岗制度、奖惩制度、竞赛制度和各项专业管理制度等。

(3)加强和落实现场文明检查、考核及奖惩管理,以促进施工文明和管理工作的提高。检查范围和内容应全面周到,包括生产区、生活区、场容场貌、环境文明及制度落实等内容。应对检查发现的问题采取整改措施。

(二)收集环境安全管理材料

(1)上级关于文明施工的标准、规定、法律法规等资料。

(2)施工组织设计(方案)中对施工环境安全的管理规定、各阶段施工现场环境安全的措施。

(3)施工环境安全自检资料。

(4)施工环境安全教育、培训、考核计划的资料。

(5)施工环境安全活动各项记录资料。

(三)加强环境安全的宣传和教育

(1)在坚持岗位练兵的基础上,要采取派出去、请进来、短期培训、上技术课、登黑板报、听广播、看录像、看电视等方法狠抓教育工作。

(2)要特别注意对临时工的岗前教育。

(3)专业管理人员应熟练掌握文明施工的规定。

三、现场环境安全管理的基本要求

(1)施工现场必须设置明显的标牌,标明工程项目名称、建设单位、设计单位、施工单位、项目经理和施工现场总代理人的姓名、开工日期、竣工日期、施工许可证批准文号等。施工单位负责施工现场标牌的保护工作。

（2）施工现场的管理人员在施工现场应当佩戴证明其身份的证卡。

（3）应当按照施工平面布置图设置各项临时设施。现场堆放的大宗材料、成品、半成品和机具设备不得侵占场内道路及安全防护设施。

（4）施工现场的用电线路、用电设施的安装和使用必须符合安装规范和安全操作规程，并按照施工组织设计进行架设，严禁任意拉线接电。施工现场必须设有保证施工安全要求的夜间照明；危险潮湿场所的照明以及手持照明灯具，必须采用符合安全要求的电压。

（5）施工机械应当按照施工总平面布置图规定的位置和线路设置，不得任意侵占场内道路。施工机械进场需经过安全检查，经检查合格的方能使用。施工机械人员必须建立机组责任制，并依照有关规定安全检查，经检查合格的方能使用。施工机械操作人员必须建立机组责任制，并依照有关规定持证上岗，禁止无证人员操作。

（6）应保持施工现场道路畅通，排水系统处于良好的使用状态；保持场容场貌的整洁，随时清理建筑垃圾。在车辆、行人通行的地方施工，应当设置施工标志，并对沟井坎穴进行覆盖和铺垫。

（7）施工现场的各种安全设施和劳动保护器具，必须定期进行检查和维护，及时消除隐患，保证其安全有效。

（8）施工现场应当设置各类必要的职工生活设施，并符合卫生、通风、照明等要求。职工的膳食、饮水供应等应当符合卫生要求。

（9）应当做好施工现场安全保卫工作，采取必要的防盗措施，在现场周边设立围护设施。

（10）应当严格依照《中华人民共和国消防法》的规定，在施工现场建立和执行防火管理制度，设置符合消防要求的消防设施，并保持完好的备用状态。在容易发生火灾的地区施工，或者储存、使用易燃易爆器材时，应当采取特殊的消防安全措施。

（11）对项目部所有人员应进行言行规范教育工作，大力提倡精神文明建设，严禁赌、毒、黄、打架、斗殴等行为的发生，用强有力的制度和频繁的检查教育，杜绝不良行为的出现。对经常外出的采购、财务、后勤等人员，应进行专门的用语和礼貌培训，增强交流和协调能力，预防因用语不当或不礼貌、无能力等原因发生争执和纠纷。

（12）大力提倡团结协作精神，鼓励内部工作经验交流和传、帮、学活动，专人负责并认真组织参建人员业余生活，订购健康文明的书刊，组织职工收看、收听健康活泼的音像节目，定期参加组织项目部进行友谊联欢和简单的体育比赛活动，丰富职工的业余生活。

（13）重要节假日项目部应安排专人负责采购生活物品，集体组织轻松活泼的宴会活动，并尽可能地提供条件让所有职工与家人进行短时间的通话交流，以改善他们的心情。定期将职工在工地上的良好的表现反馈给企业人事部门和职工家属，以激励他们的积极性。

四、现场环境污染防治

要达到环境安全管理的基本要求，主要是应防治施工现场的空气污染、水污染、噪声污染，同时对原有的及新产生的固体废弃物进行必要的处理。

（一）施工现场空气污染的防治

（1）施工现场垃圾、渣土要及时清理出现场。

（2）上部结构清理施工垃圾时，要使用封闭式的容器或者采取其他措施处理高空废弃物,严禁临空随意抛撒。

(3)施工现场道路应指定专人定期洒水清扫,形成制度,防止道路扬尘。

(4)对于细颗粒散体材料(如水泥、粉煤灰、白灰等)的运输、储存要注意遮盖、密封,防止和减少飞扬。

(5)车辆开出工地要做到不带泥沙,基本做到不撒土、不扬尘,减少对周围环境的污染。

(6)除设有符合规定的装置外,禁止在施工现场焚烧油毡、橡胶、塑料、皮革、树叶、枯草、各种包装物等废弃物品以及其他会产生有毒、有害烟尘和恶臭气体的物质。

(7)机动车都要安装减少尾气排放的装置,确保符合国家标准。

(8)工地锅炉应尽量采用电热水器。若只能使用烧煤锅炉,应选用消烟除尘型锅炉,大灶应选用消烟节能回风炉灶,使烟尘降至允许排放范围内。

(9)在离村庄较近的工地应当将搅拌站封闭严密,并在进料仓上方安装除尘装置,采取可靠措施控制工地粉尘污染。

(10)拆除旧建筑物时,应适当洒水,防止扬尘。

(二)施工现场水污染的防治

1.水污染主要来源

(1)工业污染源:指各种工业废水向自然水体的排放。

(2)生活污染源:主要有食物废渣、食油、粪便、合成洗涤剂、杀虫剂、病原微生物等。

(3)农业污染源:主要有化肥、农药等。

(4)施工现场废水和固体废弃物随水流流入水体的部分,包括泥浆、水泥、油罐、各种油类、混凝土外加剂、重金属、酸碱盐和非金属无机毒物等。

2.施工过程水污染的防治措施

(1)禁止将有毒、有害废弃物作为土方回填。

(2)施工现场搅拌站废水、现制水磨石的污水、电石(碳化钙)的污水必须经沉淀池沉淀合格后再排放,最好将沉淀水用于工地洒水降尘或采取措施回收利用。

(3)现场存放油料的,必须对库房地面进行防渗处理,如采用防渗混凝土地面、铺油毡等措施。使用时,要采取防止油料跑、冒、滴、漏的措施,以免污染水体。

(4)施工现场100人以上的临时食堂,排放污水时可设置简易有效的隔油池,定期清理,防止污染。

(5)工地临时厕所、化粪池应采取防渗漏措施。中心城市施工现场的临时厕所可采取水冲式厕所,并有防蝇、灭蛆措施,防止污染水体和环境。

(三)施工现场的噪声控制

1.施工现场噪声的控制措施

噪声控制技术可以从声源、传播途径、接收者的防护等方面来考虑。

1)从噪声产生的声源上控制

(1)尽量采用低噪声设备和工艺代替高噪声设备与工艺,如低噪声振捣器、风机、电机、空压机、电锯等。

(2)在声源处安装消声器消声,即在通风机、压缩机、燃气机、内燃机及各类排气放空装置等进出风管的适当位置设置消声器。

2）从噪声传播的途径上控制

从传播途径上控制噪声的方法主要有以下几种：

（1）吸声。利用吸声材料（大多由多孔材料制成）或由吸声结构形成的共振结构（金属或木质薄板钻孔制成的空腔体）吸收声能，降低噪声。

（2）隔声。应用隔声结构，阻碍噪声向空间传播，将接收者与噪声声源分隔。隔声结构包括隔声室、隔声罩、隔声屏障、隔声墙等。

（3）消声。利用消声器阻止传播。允许气流通过消声器降噪是防治空气动力性噪声的主要装置，如控制空气压缩机、内燃机产生的噪声等。

（4）减振降噪。对来自振动引起的噪声，通过降低机械振动减小噪声，如将阻尼材料涂在振动源上，或改变振动源与其他刚性结构的连接方式等。

3）对接收者的防护

让处于噪声环境下的人员使用耳塞、耳罩等防护用品，减少相关人员在噪声环境中的暴露时间，以减轻噪声对人体的危害。

4）严格控制人为噪声

进入施工现场不得高声呐喊、无故捧打模板、乱吹口哨，限制高音喇叭的使用，最大限度地减少噪声扰民。

5）控制强噪声作业的时间

凡在居民稠密区进行强噪声作业的，严格控制作业时间。

2.施工现场噪声的控制标准

凡在人口稠密区进行强噪声作业时，须严格控制作业时间，一般晚10点到次日早6点之间停止强噪声作业。确系特殊情况必须昼夜施工时，尽量采取降低噪声的措施，并会同建设单位找当地居委会、村委会或当地居民协调，出安民告示，求得群众谅解。

根据国家标准《建筑施工场界噪声限值》（GB 12523—90）的要求，对不同施工作业的噪声限值如表12-1所示。在距离村庄较近的工程施工中，要特别注意噪声尽量不得超过国家标准规定的限值，尤其是夜间工作时。

表 12-1　不同施工阶段作业噪声限值　（单位：dB）

施工阶段	主要噪声源	噪声限制	
		昼间	夜间
土石方	推土机、挖掘机、装载机等	75	75
打桩	各种打桩机	85	禁止施工
结构	混凝土、振捣棒、电锯等	70	55
装修	吊车、升降机等	62	55

（四）固体废弃物的处理

1.建筑工地常见的固体废弃物

（1）建筑渣土，包括砖瓦、碎石、渣土、混凝土碎块、废钢铁、废屑、废弃材料等。

（2）废弃建筑材料，如袋装水泥、石灰等。

（3）生活垃圾，包括炊厨废弃物、丢弃食品、废纸、生活用具、碎玻璃、陶瓷碎片、废电池、废旧日用品、废塑料制品、煤灰渣、废交通工具等。

（4）设备、材料等的废弃包装材料。

（5）粪便。

2. 固体废弃物的处理和处置

1）回收利用

回收利用是对固体废弃物进行资源化、减量化处理的重要手段之一。建筑渣土可视其情况加以利用，废钢可按需要用作金属原材料，废电池等废弃物应分散回收，集中处理。

2）减量化处理

减量化是对已经产生的固体废弃物进行分选、破碎、压实浓缩、脱水等减少其最终处置量，从而降低处理成本，减少环境的污染。减量化处理的过程中，也包括和其他处理技术相关的工艺方法，如焚烧、热解、堆肥等。

3）焚烧技术

焚烧用于不适合再利用且不宜直接予以填埋处理的废弃物，尤其是对于已受到病菌、病毒污染的物品，可以用焚烧进行无害化处理。焚烧处理应使用符合环境要求的处理装置，注意避免对大气的二次污染。

4）稳定的固化技术

利用水泥、沥青等胶结材料，将松散的废物包裹起来，减少废物的毒性和可迁移，减少二次污染。

5）填埋

填埋是固体废弃物处理的最终技术，经过无害化、减量化处理的废弃物残渣集中在填埋场进行处置。填埋场利用天然或人工屏障，尽量使需处理的废弃物与周围的生态环境隔离，并注意废弃物的稳定性和长期安全性。

第十三章 水利工程招标投标

第一节 工程招标与投标

一、概念

（一）招标

招标是指招标人对货物、工程和服务，事先公布采购的条件和要求，邀请投标人参加投标，招标人按照规定的程序确定中标人的行为。

招标方式分为公开招标和邀请招标两种。

（1）公开招标。指招标人以招标公告的方式，邀请不特定的法人或其他组织投标。其特点是能保证竞争的充分性。

（2）邀请招标。指招标人以投标邀请书的方式，邀请三个以上特定的法人或其他组织投标。对其使用法律作出了限制性规定。

1. 招标人

招标人是指依照招标投标法的规定提出招标项目，进行招标的法人或其他组织。招标人不得为自然人。

招标人应当具备以下进行招标的必要条件：第一，应有进行招标项目的相应资金或资金来源已落实，并应当在招标文件中如实载明；第二，招标项目按规定履行审批手续的，应先履行审批手续并获得批准。

2. 招标程序

1）招标公告与投标邀请书

公开招标的，应在国家指定的报刊、网络或其他媒介发布招标公告。招标公告应载明：招标人的名称和地址、招标项目的性质、数量、实施地点和时间以及获得招标文件的办法等事项。

邀请招标的，应向三个以上具备承担招标项目能力、资信良好的特定法人或组织发出投标邀请书。投标邀请书应载明的事项与招标公告应载明的事项相同。

2）对投标人的资格审查

由于招标项目一般都是大中型建设项目或技术复杂项目，为了确保工程质量以及避免招标工作上的财力和时间的浪费，招标人可以要求潜在投标人提供有关资质证明文件和业绩情况，并对其进行资格审查。

3）编制招标文件

招标文件是要约邀请内容的具体化。招标文件要根据招标项目的特点编制，还要涵盖法律规定的共性内容：招标项目的技术要求、投标人资格审查标准、投标报价要求、评标标准等所有实质性要求和条件以及拟签订合同的主要条款。

招标文件不得要求或标明特定的生产供应商,不得含有排斥潜在投标人的内容及含有排斥潜在投标人倾向的内容。不得透露已获得的潜在投标人的有可能影响公平竞争的情况,设有标底的标底必须保密。

(二)投标

投标是指投标人按照招标人提出的要求和条件回应合同的主要条款,参加投标竞争的行为。

1. 投标人

投标人是指响应招标、参加投标竞争的法人或其他组织,依法招标的科研项目允许个人参加投标。投标人应当具备承担招标项目的能力,有特殊规定的,投标人应当具备规定的资格。

2. 投标文件的编制

投标人应当按照招标文件的要求编制投标文件,且投标文件应当对招标文件提出的实质性要求和条件做出响应。涉及中标项目分包的,投标人应当在投标文件中载明,以便在评审时了解分包情况,决定是否选中该投标人。

3. 联合体投标

联合体投标是指两个以上的法人或其他组织共同组成一个非法人的联合体,以该联合体名义作为一个投标人,参加投标竞争。联合体各方均应当具备承担招标项目的相应能力,由同一专业的单位组成的联合体,按照资质等级较低的单位确定资质等级。

在联合体内部,各方应当签订共同投标协议,并将共同投标协议连同投标文件一并提交招标人。联合体中标后,应当由各方共同与招标人签订合同,就中标项目向招标人承担连带责任。招标人不得强制投标人联合共同投标,投标人之间的联合投标应出于自愿。

4. 禁止行为

投标人不得相互串通投标或与招标人串通投标;不得以行贿的手段谋取中标;不得以低于成本的报价竞标;不得以他人名义投标或其他方式弄虚作假,骗取中标。

二、招标过程

(一)施工招标应具备的条件

根据《中华人民共和国招标投标法》和《水利工程建设项目施工招标投标管理规定》的规定,结合水利水电工程建设的特点和招标承包实践的要求,水利水电工程项目招标前应当具备以下条件:

(1)具有项目法人资格(或法人资格);

(2)初步设计和概算文件已经审批;

(3)工程已正式列入国家或地方水利工程建设计划,业主已按规定办理报价手续;

(4)建设资金已经落实;

(5)有关建设项目永久性征地、临时征地和移民搬迁的实施、安置工作已经落实或有明确的安排;

(6)施工图设计已完成或能够满足招标(编制招标文件)的需要,并能够满足工程开工后连续施工的要求;

(7)招标文件已经编制并通过了审查,监理单位已经选定。

重视和充分注意施工招标的基本条件,对于搞好招标工作,特别是保障合同的正常履行是很重要的。忽视或没有认真做好这一点,将会严重影响施工的连续性和合同的严肃性,并且会给建设方造成不必要的施工索赔,严重者还会给国家和社会造成重大损失。

(二)施工招标的基本程序

招标程序主要包括招标准备、组织投标、评标定标等三个阶段。在准备阶段应附带编制标底,在组织投标阶段需要审定标底,在开标会上还要公布标底。

(三)招标的组织机构及职能

成立办事得力、工作效率高的招标组织机构是有效地开展招标工作的先决条件。一个完整的招标组织机构应当包括决策机构与日常机构两个部分。

1. 决策机构及工作职能

招标的决策机构一般由政府设立,通常称为招标办公室。决策机构应严格以《中华人民共和国招标投标法》、《水利工程建设项目施工招标投标管理规定》以及项目法人制的要求为依据,充分发挥业主的自主决策作用,转变政府职能,认真落实业主招标的自主决策权,由业主自己根据项目的特点、规模和需要来选择招标的日常机构人选。通常决策机构的工作职能如下:

(1)确定招标方案,包括制订招标计划、合理划分标段等工作。

(2)确定招标方式,即根据法律、法规和项目的特点,确定拟招标的项目是采用公开招标方式还是邀请招标方式。

(3)选定承包方式(即承包合同形式),根据工程结构特点和管理需要确定招标项目的计价方式,是采用总价合同、单价合同,还是采用成本加酬金合同的合同形式。

(4)划分标段,根据工程规模、结构特点、要求工期以及建筑市场竞争程度确定各个标段的承包范围。

(5)确定招标文件的合同参数,根据工程技术难易程度、工程发挥效益的规划时间的要求,确定各个合同段工程的施工工期、预付款比例、质量缺陷责任期、保留金比例、延迟付款利息的利率、拖期损失赔偿金或按时竣工奖金的额度、开工时间等。

(6)根据招标项目的需要选择招标代理单位,当业主自己没有能力或人员不足时可以选择具有资质的中介机构代为行使招标工作,对有意向的投标人进行资格预审,通过资格预审确定符合要求的投标单位,评标定标时依法组建评标委员会,依法确定中标单位。

2. 日常机构及工作职能

招标的日常机构又称招标单位,其工作职能主要包括准备招标文件和资格预审文件、组织对投标单位进行资格预审、发布招标广告和投标邀请书、发售招标文件、组织现场考察、组织标前会议、组织开标评标等事宜。日常工作可由业主自己来组织,也可委托专业监理单位或招标代理单位来承担。

根据《中华人民共和国招标投标法》的规定,当业主具备编制招标文件和组织评标的能力时,可以自行办理招标事宜,但得向有关行政监督主管部门备案。

当业主不具备上述能力时,有权自行选择招标代理机构,委托其办理招标事宜。这种代理机构就是依法成立的、专门从事技术咨询服务工作的社会中介组织,通常称为招标代理公司,成立的门槛比较低,对注册资金要求不高,但是对技术能力要求较高。能否具有从事建设项目招标代理的中介服务机构的资格,是需要通过国务院或省级人民政府的建设行政主管部门认定的。具备了以下条件就可以申请成立中介服务机构：

（1）有从事招标代理业务的场所和相应资金；

（2）有能够编制招标文件和组织评标的相应专业力量；

（3）有符合法定条件、可以作为评标委员会人选的技术、经济等方面的专家库。

由于施工招标是合同的前期管理（合同订立）工作，而施工监理是合同履行中的管理工作，监理工程师参加招标工作或者将整个招标工作都委托给监理单位承担，对搞好工程施工监理工作是很有好处的，国际上通常也是这样操作的。因此，选择监理单位的招标工作或选聘工作应当在施工招标前完成。为了更好地实现业主利益最大化和顺利完成日后的工程施工活动的管理工作，采用招标的方式确定监理单位对于业主单位更有利。

（四）承包合同类型

对于施工承包合同，根据其计价的不同，可以划分为总价合同、单价合同、成本加酬金合同三种主要形式。

1. 总价合同

总价合同是按施工招标时确定的总报价一笔包死的承包合同。招标前由招标单位编制了详细的、施工图纸完备的招标文件，承包商据此中标的投标总报价来签订的施工合同。合同执行过程中不对工程造价进行变更，除非合同范围发生了变化，比如施工图出现变更或工程难度加深等，否则合同总价保持不变。

总价合同的特点是业主的管理工作量较少，施工任务完成后的竣工结算比较简单，投资标的明确。施工开始前，建设方能够比较清楚地知道自己需要承担的资金义务，以便提早做好资金准备工作。但总价合同的可操作性较差，一旦出现工程变更，就会出现结算工作复杂化甚至没有计价依据的现象，其结果是合同价格需要另行协商，招标成果不能有效地发挥作用。此外，这种合同对承包商而言其风险责任较大，承包商为承担物价上涨、恶劣气候等不可遇见因素的应变风险，会在报价中加大不可遇见费用，不利于降低总报价。因此，总价合同对施工图纸的质量要求很高，只适用于施工图纸明确、工程规模较小且技术不太复杂的中小型工程。

2. 单价合同

常见的单价合同是总价招标、单价结算的计量型合同。招标前由招标单位编制包含工程量清单的招标文件，承包商据此提出各工程细目的单价和根据投标工程量（不等于项目总工程量）计算出来的总报价，业主根据总报价的高低确定中标单位，进而同该中标单位签订工程施工承包合同。在合同执行过程中，单价原则上不变，完成的工程量根据计量结果来确定。单价合同的特点是合同的可操作性强，对图纸质量和设计深度的适应范围广，特别是合同执行过程中，便于处理工程变更和施工索赔（即使出现工程变更，依然有计价依据），合同的公平性更好，承包商的风险责任小，有利于降低投标报价。但这种合同对业主的管理工作量较大，且对监理工程师的素质有很高的要求（否则，合同的公平性难以得到保证）。此外，业主采用这种合同时，易遭受承包商不平衡报价带来的造价增加风险。值得注意的是，单价合同中所说的总价是指业主为了招标需要，对项目工程所指定部分工程量的总价，而并非项目工程的全部工程造价。

3. 成本加酬金合同

成本加酬金合同的基本特点是按工程实际发生的成本（包括人工费、施工机械使用费、其他直接费和施工管理费以及各项独立费,但不包括承包企业的总管理费和应缴所得税),加上商定的总管理费和利润,来确定工程总造价。这种承包方式主要适用于开工前对工程内容尚不十分清楚的项目,例如边设计边施工的紧急工程,或遭受地震、战火等灾害破坏后需修复的工程。在实践中可有以下四种不同的具体做法。

1)成本加固定百分比酬金

计算方法可用下式说明

$$C = C_d(1 + P) \tag{13-1}$$

式中　C——总造价;

　　　C_d——实际发生的工程成本;

　　　P——固定的百分数。

从式(13-1)中可以看出,总造价 C 将随工程成本 C_d 的增加而增加,显然不能鼓励承包商关心缩短工期和降低成本,因而对建设单位的投资控制是不利的。现在这种承包方式已很少被采用。

2)成本加固定酬金

工程成本实报实销,但酬金是事先商定的一个固定数目。计算式为

$$C = C_d + F \tag{13-2}$$

式中　F——酬金,通常按估算的工程成本的一定百分比确定,数额是固定不变的;

　　　其他符号意义同前。

这种承包方式虽然不能鼓励承包商关心降低成本;但从尽快取得酬金出发,承包商将会关心缩短工期,这是其可取之处。

3)成本加浮动酬金

这种承包方式要事先商定工程成本和酬金的预期水平。如果实际成本恰好等于预期水平,工程造价就是成本加固定酬金;如果实际成本低于预期水平,则增加酬金;如果实际成本高于预期水平,则减少酬金。这三种情况可用算式表示如下

$$C = C_d + F + \Delta F \tag{13-3}$$

式中　ΔF——酬金增减部分,可以是一个百分数,也可以是一个固定的绝对数;

　　　其他符号意义同前。

采用这种承包方式时,通常规定,当实际成本超支而减少酬金时,以原定的固定酬金数额为减少的最高限度。也就是在最坏的情况下,承包人将得不到任何酬金,但不必承担赔偿超支的责任。这种承包方式既对承发包双方都没有太多风险,又能促使承包商关心降低成本和缩短工期;但在实践中估算预期成本比较困难,所以要求当事双方具有丰富的经验。

4)目标成本加奖罚

在仅有初步设计和工程说明书即迫切要求开工的情况下,可根据粗略估算的工程量和适当的单价表编制概算,作为目标成本;随着详细设计逐步具体化,工程量和目标成本可加以调整,另外规定一个百分数作为酬金;最后结算时,如果实际成本高于目标成本并超过事先商定的界限(例如5%),则减少酬金,如果实际成本低于目标成本(也有一个幅度界限),则增加酬金。用算式表示如下

$$C = C_d + P_1 C_0 + P_2(C_0 - C_d) \tag{13-4}$$

式中　C_0——目标成本;

P_1——基本酬金百分数；

P_2——奖罚百分数；

其他符号意义同前。

此外，还可另加工期奖罚。

这种承包方式可以促使承包商关心降低成本和缩短工期，而且目标成本是随设计的进展而加以调整才确定下来的，故建设单位和承包商双方都不会承担多大风险，这是其可取之处。当然，也要求承包商和建设单位的代表都须具有比较丰富的经验。

4. 承包合同类型的选择

以上是根据计价方式不同常见的三种施工承包类型。科学地选择承包方式对保证合同的正常履行，搞好合同管理工作是十分重要的。施工招标中到底采用哪种承包方式，应根据项目的具体情况选定。

1）总价合同宜采用的情况

（1）业主的管理人员较少或缺乏项目管理的经验。

（2）监理制度不太完善或缺少高水平的监理队伍。

（3）施工图纸明确、技术不太复杂、规模较小的工程。

（4）工期较紧急的工程。

2）单价合同宜采用的情况

（1）业主的管理人员多，且有较丰富的项目管理经验。

（2）施工图设计尚未完成，要边组织招标，边组织施工图设计。

（3）工程变更较多的工程。

（4）监理队伍的素质较高，监理人员行为公正，监理制度完善。

（五）施工招标文件

1. 编制要求

招标文件的编制是招标准备工作的一个重要环节，规范化的招标文件对于搞好招标投标工作至关重要。为满足规范化的要求，编写招标文件时，应遵循合法性、公平性和可操作性的编写原则。在此基础上，根据建设部《建设工程施工招标文件范本》以及水利部、国家电力公司、国家工商行政管理局《水利水电工程施工合同和招标文件范本》（GF—2000—0208），结合各个项目的具体情况和相应的法律法规的要求予以补充。根据范本的格式和当前招标工作的实践，施工招标文件应包括以下内容：投标邀请书、投标人须知、合同条件、技术规范、工程量清单、图纸、勘察资料、投标书（及附件）、投标担保书（及格式）等。

因合同类型的不同，招标文件的组成有所差别。例如，对总价合同而言，招标文件中须包括施工图纸但无须工程量清单；而单价合同可以没有完整的施工图纸，但工程量清单必不可少。

2. 投标邀请书

投标邀请书是招标人向经过资格预审合格的投标人正式发出参加本项目投标的邀请，因此投标邀请书也是投标人具有参加投标资格的证明，而没有得到投标邀请书的投标人，无权参加本项目的投标。投标邀请书很简单，一般只要说明招标人的名称、招标工程项目的名称和地点、招标文件发售的时间和费用、投标保证金金额和投标截止时间、开标时间等。

3. 投标须知

投标须知是一份为让投标人了解招标项目及招标的基本情况和要求而准备的一份文件。其应包括本项目工程量情况及技术特点,资金来源及筹措情况,投标的资格要求(如果在招标之前已对投标人进行了资格预审,这部分内容可以省略),投标中的时间安排及相应的规定(如发售招标文件、现场考察、投标答疑、投标截止日期、开标等的时间安排),投标中须遵守和注意的事项(如投标书的组成、编制要求及密封和递送要求等),开标程序,投标文件的澄清,招标文件的响应性评定,算术数性错误的改正,评标与定标的基本原则、程序、标准和方法。同时,在投标须知中还应当注明签订合同、重新招标、中标中止、履约担保等事项。

4. 合同条件

合同条件又被称为合同条款,主要规定了在合同履行过程中,当事人基本的权利和义务以及合同履行中的工作程序、监理工程师的职责与权力也应在合同条款中进行说明,目的是让承包商充分了解施工过程中将面临的监理环境。合同条款包括通用条款和专用条款。

通用条款在整个项目中是相同的,甚至可以直接采用范本中的合同条款,这样既可节省编制招标文件的时间,又能较好地保证合同的公平性和严密性(也便于投标单位节省阅读招标文件的时间)。

专用条款是对通用条款的补充和具体化,应根据各标段的情况来组织编写。但是在编写专用条款时,一定要满足合同的公平性及合法性的要求,以及合同条款具体明确和满足可操作性的要求。

5. 技术规范

技术规范是十分重要的文件,应详细具体地说明对承包商履行合同时的质量要求、验收标准、材料的品级和规格。为满足质量要求应遵守的施工技术规范,以及计量与支付的规定等。由于不同性质的工程,其技术特点和质量要求及标准等均不相同,所以技术规范应根据不同的工程性质及特点,分章、分节、分部、分项来编写。例如,水利工程的技术规范中,通常被分成了一般规定、施工导截流、土石方开挖、引水工程、钻孔与灌浆、大坝、厂房、变电站等章节,并针对每一章节工程的特点,按质量要求、验收标准、材料规格、施工技术规范及计量支付等,分别进行规定和说明。

技术规范中施工技术的内容应简化,因为施工技术是多种多样的,招标中不应排斥承包商通过先进的施工技术降低投标报价的机会。承包商完全可以在施工中"八仙过海,各显神通",采用自己所掌握的先进施工技术。

技术规范中的计量与支付规定也是非常重要的。可以说,没有计量与支付的规定,承包商就无法进行投标报价(编制单价),施工中也无法进行计量与支付工作。计量与支付的规定不同,承包商的报价也会不同。计量与支付的规定中包括计量项目、计量单位、计量项目中的工作内容、计量方法以及支付规定。

6. 工程量清单

工程量清单是招标文件的组成部分,是一份以计量单位说明工程实物数量,并与技术规范相对应的文件,它是伴随招标投标竞争活动产生的,是单价合同的产物。其作用有两点:一是向投标人提供统一工程信息和用于编制投标报价的部分工程量,以便投标人编制有效、准确的标价;二是对于中标签订合同的承包商而言,标有单价的工程量清单是办理中期支付和结算以及处理工程变更计价的依据。

根据工程量清单的作用和性质,它具有两种显著的特点:首先是清单的内容与合同文件中的技术规范、设计图纸一一对应,章节一致;其次是工程量清单与概预算定额有同有异,清单所列数量与实际完成数量(结算数量)有着本质的差别,且工程量清单所列单价或总额反映的是市场综合单价或总额。

工程量清单主要由工程量清单说明、工程细目、计日工明细表和汇总表四部分组成。其中,工程量清单说明规定了工程量清单的性质、特点以及单价的构成和填写要求等。工程细目反映了施工项目中各工程细目的数量,它是工程量清单的主体部分,其格式如表 13-1 所示。

表 13-1　工程量清单

编号＼项目	项目名称	单位	工程量	单价(元)	合价(元)

工程量清单的工程量是反映承包商的义务量大小及影响造价管理的重要数据。在整理工程量时,应根据设计图纸及调查所得的数据,在技术规范的计量与支付方法的基础上进行综合计算。同一工程细目,其计量方法不同,所整理出来的工程量会不一样。在工程量的整理计算中,应保证其准确性。否则,承包商在投标报价时会利用工程量的错误,实施不平衡报价、施工索赔等策略,给业主带来不可挽回的损失、增加工程变更的处理难度和投资失控等危害。

计日工是表示工程细目里没有,工程施工中需要发生,且得到工程师同意的工料机费用。根据工种、材料种类以及机械类别等技术参数分门别类编制的表格,称为计日工明细表。

工程量清单汇总表是根据上述费用加上暂定金额编制的表格。

7. 投标书及其附件

1)投标书

投标书是由招标人为投标人填写投标总报价而准备的一份空白文件。投标书中主要应反映下列内容:投标人、投标项目(名称)、投标总报价(签字盖章)、投标有效期。投标人在详细研究了招标文件并经现场考察工地后,即可以依据所掌握的信息,确定投标报价策略,然后通过施工预算和单价分析,填写工程量清单,并确定该项工程的投标总报价,最后将投标总报价填写在投标书上。招标文件中提供投标书格式的目的:一是为了保持各投标人递送的投标书具有统一的格式,二是提醒各投标人投标以后需要注意和遵守有关规定。

投标书的格式如下:

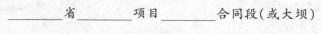

_____省_____项目_____合同段(或大坝)

投标书

致:(招标人全称)

（1）在研究了上述项目第＿＿＿合同段（或大坝）的招标文件（含补遗书第＿＿＿号）和考察了工程现场后，我们愿意按人民币（大写）＿＿＿＿＿＿＿＿＿＿＿＿＿＿＿元（小写￥＿＿＿＿＿元）的投标总价，或根据上述招标文件核实并确定的另一金额，遵照招标文件的要求，承担本合同工程的实施、完成及其缺陷修复工作。

（2）第＿＿＿合同段由＿＿＿＿＿＿＿技术标准的主体结构工程和附属结构工程组成。

（3）如果你单位接受我们的投标，我们将保证在接到监理工程师的开工通知后，在本投标书附录内写明的开工期内开工，并在＿＿＿个月的工期内完成本合同工程，达到合同规定的要求，该工期从本投标书附录内写明的开工期的最后一天算起。

（4）如果你单位接受我们的投标，我们将保证按照你单位认可的条件，以本投标书附录内写明的金额提交履约担保。

（5）我们同意，在从规定的开标之日起＿＿＿天的投标文件有效期内，严格遵守本投标书的各项承诺。在此期限届满之前，本投标书始终将对我方具有约束力，并随时接受中标。

（6）在合同协议书正式签署生效之前，本投标书连同你单位的中标通知书，将构成我们双方之间共同遵守的文件，对双方具有约束力。

（7）我们理解，你单位不一定接受最低标价的投标或你单位接到的其他任何投标。同时也理解，你单位不负担我们的任何投标费用。

（8）随同本投标书，我们出具金额为人民币＿＿＿＿＿＿＿＿＿＿＿元的投标担保。如果我们在本投标文件有效期内撤回投标文件；或在接到中标通知书后的28天内未能或拒绝签订合同协议书；或未能提交履约担保，你单位有权没收投标担保金，另选中标单位。

2）投标书附录

投标书附录是用于说明合同条款中的重要参数（如工期、预付款等内容）及具体标准的招标文件。该文件在投标单位投标时签字确认后，即成为投标文件及合同的重要组成部分。在编制招标文件时，投标书附录的编制是一项重要的工作内容，其参数的具体标准对造价及质量等方面有重要影响。全部内容及格式如下：

序号	事　项	合同条款	数　据
1	投标担保金额		不低于投标价的＿＿＿％，或人民币＿＿＿＿＿＿＿万元
2	履约担保金额		合同价格的＿＿＿％
3	发开工令期限（从发合同协议书之日算起）		天内
4	开工期（接到监理工程师的开工令之日算起）		天内
5	工期		个月
6	拖期损失偿金		人民币＿＿＿＿＿＿＿元/天
7	拖期损失偿金限额		合同价格的＿＿＿％
8	缺陷责任期		年
9	中期（月进度）支付证书最低限额		合同价格的＿＿＿％，或人民币＿＿＿＿＿＿＿万元

10	保留金的百分比	月支付额的____%
11	保留金限额	合同价格的5%
12	开工预付款	合同价格的____%
13	材料、设备预付款	主要材料、设备单据所列费用的____%
14	支付时间	中期支付证书开出后____天; 最后支付证书开出后42天
15	未支付款的利率	____‰/天

3)预付款的确定

支付预付款的目的是使承包商在施工中,有能满足施工要求的流动资金。制定招标文件时,不提供预付款,甚至要求承包商垫资施工的做法是错误的,既违反了工程项目招标投标的有关法律、法规的规定,也加大了承包商的负担,影响了合同的公平性。预付款有动员预付款和材料预付款两种,动员预付款于开工前(一般中标通知书签发后28天内),在承包商提交预付款担保书后支付,一般为10%左右;材料预付款是根据承包商材料到工地的数量,按某一百分数支付的。

8. 投标担保书

投标担保的目的是约束投标人承担施工投标行为的法律后果。其作用是约束投标人在投标有效期内遵守投标文件中的相关规定,在接到中标通知书后按时提交履约担保书,认真履行签订工程施工承包合同的义务。

投标担保书通常采用银行保函的形式,投标保证金额一般不低于投标报价的2%。投标保证书的格式如下(为保证投标书的一致性,业主或招标人应在准备招标文件时,编写统一的投标担保书格式)。

投标银行保函

致:(招标人全称)

鉴于____(投标人全称)____(下称"投标人")拟向____(招标人全称)____(下称"招标人")送交关于____(项目名称)____第____合同段(或____大坝)的投标书,根据招标文件的规定,投标人须按规定的金额由其委托的银行出具一份投标保函(下称"保函")作为履行招标文件中规定的义务担保。

我行同意为投标人出具人民币(大写)_____元(_____元)的保函,作为向招标人的投标担保。本保函的条件是:

(1)如果投标人在投标文件有效期内撤回投标文件;或(2)如果投标人不接受按投标人须知第23条规定的对其投标价格算术错误的修正;(3)如果投标人在接到中标通知书后28天内:①未能或拒绝签署合同协议书;或②未能按照招标文件规定提供履约担保;或③不接受对投标文件中算术差错的修正。

我行将履行担保义务,保证在收到招标人的书面要求,说明其索款是由于出现了上述任何一种原因的具体情况后,即凭招标人出具的索款凭证,向招标人支付上述款项。

本保函在按投标须知第_____条规定的投标文件有效期或经延长的投标文件有效期期满后28天内保持有效,任何索款要求应在上述期限内交到我行。招标人延长投标文件有效期的决定,应通知我行。

银行地址:＿＿＿＿＿＿＿　　担保银行:＿＿＿(全称)(盖章)

邮　　编:＿＿＿＿＿＿＿　　法定代表人或其授权代理人:

电　　话:＿＿＿＿＿＿＿　　　　＿＿(职务)(姓名)(签名)

传　　真:＿＿＿＿＿＿＿　　日期:＿＿年＿＿月＿＿日

(六)资格预审

投标人资格审查分为资格预审和资格后审两种形式。资格预审有时也称为预投标,即投标人首先对自己的资格进行一次投标。资格预审在发售招标文件之前进行,投标人只有在资格预审通过后才能取得投标资格,参加施工投标。而资格后审则是在评标过程中进行的。为减小评标难度,简化评标手续,避免一些不合格的投标人,在投标上的人力、物力和财力上的浪费,投标人资格审查以资格预审形式为好。

资格预审具有如下积极作用:

(1)保证施工单位主体的合法性;

(2)保证施工单位具有相应的履约能力;

(3)减小评标难度;

(4)抑制低价抢标现象。

无论是资格预审还是资格后审,其审查的内容是基本相同的。主要是根据投标须知的要求,对投标人的营业执照、企业资质等级证书、市场准入资格、主要施工经历、技术力量简况、资金或财务状况以及在建项目情况(可通过现场调查予以核实)等方面的情况进行符合性审查。

(七)投标组织阶段的组织工作

投标组织阶段的工作内容包括发售招标文件、组织现场考察、组织标前会议(标前答疑)、接受投标人的标书等事项。

发售招标文件前,招标人通常召开一个发标会,向全体投标人再次强调投标中应注意和遵守的主要事项。发售招标文件过程中,招标人要查验投标人代表的法人代表委托书(防止冒领文件),收取招标文件工本费,在投标人代表签字后,方可将招标文件交投标人清点。

在投标人领取招标文件并进行了初步研究后,招标人应组织投标人进行现场考察,以便投标人充分了解与投标报价有关的施工现场的地形、地质、水文、气象、交通运输、临时进出场道路及临时设施、施工干扰等方面的情况和风险,并在报价中对这些风险费用作出准确的估计和考虑。为了保证现场考察的效果,现场考察的时间安排通常应考虑投标人研究招标文件所需要的合理时间。在现场考察过程中,招标人应派比较熟悉现场情况的设计代表详细地介绍各标段的现场情况,现场考察的费用由投标人自己承担。

组织标前会议的目的是解答投标人提出的问题。投标人在研究招标文件、进行现场考察后,会对招标文件中的某些地方提出疑问。这些疑问,有些是投标人不理解招标文件产生的,有些是招标文件的遗漏和错误产生的。根据投标人须知中的规定,投标人的疑问应在标前会议 7 d 前提出。招标人应将各投标人的疑问收集汇总,并逐项研究处理。如属于投标人未理解招标文件而产生的疑问,可将这些问题放在"澄清书"中予以澄清或解释;如属于招标文件的错误或遗漏,则应编制"招标补遗"对招标文件进行补充和修正。总之,投标人的疑问应统一书面解答,并在标前会议中将"澄清书"、"补遗书"发给各家投标人。

根据《中华人民共和国招标投标法》的规定,"招标补遗"、"澄清书"应当在投标截止日期至少 28 d 前,书面通知投标人。因此:一方面,应注意标前会议的组织时间符合法律、法规的规定;另一方面,当"招标补遗"很多且对招标文件的改动较大时,为使投标人有合理的时间将"补遗书"的内容在编标时予以考虑,招标人(或业主)可视情况,宣布延长投标截止日期。

为了投标的保密,招标人一般使用投标箱(也有不设投标箱的做法),投标箱的钥匙由专人保管(可设双锁,分人保管钥匙),箱上加贴启封条。投标人投标时,将标书装入投标箱,招标人随即将盖有日期的收据交给投标人,以证明是在规定的投标截止日期前投标的。投标截止期限一到,立即封闭投标箱,在此以后的投标概不受理(为无效标书)。投标截止日期在招标文件或投标邀请书中已列明,投标期(从发售招标文件到投标截止日期)的长短视标段大小、工程规模、技术复杂程度及进度要求而定,一般为 45 ~ 90 d。

(八) 标底

标底是建筑产品在市场交易中的预期市场价格。在招标投标过程中,标底是衡量投标报价是否合理,是否具有竞争力的重要工具。此外,实践中标底还具有制止盲目报价、抑制低价抢标、工程造价、核实投资规模的作用,同时也具有(评标中)判断投标单位是否有串通哄抬标价的作用。

设立标底的做法是针对我国目前建筑市场发育状况和国情而采取的措施,是具有中国特色的招标投标制度的一个具体体现。

但是,标底并不是决定投标能否中标的标准价,而只是对投标进行评审和比较时的一个参考价。如果被评为最低评标价的投标超过标底规定的幅度,招标人应调查超出标底的原因,如果是合理的话,该投标应有效;如果被评为最低评标价的投标大大低于标底的话,招标人也应调查,如果是属于合理成本价,该投标也应有效。

因此,科学合理地制定标底是搞好评标工作的前提和基础。科学合理的标底应具备以下经济特征:

(1)标底的编制应遵循价值规律,即标底作为一种价格应反映建设项目的价值。价格与价值相适应是价值规律的要求,是标底科学性的基础。因此,在标底编制过程中,应充分考虑建设项目在施工过程中的社会必要劳动消耗量、机械设备使用量以及材料和其他资源的消耗量。

(2)标底的编制应服从供求规律,即在编制标底时,应考虑建设市场的供求状况对产品价格的影响,力求使标底和产品的市场价格相适应。当建设市场的需求增大或缩小时,相应的市场价格将上升或下降。所以,在编制标底时,应考虑到建筑市场供求关系的变化所引起的市场价格的变化,并在底价上作出相应的调整。

(3)标底在编制过程中,应反映建筑市场当前平均先进的劳动生产力水平,即标底应反映竞争规律对建设产品价格的影响,以图通过标底促进投标竞争和社会生产力水平的提高。

以上三点既是标底的经济特征,也是编制标底时应满足的原则和要求。因此,标底的编制一般应注意以下几点:

(1)根据设计图纸及有关资料、招标文件,参照国家规定的技术、经济标准定额及规范,确定工程量和设定标底。

（2）标底价格应由成本、利润和税金组成，一般应控制在批准的建设项目总概算及投资包干的限额内。

（3）标底价格作为招标人的期望价，应力求与市场的实际变化相吻合，要有利于竞争和保证工程质量。

（4）标底价格要考虑人工、材料、机械台班等价格变动因素，还应包括施工不可预见费、包干费和措施费等。要求工程质量达到优良的，还应增加相应费用。

（5）一个标段只能编制一个标底。

标底不同于概算、预算，概算、预算反映的是建筑产品的政府指导价格，主要受价值规律的作用和影响，着重体现的是施工企业过去平均先进的劳动生产力水平；而标底则反映的是建设产品的市场价格，它不仅受价值规律的作用，同时还会受市场供求关系的影响，主要体现的是施工企业当前平均先进的劳动生产力水平。

在不同的市场环境下，标底编制方法亦随之变化。通常，在完全竞争市场环境下，由于市场价格是一种反映了资源使用效率的价格，标底可直接根据建设产品的市场交易价格来确定。这样的环境条件中，议标是最理想的招标方式，其交易成本可忽略不计。然而，在不完全竞争市场环境下，标底编制要复杂得多，不能再根据市场交易价格予以确定，更不宜采用议标形式进行招标。此时，则应当根据工料单价法和统计平均法来进行标底编制。关于不完全竞争市场条件下的标底编制程序及具体方法可参阅相关书籍。

（九）开标、评标与定标

1. 开标的工作内容及方法

开标的过程是启封标书、宣读标价并对投标书的有效性进行确认的过程。参加开标的单位有招标人、监理单位、投标人、公证机构、政府有关部门等。开标的工作人员有唱标人、记录人、监督人、公证人及后勤人员。开标日期一到，即在规定的时间、地点组织开标工作。开标的工作内容有：

（1）宣布（重申）投标人须知的评标定标原则、标准与方法。

（2）公布标底。

（3）检查标书的密封情况。按照规定，标书未密封，封口上未签字盖章的标书为无效标书；国际招标中要求标书有双层封套，且外层封套上不能有识别标志。

（4）检查标书的完备性。标书（包括投标书、法人代表授权书、工程量清单、辅助资料表、施工进度计划等内容）、投标保证书（前列文件都要密封）以及其他要交回的招标文件。标书不完备，特别是无投标保证书的标书是无效标书。

（5）检查标书的符合性。即标书是否与招标文件的规定有重大出入或保留，是否会造成评标困难或给其他投标人的竞争地位造成不公正的影响；标书中的有关文件是否有投标人代表的签字盖章。标书中是否有涂改（一般规定标书中不能有涂改痕迹，特殊情况需要涂改时，应在涂改处签字盖章）等。

（6）宣读和确定标价，填写开标记录（有特殊降价申明或其他重要事项的，也应一起在开标中宣读、确认或记录）。

除上述内容外，公证单位还应确认招标的有效性。在国际工程招标中，如遇下列情况，在经公证单位公证后，招标人会视情况决定全部投标作废：

（1）投标人串通哄抬标价，致使所有投标人的报价大大高出标底价；

（2）所有投标人递交的标书严重违反投标人须知的规定，致使全部标书都是无效标书；

（3）投标人太少（如不到三家），没有竞争性。

一旦发现上述情况之一，正式宣布了投标作废，招标人应当依照招标投标法的规定，重新组织招标。

2.评标与定标

评标定标是招投标过程中比较敏感的一个环节，也是对投标人的竞争力进行综合评定并确定中标人的过程，因此在评标与定标工作中，必须坚持公平竞争原则、投标人的施工方案在技术上可靠原则和投标报价应当经济合理原则。只有认真坚持上述原则，才能够通过评标与定标环节，体现招标工作的公开、公平与公正的竞争原则。综合市场竞争程度、社会环境条件（法律法规和相关政策）以及施工企业平均社会施工能力等因素，可以根据实际情况选用最低评标价法、合理评标价法或在合理评标价基础上的综合评分法，确定中标人。在我国市场经济体制尚未完善的条件下，上述三种方法各有其优缺点，实践中应当扬长避短。我国土建工程招标投标的实践经验证明，技术含量高、施工环节比较复杂的工程，宜采用综合评分法评标；而技术简单、施工环节少的一般工程，可以采用最低标价的方法评标。

招标人或其授权评标委员会在评标报告的基础之上，从推荐的合格中标候选人中，确定出中标人的过程称为定标。定标不能违背评标原则、标准、方法以及评标委员会的评标结果。

当采用最低评标价评标时，中标人应是评标价最低，而且有充分理由说明这种低标是合理的，且能满足招标文件的实质性要求，为技术可靠、工期合理、财务状况理想的投标人。当采用综合评分法评标时，中标人应是能够最大限度地满足招标文件中规定的各项综合评价标准且综合评分最高的单位。

在确定了中标人之后，招标人即可向中标人颁发"中标通知书"，明确其中标项目（标段）和中标价格（如无算术错误，该价格即为投标总价）等内容。

第二节　投标过程

招标与投标构成以围绕标的物的买方与卖方经济活动，是相互依存、不可分割的两个方面。施工项目投标是施工单位对招标的响应和企业之间工程造价的竞争，也是比管理能力、生产能力、技术措施、施工方案、融资能力、社会信誉、应变能力与掌握信息本领的竞争，是企业通过竞争获得工程施工权利的过程。

施工项目投标与招标一样，有其自身的运行规律与工作程序。参加投标的施工企业，在认真掌握招标信息、研究招标文件的基础上，根据招标文件的要求，在规定的期限内向招标单位递交投标文件，提出合理报价，以争取获胜中标，最终实现获取工程施工任务的目的。

（一）投标报价程序

投标工作与招标工作一样也要遵循自身的规律和工作程序，工程项目投标工作程序可用图 13-1 所示的流程图予以表示，参照本流程，施工投标工作程序主要有以下步骤：

（1）根据招标公告或招标人的邀请，筛选投标的有关项目，选择适合本企业承包的工程参加投标。

（2）向招标人提交资格预审申请书，并附上本企业营业执照及承包工程资格证明文件、

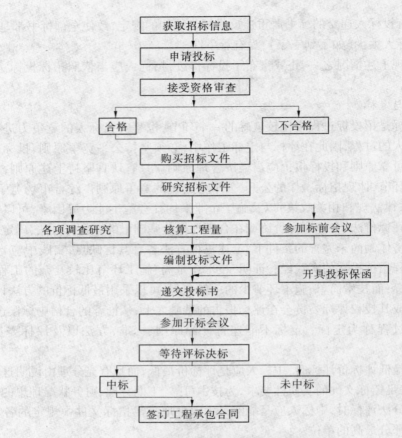

图 13-1　工程施工项目投标工作流程图

企业简介、技术人员状况、历年施工业绩、施工机械装备等情况。

（3）经招标人投标资格审查合格后，向招标人购买招标文件及资料，并交付一定的投标保证金。

（4）研究招标文件合同要求、技术规范和图纸，了解合同特点和设计要点，制订出初步施工方案，提出考察现场提纲和准备向招标人提出的疑问。

（5）参加招标人召开的标前会议，认真考察现场、提出问题、倾听招标人解答各单位的疑问。

（6）在认真考察现场及调查研究的基础上，修改原有施工方案，落实和制定出切实可行的施工组织设计。在工程所在地材料单价、运输条件、运距长短的基础上编制出确切的材料单价，然后计算和确定标价，填好合同文件所规定的各种表函，盖好印鉴密封，在规定的时间内送达招标人。

（7）参加招标人召开的开标会议，提供招标人要求补充的资料或回答须进一步澄清的问题。

（8）如果中标，与招标人一起依据招标文件规定的时间签订承包合同，并送上银行履约保函；如果不中标，及时总结经验和教训，按时撤回投标保证金。

（二）投标资格

根据《中华人民共和国招标投标法》第二十六条的规定，投标人应当具备承担招标项目的能力,企业资质必须符合国家或招标文件对投标人资格方面的要求,当企业资格不符合要求时,不得允许参加施工项目投标活动,如果采用联合体的投标人,其资质按联合体中资质最低的一个企业的资质,作为联合体的资质进行审核。

根据建筑市场准入制度的有关规定,在异地参加投标活动的施工企业,除了需要满足上述条件外,投标前还需要到工程所在地政府建设行政主管部门,进行市场准入注册,获得行政许可,未能获准建设行政主管部门注册的施工企业,仍然不能够参加工程施工投标活动,特别是国际工程,注册是投标必不可缺的手续。

资格预审是承包商投标活动的前奏,与投标一样存在着竞争。除认真按照业主要求,编送有关文件外,还要开展必要的宣传活动,争取资格审查获得通过。

在已有获得项目的地域,业主更多地注重承包商在建工程的进展和质量。为此,要获得业主信任,应当很好地完成在建工程。一旦在建工程搞好了,通过投标的资格审查就没有多大问题。在新进入的地域,为了争取通过资格审查,应派人专程报送资格审查文件,并开展宣传、联络活动。主持资格审查的可能是业主指定的业务部门,也可能委托咨询公司。如果主持资格审查的部门对新承包商缺乏了解,或抱有某种成见,资格审查人员可能对承包商提问或挑剔,有些竞争对手也可能通过关系施加影响,散布谣言,破坏新来的承包商的名誉。所以,承包商的代表要主动了解资格审查进展情况,向有关部门、人员说明情况,并提供进一步资料,以便取得主持资格审查人员的信任。必要时,还要通过驻外人员或别的渠道介绍本公司的实力和信誉。在竞争激烈的地域,只靠寄送资料,不开展必要活动,就可能受到挫折。有的公司为了在一个新开拓地区获得承建一项大型工程,不惜出资邀请有关当局前来我国参观其公司已建项目,了解公司情况,并取得了良好效果。有的国家主管建设的当局,得知我国在其邻国成功地完成援建或承包工程,常主动邀请我国参加他们的工程项目投标。这都说明扩大宣传的必要性。

(三)投标机构

进行施工项目投标,需要成立专门的投标机构,设置固定的人员,对投标活动的全部过程进行组织与管理。实践证明,建立强有力的管理、金融与技术经验丰富的专家组成的投标组织是投标获取成功的有力保证。

为了掌握市场和竞争对手的基本情况,以便在投标中取胜,中标获得项目施工任务,平时要注意了解市场的信息和动态,搜集竞争企业与有关投标的信息,积累相关资料。遇有招标项目时,对招标项目进行分析,研究有无参加价值;对于确定参加投标的项目,则应研究投标和报价编制策略,在认真分析历次投标中失败的教训和经验的基础上,编制标书,争取中标。

投标机构主要由以下人员组成:

(1)经理或业务副经理作为投标负责人和决策人,其职责是决定最终是否参加投标及参加投标项目的报价金额。

(2)建造工程师的职责是编制施工组织设计方案、技术措施及技术问题。

(3)造价工程师负责编制施工预算及投标报价工作。

(4)机械管理工程师要根据本投标项目工程特点,选型配套组织本项目施工设备。

(5)材料供应人员要了解、提供当地材料供应及运输能力情况。

(6)财务部门人员提供企业工资、管理费、利润等有关成本资料。

（7）生产技术部门人员负责安排施工作业计划等。

建设市场竞争越来越激烈，为了最大限度地争取投标的成功，对参与投标的人员也提出了更高的要求。要求有丰富经验的建造师和设计师，还要求有精通业务的经济师和熟悉物资供应的人员。这些人员应熟悉各类招标文件和合同条件；如果是国际投标，则这些人员最好具有较高的外语水平。

（四）投标报价

投标报价是潜在承包商投标时报出的工程承包价格。招标人常常将投标人的报价作为选择中标者的主要依据，同时报价也是投标文件中最重要的内容、影响投标人中标与否的关键所在和中标后承包商利润大小的主要指标。标价过低虽然容易中标，但中标后容易给承包商造成亏损的风险；报价过高对于投标人又存在失标的危险。因此，标价过高与过低都不可取，如何作出合适的投标报价是投标人能否中标的关键。

1. 现场考察

从购买招标文件到完成标书这一期间，投标人为投标而做的工作可统称为编标报价。在这个过程中，投标工作组首先应当充分仔细研究招标文件。招标文件规定了承包人的职责和权利，以及对工程的各项要求，投标人必须高度重视。积极参加招标人组织的现场考察活动，是投标过程中一个非常重的环节，其作用有两大方面：一是如果投标人不参加由招标人安排的正式现场考察，可能会被拒绝投标；二是通过参加现场考察活动的机会，可以了解工程所在地的政治局势（对国际工程）与社会治安状态，工程地质地貌和气象条件，工程施工条件（交通、供电供水、通信、劳动力供应、施工用地等），经济环境以及其他方面同施工相关的问题。当现场考察结束后，应当抓紧时间整理在现场考察中收集到的材料，把现场考察和研究招标文件中存在的疑问整理成书面文件，以便在标前会议上，请招标人给予解释和明确。

按照国际、国内规定，投标人提出的报价，一般被认为是在现场考察的基础上编制的。一旦标书交出，如在投标日期截止后发现问题，投标人就无法因现场考察不周，情况不了解而提出修改标书，或调整标价给予补偿的要求。另外，编制标书需要的许多数据和情况也要从现场调查中得出。因此，投标人在报价以前，必须认真地进行工程现场考察，全面、细致地了解工地及其周围的政治、经济、地理、法律等情况。如考察时间不够，参加编标人员在标前会结束后，一定要留下几天，再到现场查看一遍，或重点补充考察，并在当地作材料、物资等调查研究，仔细收集编标的资料。

2. 标前会议

标前会议也称投标预备会，是招标人给所有投标人提供的一次答疑的机会，有利于投标人加深对招标文件的理解、了解施工现场和准确认识工程项目施工任务。凡是想参加投标并希望获得成功的投标人，都应认真准备和积极参加标前会议。投标人参加标前会议时应注意以下几点：

（1）对工程内容、范围不清的问题，应提请解释、说明，但不要提出任何修改设计方案的要求。

（2）如招标文件中的图纸、技术规范存在相互矛盾之处，可请求说明以何者为准，但不要轻易提出修改的要求。

（3）对含糊不清、容易产生理解上歧义的合同条款，可以请求给予澄清、解释，但不要提出任何改变合同条件的要求。

(4)应注意提问的技巧,注意不使竞争对手从自己的提问中,获悉本公司的投标设想和施工方案。

(5)招标人或咨询工程师在标前会议上,对所有问题的答复均应发出书面文件,并作为招标文件的组成部分。投标人不能仅凭口头答复来编制自己的投标文件。

3. 报价编制原则

1)报价要合理

在对招标文件进行充分、完整、准确理解的基础上,编制出的报价是投标人施工措施、能力和水平的综合反映,应是合理的较低报价。当标底计算依据比较充分、准确时,适当的报价不应与标底相差太大。当报价高出标底许多时,往往不被招标人考虑;当报价低于标底较多时,则会使投标人盈利减少,风险加大,且易造成招标人对投标者的不信任。因此,合理的报价应与投标者本身具备的技术水平和工程条件相适应,接近标底,低而适度,尽可能为招标者理解和接受。

2)单价合理可靠

各项目单价的分析、计算方法应合理可行,施工方法及所采用的设备应与投标书中施工组织设计相一致,以提高单价的可信度与合理性。

3)较高的响应性和完整性

投标单位在编制报价时,应按招标文件规定的工作内容、价格组成与计算填写方式,编制投标报价文件,从形式到实质都要对招标文件给予充分响应。

投标文件应完整,否则招标人可能拒绝这种投标。

4. 编制报价的主要依据

(1)招标文件、设计图纸。

(2)施工组织设计。

(3)施工规范。

(4)国家、部门、地方或企业定额。

(5)国家、部门或地方颁发的各种费用标准。

(6)工程材料、设备的价格及运杂费。

(7)劳务工资标准。

(8)当地生活、物资价格水平。

5. 投标报价的组成及计算

投标总报价的费用组成由招标文件规定,通常由以下几部分组成。

1)主体工程费用

主体工程费用包括由承包人承担的直接工程费、间接费、其他费用、税金等全部费用和要求获得的利润,可采用定额法或实物量法进行分析计算。

主体工程费用中的其他费用主要指不单独列项的临时工程费用、承包人应承担的各种风险费用等。直接工程费、间接费、税金和利润的内容与概算、预算编制的费用组成相同。

在计算主体工程费用时,若采用定额法计算单价,人、材、机的消耗量可在行业有关定额基础上结合企业情况进行调整,以使投标价具有竞争力,或直接采用本企业自己的定额。人工单价可参照现行概算、预算编制办法规定的人工费组成,结合本企业的具体情况和建筑市场竞争情况进行确定。计算材料、设备价格时，如果属于业主供应部分则按业主提供的价格计算，其余材料应按市场调查的实际价格计算。其他直接费、间接费、施工利润等，要根据投标工程的类别和地区及合同要求，结合本单位的实际情况，参考现行有关概（估）算费用构成及计算办法的有关规定计算。

2）临时工程费用

临时工程费用计算一般有以下三种情况：

第一种情况，工程量清单中列出了临时工程量。此时，临时工程费用的计算方法同主体工程费用的计算方法。

第二种情况，工程量清单中列出了临时工程项目，但未列具体工程量，要求总价承包。此时，投标人应根据施工组织设计估算工程量，计算该费用。

第三种情况，分项工程量清单中未列临时工程项目。此时，投标人应将临时工程费用摊入主体工程费用中，其分摊方法与标底编制中分摊临时工程费用的方法相同。

3）保险种类及金额

招标文件中的"合同条款"和"技术条款"一般都对项目保险种类及金额作出了具体规定。

（1）工程险和第三者责任险。若合同规定由承包人负责投保工程险和第三者责任险，承包人应按"合同条款"的规定和"工程量清单"所列项目专项列报。若合同规定由发包人负责投保工程险和第三者责任险，则承包人不需列报。

（2）施工设备险和人身意外伤害险。通常都由承包人负责投保，发包人不另行支付。前者保险费用计入施工设备运行费用内，后者保险费用摊入各项目的人工费内。

投标人投标时，工程险的保险金额可暂按工程量清单中各项目的合计金额（不包括备用金以及工程险和第三者责任险的保险费）加上附加费计算，其保险费按保险公司的保险费率进行计算。第三者责任险的保险金额则按招标文件的工程量清单中规定的投保金额（或投标人自己确定的金额）计算，其保险费按保险公司的保险费率进行计算。上述两项保险费分别填写在工程量清单内该两项各自的合价栏内。

4）中标服务费

当采用代理招标时，招标人支付给招标代理机构的费用可以采用中标服务费名义列在投标报价汇总表中。中标服务费按招标项目的报价总金额乘以规定的费率进行计算。

5）备用金

备用金指用于签订协议书时，尚未确定或不可预见项目的备用金额。备用金额由发包人在招标文件"工程量清单"中列出，投标人在计算投标总报价时不得调整。

6. 报价编制程序

编制投标报价与编制标底的程序和方法基本相同，只是两者的作用和分析问题的角度不同，报价编制程序主要有：

（1）研究并"吃透"招标文件。

（2）复核工程量，在总价承包中，此项工作尤为重要。

（3）了解投标人编制的施工组织设计。

（4）根据标书格式及填写要求，进行报价计算。要根据报价策略作出各个报价方案，供投标决策人参考。

（5）投标决策确定最终报价。

（6）编制投标书。

第三节　投标决策与技巧

在激烈竞争的环境下，投标人为了企业的生存与发展，采用的投标对策被称为报价策略。能否恰当地运用报价策略，对投标人能否中标或中标后完成该项目能否获得较高利润，影响极大。在工程施工投标中，常用的报价策略大致有如下几种。

一、以获得较大利润为投标策略

施工企业的经营业务近期比较饱和，该企业施工设备和施工水平又较高，而投标的项目施工难度较大、工期短、竞争对手少，非我莫属。在这种情况下所投标的报价，可以比一般市场价格高一些并获得较大利润。

二、以保本或微利为投标策略

施工企业的经营业务近期不饱满，或预测市场将要开工的工程项目较少，为防止窝工，投标策略往往是多抓几个项目，标价以微利、保本为主。

要确定一个低而适度的报价，首先要编制出先进合理的施工方案。在此基础上计算出能够确保合同工期要求和质量标准的最低预算成本。降低项目预算成本要从降低直接费、现场经费和间接费着手，其具体做法和技巧如下：

（1）发挥本施工企业优势，降低成本。每个施工企业都有自身的长处和优势。如果发挥这些优势来降低成本，从而降低报价，这种优势才会在投标竞争中起到实质作用，即把企业优势转化为价值形态。

一个施工企业的优势，一般可以从下列几个方面来表示：①职工素质高：技术人员云集、施工经验丰富、工人技术水平高、劳动态度好、工作效率高。②技术装备强：本企业设备新、性能先进、成套齐全、使用效率高、运转劳务费低、耗油低。③材料供应：有一定的周转材料、有稳定的来源渠道、价格合理、运输方便、运距短、费用低。④施工技术设计：施工人员经验丰富、提出了先进的施工组织设计、方案切实可行、组织合理、经济效益好。⑤管理体制：劳动组合精干、管理机构精炼、管理费开支低。

当投标人具有某些优势时，在计算报价的过程中，就不必照搬统一的工程预算定额和费率，而是结合本企业实际情况将优势转化为较低的报价。另外，投标人可以利用优势降低成本，进而降低报价，发挥优势报价。

（2）运用其他方法降低预算成本。有些投标人采用预算定额不变，而利用适当降低现场经费、间接费和利润的策略，降低标价，争取中标。

三、以最大限度的低报价为投标策略

有些施工企业为了参加市场竞争，打入其他新的地区、开辟新的业务，并想在这个地区占据一定的位置，往往在第一次参加投标时，用最大限度的低报价、保本价、无利润价甚至亏5%的报价，进行投标。中标后在施工中充分发挥本企业专长，在质量上、工期上（出乎业主估计的短工期)取胜,创优质工程、创立新的信誉,缩短工期,使业主早得益。自己取得立足,同时取得业主的信任和同情,以提前奖的形式给予补助,使总价不亏本。

四、超常规报价

在激烈的市场竞争中,有的投标人报出超常规的低价,令业主和竞争对手吃惊。超常规的报价方法,常用于施工企业面临生存危机或者竞争对手较强,为了保住施工地盘或急于解决本企业窝工问题的情况。

一旦中标,除解决窝工的危机,同时保住地盘,并且促进企业加强管理,精兵简政,优化组合,采取合理的施工方法,采用新工艺、降低消耗和成本来完成此项目,力争减少亏损或不亏损。

为了在激烈的市场竞争中能够战胜对手、获得中标、最大限度地争取高额利润,投标人投标报价时除要灵活运用上述策略外,在计算标价中还需要采用一定的技巧,即在工程成本不变的情况下,设法把对外标价报得低一些,待中标后再按既定办法争取获得较多的收益。报价中这两方面必须相辅相成,以提高战胜竞争对手的可能性。以下介绍一些投标中经常采用的报价技巧与思路,以供参考。

(一)不平衡单价法

不平衡单价法是投标报价中最常采用的一种方法。所谓不平衡单价,即在保持总价格水平的前提下,将某些项目的单价定得比正常水平高些,而另外一些项目的单价则可以比正常水平低些,但这种提高和降低又应保持在一定限度内,避免因为某一单价的明显不合理而成为无效报价。常采用的"不平衡单价法"有下列几种:

(1)为了将初期投入的资金尽早回收,以减少资金占用时间和贷款利息,而将待摊入单价中的各项费用多摊入早收款的项目(如施工动员费、基础工程、土方工程等)中,使这些项目的单价提高,而将后期的项目单价适当降低,这样可以提前回收资金,既有利于资金周转,存款也有利息。

(2)对在工程实施中工程量可能增加的项目适当提高单价,而对在工程实施中工程量可能减少的项目则适当降低单价。这样处理,虽然表面上维持总报价不变,但在今后实施过程中,承包商将会得到更多的工程付款。这种做法在公路、铁路、水坝以及各类难以准确计算工程量的室外工程项目的投标中常被采用。这一方法的成功与否取决于承包商在投标复核工程量时,对今后增减某些分项工程量所作的估计是否正确。

(3)图纸不明确或有错误的,估计今后有可能修改的项目的单价可提高,工程内容说明不清楚的项目的单价可降低,这样做有利于以后的索赔。

(4)工程量清单中无工程量而只填单价的项目(如土方工程中的挖淤泥、岩石等备用单价),其单价宜高些。因为这样做不会影响总标价,而一旦发生工程量时可以多获利。

(5)对于暂定金额(或工程),分析其将来要做的可能性大的,价格可定高些;估计不一定发生的,价格可定低些,以增加中标机会。

(6)零星用工(计日工)单价,一般可稍高于工程单价中的工资单价,因它不属于承包价的范围,发生时实报实销,也可多获利。但有的招标文件为了限制投标人随意提高计日工价,对零星用工给出一个"名义工程量"而计入总价,此时则不必提高零星用工单价了。

（二）利用可谈判的"无形标价"

在投标文件中，某些不以价格形式表达的"无形价格"，在开标后有谈判的余地，承包人可利用这种条件争取收益。如一些发展中国家的货币对世界主要外币的兑换率逐年贬值，在这些国家投标时，投标文件填报的外汇比率可以提高些。因为投标时一般是规定采用投标截止日前 30 d 官方公布的固定外汇兑换率。承包商在多得到汇差的外汇付款后，再及早换成当地货币使用，就可以由其兑换率的差值而得到额外收益。

（三）调价系数的利用

多数施工承包合同中都包括有关价格调整的条款，并给出利用物价指数计算调价系数的公式，付款时承包人可根据该系数得到由于物价上涨的补偿。投标人在投标阶段就应对该条款进行仔细研究，以便利用该条款得到最大的补偿。对此，可考虑如下几种情况：

（1）有的合同提供的计算调价系数的公式中各项系数未定，标书中只给出一个系数的取值范围，要求承包者自己确定系数的具体值。此时，投标人应在掌握全部物价趋势的基础上，对于价格增长较快的项目取较高的系数，对于价格较稳定的项目取较低的系数。这样，最终计算出的调价系数较高，因而可得到较高的补偿。

（2）在各项费用指数或系数已确定的情况下，计算各分项工程的调价指数，并预测公式中各项费用的变化趋势。在保持总报价不变的情况下，利用上述不平衡报价的原理，对计算出的调价指数较大的工程项目报较高的单价，可获较大的收益。

（3）公式中外籍劳务和施工机械两项，一般要求承包人提供承包人本国或相应来源国的有关当局发布的官方费用指数。有的招标文件还规定，在投标人不能提供这类指数时，则采用工程所在国的相应指数。利用这一规定，就可以在本国的指数和工程所在国的指数间选择。国际工程施工机械常可能来源于多个国家，在主要来源国不明确的条件下，投标人可在充分调查研究的基础上，选用费用上涨可能性较大的国家的官方费用指数。这样，计算出的调价系数值较大。

（四）附加优惠条件

如在投标书中主动附加带资承包、延期付款、缩短工期或留赠施工设备等，可以吸引业主，提高中标的可能性。

五、其他手法

国际上还有一些报价手法，我们也可了解以资借鉴，现择要介绍如下。

（一）扩大标价法

这种方法比较常用，即除按正常的已知条件编制价格外，对工程中变化较大或没有把握的工程项目，采用扩大单价，增加"不可预见费"的方法来减少风险。但是这种投标方法，往往因总价过高而不易中标。

（二）先亏后盈法

采用这种方法必须要有十分雄厚的实力或有国家或大财团作后盾，即为了想占领某一市场或想在某一地区打开局面时，而采取的一种不惜代价，只求中标的手段。这种方法虽然是报价低到其他承包商无法与之竞争的地步，但还要看其工程质量和信誉如何。如果以往的工程质量和信誉不好，则业主也不一定选他中标，而第二、三中标候选人反而有了中标机会。此外，这种方法即使一时奏效，但这次中标承包的结果必然是亏本，而今后能否盈利赚回来还难说。因此,这种方法实际上是一种冒险方法。

(三)开口升级报价法

这种方法是报价时把工程中的一些难题,如特殊基础等造价较多的部分抛开作为活口,将标价降至无法与之竞争的数额(在报价中应加以说明)。利用这种"最低报价"来吸引业主,从而取得与业主商谈的机会,再利用活口进行升级加价,以达到最终赢利的目的。

(四)多方案报价法

这是利用工程说明书或合同条款不够明确之处,以争取达到修改工程说明书和合同为目的的一种报价方法。当工程说明书和合同条款中有某些不够明确之处时,往往承包商要承担很大的风险。为了减少风险就须扩大工程单价,增加"不可预见费",但这样做又会因报价过高而增加被淘汰的可能性。多方案报价法就是为对付这种两难局面而出现的,其具体做法是在标书上报两个单价:一是按原工程说明书和合同条款报一个价;二是加以注释"如工程说明书或合同条款可作某些改变时",则可降低多少费用,使报价成为最低的,以吸引业主修改说明书和合同条款。还有一种方法是对工程中一部分没把握的工作注明按成本加若干酬金结算的办法。但有些国家规定,政府工程合同文字是不准改动的,经过改动的报价单即为无效时,这个方法就不能用。

(五)突然袭击法

这是一种迷惑对手的竞争手段。在整个报价过程中,仍然按一般情况进行,甚至故意宣扬自己对该工程兴趣不大(或甚大),等快到投标截止时,来一个突然降低(或加价),使竞争对手措手不及。采用这种方法是因为竞争对手之间总是相互探听对方报价情况,绝对保密是很难做到的。如果不搞突然袭击,则自己的报价很可能被竞争对手所了解,对手会将他的报价压到稍低的价格,从而提高了他的中标机会。

第十四章　水利工程担保与保险

第一节　水利工程担保

一、担保的概念

根据自 1995 年施行的《中华人民共和国担保法》的规定,担保是指当事人根据法律或双方约定,以债务人或第三人的信用或特定财产来督促债务人履行债务,实现债权人权利的法律制度。其通常形式是当事人双方订立担保合同。担保合同是被担保合同的从合同,被担保合同是主合同,主合同无效,其从合同也无效,如另有约定的按照约定。担保也可以采用在被担保合同上单独列出担保条件的方式形成。担保活动要以平等、自愿、公平、诚实信用为原则。合同的担保,是指合同当事人一方,为了保障债权的实现,经双方协商一致或依法律规定而采取的一种保证措施。因此,担保是合同当事人双方事先就权利人享有的权利和义务人承担的义务做出的具有法律约束力的保证措施。在担保关系中,被担保合同通常是主合同,担保合同是从合同。

法律规定的担保方式包括保证、抵押、质押、留置和定金。水利工程常用保证和定金方式。

保证是保证人和债权人约定,当债务人不履行债务时,保证人按照约定履行债务或承担债务的行为。保证法律关系至少有三方参加,即保证人、被保证人和债权人。它有第三方作为保证人(现金保证除外),且对于保证人的信誉要求比较高。水利工程中保证人往往是银行,也可以是信用比较高的其他担保人(如担保公司)。保证必须是书面形式。通常把银行出具的保证称为保函,而把其他保证人出具的书面形式的保证称为保证书。

我国在推行工程担保制度过程中所实行的投标人投标担保、承包人履约担保、承包人预付款担保、发包人支付担保,都是保证担保。

二、水利工程合同常用的担保方式

水利工程合同常用的担保方式包括定金担保、保证担保(包括投标担保、履约担保、预付款担保、发包人支付担保等)。

(一)定金担保

水利工程设计合同常采用定金担保。定金是合同当事人一方为了证明合同的成立和保证合同的执行,向对方预先给付的一定数额的货币。当事人可以约定一方向对方给付定金作为债权的担保。债务人履行债务后,定金应当抵作价款或者收回。给付定金的一方不履行约定的债务的,无权要求返还定金;收受定金的一方不履行约定的债务的,应当双倍返还定金。即发包人预先支付设计合同总额的 20% 作为定金给设计单位作为担保,设计成果提交后定金抵作设计费,发包人支付余额。

定金的作用有三个：

（1）证明作用。给付和接受定金，可视为该合同成立的依据。

（2）资助作用。由于定金是在合同签订后未履行前先行给付的，因此接受定金的一方就可以及时将这笔款项用于生产经营，从而有利于合同的履行。

（3）保证作用。定金具有督促双方当事人履行合同的作用。给付定金的一方不履行合同时，就丧失了该定金；接受定金一方不履行合同时，应向对方双倍返还定金。正是定金的这种惩罚性加强了合同的约束力，因而能促进合同的全面履行。

定金应当以书面形式约定。当事人在定金合同中应当约定交付定金的期限。定金合同从实际交付定金之日起生效。定金的数额由当事人约定，但不得超过主合同标的额的20%。

（二）保证担保

水利工程保证担保包括投标担保、履约担保、预付款担保、发包人支付担保等。

1. 投标担保

投标担保是指投标人保证其投标被接受后对其投标书中规定的责任不得撤销或者反悔的担保；否则，招标人将对投标保证金予以没收。《工程建设项目施工招标投标办法》（国家计委、建设部等七部委局令第 30 号，2003 年 5 月 1 日起施行）第 37 条规定：招标人可以在招标文件中要求投标人提交投标保证金。投标保证金除现金外，可以是银行出具的银行保函、保兑支票、银行汇票或现金支票。投标保证金一般不得超过投标总价的 2%，但最高不得超过 80 万元人民币。投标保证金有效期应当超出投标有效期 30 天。投标人应当按照招标文件要求的方式和金额，将投标保证金随投标文件提交给招标人。投标人不按招标文件要求提交投标保证金的，该投标文件将被拒绝，作废标处理。

投标担保（金）的形式有多种。除国家计委、建设部等七部委局令第 30 号明确规定的以外，还可以是由保险公司或者担保公司出具的投标保证书等。投标担保采用的形式和金额，由招标文件规定。

投标担保是要确保合格的投标人在中标后将签约，并向发包人提供所要求的履约担保。依据法律的规定，在下列情况下招标人有权没收投标人的投标担保：①投标人开标后在投标有效期内撤回投标文件。②中标人在规定期限内未提交履约担保或拒绝签署合同。在国际上，投标担保主要用于筛选投标人，有些项目要求提交高额的投标担保，就是使实力小的公司知难而退，从而减少招标工作量，让更有实力的公司加入竞争。

2. 履约担保

履约担保是承包人按照发包人在招标文件中规定的要求，向发包人提交的保证履行合同义务的担保。履约担保一般有三种形式：银行履约保函、履约担保书和保修责任担保。工程招标时，在招标文件中，发包人要明确规定使用哪一种形式的履约担保。《中华人民共和国招标投标法》第 46 条规定：招标人和中标人应当自中标通知书发出之日起 30 日内，按照招标文件和中标人的投标文件订立书面合同。招标文件要求中标人提交履约保证金的，中标人应当提交。承包人应当按照合同规定，正确全面地履行合同。如果承包人违约，未能履行合同规定的义务，导致发包人受到损失，发包人有权根据履约担保索取赔偿。

（1）银行履约保函。银行履约保函是由商业银行开具的担保证明，通常为合同金额的10%左右。银行履约保函分为有条件的银行履约保函和无条件的银行履约保函。

①有条件的保函。在承包人没有实施合同或者未履行合同义务时,由发包人或监理工程师出具证明说明情况,并由担保人对已执行合同部分和未执行合同部分加以鉴定,确认后才能收兑银行履约保函,由招标人得到保函中的款项。建筑行业通常倾向于采用这种形式的保函。②无条件的保函。在承包人没有实施合同或者未履行合同义务时,发包人不需要出具任何证明和理由。只要看到承包人违约,就可对银行履约保函进行收兑。实行这种保函的担保索赔,称为"见索即付"。履约保函用于承包人违约使发包人蒙受损失时由保证人向发包人支付赔偿金,其担保范围(担保金额)一般可取合同价格的 5% ~ 10%。

(2)履约担保书。这种担保书由担保公司或者保险公司开出。在工程采购项目上,担保金额一般为合同价的 30% ~ 50%。当承包人在履行合同中违约时,担保人用该项担保金去完成施工任务或者向发包人支付由于承包人违约使发包人蒙受的损失金额。承包人违约时,由工程担保人代为完成工程建设的担保方式,有利于工程建设的顺利进行,是我国工程担保制度探索和实践的重点。

《水利水电工程施工合同条件》规定:承包人应按合同规定的格式和专用合同条款规定的金额,在正式签订协议书前向发包人提交经发包人同意的银行或其他金融机构出具的履约保函或经发包人同意的具有担保资格的企业出具的履约担保书。

对于履约担保的有效期,《水利水电工程施工合同条件》规定:承包人应保证履约保函或履约担保书在发包人颁发合同工程完工证书前一直有效。发包人应在合同工程完工证书颁发后 28 天内把上述证件退还给承包人。

(3)保修责任担保。保修责任担保是保证承包人按合同规定在保修责任期内完成对工程缺陷的修复而提供的担保。如承包人未能或无力修复应由其负责的工程缺陷,则发包人另行雇用其他人修复,并根据保修责任担保索取为修复缺陷所支付的费用。保修责任担保一般采用保留金方式,即从承包人完成并应支付给承包人的款额中扣留一定数量(一般每次扣应支付工程款的 5% ~ 10%,累计不超过合同价的 2.5% ~ 5%)。《水利水电工程施工合同条件》规定:监理人应从第一个月开始,在给承包人的月进度付款中扣留专用合同条款规定百分比的金额作为保留金(其计算额度不包括预付款和价格调整金额),直至扣留的保留金总额达到专用合同条款规定的数额为止。

保修责任担保的有效期与保修责任期相同。保修责任期满,由发包人或授权监理人颁发保修责任终止证书后,发包人应将保修责任担保退还承包人。因此,《水利水电工程施工合同条件》中明确了退还保留金的具体时间,即:在签发本合同工程移交证书后 14 天内,由监理人出具保留金付款证书,发包人将保留金总额的一半支付给承包人。监理人在本合同全部工程的保修期满时,出具支付剩余保留金的付款证书。发包人应在收到上述付款证书后 14 天内将剩余的保留金支付给承包人。若保修期满时尚需承包人完成剩余工作,则监理人有权在付款证书中扣留与剩余工作所需金额相应的保留金余额。

3. 预付款担保

预付款担保是承包人提交的、为保证返还预付款的担保。在签订工程承包合同后,为了帮助承包人调度人员以及购置所承包工程施工需要的设备、材料等,帮助承包人解决资金周转的困难,以便承包人尽快开展工程施工,因此发包人一般向承包人支付预付款。按合同规定,预付款需在以后的进度款中扣还。预付款担保用于保证承包人按合同规定偿还发包人已支付的全部预付款。如发包人不能从应支付给承包人的工程款中扣还全部预付款,则可以根据预付款担保索取未能扣还的部分预付款。

预付款按《水利水电工程施工合同条件》分为工程预付款和材料预付款。工程预付款一般分两次支付给承包人,主要考虑承包人提交预付款保函的困难。一般情况下,要求承包人提交第一次工程预付款担保,第二次工程预付款不需要担保,而是用承包人进入工地的设备作为抵押,代替担保。如在《水利水电工程施工合同条件》中规定:第一次预付款应在协议书签订后21天内,由承包人向发包人提交了经发包人认可的工程预付款保函,并经监理人出具付款证书报送发包人批准后予以支付。工程预付款保函在预付款被发包人扣回前一直有效,保函金额为本次预付款金额,但可根据以后预付款扣回的金额相应递减。第二次预付款需待承包人主要设备进入工地后,其估算价值已达到本次预付款金额时,由承包人提出书面申请,经监理人核实后出具付款证书报送发包人,发包人在收到监理人出具的付款证书后的14天内支付给承包人。当发包人扣还全部预付款后,应将预付款担保退还给承包人。预付款担保通常也采用银行保函的形式。材料预付款一般在满足合同规定的条件时才予以支付,一般不需要承包人提交担保。

4.发包人支付担保

发包人支付担保是应承包人要求,发包人提交的保证履行合同约定的工程款支付义务的担保。它通过对发包人资信状况进行严格审查并落实各项反担保措施,确保工程费用及时支付到位。一旦发包人违约,保证担保人将代为履约。

《工程建设项目施工招标投标办法》(国家计委、建设部等七部委局令第30号,2003年5月1日起施行)第62条规定:招标人要求中标人提供履约保证金或其他形式履约担保的,招标人应当同时向中标人提供工程款支付担保。招标人不得擅自提高履约保证金,不得强制要求中标人垫付中标项目建设资金。

发包人最重要的合同义务就是按照合同约定的条件、时间、金额向承包人支付工程款。如果发包人不能严格履行支付工程款的义务,不仅会损害承包人的利益,还会对工程项目产生严重的影响。

发包人支付担保是以发包人为被保证人,以承包人为受益人(权益人),保证发包人严格按照合同约定的条件、时间、金额向承包人支付工程款的保证担保。如果发包人违约,承包人可以依据发包人支付保函规定的条件在保函金额内要求保证人承担保证责任。

发包人支付担保可以采取一般保证责任的方式,也可以采取连带保证责任的方式。

第二节　水利工程风险与保险

一、水利工程风险

(一)风险的概念

在水利工程实施过程中,由于自然、社会条件复杂多变,影响因素众多,特别是水利水电工程施工期较长,受水文、地质等自然条件影响大,因此合同当事人将面临许多在招标投标阶段难以预料、预见或不可能完全确定的损害因素。这些损害可能是人为造成的,也可能是自然和社会因素引起的,人为的因素可能属于发包人的责任,也可能属于承包人的责任,这种不确定性就是风险。

（二）风险的种类

风险范围很广,从不同的角度可作不同的分类。

1.按风险来源划分

按风险来源划分,风险可分为:

(1)自然风险。由于自然力的作用,造成财产毁损,或人员伤亡的风险属于自然风险。如水利工程施工过程中,发生超标准洪水或地震,造成的工程破坏、材料及器材损失。

(2)人为风险。由于人的活动而带来的风险是人为风险。人为风险又可以分为行为风险、经济风险、技术风险、政治风险和组织风险等。

2.按风险的对象划分

按风险的对象划分,风险可分为:

(1)财产风险。这是指财产所遭受的损害、破坏或贬值的风险。如设备、正在建设中的工程等,因自然灾害而遭到的损失。

(2)人身风险。这里指由于疾病、伤残、死亡所引起的风险。

(3)责任风险。这是指由于法人或自然人的行为违背了法律、合同或道义上的规定,给他人造成财产损失或人身伤害。

3.按风险对工程项目目标的影响划分

按风险对工程项目目标的影响划分,风险可分为:

(1)工期风险。即造成工程的局部(工程的分部、分项工程)或整个工程的工期延长,不能按计划正常移交后续工程施工或按时交付使用。

(2)费用风险。包括财务风险、成本超支、投资追加、报价风险、投资回收期延长或无法回收。

(3)质量风险。包括材料、工艺、工程不能通过验收,工程试生产不合格,工程质量经过评价未达到要求。

二、工程项目风险管理

（一）工程项目风险管理的概念

工程项目风险是指工程项目在可行性研究、初步设计、施工等各个阶段可能遭到的风险。这些风险所涉及的当事人主要是工程项目的发包人、承包人和工程咨询人、设计人、监理人。

工程项目风险管理是指项目主体通过风险识别、风险估计和风险评价等来分析工程项目的风险,并以此为基础,使用多种方法和手段对项目活动涉及的风险实行有效的控制,尽量扩大风险事件的有利结果,妥善地处理风险事件造成的不利后果的全过程的总称。

（二）工程项目风险管理的重点

工程项目风险管理贯穿在工程项目的整个寿命周期,是一个连续不断的过程,而且有其重点。

(1)从时间上看,下列时间的工程项目风险要特别引起关注:①工程项目进展过程中出现未曾预料的新情况时;②工程项目有一些特别的目标必须实现时,如道路工程一定要在9月底通车;③工程项目进展出现转折点,或提出变更时。

(2)项目无论大与小、简单与复杂都可对其进行风险分析和风险管理,但是下面一些类型的项目或活动特别应该进行风险分析和风险管理：①创新或使用新技术的工程项目；②投资数额大的工程项目；③实行边设计、边施工、边科研的工程项目；④打断目前生产经营，对目前收入影响特别大的工程项目；⑤涉及敏感问题（环境、搬迁）的工程项目；⑥受到法律、法规、安全等方面严格要求的工程项目；⑦具有重要政治、经济和社会意义，财务影响很大的工程项目；⑧签署不平常协议（法律、保险或合同）的工程项目。

（3）对于工程建设项目，在下述阶段进行风险分析和风险管理可以获得特别好的效果：①可行性研究阶段。这一阶段，项目变动的灵活性最大。这时若作出减少项目风险的变更，代价小，而且有助于选择项目的最优方案。②审批阶段。此时项目发包人可以通过风险分析了解项目可能会遇到的风险，并检查是否采取了所有可能的步骤来减少和管理这些风险。在定量风险分析之后，项目发包人还能够知道有多大的可能性实现项目的各种目标，如费用、时间和功能。③招标投标阶段。承包人可以通过风险分析明确承包中的所有风险，有助于确定应付风险的预备费数额，或者核查自己受到风险威胁的程度。④招标后。这时，项目发包人通过风险分析可以查明承包人是否已经认识到项目可能会遇到的风险，是否能够按照合同要求如期完成项目。⑤项目实施期间。定期作风险分析、切实地进行风险管理可增加项目按照预算和进度计划完成的可能性。

（三）工程项目风险管理的作用

工程项目风险管理的作用表现在以下几方面：

（1）通过风险分析，可加深对项目的认识和理解，澄清各方案的利弊，了解风险对项目的影响，以便减少或分散风险。

（2）通过检查和考虑所有到手的信息、数据和资料，可明确项目的各有关前提和假设。

（3）进行风险分析不但可提高项目各种计划的可信度，还有利于改善项目执行组织内部和外部之间的沟通。

（4）编制应急计划时更有针对性。

（5）能够将处理风险后果的各种方式更灵活地组合起来，在项目管理中减少被动，增加主动。

（6）有利于抓住机会，利用机会。

（7）为以后的规划和设计工作提供反馈信息，以便在规划和设计阶段采取措施防止和避免风险损失。

（8）风险虽难以完全避免，但通过有效的风险分析，能够明确项目到底承受多大损失或损害。

（9）为项目施工、运营选择合同形式和制订应急计划提供依据。

（10）深入的研究和情况了解，可以使决策更有把握，更符合项目的方针和目标，从总体上使项目减少风险，保证项目目标的实现。

（11）可推动项目实施的组织和管理班子积累有关风险的资料和数据，以便改进将来的项目管理方式和方法。

三、工程风险的防范措施

工程风险的防范措施包括所有为避免或减少风险发生的可能性以及潜在损失而采取的

各种措施。风险防范的对策多种多样,归纳起来有两种方法。

（一）风险控制对策

1. 风险回避

风险回避主要是中断风险源,使其不致发生或遏制其发展。如投资人因选址不慎在河谷建造工厂,而保险公司又不愿为其承担保险责任,当投资人意识到在河谷建厂将不可避免要受到洪水威胁,且又别无防范措施时,只好放弃该建设项目。虽然他在建厂准备阶段耗费了不少投资,但与厂房建成后被洪水冲毁相比,及早改弦易辙,另谋理想的厂址是明智的选择。这种情况在国际上也是常见的。

回避风险虽然是一种风险防范措施,但只是一种消极的防范手段。因为回避风险固然能避免损失,但同时也失去了获利的机会。如果企业既想生存又想回避其预测的某种风险,最好采用除回避以外的其他办法。

2. 风险分离

风险分离是指将各种风险进行分离,避免发生连锁反应或互相牵连。这种处理可以将风险局限在一定的范围内,从而达到减少损失的目的。

风险分离常用于承包工程中的设备采购。为了尽量减少因汇率波动而导致的汇率风险,承包人可在若干不同的国家采购设备,付款采用多种货币。如在德国采购支付马克,在日本采购支付日元,在美国采购支付美元等。这样即使发生大幅度波动,也不会全都导致损失风险。以日元、马克支付的采购可能因其升值而导致损失,但以美元支付的采购则可以因其贬值而获得节省开支的机会。在施工过程中,承包人对材料进行分隔存放也是风险分离手段。因为分隔存放无疑分离了风险单位,各个风险单位不会具有同样的风险源,而且各自的风险源也不会互相影响。这样就可以避免材料集中而造成损失。

3. 风险分散

风险分散与风险分离不一样,后者是对风险单位进行分隔、限制以避免互相波及,造成连锁反应。风险分散则是通过增加风险单位以减轻总体风险的压力,达到共同分摊集体风险的目的。如对于工程承包人来讲,风险分散应成为其经营的主要策略之一,多揽项目可避免单一项目的较大风险。承包工程付款采用多种货币组合也是基于风险分散的原理。

4. 风险转移

在经营实践中有些风险无法通过上述手段进行有效控制,经营者只好采取转移手段以保护自己。风险转移并非损失转嫁,这种手段不能被认为是有损商业道德的,有许多风险对一些人的确可能造成损失,转移后并不一定给他人造成同样的损失。其原因是各人的优劣势不一样,因而对风险的承受能力也不一样。

风险转移的手段常用于工程承包中的分包和技术转让或财产出租。合同、技术或财产的所有人通过分包或转让技术、出租设备或房屋等手段,将应由其自身全部承担的风险部分或全部转移至他人,从而减轻自身的风险压力。

（二）财务控制对策

1. 风险的财务转移

所谓风险的财务转移是指风险转移人寻求外来资金补偿确实会发生或业已发生的风险。风险的财务转移包括保险的风险财务转移和非保险的风险财务转移。

保险的风险财务转移即通过保险进行转移,其实施手段是购买保险。通过保险,投保人将自己本应承担的归咎责任(因他人过失而承担的责任)和赔偿责任(因本人过失或不可抗力所造成损失的赔偿责任)转嫁给保险公司,从而使自己免受风险损失。非保险的风险财务转移即通过合同条款达到的转移,其实施手段是除保险以外的其他经济行为。如根据工程承包合同,发包人可将其对公众在建筑物附近受到伤害的部分或全部责任转移至建筑承包人,这种转移属于非保险的风险财务转移。而建筑承包人则可以通过投保第三者责任险,将这一风险转移至保险公司,这种风险转移属于保险的风险财务转移。

2. 风险自留

风险自留即是将风险留给自己承担,不予转移。这种手段有时是无意识的,即当初并不曾预测到,不曾有意识地采取种种有效措施,以致最后只好由自己承受。但有时也可以是主动的,即经营者有意识、有计划地将若干风险主动留给自己。这种情况下,风险承受人通常已作好了应对风险的准备。

风险自留在特殊环境下可能是唯一采取的对策。有时企业不能预防损失,回避又不可能,且没有转移的可能性,别无选择,只能自留风险。

四、风险的分配

风险的分配就是在合同条款中写明,风险由合同当事人哪一方来承担,承担哪些责任,这是合同条款的核心问题之一。风险分配合理,有助于调动合同当事人的积极性,认真做好风险防范和管理工作,有利于降低成本,节约投资,对合同当事人双方都有利。

在水利工程合同中,双方当事人应当各自承担自己责任范围内的风险。对于双方均无法控制的自然和社会因素引起的风险,则由发包人承担较为合理,因为承包人很难将这些风险估计到合同价格中。若由承包人承担这些风险,则势必增加其投标报价,当风险不发生时,反而增加工程造价;风险估计不足时,则又会造成承包人亏损,而致使工程不能顺利进行。因此,谁能更有效地防止和控制某种风险,或者是减少该风险引起的损失,则应由谁承担该风险,这就是风险管理理论中风险分配的原则。根据这一原则,在建设工程施工合同中,应将工程风险的责任作出合理的分配。

(一)发包人的风险

工程(包括材料和工程设备)发生以下各种风险造成的损失和损坏,均应由发包人承担风险责任:

(1)发包人负责的工程设计不当造成的损失和损坏。

(2)发包人责任造成的工程设备的损失和损坏。

(3)发包人和承包人均不能预见、不能避免并不能克服的自然灾害造成的损失和损坏,但承包人迟延履行合同后发生的除外。

(4)战争、动乱等社会因素造成的损失和损坏,但承包人迟延履行合同后发生的除外。

(5)其他发包人原因造成的损失和损坏。

从以上可以看出,发包人承担的风险有两种:一种是发包人的工作失误带来的风险,(1)、(2)、(5)所列的内容均是由发包人原因造成的,这类风险理应由发包人承担风险责任;另一种是合同当事人均不能预见、不能避免并不能克服的自然和社会因素带来的风险,即(3)、(4)所指的风险,亦由发包人承担起风险责任较为合理。

（二）承包人的风险

工程（包括材料和工程设备）发生以下各种风险造成的损失和损坏，均应由承包人承担风险责任：

（1）承包人对工程（包括材料和工程设备）照管不周造成的损失和损坏。

（2）承包人的施工组织措施失误造成的损失和损坏。

（3）其他承包人原因造成的损失和损坏。

承包人原因造成的工程（包括材料和工程设备）损失和损坏，还可能包括其所属人员违反操作规程、其采购的原材料缺陷等引起的事故，均应由承包人承担风险责任。

五、水利工程保险

（一）保险的概念

保险是指投保人根据保险合同约定，向保险人支付保险费，保险人对于合同约定的可能发生的事故所造成的财产损失承担赔偿保险金责任，或者当被保险人死亡、伤残、疾病或者达到合同约定的年龄、期限时承担给付保险金责任的商业保险行为。保险是一种受法律保护的制度。

（二）保险合同的概念及种类

保险合同是指投保人与保险人依法约定保险权利义务的协议。投保人是指与保险人订立保险合同，并按照保险合同负有支付保险费义务的当事人。保险人是指与投保人订立保险合同，并承担赔偿或者给付保险金责任的保险公司。

保险合同分为财产保险合同和人身保险合同。

财产保险合同是以财产及其有关利益为标的的保险合同。

人身保险合同是以人的寿命和身体为保险标的的保险合同。投保人应向保险人如实申报被保险人的年龄、身体状况。投保人于合同成立后，可以向保险人一次支付全部保险费，也可以按照保险合同的约定分期支付保险费。人身保险的受益人由被保险人或者投保人指定。保险人对人身保险的保险费，不得用诉讼方式要求投保人支付。

（三）水利工程保险种类

工程保险是指发包人或承包人向保险公司缴纳一定的保险费，由保险公司建立保险基金，一旦发生意外事故造成财产损失或人身伤亡，即由保险公司用保险基金予以补偿的一种制度。它实质上是一种风险转移，即发包人和承包人通过投保，将原应承担的风险责任转移给保险公司承担。发包人和承包人参加工程保险，只需付出少量的保险费，可换得遭受大量损失时得到补偿的保障，从而增强抵御风险的能力。所以，工程承包业务中，通常都包含工程保险，大多数标准合同条款，还规定了必须投保的险种。

由于水利水电工程施工工期长，以及受自然条件的影响较大，为了保证工程的顺利进行，要求投保工程一切险、人身意外伤害险、第三者责任险（包括发包人的财产）。

1.工程和施工设备的保险

工程和施工设备的保险也称"工程一切险"，是一种综合性的保险。其保险内容包括已完工的工程、在建的工程、临时工程、现场的材料设备以及承包人的施工设备等。工程和施工设备的保险应在合同中作出明确的规定，如《水利水电工程施工合同条件》中就明文规定：承包人应以承包人和发包人的共同名义向发包人同意的保险公司投保工程险（包括材料和工程设备),投保的工程项目及其保险金额在签订协议书时由双方协商确定。承包人还应以承包人的名义投保施工设备险,投保项目及其保险金额由承包人根据其配备的施工设备状况自行确定,但承包人应充分估计主要施工设备可能发生的重大事故以及自然灾害造成施工设备的损失和损坏对工程的影响。

除此之外,合同中还应明确工程和施工设备保险期限及其保险责任的范围。《水利水电工程施工合同条件》明确了其保险期限及保险责任的范围:

(1)从承包人进点至颁发工程移交证书期间,除保险公司规定的除外责任以外的工程(包括材料和工程设备)和施工设备的损失与损坏。

(2)在保修期内,由于保修期以前的原因造成上述工程和施工设备的损失与损坏。

(3)承包人在履行保修责任的施工中造成上述工程和施工设备的损失与损坏。

关于损失和损坏的费用补偿,《水利水电工程施工合同条件》规定:

(1)在工程开工至完工移交期间,任何未保险的或从保险部门得到的赔偿费尚不能弥补工程损失和修复损坏所需的费用时,应由发包人或承包人根据合同规定的风险责任承担所需的费用,包括由于修复风险损坏过程中造成的工程损失和损坏所需的全部费用。

(2)若发生的工程风险包含合同规定的发包人和承包人的共同风险,则应由监理人与发包人和承包人通过友好协商,按各自的风险责任分担工程的损失和修复损坏所需的全部费用。

(3)若发生承包人设备(包括其租用的施工设备)的损失或损坏,其所得到的保险金尚不能弥补其损失或损坏的费用时,除合同所列的发包人的风险外,应由承包人自行承担其所需的全部费用。

(4)在工程完工移交给发包人后,除在保修期内发现的由于保修期前承包人原因造成的损失或损坏外,应由发包人承担任何风险造成工程(包括工程设备)的损失和修复损坏所需的全部费用。

2.人员工伤事故的保险

水利水电工程施工是工伤事故多发行业,为了保障劳动者的合法权益,在施工合同实施期间,承包人应为其雇用的人员投保人身意外伤害险,还可要求分包人投保其自己雇用人员的人身意外伤害险。履行这项保险后,发包人和承包人可以免于承担因施工中偶然事故对工作人员造成的伤害和损失的责任。

在施工合同中应当明确人员工伤事故的责任由谁承担,《水利水电工程施工合同条件》规定:

(1)承包人应为其执行本合同所雇用的全部人员(包括分包人的人员)承担工伤事故责任。承包人可要求其分包人自行承担自己雇用人员的工伤事故责任,但发包人只向承包人追索其工伤事故责任。

(2)发包人应为其现场机构雇用的全部人员(包括监理人员)承担工伤事故责任,但由于承包人过失造成在承包人责任区内工作的发包人的人员伤亡,则应由承包人承担其工伤事故责任。

在合同实施过程中,一旦出现人员工伤事故,必然就会出现人员工伤事故的赔偿问题。因此,在合同中就必须明确规定由谁承担赔偿责任。《水利水电工程施工合同条件》规定:发包人和承包人应根据有关法律、法规和规章以及前款规定,对工伤事故造成的伤亡按其各自的责任进行赔偿。其赔偿费用的范围应包括人员伤亡和财产损失的赔偿费、诉讼费和其他有关费用。

3. 第三者责任险(包括发包人的财产)

承包人应以承包人和发包人的共同名义投保在工地及其毗邻地带的第三者人员伤害和财产损失的第三者责任险,其保险金额由双方协商确定。此项投保不免除承包人和发包人各自应负的在其管辖区内及其毗邻地带发生的第三者人员伤害和财产损失的赔偿责任,其赔偿费用应包括赔偿费、诉讼费和其他有关费用。

附录　相关法律法规

建筑业企业资质管理规定

（2007 年 6 月 26 日　建设部令第 159 号）

第一章　总　　则

第一条　为了加强对建筑活动的监督管理，维护公共利益和建筑市场秩序，保证建设工程质量安全，根据《中华人民共和国建筑法》、《中华人民共和国行政许可法》、《建设工程质量管理条例》、《建设工程安全生产管理条例》等法律、行政法规，制定本规定。

第二条　在中华人民共和国境内申请建筑业企业资质，实施对建筑业企业资质监督管理，适用本规定。

本规定所称建筑业企业，是指从事土木工程、建筑工程、线路管道设备安装工程、装修工程的新建、扩建、改建等活动的企业。

第三条　建筑业企业应当按照其拥有的注册资本、专业技术人员、技术装备和已完成的建筑工程业绩等条件申请资质，经审查合格，取得建筑业企业资质证书后，方可在资质许可的范围内从事建筑施工活动。

第四条　国务院建设主管部门负责全国建筑业企业资质的统一监督管理。国务院铁路、交通、水利、信息产业、民航等有关部门配合国务院建设主管部门实施相关资质类别建筑业企业资质的管理工作。

省、自治区、直辖市人民政府建设主管部门负责本行政区域内建筑业企业资质的统一监督管理。省、自治区、直辖市人民政府交通、水利、信息产业等有关部门配合同级建设主管部门实施本行政区域内相关资质类别建筑业企业资质的管理工作。

第二章　资质序列、类别和等级

第五条　建筑业企业资质分为施工总承包、专业承包和劳务分包三个序列。

第六条　取得施工总承包资质的企业（以下简称施工总承包企业），可以承接施工总承包工程。施工总承包企业可以对所承接的施工总承包工程内各专业工程全部自行施工，也可以将专业工程或劳务作业依法分包给具有相应资质的专业承包企业或劳务分包企业。

取得专业承包资质的企业（以下简称专业承包企业），可以承接施工总承包企业分包的专业工程和建设单位依法发包的专业工程。专业承包企业可以对所承接的专业工程全部自行施工，也可以将劳务作业依法分包给具有相应资质的劳务分包企业。

取得劳务分包资质的企业（以下简称劳务分包企业），可以承接施工总承包企业或专业承包企业分包的劳务作业。

第七条　施工总承包资质、专业承包资质、劳务分包资质序列按照工程性质和技术特点分别划分为若干资质类别。各资质类别按照规定的条件划分为若干资质等级。

第八条 建筑业企业资质等级标准和各类别等级资质企业承担工程的具体范围,由国务院建设主管部门会同国务院有关部门制定。

第三章 资 质 许 可

第九条 下列建筑业企业资质的许可,由国务院建设主管部门实施:

(一)施工总承包序列特级资质、一级资质;

(二)国务院国有资产管理部门直接监管的企业及其下属一层级的企业的施工总承包二级资质、三级资质;

(三)水利、交通、信息产业方面的专业承包序列一级资质;

(四)铁路、民航方面的专业承包序列一级、二级资质;

(五)公路交通工程专业承包不分等级资质、城市轨道交通专业承包不分等级资质。

申请前款所列资质的,应当向企业工商注册所在地省、自治区、直辖市人民政府建设主管部门提出申请。其中,国务院国有资产管理部门直接监管的企业及其下属一层级的企业,应当由国务院国有资产管理部门直接监管的企业向国务院建设主管部门提出申请。

省、自治区、直辖市人民政府建设主管部门应当自受理申请之日起20日内初审完毕并将初审意见和申请材料报国务院建设主管部门。

国务院建设主管部门应当自省、自治区、直辖市人民政府建设主管部门受理申请材料之日起60日内完成审查,公示审查意见,公示时间为10日。其中,涉及铁路、交通、水利、信息产业、民航等方面的建筑业企业资质,由国务院建设主管部门送国务院有关部门审核,国务院有关部门在20日内审核完毕,并将审核意见送国务院建设主管部门。

第十条 下列建筑业企业资质许可,由企业工商注册所在地省、自治区、直辖市人民政府建设主管部门实施:

(一)施工总承包序列二级资质(不含国务院国有资产管理部门直接监管的企业及其下属一层级的企业的施工总承包序列二级资质);

(二)专业承包序列一级资质(不含铁路、交通、水利、信息产业、民航方面的专业承包序列一级资质);

(三)专业承包序列二级资质(不含民航、铁路方面的专业承包序列二级资质);

(四)专业承包序列不分等级资质(不含公路交通工程专业承包序列和城市轨道交通专业承包序列的不分等级资质)。

前款规定的建筑业企业资质许可的实施程序由省、自治区、直辖市人民政府建设主管部门依法确定。

省、自治区、直辖市人民政府建设主管部门应当自作出决定之日起30日内,将准予资质许可的决定报国务院建设主管部门备案。

第十一条 下列建筑业企业资质许可,由企业工商注册所在地设区的市人民政府建设主管部门实施:

(一)施工总承包序列三级资质(不含国务院国有资产管理部门直接监管的企业及其下属一层级的企业的施工总承包三级资质);

(二)专业承包序列三级资质;

（三）劳务分包序列资质；

（四）燃气燃烧器具安装、维修企业资质。

前款规定的建筑业企业资质许可的实施程序由省、自治区、直辖市人民政府建设主管部门依法确定。

企业工商注册所在地设区的市人民政府建设主管部门应当自作出决定之日起30日内，将准予资质许可的决定通过省、自治区、直辖市人民政府建设主管部门，报国务院建设主管部门备案。

第十二条 建筑业企业资质证书分为正本和副本，正本一份，副本若干份，由国务院建设主管部门统一印制，正、副本具备同等法律效力。资质证书有效期为5年。

第十三条 建筑业企业可以申请一项或多项建筑业企业资质；申请多项建筑业企业资质的，应当选择等级最高的一项资质为企业主项资质。

第十四条 首次申请或者增项申请建筑业企业资质，应当提交以下材料：

（一）建筑业企业资质申请表及相应的电子文档；

（二）企业法人营业执照副本；

（三）企业章程；

（四）企业负责人和技术、财务负责人的身份证明、职称证书、任职文件及相关资质标准要求提供的材料；

（五）建筑业企业资质申请表中所列注册执业人员的身份证明、注册执业证书；

（六）建筑业企业资质标准要求的非注册的专业技术人员的职称证书、身份证明及养老保险凭证；

（七）部分资质标准要求企业必须具备的特殊专业技术人员的职称证书、身份证明及养老保险凭证；

（八）建筑业企业资质标准要求的企业设备、厂房的相应证明；

（九）建筑业企业安全生产条件有关材料；

（十）资质标准要求的其他有关材料。

第十五条 建筑业企业申请资质升级的，应当提交以下材料：

（一）本规定第十四条第（一）、（二）、（四）、（五）、（六）、（八）、（十）项所列资料；

（二）企业原资质证书副本复印件；

（三）企业年度财务、统计报表；

（四）企业安全生产许可证副本；

（五）满足资质标准要求的企业工程业绩的相关证明材料。

第十六条 资质有效期届满，企业需要延续资质证书有效期的，应当在资质证书有效期届满60日前，申请办理资质延续手续。

对在资质有效期内遵守有关法律、法规、规章、技术标准，信用档案中无不良行为记录，且注册资本、专业技术人员满足资质标准要求的企业，经资质许可机关同意，有效期延续5年。

第十七条 建筑业企业在资质证书有效期内名称、地址、注册资本、法定代表人等发生变更的，应当在工商部门办理变更手续后30日内办理资质证书变更手续。

由国务院建设主管部门颁发的建筑业企业资质证书，涉及企业名称变更的，应当向企业工商注册所在地省、自治区、直辖市人民政府建设主管部门提出变更申请,省、自治区、直辖市人民政府建设主管部门应当自受理申请之日起2日内将有关变更证明材料报国务院建设主管部门,由国务院建设主管部门在2日内办理变更手续。

前款规定以外的资质证书变更手续,由企业工商注册所在地的省、自治区、直辖市人民政府建设主管部门或者设区的市人民政府建设主管部门负责办理。省、自治区、直辖市人民政府建设主管部门或者设区的市人民政府建设主管部门应当自受理申请之日起2日内办理变更手续,并在办理资质证书变更手续后15日内将变更结果报国务院建设主管部门备案。

涉及铁路、交通、水利、信息产业、民航等方面的建筑业企业资质证书的变更,办理变更手续的建设主管部门应当将企业资质变更情况告知同级有关部门。

第十八条 申请资质证书变更,应当提交以下材料:

(一)资质证书变更申请;

(二)企业法人营业执照复印件;

(三)建筑业企业资质证书正、副本原件;

(四)与资质变更事项有关的证明材料。

企业改制的,除提供前款规定资料外,还应当提供改制重组方案、上级资产管理部门或者股东大会的批准决定、企业职工代表大会同意改制重组的决议。

第十九条 企业首次申请、增项申请建筑业企业资质,不考核企业工程业绩,其资质等级按照最低资质等级核定。

已取得工程设计资质的企业首次申请同类别或相近类别的建筑业企业资质的,可以将相应规模的工程总承包业绩作为工程业绩予以申报,但申请资质等级最高不超过其现有工程设计资质等级。

第二十条 企业合并的,合并后存续或者新设立的建筑业企业可以承继合并前各方中较高的资质等级,但应当符合相应的资质等级条件。

企业分立的,分立后企业的资质等级,根据实际达到的资质条件,按照本规定的审批程序核定。

企业改制的,改制后不再符合资质标准的,应按其实际达到的资质标准及本规定申请重新核定;资质条件不发生变化的,按本规定第十八条办理。

第二十一条 取得建筑业企业资质的企业,申请资质升级、资质增项,在申请之日起前一年内有下列情形之一的,资质许可机关不予批准企业的资质升级申请和增项申请:

(一)超越本企业资质等级或以其他企业的名义承揽工程,或允许其他企业或个人以本企业的名义承揽工程的;

(二)与建设单位或企业之间相互串通投标,或以行贿等不正当手段谋取中标的;

(三)未取得施工许可证擅自施工的;

(四)将承包的工程转包或违法分包的;

(五)违反国家工程建设强制性标准的;

(六)发生过较大生产安全事故或者发生过两起以上一般生产安全事故的;

(七)恶意拖欠分包企业工程款或者农民工工资的;

(八)隐瞒或谎报、拖延报告工程质量安全事故或破坏事故现场、阻碍对事故调查的;

(九)按照国家法律、法规和标准规定需要持证上岗的技术工种的作业人员未取得证书

上岗,情节严重的;

(十)未依法履行工程质量保修义务或拖延履行保修义务,造成严重后果的;

(十一)涂改、倒卖、出租、出借或者以其他形式非法转让建筑业企业资质证书;

(十二)其他违反法律、法规的行为。

第二十二条 企业领取新的建筑业企业资质证书时,应当将原资质证书交回原发证机关予以注销。

企业需增补(含增加、更换、遗失补办)建筑业企业资质证书的,应当持资质证书增补申请等材料向资质许可机关申请办理。遗失资质证书的,在申请补办前应当在公众媒体上刊登遗失声明。资质许可机关应当在 2 日内办理完毕。

第四章 监 督 管 理

第二十三条 县级以上人民政府建设主管部门和其他有关部门应当依照有关法律、法规和本规定,加强对建筑业企业资质的监督管理。

上级建设主管部门应当加强对下级建设主管部门资质管理工作的监督检查,及时纠正资质管理中的违法行为。

第二十四条 建设主管部门、其他有关部门履行监督检查职责时,有权采取下列措施:

(一)要求被检查单位提供建筑业企业资质证书、注册执业人员的注册执业证书,有关施工业务的文档,有关质量管理、安全生产管理、档案管理、财务管理等企业内部管理制度的文件;

(二)进入被检查单位进行检查,查阅相关资料;

(三)纠正违反有关法律、法规和本规定及有关规范和标准的行为。

建设主管部门、其他有关部门依法对企业从事行政许可事项的活动进行监督检查时,应当将监督检查情况和处理结果予以记录,由监督检查人员签字后归档。

第二十五条 建设主管部门、其他有关部门在实施监督检查时,应当有两名以上监督检查人员参加,并出示执法证件,不得妨碍企业正常的生产经营活动,不得索取或者收受企业的财物,不得谋取其他利益。

有关单位和个人对依法进行的监督检查应当协助与配合,不得拒绝或者阻挠。

监督检查机关应当将监督检查的处理结果向社会公布。

第二十六条 建筑业企业违法从事建筑活动的,违法行为发生地的县级以上地方人民政府建设主管部门或者其他有关部门应当依法查处,并将违法事实、处理结果或处理建议及时告知该建筑业企业的资质许可机关。

第二十七条 企业取得建筑业企业资质后不再符合相应资质条件的,建设主管部门、其他有关部门根据利害关系人的请求或者依据职权,可以责令其限期改正;逾期不改的,资质许可机关可以撤回其资质。被撤回建筑业企业资质的企业,可以申请资质许可机关按照其实际达到的资质标准,重新核定资质。

第二十八条 有下列情形之一的,资质许可机关或者其上级机关,根据利害关系人的请求或者依据职权,可以撤销建筑业企业资质:

(一)资质许可机关工作人员滥用职权、玩忽职守作出准予建筑业企业资质许可的;

(二)超越法定职权作出准予建筑业企业资质许可的;

（三）违反法定程序作出准予建筑业企业资质许可的；

（四）对不符合许可条件的申请人作出准予建筑业企业资质许可的；

（五）依法可以撤销资质证书的其他情形。

以欺骗、贿赂等不正当手段取得建筑业企业资质证书的，应当予以撤销。

第二十九条 有下列情形之一的，资质许可机关应当依法注销建筑业企业资质，并公告其资质证书作废，建筑业企业应当及时将资质证书交回资质许可机关：

（一）资质证书有效期届满，未依法申请延续的；

（二）建筑业企业依法终止的；

（三）建筑业企业资质依法被撤销、撤回或吊销的；

（四）法律、法规规定的应当注销资质的其他情形。

第三十条 有关部门应当将监督检查情况和处理意见及时告知资质许可机关。资质许可机关应当将涉及有关铁路、交通、水利、信息产业、民航等方面的建筑业企业资质被撤回、撤销和注销的情况告知同级有关部门。

第三十一条 企业应当按照有关规定，向资质许可机关提供真实、准确、完整的企业信用档案信息。

企业的信用档案应当包括企业基本情况、业绩、工程质量和安全、合同履约等情况。被投诉举报和处理、行政处罚等情况应当作为不良行为记入其信用档案。

企业的信用档案信息按照有关规定向社会公示。

第五章 法 律 责 任

第三十二条 申请人隐瞒有关情况或者提供虚假材料申请建筑业企业资质的，不予受理或者不予行政许可，并给予警告，申请人在 1 年内不得再次申请建筑业企业资质。

第三十三条 以欺骗、贿赂等不正当手段取得建筑业企业资质证书的，由县级以上地方人民政府建设主管部门或者有关部门给予警告，并依法处以罚款，申请人 3 年内不得再次申请建筑业企业资质。

第三十四条 建筑业企业有本规定第二十一条行为之一，《中华人民共和国建筑法》、《建设工程质量管理条例》和其他有关法律、法规对处罚机关和处罚方式有规定的，依照法律、法规的规定执行；法律、法规未作规定的，由县级以上地方人民政府建设主管部门或者其他有关部门给予警告，责令改正，并处 1 万元以上 3 万元以下的罚款。

第三十五条 建筑业企业未按照本规定及时办理资质证书变更手续的，由县级以上地方人民政府建设主管部门责令限期办理；逾期不办理的，可处以 1000 元以上 1 万元以下的罚款。

第三十六条 建筑业企业未按照本规定要求提供建筑业企业信用档案信息的，由县级以上地方人民政府建设主管部门或者其他有关部门给予警告，责令限期改正；逾期未改正的，可处以 1000 元以上 1 万元以下的罚款。

第三十七条 县级以上地方人民政府建设主管部门依法给予建筑业企业行政处罚的，应当将行政处罚决定以及给予行政处罚的事实、理由和依据，报国务院建设主管部门备案。

第三十八条 建设主管部门及其工作人员，违反本规定，有下列情形之一的，由其上级行政机关或者监察机关责令改正；情节严重的，对直接负责的主管人员和其他直接责任人

员,依法给予行政处分:

（一）对不符合条件的申请人准予建筑业企业资质许可的;

（二）对符合条件的申请人不予建筑业企业资质许可或者不在法定期限内作出准予许可决定的;

（三）对符合条件的申请不予受理或者未在法定期限内初审完毕的;

（四）利用职务上的便利,收受他人财物或者其他好处的;

（五）不依法履行监督管理职责或者监督不力,造成严重后果的。

第六章　附　　则

第三十九条　取得建筑业企业资质证书的企业,可以从事资质许可范围相应等级的建设工程总承包业务,可以从事项目管理和相关的技术与管理服务。

第四十条　本规定自 2007 年 9 月 1 日起施行。2001 年 4 月 18 日建设部颁布的《建筑业企业资质管理规定》（建设部令第 87 号）同时废止。

建设工程安全生产管理条例

（2003 年 11 月 24 日　　国务院令第 393 号）

第一章　总　　则

第一条　为了加强建设工程安全生产监督管理,保障人民群众生命和财产安全,根据《中华人民共和国建筑法》、《中华人民共和国安全生产法》,制定本条例。

第二条　在中华人民共和国境内从事建设工程的新建、扩建、改建和拆除等有关活动及实施对建设工程安全生产的监督管理,必须遵守本条例。

本条例所称建设工程,是指土木工程、建筑工程、线路管道和设备安装工程及装修工程。

第三条　建设工程安全生产管理,坚持安全第一、预防为主的方针。

第四条　建设单位、勘察单位、设计单位、施工单位、工程监理单位及其他与建设工程安全生产有关的单位,必须遵守安全生产法律、法规的规定,保证建设工程安全生产,依法承担建设工程安全生产责任。

第五条　国家鼓励建设工程安全生产的科学技术研究和先进技术的推广应用,推进建设工程安全生产的科学管理。

第二章　建设单位的安全责任

第六条　建设单位应当向施工单位提供施工现场及毗邻区域内供水、排水、供电、供气、供热、通信、广播电视等地下管线资料,气象和水文观测资料,相邻建筑物和构筑物、地下工程的有关资料,并保证资料的真实、准确、完整。

建设单位因建设工程需要,向有关部门或者单位查询前款规定的资料时,有关部门或者单位应当及时提供。

第七条　建设单位不得对勘察、设计、施工、工程监理等单位提出不符合建设工程安全生产法律、法规和强制性标准规定的要求,不得压缩合同约定的工期。

第八条 建设单位在编制工程概算时,应当确定建设工程安全作业环境及安全施工措施所需费用。

第九条 建设单位不得明示或者暗示施工单位购买、租赁、使用不符合安全施工要求的安全防护用具、机械设备、施工机具及配件、消防设施和器材。

第十条 建设单位在申请领取施工许可证时,应当提供建设工程有关安全施工措施的资料。

依法批准开工报告的建设工程,建设单位应当自开工报告批准之日起15日内,将保证安全施工的措施报送建设工程所在地的县级以上地方人民政府建设行政主管部门或者其他有关部门备案。

第十一条 建设单位应当将拆除工程发包给具有相应资质等级的施工单位。

建设单位应当在拆除工程施工15日前,将下列资料报送建设工程所在地的县级以上地方人民政府建设行政主管部门或者其他有关部门备案:

(一)施工单位资质等级证明;

(二)拟拆除建筑物、构筑物及可能危及毗邻建筑的说明;

(三)拆除施工组织方案;

(四)堆放、清除废弃物的措施。

实施爆破作业的,应当遵守国家有关民用爆炸物品管理的规定。

第三章 勘察、设计、工程监理及其他有关单位的安全责任

第十二条 勘察单位应当按照法律、法规和工程建设强制性标准进行勘察,提供的勘察文件应当真实、准确,满足建设工程安全生产的需要。

勘察单位在勘察作业时,应当严格执行操作规程,采取措施保证各类管线、设施和周边建筑物、构筑物的安全。

第十三条 设计单位应当按照法律、法规和工程建设强制性标准进行设计,防止因设计不合理导致生产安全事故的发生。

设计单位应当考虑施工安全操作和防护的需要,对涉及施工安全的重点部位和环节在设计文件中注明,并对防范生产安全事故提出指导意见。

采用新结构、新材料、新工艺的建设工程和特殊结构的建设工程,设计单位应当在设计中提出保障施工作业人员安全和预防生产安全事故的措施建议。

设计单位和注册建筑师等注册执业人员应当对其设计负责。

第十四条 工程监理单位应当审查施工组织设计中的安全技术措施或者专项施工方案是否符合工程建设强制性标准。

工程监理单位在实施监理过程中,发现存在安全事故隐患的,应当要求施工单位整改;情况严重的,应当要求施工单位暂时停止施工,并及时报告建设单位。施工单位拒不整改或者不停止施工的,工程监理单位应当及时向有关主管部门报告。

工程监理单位和监理工程师应当按照法律、法规和工程建设强制性标准实施监理,并对建设工程安全生产承担监理责任。

第十五条 为建设工程提供机械设备和配件的单位,应当按照安全施工的要求配备齐全有效的保险、限位等安全设施和装置。

第十六条　出租的机械设备和施工机具及配件,应当具有生产(制造)许可证、产品合格证。

出租单位应当对出租的机械设备和施工机具及配件的安全性能进行检测,在签订租赁协议时,应当出具检测合格证明。

禁止出租检测不合格的机械设备和施工机具及配件。

第十七条　在施工现场安装、拆卸施工起重机械和整体提升脚手架、模板等自升式架设设施,必须由具有相应资质的单位承担。

安装、拆卸施工起重机械和整体提升脚手架、模板等自升式架设设施,应当编制拆装方案、制定安全施工措施,并由专业技术人员现场监督。

施工起重机械和整体提升脚手架、模板等自升式架设设施安装完毕后,安装单位应当自检,出具自检合格证明,并向施工单位进行安全使用说明,办理验收手续并签字。

第十八条　施工起重机械和整体提升脚手架、模板等自升式架设设施的使用达到国家规定的检验检测期限的,必须经具有专业资质的检验检测机构检测。经检测不合格的,不得继续使用。

第十九条　检验检测机构对检测合格的施工起重机械和整体提升脚手架、模板等自升式架设设施,应当出具安全合格证明文件,并对检测结果负责。

第四章　施工单位的安全责任

第二十条　施工单位从事建设工程的新建、扩建、改建和拆除等活动,应当具备国家规定的注册资本、专业技术人员、技术装备和安全生产等条件,依法取得相应等级的资质证书,并在其资质等级许可的范围内承揽工程。

第二十一条　施工单位主要负责人依法对本单位的安全生产工作全面负责。施工单位应当建立健全安全生产责任制度和安全生产教育培训制度,制定安全生产规章制度和操作规程,保证本单位安全生产条件所需资金的投入,对所承担的建设工程进行定期和专项安全检查,并做好安全检查记录。

施工单位的项目负责人应当由取得相应执业资格的人员担任,对建设工程项目的安全施工负责,落实安全生产责任制度、安全生产规章制度和操作规程,确保安全生产费用的有效使用,并根据工程的特点组织制定安全施工措施,消除安全事故隐患,及时、如实报告生产安全事故。

第二十二条　施工单位对列入建设工程概算的安全作业环境及安全施工措施所需费用,应当用于施工安全防护用具及设施的采购和更新、安全施工措施的落实、安全生产条件的改善,不得挪作他用。

第二十三条　施工单位应当设立安全生产管理机构,配备专职安全生产管理人员。

专职安全生产管理人员负责对安全生产进行现场监督检查。发现安全事故隐患,应当及时向项目负责人和安全生产管理机构报告;对违章指挥、违章操作的,应当立即制止。

专职安全生产管理人员的配备办法由国务院建设行政主管部门会同国务院其他有关部门制定。

第二十四条　建设工程实行施工总承包的,由总承包单位对施工现场的安全生产负总责。

总承包单位应当自行完成建设工程主体结构的施工。

总承包单位依法将建设工程分包给其他单位的，分包合同中应当明确各自的安全生产方面的权利、义务。总承包单位和分包单位对分包工程的安全生产承担连带责任。

分包单位应当服从总承包单位的安全生产管理，分包单位不服从管理导致生产安全事故的，由分包单位承担主要责任。

第二十五条 垂直运输机械作业人员、安装拆卸工、爆破作业人员、起重信号工、登高架设作业人员等特种作业人员，必须按照国家有关规定经过专门的安全作业培训，并取得特种作业操作资格证书后，方可上岗作业。

第二十六条 施工单位应当在施工组织设计中编制安全技术措施和施工现场临时用电方案，对下列达到一定规模的危险性较大的分部分项工程编制专项施工方案，并附具安全验算结果，经施工单位技术负责人、总监理工程师签字后实施，由专职安全生产管理人员进行现场监督：

（一）基坑支护与降水工程；

（二）土方开挖工程；

（三）模板工程；

（四）起重吊装工程；

（五）脚手架工程；

（六）拆除、爆破工程；

（七）国务院建设行政主管部门或者其他有关部门规定的其他危险性较大的工程。

对前款所列工程中涉及深基坑、地下暗挖工程、高大模板工程的专项施工方案，施工单位还应当组织专家进行论证、审查。

本条第一款规定的达到一定规模的危险性较大工程的标准，由国务院建设行政主管部门会同国务院其他有关部门制定。

第二十七条 建设工程施工前，施工单位负责项目管理的技术人员应当对有关安全施工的技术要求向施工作业班组、作业人员作出详细说明，并由双方签字确认。

第二十八条 施工单位应当在施工现场入口处、施工起重机械、临时用电设施、脚手架、出入通道口、楼梯口、电梯井口、孔洞口、桥梁口、隧道口、基坑边沿、爆破物及有害危险气体和液体存放处等危险部位，设置明显的安全警示标志。安全警示标志必须符合国家标准。

施工单位应当根据不同施工阶段和周围环境及季节、气候的变化，在施工现场采取相应的安全施工措施。施工现场暂时停止施工的，施工单位应当做好现场防护，所需费用由责任方承担，或者按照合同约定执行。

第二十九条 施工单位应当将施工现场的办公、生活区与作业区分开设置，并保持安全距离；办公、生活区的选址应当符合安全性要求。职工的膳食、饮水、休息场所等应当符合卫生标准。施工单位不得在尚未竣工的建筑物内设置员工集体宿舍。

施工现场临时搭建的建筑物应当符合安全使用要求。施工现场使用的装配式活动房屋应当具有产品合格证。

第三十条 施工单位对因建设工程施工可能造成损害的毗邻建筑物、构筑物和地下管线等，应当采取专项防护措施。

施工单位应当遵守有关环境保护法律、法规的规定，在施工现场采取措施，防止或者减少粉尘、废气、废水、固体废物、噪声、振动和施工照明对人和环境的危害和污染。

在城市市区内的建设工程,施工单位应当对施工现场实行封闭围挡。

第三十一条　施工单位应当在施工现场建立消防安全责任制度,确定消防安全责任人,制定用火、用电、使用易燃易爆材料等各项消防安全管理制度和操作规程,设置消防通道、消防水源,配备消防设施和灭火器材,并在施工现场入口处设置明显标志。

第三十二条　施工单位应当向作业人员提供安全防护用具和安全防护服装,并书面告知危险岗位的操作规程和违章操作的危害。

作业人员有权对施工现场的作业条件、作业程序和作业方式中存在的安全问题提出批评、检举和控告,有权拒绝违章指挥和强令冒险作业。

在施工中发生危及人身安全的紧急情况时,作业人员有权立即停止作业或者在采取必要的应急措施后撤离危险区域。

第三十三条　作业人员应当遵守安全施工的强制性标准、规章制度和操作规程,正确使用安全防护用具、机械设备等。

第三十四条　施工单位采购、租赁的安全防护用具、机械设备、施工机具及配件,应当具有生产(制造)许可证、产品合格证,并在进入施工现场前进行查验。

施工现场的安全防护用具、机械设备、施工机具及配件必须由专人管理,定期进行检查、维修和保养,建立相应的资料档案,并按照国家有关规定及时报废。

第三十五条　施工单位在使用施工起重机械和整体提升脚手架、模板等自升式架设设施前,应当组织有关单位进行验收,也可以委托具有相应资质的检验检测机构进行验收;使用承租的机械设备和施工机具及配件的,由施工总承包单位、分包单位、出租单位和安装单位共同进行验收。验收合格的方可使用。

《特种设备安全监察条例》规定的施工起重机械,在验收前应当经有相应资质的检验检测机构监督检验合格。

施工单位应当自施工起重机械和整体提升脚手架、模板等自升式架设设施验收合格之日起30日内,向建设行政主管部门或者其他有关部门登记。登记标志应当置于或者附着于该设备的显著位置。

第三十六条　施工单位的主要负责人、项目负责人、专职安全生产管理人员应当经建设行政主管部门或者其他有关部门考核合格后方可任职。

施工单位应当对管理人员和作业人员每年至少进行一次安全生产教育培训,其教育培训情况记入个人工作档案。安全生产教育培训考核不合格的人员,不得上岗。

第三十七条　作业人员进入新的岗位或者新的施工现场前,应当接受安全生产教育培训。未经教育培训或者教育培训考核不合格的人员,不得上岗作业。

施工单位在采用新技术、新工艺、新设备、新材料时,应当对作业人员进行相应的安全生产教育培训。

第三十八条　施工单位应当为施工现场从事危险作业的人员办理意外伤害保险。

意外伤害保险费由施工单位支付。实行施工总承包的,由总承包单位支付意外伤害保险费。意外伤害保险期限自建设工程开工之日起至竣工验收合格止。

第五章 监 督 管 理

第三十九条 国务院负责安全生产监督管理的部门依照《中华人民共和国安全生产法》的规定,对全国建设工程安全生产工作实施综合监督管理。

县级以上地方人民政府负责安全生产监督管理的部门依照《中华人民共和国安全生产法》的规定,对本行政区域内建设工程安全生产工作实施综合监督管理。

第四十条 国务院建设行政主管部门对全国的建设工程安全生产实施监督管理。国务院铁路、交通、水利等有关部门按照国务院规定的职责分工,负责有关专业建设工程安全生产的监督管理。

县级以上地方人民政府建设行政主管部门对本行政区域内的建设工程安全生产实施监督管理。县级以上地方人民政府交通、水利等有关部门在各自的职责范围内,负责本行政区域内的专业建设工程安全生产的监督管理。

第四十一条 建设行政主管部门和其他有关部门应当将本条例第十条、第十一条规定的有关资料的主要内容抄送同级负责安全生产监督管理的部门。

第四十二条 建设行政主管部门在审核发放施工许可证时,应当对建设工程是否有安全施工措施进行审查,对没有安全施工措施的,不得颁发施工许可证。

建设行政主管部门或者其他有关部门对建设工程是否有安全施工措施进行审查时,不得收取费用。

第四十三条 县级以上人民政府负有建设工程安全生产监督管理职责的部门在各自的职责范围内履行安全监督检查职责时,有权采取下列措施:

(一)要求被检查单位提供有关建设工程安全生产的文件和资料;

(二)进入被检查单位施工现场进行检查;

(三)纠正施工中违反安全生产要求的行为;

(四)对检查中发现的安全事故隐患,责令立即排除;重大安全事故隐患排除前或者排除过程中无法保证安全的,责令从危险区域内撤出作业人员或者暂时停止施工。

第四十四条 建设行政主管部门或者其他有关部门可以将施工现场的监督检查委托给建设工程安全监督机构具体实施。

第四十五条 国家对严重危及施工安全的工艺、设备、材料实行淘汰制度。具体目录由国务院建设行政主管部门会同国务院其他有关部门制定并公布。

第四十六条 县级以上人民政府建设行政主管部门和其他有关部门应当及时受理对建设工程生产安全事故及安全事故隐患的检举、控告和投诉。

第六章 生产安全事故的应急救援和调查处理

第四十七条 县级以上地方人民政府建设行政主管部门应当根据本级人民政府的要求,制定本行政区域内建设工程特大生产安全事故应急救援预案。

第四十八条 施工单位应当制定本单位生产安全事故应急救援预案,建立应急救援组织或者配备应急救援人员,配备必要的应急救援器材、设备,并定期组织演练。

第四十九条 施工单位应当根据建设工程施工的特点、范围,对施工现场易发生重大事故的部位、环节进行监控,制定施工现场生产安全事故应急救援预案。实行施工总承包的,由总承包单位统一组织编制建设工程生产安全事故应急救援预案,工程总承包单位和分包单位按照应急救援预案,各自建立应急救援组织或者配备应急救援人员,配备救援器材、设备,并定期组织演练。

第五十条 施工单位发生生产安全事故,应当按照国家有关伤亡事故报告和调查处理的规定,及时、如实地向负责安全生产监督管理的部门、建设行政主管部门或者其他有关部门报告;特种设备发生事故的,还应当同时向特种设备安全监督管理部门报告。接到报告的部门应当按照国家有关规定,如实上报。

实行施工总承包的建设工程,由总承包单位负责上报事故。

第五十一条 发生生产安全事故后,施工单位应当采取措施防止事故扩大,保护事故现场。需要移动现场物品时,应当做出标记和书面记录,妥善保管有关证物。

第五十二条 建设工程生产安全事故的调查、对事故责任单位和责任人的处罚与处理,按照有关法律、法规的规定执行。

第七章 法 律 责 任

第五十三条 违反本条例的规定,县级以上人民政府建设行政主管部门或者其他有关行政管理部门的工作人员,有下列行为之一的,给予降级或者撤职的行政处分;构成犯罪的,依照刑法有关规定追究刑事责任:

(一)对不具备安全生产条件的施工单位颁发资质证书的;

(二)对没有安全施工措施的建设工程颁发施工许可证的;

(三)发现违法行为不予查处的;

(四)不依法履行监督管理职责的其他行为。

第五十四条 违反本条例的规定,建设单位未提供建设工程安全生产作业环境及安全施工措施所需费用的,责令限期改正;逾期未改正的,责令该建设工程停止施工。

建设单位未将保证安全施工的措施或者拆除工程的有关资料报送有关部门备案的,责令限期改正,给予警告。

第五十五条 违反本条例的规定,建设单位有下列行为之一的,责令限期改正,处20万元以上50万元以下的罚款;造成重大安全事故,构成犯罪的,对直接责任人员,依照刑法有关规定追究刑事责任;造成损失的,依法承担赔偿责任:

(一)对勘察、设计、施工、工程监理等单位提出不符合安全生产法律、法规和强制性标准规定的要求的;

(二)要求施工单位压缩合同约定的工期的;

(三)将拆除工程发包给不具有相应资质等级的施工单位的。

第五十六条 违反本条例的规定,勘察单位、设计单位有下列行为之一的,责令限期改正,处10万元以上30万元以下的罚款;情节严重的,责令停业整顿,降低资质等级,直至吊销资质证书;造成重大安全事故,构成犯罪的,对直接责任人员,依照刑法有关规定追究刑事责任;造成损失的,依法承担赔偿责任:

(一)未按照法律、法规和工程建设强制性标准进行勘察、设计的;

(二)采用新结构、新材料、新工艺的建设工程和特殊结构的建设工程,设计单位未在设计中提出保障施工作业人员安全和预防生产安全事故的措施建议的。

第五十七条　违反本条例的规定,工程监理单位有下列行为之一的,责令限期改正;逾期未改正的,责令停业整顿,并处10万元以上30万元以下的罚款;情节严重的,降低资质等级,直至吊销资质证书;造成重大安全事故,构成犯罪的,对直接责任人员,依照刑法有关规定追究刑事责任;造成损失的,依法承担赔偿责任:

(一)未对施工组织设计中的安全技术措施或者专项施工方案进行审查的;

(二)发现安全事故隐患未及时要求施工单位整改或者暂时停止施工的;

(三)施工单位拒不整改或者不停止施工,未及时向有关主管部门报告的;

(四)未依照法律、法规和工程建设强制性标准实施监理的。

第五十八条　注册执业人员未执行法律、法规和工程建设强制性标准的,责令停止执业3个月以上1年以下;情节严重的,吊销执业资格证书,5年内不予注册;造成重大安全事故的,终身不予注册;构成犯罪的,依照刑法有关规定追究刑事责任。

第五十九条　违反本条例的规定,为建设工程提供机械设备和配件的单位,未按照安全施工的要求配备齐全有效的保险、限位等安全设施和装置的,责令限期改正,处合同价款1倍以上3倍以下的罚款;造成损失的,依法承担赔偿责任。

第六十条　违反本条例的规定,出租单位出租未经安全性能检测或者经检测不合格的机械设备和施工机具及配件的,责令停业整顿,并处5万元以上10万元以下的罚款;造成损失的,依法承担赔偿责任。

第六十一条　违反本条例的规定,施工起重机械和整体提升脚手架、模板等自升式架设设施安装、拆卸单位有下列行为之一的,责令限期改正,处5万元以上10万元以下的罚款;情节严重的,责令停业整顿,降低资质等级,直至吊销资质证书;造成损失的,依法承担赔偿责任:

(一)未编制拆装方案、制定安全施工措施的;

(二)未由专业技术人员现场监督的;

(三)未出具自检合格证明或者出具虚假证明的;

(四)未向施工单位进行安全使用说明,办理移交手续的。

施工起重机械和整体提升脚手架、模板等自升式架设设施安装、拆卸单位有前款规定的第(一)项、第(三)项行为,经有关部门或者单位职工提出后,对事故隐患仍不采取措施,因而发生重大伤亡事故或者造成其他严重后果,构成犯罪的,对直接责任人员,依照刑法有关规定追究刑事责任。

第六十二条　违反本条例的规定,施工单位有下列行为之一的,责令限期改正;逾期未改正的,责令停业整顿,依照《中华人民共和国安全生产法》的有关规定处以罚款;造成重大安全事故,构成犯罪的,对直接责任人员,依照刑法有关规定追究刑事责任:

(一)未设立安全生产管理机构、配备专职安全生产管理人员或者分部分项工程施工时无专职安全生产管理人员现场监督的;

(二)施工单位的主要负责人、项目负责人、专职安全生产管理人员、作业人员或者特种作业人员,未经安全教育培训或者经考核不合格即从事相关工作的;

(三)未在施工现场的危险部位设置明显的安全警示标志,或者未按照国家有关规定在施工现场设置消防通道、消防水源、配备消防设施和灭火器材的;

(四)未向作业人员提供安全防护用具和安全防护服装的;

（五）未按照规定在施工起重机械和整体提升脚手架、模板等自升式架设设施验收合格后登记的；

（六）使用国家明令淘汰、禁止使用的危及施工安全的工艺、设备、材料的。

第六十三条 违反本条例的规定，施工单位挪用列入建设工程概算的安全生产作业环境及安全施工措施所需费用的，责令限期改正，处挪用费用20%以上50%以下的罚款；造成损失的，依法承担赔偿责任。

第六十四条 违反本条例的规定，施工单位有下列行为之一的，责令限期改正；逾期未改正的，责令停业整顿，并处5万元以上10万元以下的罚款；造成重大安全事故，构成犯罪的，对直接责任人员，依照刑法有关规定追究刑事责任：

（一）施工前未对有关安全施工的技术要求作出详细说明的；

（二）未根据不同施工阶段和周围环境及季节、气候的变化，在施工现场采取相应的安全施工措施，或者在城市市区内的建设工程的施工现场未实行封闭围挡的；

（三）在尚未竣工的建筑物内设置员工集体宿舍的；

（四）施工现场临时搭建的建筑物不符合安全使用要求的；

（五）未对因建设工程施工可能造成损害的毗邻建筑物、构筑物和地下管线等采取专项防护措施的。

施工单位有前款规定第（四）项、第（五）项行为，造成损失的，依法承担赔偿责任。

第六十五条 违反本条例的规定，施工单位有下列行为之一的，责令限期改正；逾期未改正的，责令停业整顿，并处10万元以上30万元以下的罚款；情节严重的，降低资质等级，直至吊销资质证书；造成重大安全事故，构成犯罪的，对直接责任人员，依照刑法有关规定追究刑事责任；造成损失的，依法承担赔偿责任：

（一）安全防护用具、机械设备、施工机具及配件在进入施工现场前未经查验或者查验不合格即投入使用的；

（二）使用未经验收或者验收不合格的施工起重机械和整体提升脚手架、模板等自升式架设设施的；

（三）委托不具有相应资质的单位承担施工现场安装、拆卸施工起重机械和整体提升脚手架、模板等自升式架设设施的；

（四）在施工组织设计中未编制安全技术措施、施工现场临时用电方案或者专项施工方案的。

第六十六条 违反本条例的规定，施工单位的主要负责人、项目负责人未履行安全生产管理职责的，责令限期改正；逾期未改正的，责令施工单位停业整顿；造成重大安全事故、重大伤亡事故或者其他严重后果，构成犯罪的，依照刑法有关规定追究刑事责任。

作业人员不服管理、违反规章制度和操作规程冒险作业造成重大伤亡事故或者其他严重后果，构成犯罪的，依照刑法有关规定追究刑事责任。

施工单位的主要负责人、项目负责人有前款违法行为，尚不够刑事处罚的，处2万元以上20万元以下的罚款或者按照管理权限给予撤职处分；自刑罚执行完毕或者受处分之日起，5年内不得担任任何施工单位的主要负责人、项目负责人。

第六十七条 施工单位取得资质证书后，降低安全生产条件的，责令限期改正；经整改仍未达到与其资质等级相适应的安全生产条件的，责令停业整顿，降低其资质等级直至吊销资质证书。

第六十八条 本条例规定的行政处罚,由建设行政主管部门或者其他有关部门依照法定职权决定。

违反消防安全管理规定的行为,由公安消防机构依法处罚。

有关法律、行政法规对建设工程安全生产违法行为的行政处罚决定机关另有规定的,从其规定。

第八章 附 则

第六十九条 抢险救灾和农民自建低层住宅的安全生产管理,不适用本条例。

第七十条 军事建设工程的安全生产管理,按照中央军事委员会的有关规定执行。

第七十一条 本条例自 2004 年 2 月 1 日起施行。

建设工程质量管理条例

(2000 年 1 月 30 日 国务院令第 279 号)

第一章 总 则

第一条 为了加强对建设工程质量的管理,保证建设工程质量,保护人民生命和财产安全,根据《中华人民共和国建筑法》,制定本条例。

第二条 凡在中华人民共和国境内从事建设工程的新建、扩建、改建等有关活动及实施对建设工程质量监督管理的,必须遵守本条例。

本条例所称建设工程,是指土木工程、建筑工程、线路管道和设备安装工程及装修工程。

第三条 建设单位、勘察单位、设计单位、施工单位、工程监理单位依法对建设工程质量负责。

第四条 县级以上人民政府建设行政主管部门和其他有关部门应当加强对建设工程质量的监督管理。

第五条 从事建设工程活动,必须严格执行基本建设程序,坚持先勘察、后设计、再施工的原则。

县级以上人民政府及其有关部门不得超越权限审批建设项目或者擅自简化基本建设程序。

第六条 国家鼓励采用先进的科学技术和管理方法,提高建设工程质量。

第二章 建设单位的质量责任和义务

第七条 建设单位应当将工程发包给具有相应资质等级的单位。

建设单位不得将建设工程肢解发包。

第八条 建设单位应当依法对工程建设项目的勘察、设计、施工、监理以及与工程建设有关的重要设备、材料等的采购进行招标。

第九条 建设单位必须向有关的勘察、设计、施工、工程监理等单位提供与建设工程有关的原始资料。

原始资料必须真实、准确、齐全。

第十条 建设工程发包单位不得迫使承包方以低于成本的价格竞标，不得任意压缩合理工期。

建设单位不得明示或者暗示设计单位或者施工单位违反工程建设强制性标准，降低建设工程质量。

第十一条 建设单位应当将施工图设计文件报县级以上人民政府建设行政主管部门或者其他有关部门审查。施工图设计文件审查的具体办法，由国务院建设行政主管部门会同国务院其他有关部门制定。

施工图设计文件未经审查批准的，不得使用。

第十二条 实行监理的建设工程，建设单位应当委托具有相应资质等级的工程监理单位进行监理，也可以委托具有工程监理相应资质等级并与被监理工程的施工承包单位没有隶属关系或者其他利害关系的该工程的设计单位进行监理。

下列建设工程必须实行监理：

（一）国家重点建设工程；

（二）大中型公用事业工程；

（三）成片开发建设的住宅小区工程；

（四）利用外国政府或者国际组织贷款、援助资金的工程；

（五）国家规定必须实行监理的其他工程。

第十三条 建设单位在领取施工许可证或者开工报告前，应当按照国家有关规定办理工程质量监督手续。

第十四条 按照合同约定，由建设单位采购建筑材料、建筑构配件和设备的，建设单位应当保证建筑材料、建筑构配件和设备符合设计文件和合同要求。

建设单位不得明示或者暗示施工单位使用不合格的建筑材料、建筑构配件和设备。

第十五条 涉及建筑主体和承重结构变动的装修工程，建设单位应当在施工前委托原设计单位或者具有相应资质等级的设计单位提出设计方案；没有设计方案的，不得施工。

房屋建筑使用者在装修过程中，不得擅自变动房屋建筑主体和承重结构。

第十六条 建设单位收到建设工程竣工报告后，应当组织设计、施工、工程监理等有关单位进行竣工验收。

建设工程竣工验收应当具备下列条件：

（一）完成建设工程设计和合同约定的各项内容；

（二）有完整的技术档案和施工管理资料；

（三）有工程使用的主要建筑材料、建筑构配件和设备的进场试验报告；

（四）有勘察、设计、施工、工程监理等单位分别签署的质量合格文件；

（五）有施工单位签署的工程保修书。

建设工程经验收合格的，方可交付使用。

第十七条 建设单位应当严格按照国家有关档案管理的规定，及时收集、整理建设项目各环节的文件资料，建立、健全建设项目档案，并在建设工程竣工验收后，及时向建设行政主管部门或者其他有关部门移交建设项目档案。

第三章 勘察、设计单位的质量责任和义务

第十八条 从事建设工程勘察、设计的单位应当依法取得相应等级的资质证书，并在其资质等级许可的范围内承揽工程。

禁止勘察、设计单位超越其资质等级许可的范围或者以其他勘察、设计单位的名义承揽工程。禁止勘察、设计单位允许其他单位或者个人以本单位的名义承揽工程。

勘察、设计单位不得转包或者违法分包所承揽的工程。

第十九条 勘察、设计单位必须按照工程建设强制性标准进行勘察、设计，并对其勘察、设计的质量负责。

注册建筑师、注册结构工程师等注册执业人员应当在设计文件上签字，对设计文件负责。

第二十条 勘察单位提供的地质、测量、水文等勘察成果必须真实、准确。

第二十一条 设计单位应当根据勘察成果文件进行建设工程设计。

设计文件应当符合国家规定的设计深度要求，注明工程合理使用年限。

第二十二条 设计单位在设计文件中选用的建筑材料、建筑构配件和设备，应当注明规格、型号、性能等技术指标，其质量要求必须符合国家规定的标准。

除有特殊要求的建筑材料、专用设备、工艺生产线等外，设计单位不得指定生产厂、供应商。

第二十三条 设计单位应当就审查合格的施工图设计文件向施工单位作出详细说明。

第二十四条 设计单位应当参与建设工程质量事故分析，并对因设计造成的质量事故，提出相应的技术处理方案。

第四章 施工单位的质量责任和义务

第二十五条 施工单位应当依法取得相应等级的资质证书，并在其资质等级许可的范围内承揽工程。

禁止施工单位超越本单位资质等级许可的业务范围或者以其他施工单位的名义承揽工程。禁止施工单位允许其他单位或者个人以本单位的名义承揽工程。

施工单位不得转包或者违法分包工程。

第二十六条 施工单位对建设工程的施工质量负责。

施工单位应当建立质量责任制，确定工程项目的项目经理、技术负责人和施工管理负责人。

建设工程实行总承包的，总承包单位应当对全部建设工程质量负责；建设工程勘察、设计、施工、设备采购的一项或者多项实行总承包的，总承包单位应当对其承包的建设工程或者采购的设备的质量负责。

第二十七条 总承包单位依法将建设工程分包给其他单位的，分包单位应当按照分包合同的约定对其分包工程的质量向总承包单位负责，总承包单位与分包单位对分包工程的质量承担连带责任。

第二十八条 施工单位必须按照工程设计图纸和施工技术标准施工，不得擅自修改工程设计，不得偷工减料。

施工单位在施工过程中发现设计文件和图纸有差错的,应当及时提出意见和建议。

第二十九条 施工单位必须按照工程设计要求、施工技术标准和合同约定,对建筑材料、建筑构配件、设备和商品混凝土进行检验,检验应当有书面记录和专人签字;未经检验或者检验不合格的,不得使用。

第三十条 施工单位必须建立、健全施工质量的检验制度,严格工序管理,作好隐蔽工程的质量检查和记录。隐蔽工程在隐蔽前,施工单位应当通知建设单位和建设工程质量监督机构。

第三十一条 施工人员对涉及结构安全的试块、试件以及有关材料,应当在建设单位或者工程监理单位监督下现场取样,并送具有相应资质等级的质量检测单位进行检测。

第三十二条 施工单位对施工中出现质量问题的建设工程或者竣工验收不合格的建设工程,应当负责返修。

第三十三条 施工单位应当建立、健全教育培训制度,加强对职工的教育培训;未经教育培训或者考核不合格的人员,不得上岗作业。

第五章 工程监理单位的质量责任和义务

第三十四条 工程监理单位应当依法取得相应等级的资质证书,并在其资质等级许可的范围内承担工程监理业务。

禁止工程监理单位超越本单位资质等级许可的范围或者以其他工程监理单位的名义承担工程监理业务,禁止工程监理单位允许其他单位或者个人以本单位的名义承担工程监理业务。

工程监理单位不得转让工程监理业务。

第三十五条 工程监理单位与被监理工程的施工承包单位以及建筑材料、建筑构配件和设备供应单位有隶属关系或者其他利害关系的,不得承担该项建设工程的监理业务。

第三十六条 工程监理单位应当依照法律、法规以及有关技术标准、设计文件和建设工程承包合同,代表建设单位对施工质量实施监理,并对施工质量承担监理责任。

第三十七条 工程监理单位应当选派具备相应资格的总监理工程师和监理工程师进驻施工现场。

未经监理工程师签字,建筑材料、建筑构配件和设备不得在工程上使用或者安装,施工单位不得进行下一道工序的施工。未经总监理工程师签字,建设单位不拨付工程款,不进行竣工验收。

第三十八条 监理工程师应当按照工程监理规范的要求,采取旁站、巡视和平行检验等形式,对建设工程实施监理。

第六章 建设工程质量保修

第三十九条 建设工程实行质量保修制度。

建设工程承包单位在向建设单位提交工程竣工验收报告时,应当向建设单位出具质量保修书。质量保修书中应当明确建设工程的保修范围、保修期限和保修责任等。

第四十条 在正常使用条件下,建设工程的最低保修期限为:

(一)基础设施工程、房屋建筑的地基基础工程和主体结构工程,为设计文件规定的该

工程的合理使用年限;

（二）屋面防水工程、有防水要求的卫生间、房间和外墙面的防渗漏，为5年;

（三）供热与供冷系统，为2个采暖期、供冷期;

（四）电气管线、给排水管道、设备安装和装修工程，为2年。

其他项目的保修期限由发包方与承包方约定。

建设工程的保修期，自竣工验收合格之日起计算。

第四十一条　建设工程在保修范围和保修期限内发生质量问题的，施工单位应当履行保修义务，并对造成的损失承担赔偿责任。

第四十二条　建设工程在超过合理使用年限后需要继续使用的，产权所有人应当委托具有相应资质等级的勘察、设计单位鉴定，并根据鉴定结果采取加固、维修等措施，重新界定使用期。

第七章　监　督　管　理

第四十三条　国家实行建设工程质量监督管理制度。

国务院建设行政主管部门对全国的建设工程质量实施统一监督管理。国务院铁路、交通、水利等有关部门按照国务院规定的职责分工，负责对全国的有关专业建设工程质量的监督管理。

县级以上地方人民政府建设行政主管部门对本行政区域内的建设工程质量实施监督管理。县级以上地方人民政府交通、水利等有关部门在各自的职责范围内，负责对本行政区域内的专业建设工程质量的监督管理。

第四十四条　国务院建设行政主管部门和国务院铁路、交通、水利等有关部门应当加强对有关建设工程质量的法律、法规和强制性标准执行情况的监督检查。

第四十五条　国务院发展计划部门按照国务院规定的职责，组织稽察特派员，对国家出资的重大建设项目实施监督检查。

国务院经济贸易主管部门按照国务院规定的职责，对国家重大技术改造项目实施监督检查。

第四十六条　建设工程质量监督管理，可以由建设行政主管部门或者其他有关部门委托的建设工程质量监督机构具体实施。

从事房屋建筑工程和市政基础设施工程质量监督的机构，必须按照国家有关规定经国务院建设行政主管部门或者省、自治区、直辖市人民政府建设行政主管部门考核;从事专业建设工程质量监督的机构，必须按照国家有关规定经国务院有关部门或者省、自治区、直辖市人民政府有关部门考核。经考核合格后，方可实施质量监督。

第四十七条　县级以上地方人民政府建设行政主管部门和其他有关部门应当加强对有关建设工程质量的法律、法规和强制性标准执行情况的监督检查。

第四十八条　县级以上人民政府建设行政主管部门和其他有关部门履行监督检查职责时，有权采取下列措施:

（一）要求被检查的单位提供有关工程质量的文件和资料;

（二）进入被检查单位的施工现场进行检查;

（三）发现有影响工程质量的问题时，责令改正。

第四十九条　建设单位应当自建设工程竣工验收合格之日起 15 日内,将建设工程竣工验收报告和规划、公安消防、环保等部门出具的认可文件或者准许使用文件报建设行政主管部门或者其他有关部门备案。

建设行政主管部门或者其他有关部门发现建设单位在竣工验收过程中有违反国家有关建设工程质量管理规定行为的,责令停止使用,重新组织竣工验收。

第五十条　有关单位和个人对县级以上人民政府建设行政主管部门和其他有关部门进行的监督检查应当支持与配合,不得拒绝或者阻碍建设工程质量监督检查人员依法执行职务。

第五十一条　供水、供电、供气、公安消防等部门或者单位不得明示或者暗示建设单位、施工单位购买其指定的生产供应单位的建筑材料、建筑构配件和设备。

第五十二条　建设工程发生质量事故,有关单位应当在 24 小时内向当地建设行政主管部门和其他有关部门报告。对重大质量事故,事故发生地的建设行政主管部门和其他有关部门应当按照事故类别和等级向当地人民政府和上级建设行政主管部门和其他有关部门报告。

特别重大质量事故的调查程序按照国务院有关规定办理。

第五十三条　任何单位和个人对建设工程的质量事故、质量缺陷都有权检举、控告、投诉。

第八章　罚　　则

第五十四条　违反本条例规定,建设单位将建设工程发包给不具有相应资质等级的勘察、设计、施工单位或者委托给不具有相应资质等级的工程监理单位的,责令改正,处 50 万元以上 100 万元以下的罚款。

第五十五条　违反本条例规定,建设单位将建设工程肢解发包的,责令改正,处工程合同价款百分之零点五以上百分之一以下的罚款;对全部或者部分使用国有资金的项目,并可以暂停项目执行或者暂停资金拨付。

第五十六条　违反本条例规定,建设单位有下列行为之一的,责令改正,处 20 万元以上 50 万元以下的罚款:

(一)迫使承包方以低于成本的价格竞标的;

(二)任意压缩合理工期的;

(三)明示或者暗示设计单位或者施工单位违反工程建设强制性标准,降低工程质量的;

(四)施工图设计文件未经审查或者审查不合格,擅自施工的;

(五)建设项目必须实行工程监理而未实行工程监理的;

(六)未按照国家规定办理工程质量监督手续的;

(七)明示或者暗示施工单位使用不合格的建筑材料、建筑构配件和设备的;

(八)未按照国家规定将竣工验收报告、有关认可文件或者准许使用文件报送备案的。

第五十七条　违反本条例规定,建设单位未取得施工许可证或者开工报告未经批准,擅自施工的,责令停止施工,限期改正,处工程合同价款百分之一以上百分之二以下的罚款。

第五十八条　违反本条例规定,建设单位有下列行为之一的,责令改正,处工程合同价

款百分之二以上百分之四以下的罚款;造成损失的,依法承担赔偿责任:

（一）未组织竣工验收,擅自交付使用的;

（二）验收不合格,擅自交付使用的;

（三）对不合格的建设工程按照合格工程验收的。

第五十九条　违反本条例规定,建设工程竣工验收后,建设单位未向建设行政主管部门或者其他有关部门移交建设项目档案的,责令改正,处 1 万元以上 10 万元以下的罚款。

第六十条　违反本条例规定,勘察、设计、施工、工程监理单位超越本单位资质等级承揽工程的,责令停止违法行为,对勘察、设计单位或者工程监理单位处合同约定的勘察费、设计费或者监理酬金 1 倍以上 2 倍以下的罚款;对施工单位处工程合同价款百分之二以上百分之四以下的罚款,可以责令停业整顿,降低资质等级;情节严重的,吊销资质证书;有违法所得的,予以没收。

未取得资质证书承揽工程的,予以取缔,依照前款规定处以罚款;有违法所得的,予以没收。

以欺骗手段取得资质证书承揽工程的,吊销资质证书,依照本条第一款规定处以罚款;有违法所得的,予以没收。

第六十一条　违反本条例规定,勘察、设计、施工、工程监理单位允许其他单位或者个人以本单位名义承揽工程的,责令改正,没收违法所得,对勘察、设计单位和工程监理单位处合同约定的勘察费、设计费和监理酬金 1 倍以上 2 倍以下的罚款;对施工单位处工程合同价款百分之二以上百分之四以下的罚款;可以责令停业整顿,降低资质等级;情节严重的,吊销资质证书。

第六十二条　违反本条例规定,承包单位将承包的工程转包或者违法分包的,责令改正,没收违法所得,对勘察、设计单位处合同约定的勘察费、设计费百分之二十五以上百分之五十以下的罚款;对施工单位处工程合同价款百分之零点五以上百分之一以下的罚款;可以责令停业整顿,降低资质等级;情节严重的,吊销资质证书。

工程监理单位转让工程监理业务的,责令改正,没收违法所得,处合同约定的监理酬金百分之二十五以上百分之五十以下的罚款;可以责令停业整顿,降低资质等级;情节严重的,吊销资质证书。

第六十三条　违反本条例规定,有下列行为之一的,责令改正,处 10 万元以上 30 万元以下的罚款:

（一）勘察单位未按照工程建设强制性标准进行勘察的;

（二）设计单位未根据勘察成果文件进行工程设计的;

（三）设计单位指定建筑材料、建筑构配件的生产厂、供应商的;

（四）设计单位未按照工程建设强制性标准进行设计的。

有前款所列行为,造成工程质量事故的,责令停业整顿,降低资质等级;情节严重的,吊销资质证书;造成损失的,依法承担赔偿责任。

第六十四条　违反本条例规定,施工单位在施工中偷工减料的,使用不合格的建筑材料、建筑构配件和设备的,或者有不按照工程设计图纸或者施工技术标准施工的其他行为的,责令改正,处工程合同价款百分之二以上百分之四以下的罚款;造成建设工程质量不符合规定的质量标准的,负责返工、修理,并赔偿因此造成的损失;情节严重的,责令停业整顿,降低资质等级或者吊销资质证书。

第六十五条　违反本条例规定,施工单位未对建筑材料、建筑构配件、设备和商品混凝土进行检验,或者未对涉及结构安全的试块、试件以及有关材料取样检测的,责令改正,处10万元以上20万元以下的罚款;情节严重的,责令停业整顿,降低资质等级或者吊销资质证书;造成损失的,依法承担赔偿责任。

第六十六条　违反本条例规定,施工单位不履行保修义务或者拖延履行保修义务的,责令改正,处10万元以上20万元以下的罚款,并对在保修期内因质量缺陷造成的损失承担赔偿责任。

第六十七条　工程监理单位有下列行为之一的,责令改正,处50万元以上100万元以下的罚款,降低资质等级或者吊销资质证书;有违法所得的,予以没收;造成损失的,承担连带赔偿责任:

(一)与建设单位或者施工单位串通,弄虚作假、降低工程质量的;

(二)将不合格的建设工程、建筑材料、建筑构配件和设备按照合格签字的。

第六十八条　违反本条例规定,工程监理单位与被监理工程的施工承包单位以及建筑材料、建筑构配件和设备供应单位有隶属关系或者其他利害关系承担该项建设工程的监理业务的,责令改正,处5万元以上10万元以下的罚款,降低资质等级或者吊销资质证书;有违法所得的,予以没收。

第六十九条　违反本条例规定,涉及建筑主体或者承重结构变动的装修工程,没有设计方案擅自施工的,责令改正,处50万元以上100万元以下的罚款;房屋建筑使用者在装修过程中擅自变动房屋建筑主体和承重结构的,责令改正,处5万元以上10万元以下的罚款。

有前款所列行为,造成损失的,依法承担赔偿责任。

第七十条　发生重大工程质量事故隐瞒不报、谎报或者拖延报告期限的,对直接负责的主管人员和其他责任人员依法给予行政处分。

第七十一条　违反本条例规定,供水、供电、供气、公安消防等部门或者单位明示或者暗示建设单位或者施工单位购买其指定的生产供应单位的建筑材料、建筑构配件和设备的,责令改正。

第七十二条　违反本条例规定,注册建筑师、注册结构工程师、监理工程师等注册执业人员因过错造成质量事故的,责令停止执业1年;造成重大质量事故的,吊销执业资格证书,5年以内不予注册;情节特别恶劣的,终身不予注册。

第七十三条　依照本条例规定,给予单位罚款处罚的,对单位直接负责的主管人员和其他直接责任人员处单位罚款数额百分之五以上百分之十以下的罚款。

第七十四条　建设单位、设计单位、施工单位、工程监理单位违反国家规定,降低工程质量标准,造成重大安全事故,构成犯罪的,对直接责任人员依法追究刑事责任。

第七十五条　本条例规定的责令停业整顿,降低资质等级和吊销资质证书的行政处罚,由颁发资质证书的机关决定;其他行政处罚,由建设行政主管部门或者其他有关部门依照法定职权决定。

依照本条例规定被吊销资质证书的,由工商行政管理部门吊销其营业执照。

第七十六条　国家机关工作人员在建设工程质量监督管理工作中玩忽职守、滥用职权、徇私舞弊,构成犯罪的,依法追究刑事责任;尚不构成犯罪的,依法给予行政处分。

第七十七条 建设、勘察、设计、施工、工程监理单位的工作人员因调动工作、退休等原因离开该单位后，被发现在该单位工作期间违反国家有关建设工程质量管理规定，造成重大工程质量事故的，仍应当依法追究法律责任。

第九章 附 则

第七十八条 本条例所称肢解发包，是指建设单位将应当由一个承包单位完成的建设工程分解成若干部分发包给不同的承包单位的行为。

本条例所称违法分包，是指下列行为：

（一）总承包单位将建设工程分包给不具备相应资质条件的单位的；

（二）建设工程总承包合同中未有约定，又未经建设单位认可，承包单位将其承包的部分建设工程交由其他单位完成的；

（三）施工总承包单位将建设工程主体结构的施工分包给其他单位的；

（四）分包单位将其承包的建设工程再分包的。

本条例所称转包，是指承包单位承包建设工程后，不履行合同约定的责任和义务，将其承包的全部建设工程转给他人或者将其承包的建设工程肢解以后以分包的名义分别转给其他单位承包的行为。

第七十九条 本条例规定的罚款和没收的违法所得，必须全部上缴国库。

第八十条 抢险救灾及其他临时性房屋建筑和农民自建低层住宅的建设活动，不适用本条例。

第八十一条 军事建设工程的管理，按照中央军事委员会的有关规定执行。

第八十二条 本条例自发布之日起施行。

附：刑 法 有 关 条 款

第一百三十七条 建设单位、设计单位、施工单位、工程监理单位违反国家规定，降低工程质量标准，造成重大安全事故的，对直接责任人员处五年以下有期徒刑或者拘役，并处罚金；后果特别严重的，处五年以上十年以下有期徒刑，并处罚金。

建设项目环境保护管理条例

（1998 年 11 月 18 日　国务院令第 253 号）

第一章 总 则

第一条 为了防止建设项目产生新的污染、破坏生态环境，制定本条例。

第二条 在中华人民共和国领域和中华人民共和国管辖的其他海域内建设对环境有影响的建设项目，适用本条例。

第三条 建设产生污染的建设项目，必须遵守污染物排放的国家标准和地方标准；在实施重点污染物排放总量控制的区域内，还必须符合重点污染物排放总量控制的要求。

第四条 工业建设项目应当采用能耗物耗小、污染物产生量少的清洁生产工艺，合理利用自然资源，防止环境污染和生态破坏。

第五条 改建、扩建项目和技术改造项目必须采取措施,治理与该项目有关的原有环境污染和生态破坏。

第二章 环境影响评价

第六条 国家实行建设项目环境影响评价制度。

建设项目的环境影响评价工作,由取得相应资格证书的单位承担。

第七条 国家根据建设项目对环境的影响程度,按照下列规定对建设项目的环境保护实行分类管理:

(一)建设项目对环境可能造成重大影响的,应当编制环境影响报告书,对建设项目产生的污染和对环境的影响进行全面、详细的评价;

(二)建设项目对环境可能造成轻度影响的,应当编制环境影响报告表,对建设项目产生的污染和对环境的影响进行分析或者专项评价;

(三)建设项目对环境影响很小,不需要进行环境影响评价的,应当填报环境影响登记表。

建设项目环境保护分类管理名录,由国务院环境保护行政主管部门制订并公布。

第八条 建设项目环境影响报告书,应当包括下列内容:

(一)建设项目概况;

(二)建设项目周围环境现状;

(三)建设项目对环境可能造成影响的分析和预测;

(四)环境保护措施及其经济、技术论证;

(五)环境影响经济损益分析;

(六)对建设项目实施环境监测的建议;

(七)环境影响评价结论。

涉及水土保持的建设项目,还必须有经水行政主管部门审查同意的水土保持方案。

建设项目环境影响报告表、环境影响登记表的内容和格式,由国务院环境保护行政主管部门规定。

第九条 建设单位应当在建设项目可行性研究阶段报批建设项目环境影响报告书、环境影响报告表或者环境影响登记表;但是,铁路、交通等建设项目,经有审批权的环境保护行政主管部门同意,可以在初步设计完成前报批环境影响报告书或者环境影响报告表。

按照国家有关规定,不需要进行可行性研究的建设项目,建设单位应当在建设项目开工前报批建设项目环境影响报告书、环境影响报告表或者环境影响登记表;其中,需要办理营业执照的,建设单位应当在办理营业执照前报批建设项目环境影响报告书、环境影响报告表或者环境影响登记表。

第十条 建设项目环境影响报告书、环境影响报告表或者环境影响登记表,由建设单位报有审批权的环境保护行政主管部门审批;建设项目有行业主管部门的,其环境影响报告书或者环境影响报告表应当经行业主管部门预审后,报有审批权的环境保护行政主管部门审批。

海岸工程建设项目环境影响报告书或者环境影响报告表,经海洋行政主管部门审核并签署意见后,报环境保护行政主管部门审批。环境保护行政主管部门应当自收到建设项目环境影响报告书之日起 60 日内、收到环境影响报告表之日起 30 日内、收到环境影响登记表之日起 15 日内,分别作出审批决定并书面通知建设单位。

预审、审核、审批建设项目环境影响报告书、环境影响报告表或者环境影响登记表,不得收取任何费用。

第十一条 国务院环境保护行政主管部门负责审批下列建设项目环境影响报告书、环境影响报告表或者环境影响登记表:

(一)核设施、绝密工程等特殊性质的建设项目;

(二)跨省、自治区、直辖市行政区域的建设项目;

(三)国务院审批的或者国务院授权有关部门审批的建设项目。

前款规定以外的建设项目环境影响报告书、环境影响报告表或者环境影响登记表的审批权限,由省、自治区、直辖市人民政府规定。

建设项目造成跨行政区域环境影响,有关环境保护行政主管部门对环境影响评价结论有争议的,其环境影响报告书或者环境影响报告表由共同上一级环境保护行政主管部门审批。

第十二条 建设项目环境影响报告书、环境影响报告表或者环境影响登记表经批准后,建设项目的性质、规模、地点或者采用的生产工艺发生重大变化的,建设单位应当重新报批建设项目环境影响报告书、环境影响报告表或者环境影响登记表。

建设项目环境影响报告书、环境影响报告表或者环境影响登记表自批准之日起满 5 年,建设项目方开工建设的,其环境影响报告书、环境影响报告表或者环境影响登记表应当报原审批机关重新审核。原审批机关应当自收到建设项目环境影响报告书、环境影响报告表或者环境影响登记表之日起 10 日内,将审核意见书面通知建设单位;逾期未通知的,视为审核同意。

第十三条 国家对从事建设项目环境影响评价工作的单位实行资格审查制度。

从事建设项目环境影响评价工作的单位,必须取得国务院环境保护行政主管部门颁发的资格证书,按照资格证书规定的等级和范围,从事建设项目环境影响评价工作,并对评价结论负责。

国务院环境保护行政主管部门对已经颁发资格证书的从事建设项目环境影响评价工作的单位名单,应当定期予以公布。具体办法由国务院环境保护行政主管部门制定。

从事建设项目环境影响评价工作的单位,必须严格执行国家规定的收费标准。

第十四条 建设单位可以采取公开招标的方式,选择从事环境影响评价工作的单位,对建设项目进行环境影响评价。

任何行政机关不得为建设单位指定从事环境影响评价工作的单位,进行环境影响评价。

第十五条 建设单位编制环境影响报告书,应当依照有关法律规定,征求建设项目所在地有关单位和居民的意见。

第三章　环境保护设施建设

第十六条 建设项目需要配套建设的环境保护设施,必须与主体工程同时设计、同时施工、同时投产使用。

第十七条 建设项目的初步设计,应当按照环境保护设计规范的要求,编制环境保护篇章,并依据经批准的建设项目环境影响报告书或者环境影响报告表,在环境保护篇章中落实防治环境污染和生态破坏的措施以及环境保护设施投资概算。

第十八条 建设项目的主体工程完工后,需要进行试生产的,其配套建设的环境保护设施必须与主体工程同时投入试运行。

第十九条 建设项目试生产期间,建设单位应当对环境保护设施运行情况和建设项目对环境的影响进行监测。

第二十条 建设项目竣工后,建设单位应当向审批该建设项目环境影响报告书、环境影响报告表或者环境影响登记表的环境保护行政主管部门,申请该建设项目需要配套建设的环境保护设施竣工验收。

环境保护设施竣工验收,应当与主体工程竣工验收同时进行。需要进行试生产的建设项目,建设单位应当自建设项目投入试生产之日起 3 个月内,向审批该建设项目环境影响报告书、环境影响报告表或者环境影响登记表的环境保护行政主管部门,申请该建设项目需要配套建设的环境保护设施竣工验收。

第二十一条 分期建设、分期投入生产或者使用的建设项目,其相应的环境保护设施应当分期验收。

第二十二条 环境保护行政主管部门应当自收到环境保护设施竣工验收申请之日起 30 日内,完成验收。

第二十三条 建设项目需要配套建设的环境保护设施经验收合格,该建设项目方可正式投入生产或者使用。

第四章 法 律 责 任

第二十四条 违反本条例规定,有下列行为之一的,由负责审批建设项目环境影响报告书、环境影响报告表或者环境影响登记表的环境保护行政主管部门责令限期补办手续;逾期不补办手续、擅自开工建设的,责令停止建设,可以处 10 万元以下的罚款:

(一)未报批建设项目环境影响报告书、环境影响报告表或者环境影响登记表的;

(二)建设项目的性质、规模、地点或者采用的生产工艺发生重大变化,未重新报批建设项目环境影响报告书、环境影响报告表或者环境影响登记表的;

(三)建设项目环境影响报告书、环境影响报告表或者环境影响登记表自批准之日起满 5 年,建设项目方开工建设,其环境影响报告书、环境影响报告表或者环境影响登记表未报原审批机关重新审核的。

第二十五条 建设项目环境影响报告书、环境影响报告表或者环境影响登记表未经批准或者未经原审批机关重新审核同意,擅自开工建设的,由负责审批该建设项目环境影响报告书、环境影响报告表或者环境影响登记表的环境保护行政主管部门责令停止建设,限期恢复原状,可以处 10 万元以下的罚款。

第二十六条 违反本条例规定,试生产建设项目配套建设的环境保护设施未与主体工程同时投入试运行的,由审批该建设项目环境影响报告书、环境影响报告表或者环境影响登记表的环境保护行政主管部门责令限期改正;逾期不改正的,责令停止试生产,可以处 5 万元以下的罚款。

第二十七条 违反本条例规定,建设项目投入试生产超过 3 个月,建设单位未申请环境保护设施竣工验收的,由审批该建设项目环境影响报告书、环境影响报告表或者环境影响登记表的环境保护行政主管部门责令限期办理环境保护设施竣工验收手续;逾期未办理的,责令停止试生产,可以处 5 万元以下的罚款。

第二十八条 违反本条例规定,建设项目需要配套建设的环境保护设施未建成、未经验收或者经验收不合格,主体工程正式投入生产或者使用的,由审批该建设项目环境影响报告书、环境影响报告表或者环境影响登记表的环境保护行政主管部门责令停止生产或者使用,可以处 10 万元以下的罚款。

第二十九条 从事建设项目环境影响评价工作的单位,在环境影响评价工作中弄虚作假的,由国务院环境保护行政主管部门吊销资格证书,并处所收费用 1 倍以上 3 倍以下的罚款。

第三十条 环境保护行政主管部门的工作人员徇私舞弊、滥用职权、玩忽职守,构成犯罪的,依法追究刑事责任;尚不构成犯罪的,依法给予行政处分。

第五章 附 则

第三十一条 流域开发、开发区建设、城市新区建设和旧区改建等区域性开发,编制建设规划时,应当进行环境影响评价。具体办法由国务院环境保护行政主管部门会同国务院有关部门另行规定。

第三十二条 海洋石油勘探开发建设项目的环境保护管理,按照国务院关于海洋石油勘探开发环境保护管理的规定执行。

第三十三条 军事设施建设项目的环境保护管理,按照中央军事委员会的有关规定执行。

第三十四条 本条例自发布之日起施行。

水利建设工程施工分包管理规定

(2005 年 7 月 22 日 水利部水建管〔2005〕304 号)

第一条 为了加强水利工程建设管理,规范水利建设工程施工分包活动,维护水利建筑市场秩序,保证工程质量和施工安全,根据《中华人民共和国招标投标法》、《建设工程质量管理条例》等有关法律法规,结合水利工程特点,制定本规定。

第二条 本规定适用于政府参与投资且依照《水利工程建设项目招标投标管理规定》(水利部令第 14 号)必须进行招标的水利建设工程。

第三条 水利部负责全国水利建设工程施工分包的监督管理工作。

各流域机构和各级水行政主管部门负责本辖区内有管辖权的水利建设工程施工分包的监督管理工作。

第四条 本规定所称施工分包,是指施工企业将其所承包的水利工程中的部分工程发包给其他施工企业,或者将劳务作业发包给其他企业或组织完成的活动,但仍需履行并承担与项目法人所签合同确定的责任和义务。

第五条 水利工程施工分包按分包性质分为工程分包和劳务作业分包。

本规定所称工程分包,是指承包人将其所承包工程中的部分工程发包给具有与分包工程相应资质的其他施工企业完成的活动。

本规定所称劳务作业分包,是指承包人将其承包工程中的劳务作业发包给其他企业或组织完成的活动。

本规定所称承包人是指已由发包人授标,并与发包人正式签署协议书的企业或组织以及取得该企业或组织资格的合法继承人。

本规定所称分包人是指从承包人处分包某一部分工程或劳务作业的企业或组织。

第六条 水利建设工程的主要建筑物的主体结构不得进行工程分包。

本规定所称主要建筑物是指失事以后将造成下游灾害或严重影响工程功能和效益的建筑物,如堤坝、泄洪建筑物、输水建筑物、电站厂房和泵站等。主要建筑物的主体结构,由项目法人要求设计单位在设计文件或招标文件中明确。

第七条 承揽工程分包的分包人必须具有与所分包承建的工程相应的资质,并在其资质等级许可范围内承揽业务。

第八条 工程分包应在施工承包合同中约定,或经项目法人书面认可。劳务作业分包由承包人与分包人通过劳务合同约定。

分包人必须自行完成所承包的任务。

第九条 在合同实施过程中,有下列情况之一的,项目法人可向承包人推荐分包人:

(一)由于重大设计变更导致施工方案重大变化,致使承包人不具备相应的施工能力;

(二)由于承包人原因,导致施工工期拖延,承包人无力在合同规定的期限内完成合同任务;

(三)项目有特殊技术要求、特殊工艺或涉及专利权保护的。

如承包人同意,则应由承包人与分包人签订分包合同,并对该推荐分包人的行为负全部责任;如承包人拒绝,则可由承包人自行选择分包人,但需经项目法人书面认可。

第十条 项目法人一般不得直接指定分包人。但在合同实施过程中,如承包人无力在合同规定的期限内完成合同中的应急防汛、抢险等危及公共安全和工程安全的项目,项目法人经项目的上级主管部门同意,可根据工程技术、进度的要求,对该应急防汛、抢险等项目的部分工程指定分包人。因非承包人原因形成指定分包条件的,项目法人的指定分包不得增加承包人的额外费用;因承包人原因形成指定分包条件的,承包人应负责因指定分包增加的相应费用。

由指定分包人造成的与其分包工作有关的一切索赔、诉讼和损失赔偿由指定分包人直接对项目法人负责,承包人不对此承担责任。职责划分可由承包人与项目法人签订协议明确。

第十一条 承包人和分包人应当依法签订分包合同,并履行合同约定的义务。分包合同必须遵循承包合同的各项原则,满足承包合同中技术、经济条款。承包人应在分包合同签订后 7 个工作日内,送发包人备案。

第十二条 发包人或其委托的监理单位要对承包人和分包人签订的分包合同的实施情况进行监督检查。

第十三条 除本规定第十条规定的指定分包外,承包人对其分包项目的实施以及分包人的行为向发包人负全部责任。承包人应对分包项目的工程进度、质量、安全、计量和验收等实施监督和管理。

第十四条　分包人应当按照分包合同的约定对其分包的工程向承包人负责,分包人应接受承包人对分包项目所进行的工程进度、质量、安全、计量和验收的监督和管理。承包人和分包人就分包项目对发包人承担连带责任。

第十五条　承包人和分包人应当设立项目管理机构,组织管理所承包或分包工程的施工活动。

项目管理机构应当具有与所承担工程的规模、技术复杂程度相适应的技术、经济管理人员。其中项目负责人、技术负责人、财务负责人、质量管理人员、安全管理人员必须是本单位人员。

第十六条　禁止将承包的工程进行转包。

承包人有下列行为之一者,属转包:

(一)承包人未在施工现场设立项目管理机构和派驻相应管理人员,并未对该工程的施工活动(包括工程质量、进度、安全、财务等)进行组织管理的;

(二)承包人将其承包的全部工程发包给他人的,或者将其承包的全部工程肢解后以分包的名义分别发包给他人的。

第十七条　禁止将承包的工程进行违法分包。

承包人有下列行为之一者,属违法分包:

(一)承包人将工程分包给不具备相应资质条件的分包人的;

(二)将主要建筑物主体结构工程分包的;

(三)施工承包合同中未有约定,又未经项目法人书面认可,承包人将工程分包给他人的;

(四)分包人将工程再次分包的;

(五)法律、法规、规章规定的其他违法分包工程的行为。

第十八条　禁止通过出租、出借资质证书承揽工程或允许他人以本单位名义承揽工程。

下列行为,视为允许他人以本单位名义承揽工程:

(一)投标人法定代表人的授权代表人不是投标人本单位人员;

(二)承包人在施工现场所设项目管理机构的项目负责人、技术负责人、财务负责人、质量管理人员、安全管理人员不是工程承包人本单位人员。

第十九条　本规定所指本单位人员,必须同时满足以下条件:

(一)聘用合同必须由承包人单位与之签订;

(二)与承包人单位有合法的工资关系;

(三)承包人单位为其办理社会保险关系,或具有其他有效证明其为承包人单位人员身份的文件。

第二十条　设备租赁和材料委托采购不属于分包、转包管理范围。承包人可以自行进行设备租赁或材料委托采购,但应对设备或材料的质量负责。

第二十一条　违反本办法规定,进行转包、违法分包和出租、出借资质、允许他人以本单位名义承揽工程的,按照《中华人民共和国招标投标法》和《建设工程质量管理条例》等国家法律、法规的规定予以处罚。

第二十二条　本规定由水利部负责解释。

第二十三条 本规定自发布之日起施行。水利部于 1998 年 11 月 10 日发布的《水利工程建设项目施工分包管理暂行规定》(水建管〔1998〕481 号)同时废止。

水利工程建设项目招标投标管理规定

(2007 年 10 月 29 日　水利部令第 14 号)

第一章　总　则

第一条 为加强水利工程建设项目招标投标工作的管理,规范招标投标活动,根据《中华人民共和国招标投标法》和国家有关规定,结合水利工程建设的特点,制定本规定。

第二条 本规定适用于水利工程建设项目的勘察设计、施工、监理以及与水利工程建设有关的重要设备、材料采购等的招标投标活动。

第三条 符合下列具体范围并达到规模标准之一的水利工程建设项目必须进行招标。

(一)具体范围:

1. 关系社会公共利益、公共安全的防洪、排涝、灌溉、水力发电、引(供)水、滩涂治理、水土保持、水资源保护等水利工程建设项目;

2. 使用国有资金投资或者国家融资的水利工程建设项目;

3. 使用国际组织或者外国政府贷款、援助资金的水利工程建设项目。

(二)规模标准:

1. 施工单项合同估算价在 200 万元人民币以上的;

2. 重要设备、材料等货物的采购,单项合同估算价在 100 万元人民币以上的;

3. 勘察设计、监理等服务的采购,单项合同估算价在 50 万元人民币以上的;

4. 项目总投资额在 3000 万元人民币以上,但分标单项合同估算价低于本项第 1、2、3 目规定的标准的项目原则上都必须招标。

第四条 招标投标活动应当遵循公开、公平、公正和诚实信用的原则。建设项目的招标工作由招标人负责,任何单位和个人不得以任何方式非法干涉招标投标活动。

第二章　行政监督与管理

第五条 水利部是全国水利工程建设项目招标投标活动的行政监督与管理部门,其主要职责是:

(一)负责组织、指导、监督全国水利行业贯彻执行国家有关招标投标的法律、法规、规章和政策;

(二)依据国家有关招标投标法律、法规和政策,制定水利工程建设项目招标投标的管理规定和办法;

(三)受理有关水利工程建设项目招标投标活动的投诉,依法查处招标投标活动中的违法违规行为;

(四)对水利工程建设项目招标代理活动进行监督;

(五)对水利工程建设项目评标专家资格进行监督与管理;

(六)负责国家重点水利项目和水利部所属流域管理机构(以下简称流域管理机构)主

要负责人兼任项目法人代表的中央项目的招标投标活动的行政监督。

第六条 流域管理机构受水利部委托，对除第五条第六项规定以外的中央项目的招标投标活动进行行政监督。

第七条 省、自治区、直辖市人民政府水行政主管部门是本行政区域内地方水利工程建设项目招标投标活动的行政监督与管理部门，其主要职责是：

（一）贯彻执行有关招标投标的法律、法规、规章和政策；

（二）依照有关法律、法规和规章，制定地方水利工程建设项目招标投标的管理办法；

（三）受理管理权限范围内的水利工程建设项目招标投标活动的投诉，依法查处招标投标活动中的违法违规行为；

（四）对本行政区域内地方水利工程建设项目招标代理活动进行监督；

（五）组建并管理省级水利工程建设项目评标专家库；

（六）负责本行政区域内除第五条第六项规定以外的地方项目的招标投标活动的行政监督。

第八条 水行政主管部门依法对水利工程建设项目的招标投标活动进行行政监督，内容包括：

（一）接受招标人招标前提交备案的招标报告；

（二）可派员监督开标、评标、定标等活动。对发现的招标投标活动的违法违规行为，应当立即责令改正，必要时可做出包括暂停开标或评标以及宣布开标、评标结果无效的决定，对违法的中标结果予以否决；

（三）接受招标人提交备案的招标投标情况书面总结报告。

第三章 招 标

第九条 招标分为公开招标和邀请招标。

第十条 依法必须招标的项目中，国家重点水利项目、地方重点水利项目及全部使用国有资金投资或者国有资金投资占控股或者主导地位的项目应当公开招标，但有下列情况之一的，按第十一条的规定经批准后可采用邀请招标：

（一）属于第三条第二项第4目规定的项目；

（二）项目技术复杂，有特殊要求或涉及专利权保护，受自然资源或环境限制，新技术或技术规格事先难以确定的项目；

（三）应急度汛项目；

（四）其他特殊项目。

第十一条 符合第十条规定，采用邀请招标的，招标前招标人必须履行下列批准手续：

（一）国家重点水利项目经水利部初审后，报国家发展计划委员会批准；其他中央项目报水利部或其委托的流域管理机构批准；

（二）地方重点水利项目经省、自治区、直辖市人民政府水行政主管部门会同同级发展计划行政主管部门审核后，报本级人民政府批准；其他地方项目报省、自治区、直辖市人民政府水行政主管部门批准。

第十二条 下列项目可不进行招标，但须经项目主管部门批准：

（一）涉及国家安全、国家秘密的项目；

（二）应急防汛、抗旱、抢险、救灾等项目；

（三）项目中经批准使用农民投工、投劳施工的部分（不包括该部分中勘察设计、监理和重要设备、材料采购）；

（四）不具备招标条件的公益性水利工程建设项目的项目建议书和可行性研究报告；

（五）采用特定专利技术或特有技术的；

（六）其他特殊项目。

第十三条 当招标人具备以下条件时，按有关规定和管理权限经核准可自行办理招标事宜：

（一）具有项目法人资格（或法人资格）；

（二）具有与招标项目规模和复杂程度相适应的工程技术、概预算、财务和工程管理等方面专业技术力量；

（三）具有编制招标文件和组织评标的能力；

（四）具有从事同类工程建设项目招标的经验；

（五）设有专门的招标机构或者拥有3名以上专职招标业务人员；

（六）熟悉和掌握招标投标法律、法规、规章。

第十四条 当招标人不具备第十三条的条件时，应当委托符合相应条件的招标代理机构办理招标事宜。

第十五条 招标人申请自行办理招标事宜时，应当报送以下书面材料：

（一）项目法人营业执照、法人证书或者项目法人组建文件；

（二）与招标项目相适应的专业技术力量情况；

（三）内设的招标机构或者专职招标业务人员的基本情况；

（四）拟使用的评标专家库情况；

（五）以往编制的同类工程建设项目招标文件和评标报告，以及招标业绩的证明材料；

（六）其他材料。

第十六条 水利工程建设项目招标应当具备以下条件：

（一）勘察设计招标应当具备的条件：

1. 勘察设计项目已经确定；

2. 勘察设计所需资金已落实；

3. 必需的勘察设计基础资料已收集完成。

（二）监理招标应当具备的条件：

1. 初步设计已经批准；

2. 监理所需资金已落实；

3. 项目已列入年度计划。

（三）施工招标应当具备的条件：

1. 初步设计已经批准；

2. 建设资金来源已落实，年度投资计划已经安排；

3. 监理单位已确定；

4. 具有能满足招标要求的设计文件，已与设计单位签订适应施工进度要求的图纸交付合同或协议；

5.有关建设项目永久征地、临时征地和移民搬迁的实施、安置工作已经落实或已有明确安排。

（四）重要设备、材料招标应当具备的条件：

1.初步设计已经批准；

2.重要设备、材料技术经济指标已基本确定；

3.设备、材料所需资金已落实。

第十七条 招标工作一般按下列程序进行：

（一）招标前，按项目管理权限向水行政主管部门提交招标报告备案。报告具体内容应当包括：招标已具备的条件、招标方式、分标方案、招标计划安排、投标人资质（资格）条件、评标方法、评标委员会组建方案以及开标、评标的工作具体安排等；

（二）编制招标文件；

（三）发布招标信息（招标公告或投标邀请书）；

（四）发售资格预审文件；

（五）按规定日期接受潜在投标人编制的资格预审文件；

（六）组织对潜在投标人资格预审文件进行审核；

（七）向资格预审合格的潜在投标人发售招标文件；

（八）组织购买招标文件的潜在投标人现场踏勘；

（九）接受投标人对招标文件有关问题要求澄清的函件，对问题进行澄清，并书面通知所有潜在投标人；

（十）组织成立评标委员会，并在中标结果确定前保密；

（十一）在规定时间和地点，接受符合招标文件要求的投标文件；

（十二）组织开标评标会；

（十三）在评标委员会推荐的中标候选人中，确定中标人；

（十四）向水行政主管部门提交招标投标情况的书面总结报告；

（十五）发中标通知书，并将中标结果通知所有投标人；

（十六）进行合同谈判，并与中标人订立书面合同。

第十八条 采用公开招标方式的项目，招标人应当在国家发展计划委员会指定的媒介发布招标公告，其中大型水利工程建设项目以及国家重点项目、中央项目、地方重点项目同时还应当在《中国水利报》发布招标公告，公告正式媒介发布至发售资格预审文件（或招标文件）的时间间隔一般不少于 10 日。招标人应当对招标公告的真实性负责。招标公告不得限制潜在投标人的数量。

采用邀请招标方式的，招标人应当向 3 个以上有投标资格的法人或其他组织发出投标邀请书。

投标人少于 3 个的，招标人应当依照本规定重新招标。

第十九条 招标人应当根据国家有关规定，结合项目特点和需要编制招标文件。

第二十条 招标人应当对投标人进行资格审查，并提出资格审查报告，经参审人员签字后存档备查。

第二十一条 在一个项目中，招标人应当以相同条件对所有潜在投标人的资格进行审查，不得以任何理由限制或者排斥部分潜在投标人。

第二十二条　招标人对已发出的招标文件进行必要澄清或者修改的,应当在招标文件要求提交投标文件截止日期至少 15 日前,以书面形式通知所有投标人。该澄清或者修改的内容为招标文件的组成部分。

第二十三条　依法必须进行招标的项目,自招标文件开始发出之日起至投标人提交投标文件截止之日止,最短不应当少于 20 日。

第二十四条　招标文件应当按其制作成本确定售价,一般可按 1000 元至 3000 元人民币标准控制。

第二十五条　招标文件中应当明确投标保证金金额,一般可按以下标准控制:

(一)合同估算价 10000 万元人民币以上,投标保证金金额不超过合同估算价的千分之五;

(二)合同估算价 3000 万元至 10000 万元人民币之间,投标保证金金额不超过合同估算价的千分之六;

(三)合同估算价 3000 万元人民币以下,投标保证金金额不超过合同估算价的千分之七,但最低不得少于 1 万元人民币。

第四章　投　　标

第二十六条　投标人必须具备水利工程建设项目所需的资质(资格)。

第二十七条　投标人应当按照招标文件的要求编写投标文件,并在招标文件规定的投标截止时间之前密封送达招标人。在投标截止时间之前,投标人可以撤回已递交的投标文件或进行更正和补充,但应当符合招标文件的要求。

第二十八条　投标人必须按招标文件规定投标,也可附加提出"替代方案",且应当在其封面上注明"替代方案"字样,供招标人选用,但不作为评标的主要依据。

第二十九条　两个或两个以上单位联合投标的,应当按资质等级较低的单位确定联合体资质(资格)等级。招标人不得强制投标人组成联合体共同投标。

第三十条　投标人在递交投标文件的同时,应当递交投标保证金。

招标人与中标人签订合同后 5 个工作日内,应当退还投标保证金。

第三十一条　投标人应当对递交的资质(资格)预审文件及投标文件中有关资料的真实性负责。

第五章　评标标准与方法

第三十二条　评标标准和方法应当在招标文件中载明,在评标时不得另行制定或修改、补充任何评标标准和方法。

第三十三条　招标人在一个项目中,对所有投标人评标标准和方法必须相同。

第三十四条　评标标准分为技术标准和商务标准,一般包含以下内容:

(一)勘察设计评标标准:

1.投标人的业绩和资信;

2.勘察总工程师、设计总工程师的经历;

3.人力资源配备;

4.技术方案和技术创新;

5. 质量标准及质量管理措施；

6. 技术支持与保障；

7. 投标价格和评标价格；

8. 财务状况；

9. 组织实施方案及进度安排。

（二）监理评标标准：

1. 投标人的业绩和资信；

2. 项目总监理工程师经历及主要监理人员情况；

3. 监理规划（大纲）；

4. 投标价格和评标价格；

5. 财务状况。

（三）施工评标标准：

1. 施工方案（或施工组织设计）与工期；

2. 投标价格和评标价格；

3. 施工项目经理及技术负责人的经历；

4. 组织机构及主要管理人员；

5. 主要施工设备；

6. 质量标准、质量和安全管理措施；

7. 投标人的业绩、类似工程经历和资信；

8. 财务状况。

（四）设备、材料评标标准：

1. 投标价格和评标价格；

2. 质量标准及质量管理措施；

3. 组织供应计划；

4. 售后服务；

5. 投标人的业绩和资信；

6. 财务状况。

第三十五条 评标方法可采用综合评分法、综合最低评标价法、合理最低投标价法、综合评议法及两阶段评标法。

第三十六条 施工招标设有标底的，评标标底可采用：

（一）招标人组织编制的标底 A；

（二）以全部或部分投标人报价的平均值作为标底 B；

（三）以标底 A 和标底 B 的加权平均值作为标底；

（四）以标底 A 值作为确定有效标的标准，以进入有效标内投标人的报价平均值作为标底。

施工招标未设标底的，按不低于成本价的有效标进行评审。

第六章　开标、评标和中标

第三十七条 开标由招标人主持，邀请所有投标人参加。

第三十八条　开标应当按招标文件中确定的时间和地点进行。开标人员至少由主持人、监标人、开标人、唱标人、记录人组成，上述人员对开标负责。

第三十九条　开标一般按以下程序进行：

（一）主持人在招标文件确定的时间停止接收投标文件，开始开标；

（二）宣布开标人员名单；

（三）确认投标人法定代表人或授权代表人是否在场；

（四）宣布投标文件开启顺序；

（五）依开标顺序，先检查投标文件密封是否完好，再启封投标文件；

（六）宣布投标要素，并作记录，同时由投标人代表签字确认；

（七）对上述工作进行记录，存档备查。

第四十条　评标工作由评标委员会负责。评标委员会由招标人的代表和有关技术、经济、合同管理等方面的专家组成，成员人数为 7 人以上单数，其中专家（不含招标人代表人数）不得少于成员总数的三分之二。

第四十一条　公益性水利工程建设项目中，中央项目的评标专家应当从水利部或流域管理机构组建的评标专家库中抽取；地方项目的评标专家应当从省、自治区、直辖市人民政府水行政主管部门组建的评标专家库中抽取，也可从水利部或流域管理机构组建的评标专家库中抽取。

第四十二条　评标专家的选择应当采取随机的方式抽取。根据工程特殊专业技术需要，经水行政主管部门批准，招标人可以指定部分评标专家，但不得超过专家人数的三分之一。

第四十三条　评标委员会成员不得与投标人有利害关系。所指利害关系包括：是投标人或其代理人的近亲属；在 5 年内与投标人曾有工作关系；或有其他社会关系或经济利益关系。

评标委员会成员名单在招标结果确定前应当保密。

第四十四条　评标工作一般按以下程序进行：

（一）招标人宣布评标委员会成员名单并确定主任委员；

（二）招标人宣布有关评标纪律；

（三）在主任委员主持下，根据需要，讨论通过成立有关专业组和工作组；

（四）听取招标人介绍招标文件；

（五）组织评标人员学习评标标准和方法；

（六）经评标委员会讨论，并经二分之一以上委员同意，提出需投标人澄清的问题，以书面形式送达投标人；

（七）对需要文字澄清的问题，投标人应当以书面形式送达评标委员会；

（八）评标委员会按招标文件确定的评标标准和方法，对投标文件进行评审，确定中标候选人推荐顺序；

（九）在评标委员会三分之二以上委员同意并签字的情况下，通过评标委员会工作报告，并报招标人。

评标委员会工作报告附件包括有关评标的往来澄清函、有关评标资料及推荐意见等。

第四十五条　招标人对有下列情况之一的投标文件，可以拒绝或按无效标处理：

（一）投标文件密封不符合招标文件要求的；

（二）逾期送达的；

（三）投标人法定代表人或授权代表人未参加开标会议的；

（四）未按招标文件规定加盖单位公章和法定代表人（或其授权人）的签字（或印鉴）的；

（五）招标文件规定不得标明投标人名称，但投标文件上标明投标人名称或有任何可能透露投标人名称的标记的；

（六）未按招标文件要求编写或字迹模糊导致无法确认关键技术方案、关键工期、关键工程质量保证措施、投标价格的；

（七）未按规定交纳投标保证金的；

（八）超出招标文件规定，违反国家有关规定的；

（九）投标人提供虚假资料的。

第四十六条 评标委员会经过评审，认为所有投标文件都不符合招标文件要求时，可以否决所有投标，招标人应当重新组织招标。对已参加本次投标的单位，重新参加投标不应当再收取招标文件费。

第四十七条 评标委员会应当进行秘密评审，不得泄露评审过程、中标候选人的推荐情况以及与评标有关的其他情况。

第四十八条 在评标过程中，评标委员会可以要求投标人对投标文件中含义不明确的内容采取书面方式作出必要的澄清或说明，但不得超出投标文件的范围或改变投标文件的实质性内容。

第四十九条 评标委员会经过评审，从合格的投标人中排序推荐中标候选人。

第五十条 中标人的投标应当符合下列条件之一：

（一）能够最大限度地满足招标文件中规定的各项综合评价标准；

（二）能够满足招标文件的实质性要求，并且经评审的投标价格合理最低；但投标价格低于成本的除外。

第五十一条 招标人可授权评标委员会直接确定中标人，也可根据评标委员会提出的书面评标报告和推荐的中标候选人顺序确定中标人。当招标人确定的中标人与评标委员会推荐的中标候选人顺序不一致时，应当有充足的理由，并按项目管理权限报水行政主管部门备案。

第五十二条 自中标通知书发出之日起30日内，招标人和中标人应当按照招标文件和中标人的投标文件订立书面合同，中标人提交履约保函。招标人和中标人不得另行订立背离招标文件实质性内容的其他协议。

第五十三条 招标人在确定中标人后，应当在15日之内按项目管理权限向水行政主管部门提交招标投标情况的书面报告。

第五十四条 当确定的中标人拒绝签订合同时，招标人可与确定的候补中标人签订合同，并按项目管理权限向水行政主管部门备案。

第五十五条 由于招标人自身原因致使招标工作失败（包括未能如期签订合同），招标人应当按投标保证金双倍的金额赔偿投标人，同时退还投标保证金。

第七章 附 则

第五十六条 在招标投标活动中出现的违法违规行为,按照《中华人民共和国招标投标法》和国务院的有关规定进行处罚。

第五十七条 各省、自治区、直辖市可以根据本规定,结合本地区实际制订相应的实施办法。

第五十八条 本规定由水利部负责解释。

第五十九条 本规定自 2002 年 1 月 1 日起施行,《水利工程建设项目施工招标投标管理规定》(水建〔1994〕130 号 1995 年 4 月 21 日颁发,水政资〔1998〕51 号 1998 年 2 月 9 日修正)同时废止。

水利工程建设项目管理暂行规定

(1995 年 4 月 21 日 水利部水建〔1995〕128 号)

第一章 总 则

第一条 为适应建立社会主义市场经济体制的需要,进一步加强水利工程建设的行业管理,使水利工程建设项目管理逐步走上法制化、规范化的道路,保证水利工程建设的工期、质量、安全和投资效益。根据国家有关政策法规,结合水利水电行业特点,制定本规定。

第二条 本管理规定适用于由国家投资、中央和地方合资、企事业单位独资、合资以及其他投资方式兴建的防洪、除涝、灌溉、发电、供水、围垦等大中型(包括新建、续建、改建、加固、修复)工程建设项目,小型水利工程建设项目可以参照执行。

第三条 水利工程建设项目管理实行统一管理、分级管理和目标管理。逐步建立水利部、流域机构和地方水行政主管部门以及建设项目法人分级、分层次管理的管理体系。

第四条 水利工程建设项目管理要严格按建设程序进行,实行全过程的管理、监督、服务。

第五条 水利工程建设要推行项目法人责任制、招标投标制和建设监理制,积极推行项目管理。

第二章 管理体制及职责

第六条 水利部是国务院水行政主管部门,对全国水利工程建设实行宏观管理。水利部建设司是水利部主管水利建设的综合管理部门,在水利工程建设项目管理方面,其主要管理职责是:

1. 贯彻执行国家的方针政策,研究制订水利工程建设的政策法规,并组织实施;

2. 对全国水利工程建设项目进行行业管理;

3. 组织和协调部属重点水利工程的建设;

4. 积极推行水利建设管理体制的改革,培育和完善水利建设市场;

5. 指导或参与省属重点大中型工程、中央参与投资的地方大中型工程建设的项目管理。

第七条 流域机构是水利部的派出的机构,对其所在流域行使水行政主管部门的职责。

负责本流域水利工程建设的行业管理:

1. 以水利部投资为主的水利工程建设项目,除少数特别重大项目由水利部直接管理外,其余项目均由所在流域机构负责组织建设和管理。逐步实现按流域综合规划、组织建设、生产经营、滚动开发;

2. 流域机构按照国家投资政策,通过多渠道筹集资金,逐步建立流域水利建设投资主体,从而实现国家对流域水利建设项目的管理。

第八条 省(自治区、直辖市)水利(水电)厅(局)是本地区的水行政主管部门,负责本地区水利工程建设的行业管理。

1. 负责本地区以地方投资为主的大中型水利工程建设项目的组织建设和管理;

2. 支持本地区的国家和部属重点水利工程建设,积极为工程创造良好的建设环境。

第九条 水利工程项目法人对建设项目的立项、筹资、建设、生产经营、还本付息以及资产保值增值的全过程负责,并承担投资风险。代表项目法人对建设项目进行管理的建设单位是项目建设的直接组织者和实施者。负责按项目的建设规模、投资总额、建设工期、工程质量,实行项目建设的全过程管理,对国家或投资各方负责。

第三章 建 设 程 序

第十条 水利是国民经济的基础设施和基础产业。水利工程建设要严格按建设程序进行。水利工程建设程序一般分为:项目建议书、可行性研究报告、初步设计、施工准备(包括招标设计)、建设实施、生产准备、竣工验收、后评价等阶段。

第十一条 建设前期根据国家总体规划以及流域综合规划,开展前期工作,包括提出项目建议书、可行性研究报告和初步设计(或扩大初步设计)。

第十二条 建设项目初步设计文件已批准,项目投资来源基本落实,可以进行主体工程招标设计和组织招标工作以及现场施工准备。

第十三条 项目法人或建设单位向主管部门提出主体工程开工申请报告,按审批权限,经批准后,方能正式开工。

主体工程开工,必须具备以下条件:

1. 前期工程各阶段文件已按规定批准,施工详图设计可以满足初期主体工程施工需要;

2. 建设项目已列入国家年度计划,年度建设资金已落实;

3. 主体工程招标已经决标,工程承包合同已经签订,并得到主管部门同意;

4. 现场施工准备和征地移民等建设外部条件能够满足主体工程开工需要。

第十四条 项目建设单位要按批准的建设文件,充分发挥管理的主导作用,协调设计、监理、施工以及地方等各方面的关系,实行目标管理。建设单位与设计、监理、工程承包单位是合同关系,各方面应严格履行合同。

1. 项目建设单位要建立严格的现场协调或调度制度。及时研究解决设计、施工的关键技术问题。从整体效益出发,认真履行合同,积极处理好工程建设各方的关系,为施工创造良好的外部条件。

2. 监理单位受项目建设单位委托,按合同规定在现场从事组织、管理、协调、监督工作。同时,监理单位要站在独立公正的立场上,协调建设单位与设计、施工等单位之间的关系。

3. 设计单位应按合同及时提供施工详图,并确保设计质量。按工程规模,派出设计代表组进驻施工现场解决施工中出现的设计问题。

施工详图经监理单位审核后交施工单位施工。设计单位对不涉及重大设计原则问题的合理意见应当采纳并修改设计。若有分歧意见,由建设单位决定。如涉及初步设计重大变更问题,应由原初步设计批准部门审定。

4. 施工企业要切实加强管理,认真履行签订的承包合同。在施工过程中,要将所编制的施工计划、技术措施及组织管理情况报项目建设单位。

第十五条 工程验收要严格按国家和水利部颁布的验收规程进行。

1. 工程阶段验收:

阶段验收是工程竣工验收的基础和重要内容,凡能独立发挥作用的单项工程均应进行阶段验收,如:截流(包括分期导流)、下闸蓄水、机组起动、通水等是重要的阶段验收。

2. 工程竣工验收:

(1)工程基本竣工时,项目建设单位应按验收规程要求组织监理、设计、施工等单位提出有关报告,并按规定将施工过程中的有关资料、文件、图纸造册归档。

(2)在正式竣工验收之前,应根据工程规模由主管部门或由主管部门委托项目建设单位组织初步验收,对初验查出的问题应在正式验收前解决。

(3)质量监督机构要对工程质量提出评价意见。

(4)根据初验情况和项目建设单位的申请验收报告,决定竣工验收有关事宜。

国家重点水利建设项目由国家计委会同水利部主持验收。

部属重点水利建设项目由水利部主持验收。部属其他水利建设项目由流域机构主持验收,水利部进行指导。

中央参与投资的地方重点水利建设项目由省(自治区、直辖市)政府会同水利部或流域机构主持验收。

地方水利建设项目由地方水利主管部门主持验收。其中,大型建设项目验收,水利部或流域机构派员参加;重要中型建设项目验收,流域机构派员参加。

第四章 实行"三项制度"改革

第十六条 对生产经营性的水利工程建设项目要积极推行项目法人责任制;其他类型的项目应积极创造条件,逐步实行项目法人责任制。

1. 工程建设现场的管理可由项目法人直接负责,也可由项目法人组建或委托一个组织具体负责。负责现场建设管理的机构履行建设单位职能。

2. 组建建设单位由项目主管部门或投资各方负责。

建设单位需具备下列条件:

(1)具有相对独立的组织形式。内部机构设置,人员配备能满足工程建设的需要;

(2)经济上独立核算或分级核算。

(3)主要行政和技术、经济负责人是专职人员,并保持相对稳定。

第十七条 凡符合本规定第二条要求的大中型水利建设项目都要实行招标投标制:

1. 水利建设项目施工招标投标工作按国家有关规定或国际采购导则进行,并根据工程的规模、投资方式以及工程特点,决定招标方式。

2. 主体工程施工招标应具备的必要条件:

（1）项目的初步设计已经批准，项目建设已列入计划，投资基本落实；

（2）项目建设单位已经组建，并具备应有的建设管理能力；

（3）招标文件已经编制完成，施工招标申请书已经批准；

（4）施工准备工作已满足主体工程开工的要求。

3. 水利建设项目招标工作，由项目建设单位具体组织实施。招标管理按第二章明确的分级管理原则和管理范围，划分如下：

（1）水利部负责招标工作的行业管理，直接参与或组织少数特别重大建设项目的招标工作，并做好与国家有关部门的协调工作；

（2）其他国家和部属重点建设项目以及中央参与投资的地方水利建设项目的招标工作，由流域机构负责管理；

（3）地方大中型水利建设项目的招标工作，由地方水行政主管部门负责管理。

第十八条 水利工程建设，要全面推行建设监理制。

1. 水利部主管全国水利工程的建设监理工作。

2. 水利工程建设监理单位的选择，应采用招标投标的方式确定。

3. 要加强对建设监理单位的管理，监理工程师必须持证上岗，监理单位必须持证营业。

第十九条 水利施工企业要积极推行项目管理。项目管理是施工企业走向市场，深化内部改革，转换经营机制，提高管理水平的一种科学的管理方式。

1. 施工企业要按项目管理的原理和要求组织施工，在组织结构上，实行项目经理负责制；在经营管理上，建立以经济效益为目标的项目独立核算管理体制；在生产要素配置上，实行优化配置，动态管理；在施工管理上，实行目标管理。

2. 项目经理是项目实施过程中的最高组织者和责任者。项目经理必须按国家有关规定，经过专门培训，持证上岗。

第五章 其他管理制度

第二十条 水利建设项目要贯彻"百年大计，质量第一"的方针，建立健全质量管理体系。

1. 水利部水利工程质量监督总站及各级质量监督机构，要认真履行质量监督职责，项目建设各方（建设、监理、设计、施工）必须接受和尊重其监督，支持质量监督机构的工作。

2. 建设单位要建立健全施工质量检查体系，按国家和行业技术标准、设计合同文件，检查和控制工程施工质量。

3. 施工单位在施工中要推行全面质量管理，建立健全施工质量保证体系，严格执行国家行业技术标准和水利部施工质量管理规定、质量评定标准。

4. 发生施工质量事故，必须认真严肃处理。严重质量事故，应由建设单位（或监理单位）组织有关各方联合分析处理，并及时向主管部门报告。

第二十一条 水利工程建设必须贯彻"安全第一，预防为主"的方针。项目主管单位要加强检查、监督；项目建设单位要加强安全宣传和教育工作，督促参加工程建设的各有关单位搞好安全生产。所有的工程合同都要有安全管理条款，所有的工作计划都要有安全生产措施。

第二十二条 要加强水利工程建设的信息交流管理工作。

1. 积极利用和发挥中国水利学会水利建设管理专业委员会等学术团体作用,组织学术活动,开展调查研究,推动管理体制改革和科技进步,加强水利建设队伍联络和管理。

2. 建立水利工程建设情况报告制度:

(1)项目建设单位定期向主管部门报送工程项目的建设情况。其中:重点工程情况应在水利部月生产协调会五天前报告工程完成情况,包括完成实物工作量,关键进度、投资到位情况和存在的主要问题,月报和年报按有关统计报表规定及时报送,年报内容应增加建设管理情况总结。

(2)部属大中型水利工程建设情况,由项目建设单位定期向流域机构和水利部直接报告;地方大型水利工程建设情况,项目建设单位在报地方水行政主管部门的同时抄报水利部;各流域机构和水利(水电)厅(局)应将所属水利工程建设概况、工程进度和建设管理经验总结,于每年年终向水利部报告一次。

第六章 附 则

第二十三条 本规定由水利部负责解释。

第二十四条 本规定自公布之日起试行。

水利工程质量管理规定

(1997 年 12 月 21 日 水利部令第 7 号)

第一章 总 则

第一条 根据国务院《质量振兴纲要(1996 年~2010 年)》和有关规定,为了加强对水利工程的质量管理,保证工程质量,制定本规定。

第二条 凡在中华人民共和国境内从事水利工程建设活动的单位[包括项目法人(建设单位)、监理、设计、施工等单位]或个人,必须遵守本规定。

第三条 本规定所称水利工程是指由国家投资、中央和地方合资、地方投资以及其他投资方式兴建的防洪、除涝灌溉、水力发电、供水、围垦等(包括配套与附属工程)各类水利工程。

第四条 本规定所称水利工程质量是指在国家和水利行业现行的有关法律、法规、技术标准和批准的设计文件及工程合同中,对兴建的水利工程的安全、适用、经济、美观等特性的综合要求。

第五条 水利部负责全国水利工程质量管理工作。

各流域机构受水利部的委托负责本流域由流域机构管辖的水利工程的质量管理工作,指导地方水行政主管部门的质量管理工作。

各省、自治区、直辖市水行政主管部门负责本行政区域内水利工程质量管理工作。

第六条 水利工程质量实行项目法人(建设单位)负责、监理单位控制、施工单位保证和政府监督相结合的质量管理体制。

水利工程质量由项目法人(建设单位)负全面责任。监理、施工、设计单位按照合同及有关规定对各自承担的工作负责。质量监督机构履行政府部门监督职能,不代替项目法人

（建设单位）、监理、设计、施工单位的质量管理工作。水利工程建设各方均有责任和权利向有关部门和质量监督机构反映工程质量问题。

第七条　水利工程项目法人（建设单位）、监理、设计、施工等单位的负责人，对本单位的质量工作负领导责任。各单位在工程现场的项目负责人对本单位在工程现场的质量工作负直接领导责任。各单位的工程技术负责人对质量工作负技术责任。具体工作人员为直接责任人。

第八条　水利工程建设各单位要积极推行全面质量管理，采用先进的质量管理模式和管理手段，推广先进的科学技术和施工工艺，依靠科技进步和加强管理，努力创建优质工程，不断提高工程质量。

各级水行政主管部门要对提高工程质量做出贡献的单位和个人实行奖励。

第九条　水利工程建设各单位要加强质量法制教育，增强质量法制观念，把提高劳动者的素质作为提高质量的重要环节，加强对管理人员和职工的质量意识和质量管理知识的教育，建立和完善质量管理的激励机制，积极开展群众性质量管理和合理化建议活动。

第二章　工程质量监督管理

第十条　政府对水利工程的质量实行监督的制度。

水利工程按照分级管理的原则由相应水行政主管部门授权的质量监督机构实施质量监督。

第十一条　水利工程质量监督机构，必须按照水利部有关规定设立，经省级以上水行政主管部门资质审查合格，方可承担水利工程的质量监督工作。

各级水利工程质量监督机构，必须建立健全质量监督工作机制，完善监督手段，增强质量监督的权威性和有效性。

各级水利工程质量监督机构，要加强对贯彻执行国家和水利部有关质量法规、规范情况的检查，坚决查处有法不依、执法不严、违法不究以及滥用职权的行为。

第十二条　水利部水利工程质量监督机构负责对流域机构、省级水利工程质量监督机构和水利工程质量检测单位进行统一规划、管理和资质审查。

各省、自治区、直辖市设立的水利工程质量监督机构负责本行政区域内省级以下水利工程质量监督机构和水利工程质量检测单位统一规划管理和资质审查。

第十三条　水利工程质量监督机构负责监督设计、监理、施工单位在其资质等级允许范围内从事水利工程建设的质量工作；负责检查、督促建设、监理、设计、施工单位建立健全质量体系。

水利工程质量监督机构，按照国家和水利行业有关工程建设法规、技术标准和设计文件实施工程质量监督，对施工现场影响工程质量的行为进行监督检查。

第十四条　水利工程质量监督实施以抽查为主的监督方式，运用法律和行政手段，做好监督抽查后的处理工作。工程竣工验收时，质量监督机构应对工程质量等级进行核定。未经质量核定或核定不合格的工程，施工单位不得交验，工程主管部门不能验收，工程不得投入使用。

第十五条　根据需要，质量监督机构可委托经计量认证合格的检测单位，对水利工程有关部位以及所采用的建筑材料和工程设备进行抽样检测。

水利部水利工程质量监督机构认定的水利工程质量检测机构出具的数据是全国水利系统的最终检测。

各省级水利工程质量监督机构认定的水利工程质量检测机构所出具的检测数据是本行政区域内水利系统的最高检测。

第三章　项目法人(建设单位)质量管理

第十六条　项目法人(建设单位)应根据国家和水利部有关规定依法设立,主动接受水利工程质量监督机构对其质量体系的监督检查。

第十七条　项目法人(建设单位)应根据工程规模和工程特点,按照水利部有关规定,通过资质审查招标选择勘测设计、施工、监理单位并实行合同管理。在合同文件中,必须有工程质量条款,明确图纸、资料、工程、材料、设备等的质量标准及合同双方的质量责任。

第十八条　项目法人(建设单位)要加强工程质量管理,建立健全施工质量检查体系,根据工程特点建立质量管理机构和质量管理制度。

第十九条　项目法人(建设单位)在工程开工前,应按规定向水利工程质量监督机构办理工程质量监督手续。在工程施工过程中,应主动接受质量监督机构对工程质量的监督检查。

第二十条　项目法人(建设单位)应组织设计和施工单位进行设计交底;施工中应对工程质量进行检查,工程完工后,应及时组织有关单位进行工程质量验收、签证。

第四章　监理单位质量管理

第二十一条　监理单位必须持有水利部颁发的监理单位资格等级证书,依照核定的监理范围承担相应水利工程的监理任务。监理单位必须接受水利工程质量监督机构对其监理资格质量检查体系及质量监理工作的监督检查。

第二十二条　监理单位必须严格执行国家法律、水利行业法规、技术标准,严格履行监理合同。

第二十三条　监理单位根据所承担的监理任务向水利工程施工现场派出相应的监理机构,人员配备必须满足项目要求。监理工程师上岗必须持有水利部颁发的监理工程师岗位证书,一般监理人员上岗要经过岗前培训。

第二十四条　监理单位应根据监理合同参与招标工作,从保证工程质量全面履行工程承建合同出发,签发施工图纸;审查施工单位的施工组织设计和技术措施;指导监督合同中有关质量标准、要求的实施;参加工程质量检查、工程质量事故调查处理和工程验收工作。

第五章　设计单位质量管理

第二十五条　设计单位必须按其资质等级及业务范围承担勘测设计任务,并应主动接受水利工程质量监督机构对其资质等级及质量体系的监督检查。

第二十六条　设计单位必须建立健全设计质量保证体系,加强设计过程质量控制,健全设计文件的审核、会签批准制度,做好设计文件的技术交底工作。

第二十七条　设计文件必须符合下列基本要求:

(一)设计文件应当符合国家、水利行业有关工程建设法规、工程勘测设计技术规程、标准和合同的要求。

（二）设计依据的基本资料应完整、准确、可靠，设计论证充分，计算成果可靠。

（三）设计文件的深度应满足相应设计阶段有关规定要求，设计质量必须满足工程质量、安全需要并符合设计规范的要求。

第二十八条 设计单位应按合同规定及时提供设计文件及施工图纸，在施工过程中要随时掌握施工现场情况，优化设计，解决有关设计问题。对大中型工程，设计单位应按合同规定在施工现场设立设计代表机构或派驻设计代表。

第二十九条 设计单位应按水利部有关规定在阶段验收、单位工程验收和竣工验收中，对施工质量是否满足设计要求提出评价意见。

第六章 施 工 单 位 质 量 管 理

第三十条 施工单位必须按其资质等级和业务范围承揽工程施工任务，接受水利工程质量监督机构对其资质和质量保证体系的监督检查。

第三十一条 施工单位必须依据国家、水利行业有关工程建设法规、技术规程、技术标准的规定以及设计文件和施工合同的要求进行施工，并对其施工的工程质量负责。

第三十二条 施工单位不得将其承接的水利建设项目的主体工程进行转包。对工程的分包，分包单位必须具备相应资质等级，并对其分包工程的施工质量向总包单位负责，总包单位对全部工程质量向项目法人（建设单位）负责。工程分包必须经过项目法人（建设单位）的认可。

第三十三条 施工单位要推行全面质量管理，建立健全质量保证体系，制定和完善岗位质量规范、质量责任及考核办法，落实质量责任制。在施工过程中要加强质量检验工作，认真执行"三检制"，切实做好工程质量的全过程控制。

第三十四条 工程发生质量事故，施工单位必须按照有关规定向监理单位、项目法人（建设单位）及有关部门报告，并保护好现场，接受工程质量事故调查，认真进行事故处理。

第三十五条 竣工工程质量必须符合国家和水利行业现行的工程标准及设计文件要求，并应向项目法人（建设单位）提交完整的技术档案、试验成果及有关资料。

第七章 建筑材料、设备采购的质量管理和工程保修

第三十六条 建筑材料和工程设备的质量由采购单位承担相应责任。凡进入施工现场的建筑材料和工程设备均应按有关规定进行检验。经检验不合格的产品不得用于工程。

第三十七条 建筑材料和工程设备的采购单位具有按合同规定自主采购的权利，其他单位或个人不得干预。

第三十八条 建筑材料或工程设备应当符合下列要求：

（一）有产品质量检验合格证明；

（二）有中文标明的产品名称、生产厂名和厂址；

（三）产品包装和商标式样符合国家有关规定和标准要求；

（四）工程设备应有产品详细的使用说明书，电气设备还应附有线路图；

（五）实施生产许可证或实行质量认证的产品，应当具有相应的许可证或认证证书。

第三十九条 水利工程保修期从工程移交证书写明的工程完工日起一般不少于一年。

有特殊要求的工程,其保修期限在合同中规定。

工程质量出现永久性缺陷的,承担责任的期限不受以上保修期限制。

第四十条　水利工程在规定的保修期内,出现工程质量问题,一般由原施工单位承担保修,所需费用由责任方承担。

第八章　罚　　则

第四十一条　水利工程发生重大工程质量事故,应严肃处理。对责任单位予以通报批评、降低资质等级或收缴资质证书;对责任人给予行政纪律处分,构成犯罪的,移交司法机关进行处理。

第四十二条　因水利工程质量事故造成人身伤亡及财产损失的,责任单位应按有关规定,给予受损方经济赔偿。

第四十三条　项目法人(建设单位)有下列行为之一的,由其主管部门予以通报批评或其他纪律处理:

(一)未按规定选择相应资质等级的勘测设计、施工、监理单位的;

(二)未按规定办理工程质量监督手续的;

(三)未按规定及时进行已完工程验收就进行下一阶段施工和未经竣工或阶段验收,而将工程交付使用的;

(四)发生重大工程质量事故没有按有关规定及时向有关部门报告的。

第四十四条　勘测设计、施工、监理单位有下列行为之一的,根据情节轻重,予以通报批评、降低资质等级直至收缴资质证书,经济处理按合同规定办理,触犯法律的,按国家有关法律处理:

(一)无证或超越资质等级承接任务的;

(二)不接受水利工程质量监督机构监督的;

(三)设计文件不符合本规定第二十七条要求的;

(四)竣工交付使用的工程不符合本规定第三十五条要求的;

(五)未按规定实行质量保修的;

(六)使用未经检验或检验不合格的建筑材料和工程设备,或在工程施工中粗制滥造、偷工减料、伪造记录的;

(七)发生重大工程质量事故没有及时按有关规定向有关部门报告的;

(八)经水利工程质量监督机构核定工程质量等级为不合格或工程需加固或拆除的。

第四十五条　检测单位伪造检验数据或伪造检验结论的,根据情节轻重,予以通报批评、降低资质等级直至收缴资质证书。因伪造行为造成严重后果的,按国家有关规定处理。

第四十六条　对不认真履行水利工程质量监督职责的质量监督机构,由相应水行政主管部门或其上一级水利工程质量监督机构给予通报批评、撤换负责人或撤销授权并进行机构改组。

从事工程质量监督的工作人员执法不严,违法不究或者滥用职权、贪污受贿,由其所在单位或上级主管部门给予行政处分,构成犯罪的,依法追究刑事责任。

第九章 附 则

第四十七条 本规定由水利部负责解释。

第四十八条 本规定自发布之日起施行。

水利工程质量监督管理规定

(1997 年 8 月 25 日 水利部水建〔1997〕339 号)

第一章 总 则

第一条 根据《质量振兴纲要(1996 年~2010 年)》和《中华人民共和国水法》,为加强水行政主管部门对水利工程质量的监督管理,保证工程质量,确保工程安全,发挥投资效益,制订本规定。

第二条 水行政主管部门主管水利工程质量监督工作。水利工程质量监督机构是水行政主管部门对水利工程质量进行监督管理的专职机构,对水利工程质量进行强制性的监督管理。

第三条 在我国境内新建、扩建、改建、加固各类水利水电工程和城镇供水、滩涂围垦等工程(以下简称水利工程)及其技术改造,包括配套与附属工程,均必须由水利工程质量监督机构负责质量监督。工程建设、监理、设计和施工单位在工程建设阶段,必须接受质量监督机构的监督。

第四条 工程质量监督的依据:

(一)国家有关的法律、法规;

(二)水利水电行业有关技术规程、规范,质量标准;

(三)经批准的设计文件等。

第五条 工程竣工验收前,必须经质量监督机构对工程质量进行等级核验。未经工程质量等级核验或者核验不合格的工程,不得交付使用。

工程在申报优秀设计、优秀施工、优质工程项目时,必须有相应质量监督机构签署的工程质量评定意见。

第二章 机 构 与 人 员

第六条 水利部主管全国水利工程质量监督工作,水利工程质量监督机构按总站、中心站、站三级设置。

(一)水利部设置全国水利工程质量监督总站,办事机构设在建设司。水利水电规划设计管理局设置水利工程设计质量监督分站,各流域机构设置流域水利工程质量监督分站作为总站的派出机构。

(二)各省、自治区、直辖市水利(水电)厅(局),新疆生产建设兵团水利局设置水利工程质量监督中心站。

(三)各地(市)水利(水电)局设置水利工程质量监督站。

各级质量监督机构隶属于同级水行政主管部门,业务上接受上一级质量监督机构的指导。

第七条　水利工程质量监督项目站(组),是相应质量监督机构的派出单位。

第八条　各级质量监督机构的站长一般应由同级水行政主管部门主管工程建设的领导兼任,有条件的可配备相应级别的专职副站长。各级质量监督机构的正副站长由其主管部门任命,并报上一级质量监督机构备案。

第九条　各级质量监督机构应配备一定数量的专职质量监督员。质量监督员的数量由同级水行政主管部门根据工作需要和专业配套的原则确定。

第十条　水利工程质量监督员必须具备以下条件:

(一)取得工程师职称,或具有大专以上学历并有五年以上从事水利水电工程设计、施工、监理、咨询或建设管理工作的经历。

(二)坚持原则,秉公办事,认真执法,责任心强。

(三)经过培训并通过考核取得"水利工程质量监督员证"。

第十一条　质量监督机构可聘任符合条件的工程技术人员作为工程项目的兼职质量监督员。为保证质量监督工作的公正性、权威性,凡从事该工程监理、设计、施工、设备制造的人员不得担任该工程的兼职质量监督员。

第十二条　各质量监督分站、中心站、地(市)站和质量监督员必须经上一级质量监督机构考核、认证,取得合格证书后,方可从事质量监督工作。质量监督机构资质每四年复核一次,质量监督员证有效期为四年。

第十三条　"水利工程质量监督机构合格证书"和"水利工程质量监督员证"由水利部统一印制。

第三章　机　构　职　责

第十四条　全国水利工程质量监督总站的主要职责:

(一)贯彻执行国家和水利部有关工程建设质量管理的方针、政策。

(二)制订水利工程质量监督、检测有关规定和办法,并监督实施。

(三)归口管理全国水利工程的质量监督工作,指导各分站、中心站的质量监督工作。

(四)对部直属重点工程组织实施质量监督。参加工程的阶段验收和竣工验收。

(五)监督有争议的重大工程质量事故的处理。

(六)掌握全国水利工程质量动态。组织交流全国水利工程质量监督工作经验,组织培训质量监督人员。开展全国水利工程质量检查活动。

第十五条　水利工程设计质量监督分站受总站委托承担的主要任务:

(一)归口管理全国水利工程的设计质量监督工作。

(二)负责设计全面质量管理工作。

(三)掌握全国水利工程的设计质量动态,定期向总站报告设计质量监督情况。

第十六条　各流域水利工程质量监督分站的主要职责:

(一)对本流域内下列工程项目实施质量监督:

1.总站委托监督的部属水利工程。

2.中央与地方合资项目,监督方式由分站和中心站协商确定。

3.省(自治区、直辖市)界及国际边界河流上的水利工程。

（二）监督受监督水利工程质量事故的处理。

（三）参加受监督水利工程的阶段验收和竣工验收。

（四）掌握本流域内水利工程质量动态，及时上报质量监督工作中发现的重大问题，开展水利工程质量检查活动，组织交流本流域内的质量监督工作经验。

第十七条 各省、自治区、直辖市，新疆生产建设兵团水利工程质量监督中心站的职责：

（一）贯彻执行国家、水利部和省、自治区、直辖市有关工程建设质量管理的方针、政策。

（二）管理辖区内水利工程的质量监督工作；指导本省、自治区、直辖市的市（地）质量监督站工作。

（三）对辖区内除第十四条、第十六条规定以外的水利工程实施质量监督；协助配合由部总站和流域分站组织监督的水利工程的质量监督工作。

（四）参加受监督水利工程的阶段验收和竣工验收。

（五）监督受监督水利工程质量事故的处理。

（六）掌握辖区内水利工程质量动态和质量监督工作情况，定期向总站报告，同时抄送流域分站；组织培训质量监督人员，开展水利工程质量检查活动，组织交流质量监督工作经验。

第十八条 市（地）水利工程质量监督站的职责，由各中心站根据本规定制订。

第四章 质 量 监 督

第十九条 水利工程建设项目质量监督方式以抽查为主。大型水利工程应建立质量监督项目站，中小型水利工程可根据需要建立质量监督项目站（组），或进行巡回监督。

第二十条 从工程开工前办理质量监督手续始，到工程竣工验收委员会同意工程交付使用止，为水利工程建设项目的质量监督期（含合同质量保修期）。

第二十一条 项目法人（或建设单位）应在工程开工前到相应的水利工程质量监督机构办理监督手续，签订《水利工程质量监督书》，并按规定缴纳质量监督费，同时提交以下材料：

（一）工程项目建设审批文件。

（二）项目法人（或建设单位）与监理、设计、施工单位签订的合同（或协议）副本。

（三）建设、监理、设计、施工等单位的基本情况和工程质量管理组织情况等资料。

第二十二条 质量监督机构根据受监督工程的规模、重要性等，制订质量监督计划，确定质量监督的组织形式。在工程施工中，根据本规定对工程项目实施质量监督。

第二十三条 工程质量监督的主要内容为：

（一）对监理、设计、施工和有关产品制作单位的资质进行复核。

（二）对建设、监理单位的质量检查体系和施工单位的质量保证体系以及设计单位现场服务等实施监督检查。

（三）对工程项目的单位工程、分部工程、单元工程的划分进行监督检查。

（四）监督检查技术规程、规范和质量标准的执行情况。

（五）检查施工单位和建设、监理单位对工程质量检验和质量评定情况。

（六）在工程竣工验收前，对工程质量进行等级核定，编制工程质量评定报告，并向工程竣工验收委员会提出工程质量等级的建议。

第二十四条 工程质量监督权限如下：

（一）对监理、设计、施工等单位的资质等级、经营范围进行核查，发现越级承包工程等不符合规定要求的，责成建设单位限期改正，并向水行政主管部门报告。

（二）质量监督人员需持"水利工程质量监督员证"进入施工现场执行质量监督。对工程有关部位进行检查，调阅建设、监理单位和施工单位的检测试验成果、检查记录和施工记录。

（三）对违反技术规程、规范、质量标准或设计文件的施工单位，通知建设、监理单位采取纠正措施。问题严重时，可向水行政主管部门提出整顿的建议。

（四）对使用未经检验或检验不合格的建筑材料、构配件及设备等，责成建设单位采取措施纠正。

（五）提请有关部门奖励先进质量管理单位及个人。

（六）提请有关部门或司法机关追究造成重大工程质量事故的单位和个人的行政、经济、刑事责任。

第五章 质 量 检 测

第二十五条 工程质量检测是工程质量监督和质量检查的重要手段。水利工程质量检测单位，必须取得省级以上计量认证合格证书，并经水利工程质量监督机构授权，方可从事水利工程质量检测工作，检测人员必须持证上岗。

第二十六条 质量监督机构根据工作需要，可委托水利工程质量检测单位承担以下主要任务：

（一）核查受监督工程参建单位的试验室装备、人员资质、试验方法及成果等。

（二）根据需要对工程质量进行抽样检测，提出检测报告。

（三）参与工程质量事故分析和研究处理方案。

（四）质量监督机构委托的其他任务。

第二十七条 质量检测单位所出具的检测鉴定报告必须实事求是，数据准确可靠，并对出具的数据和报告负法律责任。

第二十八条 工程质量检测实行有偿服务，检测费用由委托方支付。收费标准按有关规定确定。在处理工程质量争端时，发生的一切费用由责任方支付。

第六章 工 程 质 量 监 督 费

第二十九条 项目法人（或建设单位）应向质量监督机构缴纳工程质量监督费。工程质量监督费属事业性收费。工程质量监督收费，根据国家计委等部门的有关文件规定，收费标准按水利工程所在地域确定。原则上，大城市按受监工程建筑安装工作量的 0.15%，中等城市按受监工程建设安装工作量的 0.20%，小城市按受监工程建筑安装工作量的 0.25% 收取。城区以外的水利工程可比照小城市的收费标准适当提高。

第三十条 工程质量监督费由工程建设单位负责缴纳。大中型工程在办理监督手续时，应确定缴纳计划，每年按年度投资计划，年初一次结清年度工程质量监督费。中小型水利工程在办理质量监督手续时缴纳工程质量监督费的 50%，余额由质量监督部门根据工程进度收缴。

水利工程在工程竣工验收前必须缴清全部的工程质量监督费。

第三十一条 质量监督费应用于质量监督工作的正常经费开支，不得挪作他用。其使用范围主要为：工程质量监督、检测开支以及必要的差旅费开支等。

第七章 奖 惩

第三十二条 项目法人（或建设单位）未按第二十一条规定要求办理质量监督手续的，水行政主管部门依据《中华人民共和国行政处罚法》对建设单位进行处罚，并责令限期改正或按有关规定处理。

第三十三条 质量检测单位伪造检测数据、检测结论的，视情节轻重，报上级水行政主管部门对责任单位和责任人按有关规定进行处罚，构成犯罪的由司法机关依法追究其刑事责任。

第三十四条 质量监督员滥用职权、玩忽职守、徇私舞弊的，由质量监督机构提交水行政主管部门视情节轻重，给予行政处分，构成犯罪的由司法机关依法追究其刑事责任。

第三十五条 对在工程质量管理和质量监督工作中做出突出成绩的单位和个人，由质量监督部门或报请水行政主管部门给予表彰和奖励。

第八章 附 则

第三十六条 各水利工程质量监督中心站可根据本规定制订实施细则，并报全国水利工程质量监督总站核备。

第三十七条 本规定由水利部负责解释。

第三十八条 本规定自发布之日起施行，原《水利基本建设工程质量监督暂行规定》同时废止。

水利工程建设安全生产管理规定

（2005 年 9 月 1 日　水利部令第 26 号）

第一章 总 则

第一条 为了加强水利工程建设安全生产监督管理，明确安全生产责任，防止和减少安全生产事故，保障人民群众生命和财产安全，根据《中华人民共和国安全生产法》、《建设工程安全生产管理条例》等法律、法规，结合水利工程的特点，制定本规定。

第二条 本规定适用于水利工程的新建、扩建、改建、加固和拆除等活动及水利工程建设安全生产的监督管理。

前款所称水利工程，是指防洪、除涝、灌溉、水力发电、供水、围垦等（包括配套与附属工程）各类水利工程。

第三条 水利工程建设安全生产管理，坚持安全第一，预防为主的方针。

第四条 发生生产安全事故，必须查清事故原因，查明事故责任，落实整改措施，做好事故处理工作，并依法追究有关人员的责任。

第五条 项目法人（或者建设单位，下同）、勘察（测）单位、设计单位、施工单位、建设监理单位及其他与水利工程建设安全生产有关的单位,必须遵守安全生产法律、法规和本规定,保证水利工程建设安全生产,依法承担水利工程建设安全生产责任。

第二章 项目法人的安全责任

第六条 项目法人在对施工投标单位进行资格审查时,应当对投标单位的主要负责人、项目负责人以及专职安全生产管理人员是否经水行政主管部门安全生产考核合格进行审查。有关人员未经考核合格的,不得认定投标单位的投标资格。

第七条 项目法人应当向施工单位提供施工现场及施工可能影响的毗邻区域内供水、排水、供电、供气、供热、通讯、广播电视等地下管线资料,气象和水文观测资料,拟建工程可能影响的相邻建筑物和构筑物、地下工程的有关资料,并保证有关资料的真实、准确、完整,满足有关技术规范的要求。对可能影响施工报价的资料,应当在招标时提供。

第八条 项目法人不得调减或挪用批准概算中所确定的水利工程建设有关安全作业环境及安全施工措施等所需费用。工程承包合同中应当明确安全作业环境及安全施工措施所需费用。

第九条 项目法人应当组织编制保证安全生产的措施方案,并自开工报告批准之日起15日内报有管辖权的水行政主管部门、流域管理机构或者其委托的水利工程建设安全生产监督机构(以下简称安全生产监督机构)备案。建设过程中安全生产的情况发生变化时,应当及时对保证安全生产的措施方案进行调整,并报原备案机关。

保证安全生产的措施方案应当根据有关法律法规、强制性标准和技术规范的要求并结合工程的具体情况编制,应当包括以下内容:

(一)项目概况;

(二)编制依据;

(三)安全生产管理机构及相关负责人;

(四)安全生产的有关规章制度制定情况;

(五)安全生产管理人员及特种作业人员持证上岗情况等;

(六)生产安全事故的应急救援预案;

(七)工程度汛方案、措施;

(八)其他有关事项。

第十条 项目法人在水利工程开工前,应当就落实保证安全生产的措施进行全面系统的布置,明确施工单位的安全生产责任。

第十一条 项目法人应当将水利工程中的拆除工程和爆破工程发包给具有相应水利水电工程施工资质等级的施工单位。

项目法人应当在拆除工程或者爆破工程施工15日前,将下列资料报送水行政主管部门、流域管理机构或者其委托的安全生产监督机构备案:

(一)施工单位资质等级证明;

(二)拟拆除或拟爆破的工程及可能危及毗邻建筑物的说明;

(三)施工组织方案;

(四)堆放、清除废弃物的措施;

(五)生产安全事故的应急救援预案。

第三章 勘察（测）、设计、建设监理及其他有关单位的安全责任

第十二条 勘察（测）单位应当按照法律、法规和工程建设强制性标准进行勘察（测），提供的勘察（测）文件必须真实、准确，满足水利工程建设安全生产的需要。

勘察（测）单位在勘察（测）作业时，应当严格执行操作规程，采取措施保证各类管线、设施和周边建筑物、构筑物的安全。

勘察（测）单位和有关勘察（测）人员应当对其勘察（测）成果负责。

第十三条 设计单位应当按照法律、法规和工程建设强制性标准进行设计，并考虑项目周边环境对施工安全的影响，防止因设计不合理导致生产安全事故的发生。

设计单位应当考虑施工安全操作和防护的需要，对涉及施工安全的重点部位和环节在设计文件中注明，并对防范生产安全事故提出指导意见。

采用新结构、新材料、新工艺以及特殊结构的水利工程，设计单位应当在设计中提出保障施工作业人员安全和预防生产安全事故的措施建议。

设计单位和有关设计人员应当对其设计成果负责。

设计单位应当参与与设计有关的生产安全事故分析，并承担相应的责任。

第十四条 建设监理单位和监理人员应当按照法律、法规和工程建设强制性标准实施监理，并对水利工程建设安全生产承担监理责任。

建设监理单位应当审查施工组织设计中的安全技术措施或者专项施工方案是否符合工程建设强制性标准。

建设监理单位在实施监理过程中，发现存在生产安全事故隐患的，应当要求施工单位整改；对情况严重的，应当要求施工单位暂时停止施工，并及时向水行政主管部门、流域管理机构或者其委托的安全生产监督机构以及项目法人报告。

第十五条 为水利工程提供机械设备和配件的单位，应当按照安全施工的要求提供机械设备和配件，配备齐全有效的保险、限位等安全设施和装置，提供有关安全操作的说明，保证其提供的机械设备和配件等产品的质量和安全性能达到国家有关技术标准。

第四章 施工单位的安全责任

第十六条 施工单位从事水利工程的新建、扩建、改建、加固和拆除等活动，应当具备国家规定的注册资本、专业技术人员、技术装备和安全生产等条件，依法取得相应等级的资质证书，并在其资质等级许可的范围内承揽工程。

第十七条 施工单位应当依法取得安全生产许可证后，方可从事水利工程施工活动。

第十八条 施工单位主要负责人依法对本单位的安全生产工作全面负责。施工单位应当建立健全安全生产责任制度和安全生产教育培训制度，制定安全生产规章制度和操作规程，保证本单位建立和完善安全生产条件所需资金的投入，对所承担的水利工程进行定期和专项安全检查，并做好安全检查记录。

施工单位的项目负责人应当由取得相应执业资格的人员担任，对水利工程建设项目的安全施工负责，落实安全生产责任制度、安全生产规章制度和操作规程，确保安全生产费用的有效使用，并根据工程的特点组织制定安全施工措施，消除安全事故隐患，及时、如实报告生产安全事故。

第十九条　施工单位在工程报价中应当包含工程施工的安全作业环境及安全施工措施所需费用。对列入建设工程概算的上述费用,应当用于施工安全防护用具及设施的采购和更新、安全施工措施的落实、安全生产条件的改善,不得挪作他用。

第二十条　施工单位应当设立安全生产管理机构,按照国家有关规定配备专职安全生产管理人员。施工现场必须有专职安全生产管理人员。

专职安全生产管理人员负责对安全生产进行现场监督检查。发现生产安全事故隐患,应当及时向项目负责人和安全生产管理机构报告;对违章指挥、违章操作的,应当立即制止。

第二十一条　施工单位在建设有度汛要求的水利工程时,应当根据项目法人编制的工程度汛方案、措施制定相应的度汛方案,报项目法人批准;涉及防汛调度或者影响其他工程、设施度汛安全的,由项目法人报有管辖权的防汛指挥机构批准。

第二十二条　垂直运输机械作业人员、安装拆卸工、爆破作业人员、起重信号工、登高架设作业人员等特种作业人员,必须按照国家有关规定经过专门的安全作业培训,并取得特种作业操作资格证书后,方可上岗作业。

第二十三条　施工单位应当在施工组织设计中编制安全技术措施和施工现场临时用电方案,对下列达到一定规模的危险性较大的工程应当编制专项施工方案,并附具安全验算结果,经施工单位技术负责人签字以及总监理工程师核签后实施,由专职安全生产管理人员进行现场监督:

(一)基坑支护与降水工程;

(二)土方和石方开挖工程;

(三)模板工程;

(四)起重吊装工程;

(五)脚手架工程;

(六)拆除、爆破工程;

(七)围堰工程;

(八)其他危险性较大的工程。

对前款所列工程中涉及高边坡、深基坑、地下暗挖工程、高大模板工程的专项施工方案,施工单位还应当组织专家进行论证、审查。

第二十四条　施工单位在使用施工起重机械和整体提升脚手架、模板等自升式架设设施前,应当组织有关单位进行验收,也可以委托具有相应资质的检验检测机构进行验收;使用承租的机械设备和施工机具及配件的,由施工总承包单位、分包单位、出租单位和安装单位共同进行验收。验收合格的方可使用。

第二十五条　施工单位的主要负责人、项目负责人、专职安全生产管理人员应当经水行政主管部门安全生产考核合格后方可任职。

施工单位应当对管理人员和作业人员每年至少进行一次安全生产教育培训,其教育培训情况记入个人工作档案。安全生产教育培训考核不合格的人员,不得上岗。

施工单位在采用新技术、新工艺、新设备、新材料时,应当对作业人员进行相应的安全生产教育培训。

第五章 监 督 管 理

第二十六条 水行政主管部门和流域管理机构按照分级管理权限,负责水利工程建设安全生产的监督管理。水行政主管部门或者流域管理机构委托的安全生产监督机构,负责水利工程施工现场的具体监督检查工作。

第二十七条 水利部负责全国水利工程建设安全生产的监督管理工作,其主要职责是:

(一)贯彻、执行国家有关安全生产的法律、法规和政策,制定有关水利工程建设安全生产的规章、规范性文件和技术标准;

(二)监督、指导全国水利工程建设安全生产工作,组织开展对全国水利工程建设安全生产情况的监督检查;

(三)组织、指导全国水利工程建设安全生产监督机构的建设、考核和安全生产监督人员的考核工作以及水利水电工程施工单位的主要负责人、项目负责人和专职安全生产管理人员的安全生产考核工作。

第二十八条 流域管理机构负责所管辖的水利工程建设项目的安全生产监督工作。

第二十九条 省、自治区、直辖市人民政府水行政主管部门负责本行政区域内所管辖的水利工程建设安全生产的监督管理工作,其主要职责是:

(一)贯彻、执行有关安全生产的法律、法规、规章、政策和技术标准,制定地方有关水利工程建设安全生产的规范性文件;

(二)监督、指导本行政区域内所管辖的水利工程建设安全生产工作,组织开展对本行政区域内所管辖的水利工程建设安全生产情况的监督检查;

(三)组织、指导本行政区域内水利工程建设安全生产监督机构的建设工作以及有关的水利水电工程施工单位的主要负责人、项目负责人和专职安全生产管理人员的安全生产考核工作。

市、县级人民政府水行政主管部门水利工程建设安全生产的监督管理职责,由省、自治区、直辖市人民政府水行政主管部门规定。

第三十条 水行政主管部门或者流域管理机构委托的安全生产监督机构,应当严格按照有关安全生产的法律、法规、规章和技术标准,对水利工程施工现场实施监督检查。

安全生产监督机构应当配备一定数量的专职安全生产监督人员。安全生产监督机构以及安全生产监督人员应当经水利部考核合格。

第三十一条 水行政主管部门或者其委托的安全生产监督机构应当自收到本规定第九条和第十一条规定的有关备案资料后 20 日内,将有关备案资料抄送同级安全生产监督管理部门。流域管理机构抄送项目所在地省级安全生产监督管理部门,并报水利部备案。

第三十二条 水行政主管部门、流域管理机构或者其委托的安全生产监督机构依法履行安全生产监督检查职责时,有权采取下列措施:

(一)要求被检查单位提供有关安全生产的文件和资料;

(二)进入被检查单位施工现场进行检查;

(三)纠正施工中违反安全生产要求的行为;

(四)对检查中发现的安全事故隐患,责令立即排除;重大安全事故隐患排除前或者排除过程中无法保证安全的,责令从危险区域内撤出作业人员或者暂时停止施工。

第三十三条　各级水行政主管部门和流域管理机构应当建立举报制度,及时受理对水利工程建设生产安全事故及安全事故隐患的检举、控告和投诉;对超出管理权限的,应当及时转送有管理权限的部门。举报制度应当包括以下内容:

(一)公布举报电话、信箱或者电子邮件地址,受理对水利工程建设安全生产的举报;

(二)对举报事项进行调查核实,并形成书面材料;

(三)督促落实整顿措施,依法作出处理。

第六章　生产安全事故的应急救援和调查处理

第三十四条　各级地方人民政府水行政主管部门应当根据本级人民政府的要求,制定本行政区域内水利工程建设特大生产安全事故应急救援预案,并报上一级人民政府水行政主管部门备案。流域管理机构应当编制所管辖的水利工程建设特大生产安全事故应急救援预案,并报水利部备案。

第三十五条　项目法人应当组织制定本建设项目的生产安全事故应急救援预案,并定期组织演练。应急救援预案应当包括紧急救援的组织机构、人员配备、物资准备、人员财产救援措施、事故分析与报告等方面的方案。

第三十六条　施工单位应当根据水利工程施工的特点和范围,对施工现场易发生重大事故的部位、环节进行监控,制定施工现场生产安全事故应急救援预案。实行施工总承包的,由总承包单位统一组织编制水利工程建设生产安全事故应急救援预案,工程总承包单位和分包单位按照应急救援预案,各自建立应急救援组织或者配备应急救援人员,配备救援器材、设备,并定期组织演练。

第三十七条　施工单位发生生产安全事故,应当按照国家有关伤亡事故报告和调查处理的规定,及时、如实地向负责安全生产监督管理的部门以及水行政主管部门或者流域管理机构报告;特种设备发生事故的,还应当同时向特种设备安全监督管理部门报告。接到报告的部门应当按照国家有关规定,如实上报。

实行施工总承包的建设工程,由总承包单位负责上报事故。

发生生产安全事故,项目法人及其他有关单位应当及时、如实地向负责安全生产监督管理的部门以及水行政主管部门或者流域管理机构报告。

第三十八条　发生生产安全事故后,有关单位应当采取措施防止事故扩大,保护事故现场。需要移动现场物品时,应当做出标记和书面记录,妥善保管有关证物。

第三十九条　水利工程建设生产安全事故的调查、对事故责任单位和责任人的处罚与处理,按照有关法律、法规的规定执行。

第七章　附　　则

第四十条　违反本规定,需要实施行政处罚的,由水行政主管部门或者流域管理机构按照《建设工程安全生产管理条例》的规定执行。

第四十一条　省、自治区、直辖市人民政府水行政主管部门可以结合本地区实际制定本规定的实施办法,报水利部备案。

第四十二条　本规定自 2005 年 9 月 1 日起施行。

参 考 文 献

[1] 张丕和. 建筑材料[M]. 北京:水利电力出版社,1995.

[2] 陈雅副. 土木工程材料[M]. 广州:华南理工大学出版社,2001.

[3] 宁仁岐. 建筑施工技术[M]. 北京:高等教育出版社,2002.

[4] 石自堂. 水利工程管理[M]. 北京:中国水利水电出版社,2009.

[5] 许宝树. 水利工程概论[M]. 北京:中国水利水电出版社,1992.

[6] 杨娜. 水利工程造价预算[M]. 郑州:黄河水利出版社,2010.

[7] 颜宏亮,于雪峰. 水利工程施工[M]. 郑州:黄河水利出版社,2009.

[8] 王胜源,张身壮,赵旭升. 水利工程合同管理[M]. 郑州:黄河水利出版社,2011.